高等学校"十四五"
农林规划新形态教材

新农科·智慧农业系列教材

U0683358

植物大数据技术与应用

主编 李林

中国教育出版传媒集团

高等教育出版社·北京

内容简介

植物大数据技术是植物学领域基于生物大数据挖掘的生物信息学前沿领域，是作物智能育种的基础。本书将重点讲述植物领域生物大数据挖掘的前沿理论、发展方向与技能，介绍生物大数据的最新技术方法，特别是作物领域生物大数据挖掘中常用的关键技术及分析流程，包括植物基因组大数据、转录组大数据、蛋白质组大数据、表观组大数据、代谢组大数据、环境适应性大数据、表型组大数据和互作组网络大数据等内容，以及植物大数据的生物信息学基础、植物大数据的储存与管理、植物大数据技术在遗传解析中的应用等内容。本书提供与纸质版教材内容一体化设计的数字课程，包括编者授课的教学课件、配套彩色图片和拓展知识等资源；同时，书中采用"示例"的形式，以科研生物大数据为基础，用真实案例讲解大数据挖掘的代码运行形式，以期达到不仅传授大数据理论知识，而且可以实际操作的授课目的。

本书可作为农学、智慧农业等涉农专业的本科生教材，也适用于综合类和师范类等高校生物信息学相关专业的教学用书，还可作为广大生命科学研究人员的参考用书。

图书在版编目（CIP）数据

植物大数据技术与应用 / 李林主编 . -- 北京：高等教育出版社，2023.6

ISBN 978-7-04-060137-4

Ⅰ.①植… Ⅱ.①李… Ⅲ.①植物学 - 数据采掘 - 高等学校 - 教材 Ⅳ.① Q94

中国国家版本馆 CIP 数据核字（2023）第 036187 号

Zhiwu Dashuju Jishu yu Yingyong

项目策划　李光跃　吴雪梅

策划编辑　郝真真　　　　责任编辑　郝真真　　　　封面设计　姜　磊　　　　责任印制　高　峰

出版发行	高等教育出版社	网　　址	http://www.hep.edu.cn
社　　址	北京市西城区德外大街4号		http://www.hep.com.cn
邮政编码	100120	网上订购	http://www.hepmall.com.cn
印　　刷	北京市艺辉印刷有限公司		http://www.hepmall.com
开　　本	850mm×1168mm　1/16		http://www.hepmall.cn
印　　张	18.75		
字　　数	440 千字	版　　次	2023年 6 月第 1 版
购书热线	010-58581118	印　　次	2023年 6 月第 1 次印刷
咨询电话	400-810-0598	定　　价	48.00元

本书如有缺页、倒页、脱页等质量问题，请到所购图书销售部门联系调换

版权所有　侵权必究

物料号　60137-00

编写人员

主　编　李　林

副主编　马　闯　吴刘记　叶楚玉　杨万能

编　者（按姓氏笔画排序）

马　闯（西北农林科技大学）　　　王茂军（华中农业大学）

叶楚玉（浙江大学）　　　　　　　冯　慧（华中农业大学）

朱万超（华中农业大学）　　　　　苏　震（中国农业大学）

杜邓襄（武汉轻工业大学）　　　　李　林（华中农业大学）

李　青（华中农业大学）　　　　　杨万能（华中农业大学）

杨泽峰（扬州大学）　　　　　　　肖英杰（华中农业大学）

吴刘记（河南农业大学）　　　　　张红伟（中国农业科学院作物科学研究所）

陈　伟（华中农业大学）　　　　　易　欣（中国科学院植物研究所）

罗　姿（华中农业大学）　　　　　袁道军（华中农业大学）

徐　扬（扬州大学）　　　　　　　黄新元（南京农业大学）

梁　焰（华中农业大学）　　　　　鲁　月（扬州大学）

阚秋馨（华中农业大学）　　　　　樊龙江（浙江大学）

薛　超（南京农业大学）

数字课程（基础版）

植物大数据技术与应用

主编 李 林

新形态教材网
Abooks

关于我们 | 联系我们   登录/注册

植物大数据
技术与应用

植物大数据技术与应用

李 林

开始学习   收藏

植物大数据技术与应用数字课程与纸质教材一体化设计，紧密配合。数字课程包括深入学习的拓展资源、教学课件、彩色图片、章后思考题答案、主要参考文献等丰富的内容，可供不同层次的高等院校师生根据实际需求选择使用，也可供相关科学工作者参考。

http://abooks.hep.com.cn/60137

扫描二维码，打开小程序

前　言

　　智慧农业是一个新兴的交叉型新农科专业，它涉及生物大数据与智能育种、智能装备与智慧农业生产、智慧农场管理与宏观农业经济三个方向。生物大数据与智能育种是智慧农业的基础，是解决我国生物种业瓶颈技术的关键领域。在新农科建设的背景下，亟须一本可以为智能设计育种提供理论与技术支撑的教材。

　　生物信息学是生命科学领域和信息科学领域的应用型交叉学科，是现代生物学研究必不可少的工具和技术手段。经典的生物信息学主要讲授生物学领域的基本概念与应用。在大数据时代下，我们可以快速获得生物大数据，如何进行生物大数据的挖掘与智能育种应用，是当前产业与科研面临的重大问题。《植物大数据技术与应用》是满足新农科建设需要的新形态教材，聚焦植物学领域的生物大数据挖掘与应用的理论与前沿技术，本身具有唯一性与稀缺性；同时，本书紧跟前沿理论，以"示例"形式传授相关知识与技能，具有很强的实用性。

　　本书共分 12 章，第 1 章介绍了植物大数据的定义、特点和类型等，以及植物大数据技术种类、相关的应用、其未来的挑战等；第 2 章简要介绍了生物信息学的基本知识与技能，为本书生物大数据深入学习打下基础；第 3~9 章分别就生物体中遗传信息传递过程的大数据理论与技术进行逐一介绍，包括基因组、转录组、蛋白质组、表观组、代谢组、环境适应性，以及表型组；第 10 章讲授了植物互作组网络大数据的基础理论与挖掘技术；第 11 章讲授了植物大数据的采集与传输方式、数据存储格式及存储方式、数据分析和可视化管理、植物大数据的数据库建设与应用等；第 12 章具体介绍植物大数据在植物进化与作物驯化、功能基因挖掘、全基因组选择育种，以及在生产中的综合应用等。同时，书中采用"示例"的形式，以科研生物大数据为基础，用真实案例讲解大数据挖掘的代码运行形式，便于将理论知识应用于实际的大数据挖掘当中，从而强化实战技能。

　　本书是智慧农业专业基础课"植物大数据技术"的必备教材，是基于"生物信息学"基础理论知识的扩展和延伸，是紧密联系科研前沿与产业应用的生物大数据知识与技能的配套教材。

　　植物大数据技术发展迅速，内容涉及广，而编者的能力有限，虽经多次修改校对，书中的疏漏或不准确之处仍难避免，敬请广大师生不吝赐教，以便我们再版时更正，使本书更加完善。

编　者

2022 年 12 月

目　录

第一章

绪 论

························

　　科学发展离不开人类社会的进步。信息化、互联网以及人工智能等技术的出现，将人类社会带入了大数据的时代。随着生物学技术的不断进步，目前已经可以在较低成本下获取植物的基因组、转录组、翻译组、蛋白质组、表观组、代谢组、表型组等多维组学的大数据。在分子、细胞、组织、器官、个体全生命周期、群体，以及群体与环境互作层面等的多维组学内与组学间的植物多维度动态的总体数据集合，就构成了植物大数据。

　　本章在讲述植物大数据定义、特点和类型的基础上，进一步介绍了植物大数据技术的种类、相关的应用，以及其未来的挑战等。

第一节 大数据时代的到来

人类本身及其生活的环境无时无刻不以某种形式产生数据。人们对数据的萃取，获得相应的信息。信息经过长期累积，人们便可以获得知识。在已有知识的基础上总结规律，产生对某一事物或事件的洞察力、决策力和预见力，便产生了智慧。人类文明便是建立在以原始数据为基础，通过信息收集、知识整理，进而产生人类智慧的过程，是对事物或事件形成智慧的最终表征形式（图 1-1）。事物理解的最高程度就是基于事物产生的数据，最终形成智慧及人类文明，由此可以重新创造出或者完全重现原始事物。数据是对事物或事件的最原始记录与展现，可以是图形、图像、语言文字、数字、声音、视频等各种形式。数据无时不在、无时不有，随时随地在产生和动态变异中。数据广泛存在于我们的生活当中，是所有学科的基础，更是整个人类文明的基础。

图 1-1 数据价值体系

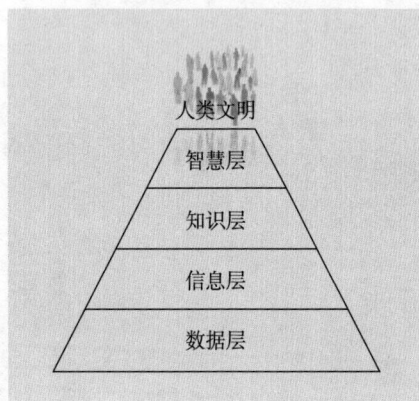

人类文明的进步离不开获取数据能力的提升，人类文明进步的历史本身就是数据获取技术进化的历程。在 20 世纪 80 年代信息时代来临之前，人类获取数据的能力主要以人工测量、观察、记录等为主，相关的数据记载载体为图书、照片等物理实物形态。以计算机、互联网为代表的信息时代到来之后，数据获取的能力得到逐步提升，也相应出现了以磁盘等电子载体记录与保存数据的方式。进入 21 世纪，随着人类技术的进一步发展，人类每天获取的数据量达到了以往人类历史获取数据的总和还要多，存储的形式更加多种多样。人类在获得数据总量持续提高的同时，获得数据的种类更加多样且全面，使我们进入了大数据时代。

大数据使人类社会发展进入一个崭新的发展阶段，人类取得数据、传输数据、储存数据、分析数据、理解数据，萃取信息，最终产生人类智慧。相对于大数据时代，以往人们获得的数据多为样品数据，无法全局代表所有样品（即总体）的属性，在分析过程中必须根据样品数据建立模型来预测总体的情况。而大数据时代所获得数据即是总体数据，或者近似总体样品来源的数据，可以直观观察总体的基本特性，总结其规律，从而产生相应的人类智慧。大数据在一定程度上给人类带来了巨大的挑战，当然也带来了巨大而长远的机遇。

在大数据时代背景下，数据的存在意义非凡。谁掌握了数据，谁就主导了现在与未来。2012 年 3 月，美国宣布投资 2 亿美元启动"大数据研究和发展计划"，并且将大数据定义为"未来的新石油"，是一种战略资源，严格管控数据资源。目前，大数据已经深入人们的衣、食、住、行等各个环节，更是社会政治、经济、民生的基础，具有重要的战略意义。

时代在发展，大数据时代的到来，带来的不仅是人类社会的变化，科学研究也同样得到了极大的变革。生命科学的研究在经历了远古探索时期、18世纪与19世纪早期萌芽时期的摸索，20世纪初孟德尔遗传定律的重新发现，遗传学与生命科学正式成立，进而得到蓬勃发展。20世纪中叶，遗传信息载体DNA双螺旋结构的发现，以及桑格测序技术的发明，使生命科学进入基因组时代。21世纪来临之际，人类基因组计划的提出与最终实施，也预示着21世纪作为生命科学世纪的到来（图1-2）。人类基因组计划是人类科学史上的一个伟大工程，被誉为生命科学的"登月计划"。它不仅获得了人类自身的遗传密码，而且极大地推动了生命科学的研究，特别是带动了高通量测序技术的发展。21世纪初，以454测序技术为代表的高通量测序技术得以开发成功，而后的Illumina/Solexa等第二代高通量测序技术日益成熟，标志着基因组大数据的到来。而以高通量测序技术为基础，不断发展的转录组测序技术、翻译组测序技术、蛋白质组鉴定技术、修饰组技术等一系列前沿技术的出现，使得我们对生命科学的研究，不再仅仅局限于单个或少量的基因、性状、维度，而是可以对个体乃至群体水平的全基因组、多维度和全环境下的数据进行采集、分析、推理等，从而获取相关的信息，挖掘生命的本质规律，生物学研究已经进入大数据时代。回顾生命科学发展的历程，可知21世纪是生命科学的世纪，同样也是生物大数据科学的世纪。

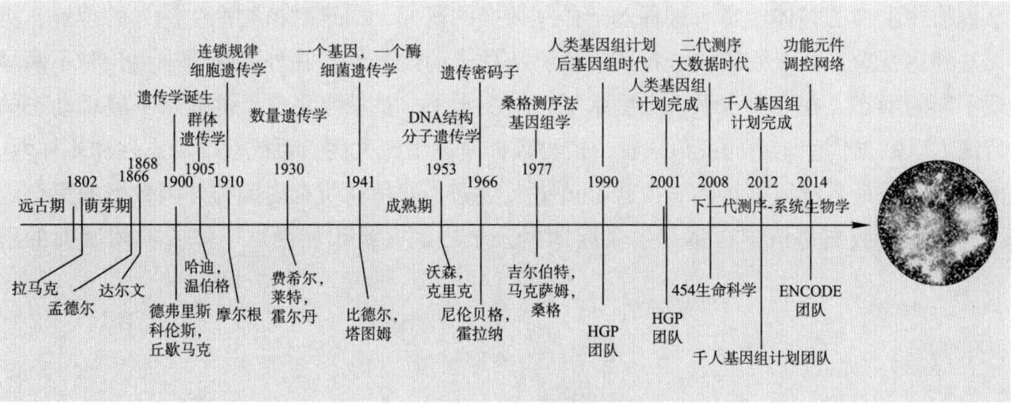

图1-2 生命科学的发展已经进入生物大数据时代

第二节 认识植物大数据

探索本质规律是科学研究的主要目标。在生命科学领域，最大的科学问题莫过于生命是什么？对"生命是什么？"这一问题的明确提出，最早始于薛定谔的《生命是什么？》这一科学通俗读物。诺贝尔物理学奖得主薛定谔试图用热力学、量子力学和化学理论来解释生命的本质。尽管薛定谔在当时科学技术条件下对生命的解释具有一定的局限性，但是在当时，他的努力极大地促进了生命科学的发展。人们对生命的理解也逐步由"神造论"过渡到"唯物论"，逐步由表型的观察深入到细胞、分子水平，发现了生命遗传信息的载体，并解析了其组成的双螺旋结构。尽管我们对生命的基本组成有一定的了解，以碳、氢、氧元素为基本骨架的地球生命体系已经基本明晰。然而，我们还是无法完全理解生命，更无法完全自主创造生命。生命不仅是由基本的物质组成，在很大程度上，更是一个复杂的动态信息系统。这种复杂的动态系统，在传统的以样品数据收集为主的研究手段下，是很难全局深入地得以解析。

植物是生命的一种重要组成形式，全球 90% 以上的陆地都被植物所覆盖。植物是地球生态系统中不可或缺的重要组成部分。植物可分为种子植物、藻类植物、苔藓植物、蕨类植物等。地球上现存大约 450 000 种植物。绿色植物大部分的能源是经由光合作用从太阳中得到的，温度、湿度、光照强度、水是植物生存的基本需求。种子植物共有六大器官：根、茎、叶、花、果实、种子。绿色植物具有光合作用的能力——借助光能及叶绿素，在酶的催化作用下，利用水、无机盐和二氧化碳进行光合作用，释放氧气，产生葡萄糖等有机物，供植物体利用。

植物从种子萌发，在一定环境中经过生长、成熟，最终产生下一代的种子，从而完成一个完整的生命周期。植物生命周期可长可短，短者数分钟，长者可近百年。植物形态各异，但生长往往受到严密的调控。同时，植物生长需要一定的外界环境，如光、温、水、肥，以及微量元素等。另外，植物与环境中的其他细菌、病毒等共存，且存在互作关系。因此，植物本身就是一个复杂的生命系统（图 1-3）。

经典生命科学对植物的研究通常是对植物单一水平样品数据的收集，往往不能全面掌握植物生命的整体信息。这种基于样品数据的研究，很难对植物产生深入的理解，更无法到达智慧最高级别的创造植物。植物从种子萌发开始，在外界环境中生长时不断呈现不同的形态，在分子水平、细胞水平、组织水平、植株水平以及群体水平展现动态的特征。以数据价值体系的视角来看，植物数据呈现出庞大性、系统性、动态性和多样性。植物复杂生命系统最直接的呈现就是植物大数据，即植物所有内因与外因数据的集合。

植物大数据是植物在整个生命周期中分子层面、组织层面、个体或群体层面的所

图 1-3 植物的生命周期（以玉米为例）

有可测数据的集合。大数据具有"5V"特性，即 volume（大量性）、velocity（高速性）、variety（多样性）、value（低价值密度性）、veracity（真实性）。而对于植物大数据，还有一个重要的特性，就是动态性（dynamics）。

大量性（volume），植物大数据呈现的是植物从微观到宏观的生命周期形态与互作网络，不仅量大，更重要的是全面而系统。

高速性（velocity），由于植物大数据的大量性，其存储与分析的前提就是如何高效传输。海量而全面的植物大数据往往以 G 或 T 量级存在，势必需要极高速的传输速度，才能为后续的存储、分析以及最终的利用提供可能。

多样性（variety），植物大数据涉及的面非常广，而且全面，每个层面与水平数据的形式都可能不一样，这种不同就是植物大数据多样性的直接体现。

低价值密度性（value），植物大数据是植物所有可测数据的集合，量大而全，必然存在一定比例的数据噪音。从植物大数据中挖掘到有价值信息的过程烦琐，且概率相对较低，所以相较于其本身的海量数据来说，高价值数据比重就会偏低。

真实性（veracity），植物大数据是对植物原始形态特性的一种直接量化，其本身就是真实性的一种体现。

动态性（dynamics），生命在于运动，植物生命系统的最大特性就是动态，相应的植物大数据也是随时间、生长环境等不断变化。

植物大数据是植物全生命周期的多维动态的数据集合，从微观到宏观，从个体到群体都呈现出不同的数据形式，主要包括基因组大数据、转录组大数据、蛋白质组大数据、表观组大数据、代谢组大数据、植物与环境适应性大数据、表型组大数据、整合的网络大数据，以及未知的新型植物大数据（图 1-4）。

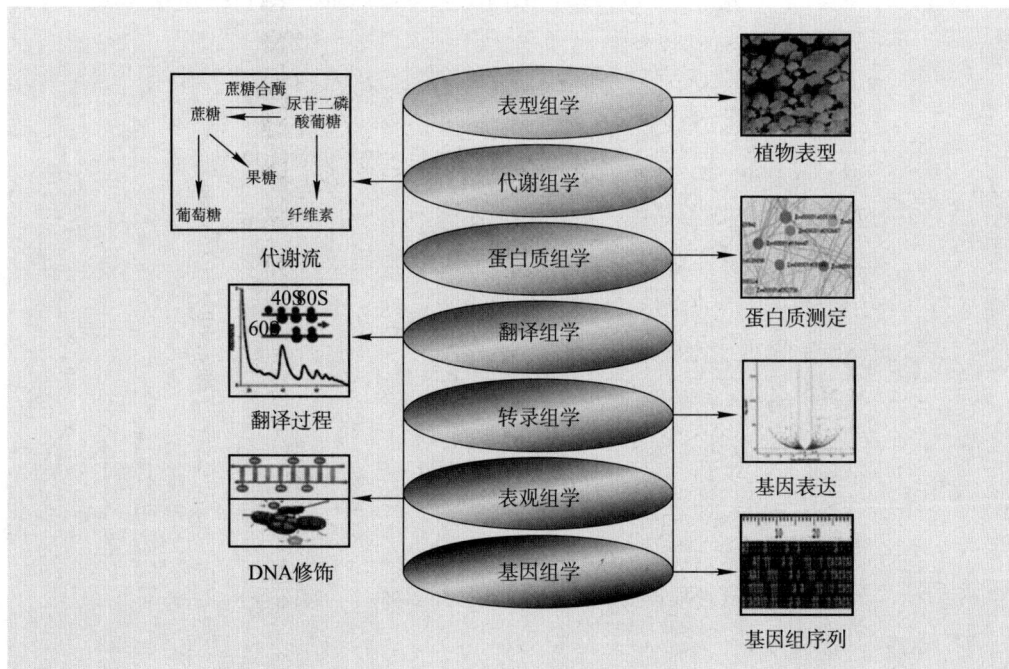

图 1-4　植物大数据的组成

第三节 植物大数据概述

　　植物大数据时代的到来离不开高通量测序技术的出现以及其衍生技术的发展。21世纪初，罗氏公司 454 测序技术的出现标志着第二代测序技术的成熟，进而 Illumina/Solexa 平台与 ABI SOLiD™ 平台相继推出。近年来，以单分子与单细胞测序技术为代表的第三代测序技术的成功开发，彻底改变了人类获取序列数据的方式。高通量测序技术的出现，使得获取生命相关数据的成本大幅下降，获得的数据量呈指数级增长（图 1-5）。植物基因组变异丰富，基因组加倍现象普遍，基因组巨大。所以，植物学研究常以基因组较小且相对简单的物种作为模式物种开展工作。然而，随着植物大数据时代的到来，可以很高效地获得植物基因组信息，每个物种都可以作为模式物种来进行研究。高通量测序技术不仅在基因组水平得到广泛应用，其衍生技术也带动了其他组学的发展，如转录组、翻译组、蛋白质组、植物与环境互作组等各个组学水平的系统性变化，彻底改变了植物学研究的范式。

一、基因组大数据

　　植物基因组是植物遗传信息的载体，对基因组的解读一度被认为是对天书的破解，而人类基因组计划也被认为是生命科学领域的"登月计划"。然而，在植物大数据时代，一台主流测序仪（如 NovaSeq 6000 系统）可在 1~2 d 产生高达 6 Tb 碱基和 200 亿条序列，约是人类基因组的 2 000 倍。目前全世界近 6 万个物种的基因组已经被解析，其中，6 000 多个植物基因组的序列已经获得，同时获得了这些基因组的注释信息。植物基因组大数据的获得，极大地推动了植物比较基因组的研究，如禾本科作物的比较基因组研

图 1-5　测序成本与已经测序的基因组数目的变化

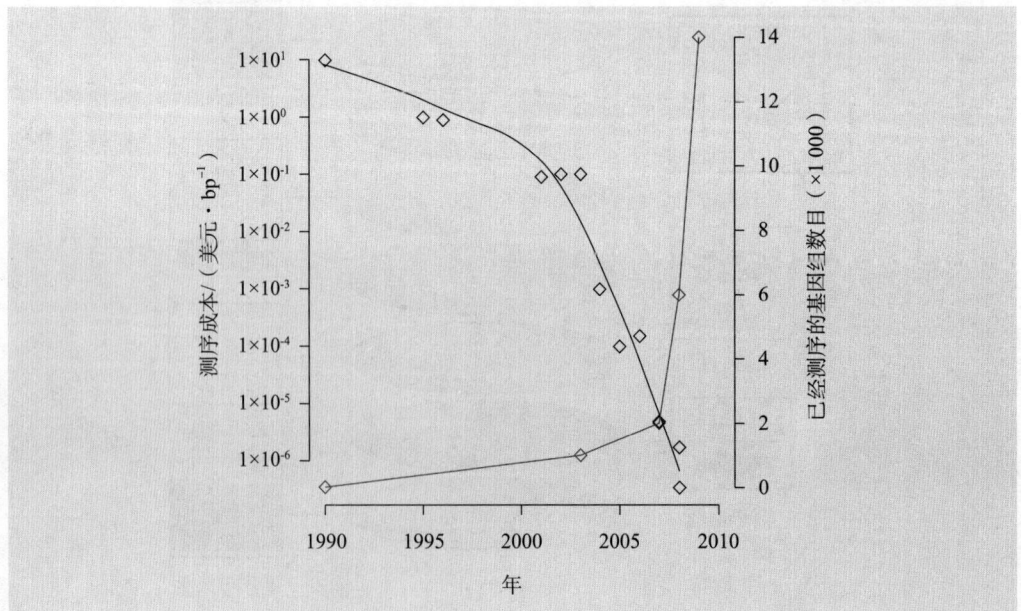

究，对禾本科作物的进化与驯化历程进行了深入挖掘；同时，植物基因组大数据的进步也使研究进入了泛基因组时代，对基因组结构变异与功能基因组的研究更加深入。

随着高通量测序技术与现代分子生物学技术的深度融合，人们对植物基因组的认识从一维飞跃到二维、三维甚至四维水平，如水稻 ENCODE 计划的顺利实施，发现了大量的基因组水平控制基因表达的增强子等调控元件。植物基因组大数据的研究表明，基因组不仅仅是遗传信息的载体，而且还是基因表达调控的重要因素。

二、转录组大数据

转录组大数据指从一种组织或细胞的基因组转录而来的所有 RNA 的数据信息，包括编码蛋白质的 mRNA、环状 RNA（circRNA）、融合 RNA（fusion RNA），以及各种非编码 RNA（如 rRNA、tRNA、snoRNA、snRNA、small RNA，以及其他长链非编码RNA）的数据。中心法则表明，基因组转录后形成的转录组，在遗传信息传递与最终行使功能过程中意义重大，具有举足轻重的作用。转录组是遗传信息传递的第一步，受到复杂的调控，并展现出丰富的变异。

在植物大数据时代，转录组大数据鉴定技术也层出不穷，技术手段多样。目前进行转录组研究的技术主要包括三大类：①基于杂交技术的基因芯片技术；②基于 Sanger测序法的基因表达系列分析（serial analysis of gene expression，SAGE）和大规模平行测序（massively parallel signature sequencing，MPSS）技术；③基于第二代和第三代高通量测序技术的转录组测序。而第三种高通量转录组测序技术已经成为获取植物转录组大数据的主要手段。高通量转录组测序技术包括 mRNA-seq、lncRNA-seq、small RNA-seq、circRNA-seq、TAIL-seq、PolyA-seq、single-cell RNA-seq 等。

转录组大数据鉴定方法不仅可对细胞与组织水平的所有已知表达元件进行鉴定与表达水平的量化，而且还可应用于基因型鉴定、转录调控网络鉴定等。转录组大数据广泛应用于生物医药、临床检测、科学研究当中，而植物转录组大数据广泛应用于基因组功能注释、基因型鉴定与分子标记开发、基因表达谱与基因功能研究等。

三、蛋白质组大数据

蛋白质是生物体遗传信息编码的最终形式，是生物体行使功能完成生命活动的直接参与元件。蛋白质组是指细胞、组织、个体乃至群体水平的所有蛋白质的集合，相应地蛋白质组大数据是成千上万种蛋白质的表达数据、修饰数据，以及在行使功能完成代谢与催化作用过程中的动态变化与互作调控等数据的总和。蛋白质组大数据为人类探索生命的起源和发展、动植物改良、生物医药研制等方面提供了全新的技术手段和理论基础，具有极为重要的作用。目前，蛋白质组学研究主要有双向凝胶电泳技术、差异凝胶电泳技术、质谱技术和多维液相色谱技术等。植物蛋白质组大数据研究主要依赖于全基因组蛋白质质谱技术，特别是近年来开发的 4D 质谱技术，大大提高了蛋白质鉴定的通量与准确度。

蛋白质组大数据在植物多个方面都有相关应用：①基于植物生理蛋白质组大数据可

更好地了解非生物胁迫的伤害机制、植物对非生物环境的适应机制、生物之间的相互作用机制、植物激素的调节作用等；②利用蛋白质组学标记探寻基因多样性和表型多样性，有助于了解植物种内和种间进化趋势；③植物突变体的蛋白质组大数据研究，可揭示一些植物生理生态过程的机制，为突变体变异的生化过程提供信息；④植物发育蛋白质组大数据研究植物各个组织器官及细胞器内蛋白质的表达基因，为系统解析植物组织分生发育的分子机制提供基础。

四、表观组大数据

表观组主要包括 DNA 与 RNA 甲基化、组蛋白修饰、副突变、非编码 RNA 调控、染色质重塑和基因印迹等多个方面，植物表观组在植物生长发育、应对生物与非生物胁迫，以及适应环境变化中发挥着重要的作用。植物表观组大数据是对 DNA 与 RNA 甲基化、组蛋白修饰、染色质状态等的总体数据集合。植物表观组大数据的采集目前主要依赖于高通量测序技术、质谱的蛋白质修饰鉴定技术，以及其他一些新兴的结合经典分子生物学技术与高通量测序的方法。表观组作为一种新的不完全依赖于基因组遗传编码信息的调控组学，日益被科学家所重视。然而，表观组信息如何在亲代与子代间的传递目前仍不清楚，在表观组水平还有很多未知领域。

五、代谢组大数据

代谢组学是研究生命体内所有小分子代谢物的定性、定量以及其在内外因素作用下的变化规律与特征的新兴组学领域。植物代谢组大数据即是植物生命周期细胞、组织、个体或群体水平在生理状态下所有初生与次生代谢物的集合。植物代谢组大数据研究的对象通常是数万、数十万，甚至上百万级的小分子代谢物。植物代谢组大数据的产生主要依赖于色谱（气相、液相、毛细管电流等）、质谱、核磁共振、傅立叶变换－红外光谱等鉴定分析平台。植物代谢组大数据已经广泛应用于植物代谢物积累模式、遗传基础、代谢相关功能基因鉴定及途径解析等方面的研究。植物代谢组大数据的研究已经成为植物系统生物学研究不可或缺的重要组成部分。

六、植物与环境适应性大数据

植物本身是一个复杂的生命系统，同时，这个生命系统也离不开外界环境，植物无时无刻不与环境进行着互动，而这种植物与环境的互作也是植物生命系统最基本的保障。植物的生长是内因与外因结合的产物，内在遗传信息的生命活动离不开外界环境的光、温、水、肥等基本要素，更是与环境中的病毒、细菌、真菌等微生物存在紧密互作。对植物生长环境各个层次的数据量化，便可获取植物与环境适应性大数据。植物与环境适应性大数据的研究起步相对较晚，目前较为成熟的是植物的环境微生物组大数据的获取，如通过对植物生长环境中微生物 16S 的高通量鉴定，可以获取植物生长环境中的有利与有害微生物的所有信息。

七、表型组大数据

植物形态由内因与外因共同决定，而植物形态是最直观反映植物内因与外因互作的结果。如何有效地、系统地量化植物形态，就是植物表型组大数据的基本目标。植物表型组大数据主要是指植物生长发育周期中的生理指标，细胞、组织与个体的形态特征等数据的集合。表型组大数据是近年来科学研究的新兴热点领域，也是整个植物大数据的重要组成部分。植物表型组大数据技术也是工程自动化技术、光学技术以及信息技术全面提升与整合后的必然产物。

八、整合网络大数据

无论是基因组大数据，还是遗传信息传递过程中的其他组学大数据，不仅仅是对功能元件的一种度量，更重要的是对总体功能元件间协同变异内在原因的展示，而这种协同变异暗示的主要就是功能元件间的网络关系。植物大数据所代表的网络关系，也是植物所有元件功能的最全面描述。植物网络大数据可以根据不同的组学大数据进一步划分成基因组三维网络大数据、转录组共表达网络、翻译组共表达网络、蛋白质组蛋白互作网络、修饰组蛋白互作网络等。不同层面的组学网络大数据都是对分子层面功能元件互作关系的一种反映，可以根据全概率事件的统计模型进行聚合分析，构建成整合网络大数据（图1-6）。植物网络大数据已然成为当前研究的热点，分别在拟南芥、玉米等不同植物中得以构建，对植物的发育生物学、功能基因组学、比较功能基因组学的研究起到了巨大的推动作用。

第四节　植物大数据的应用

植物大数据涉及植物的方方面面，是对植物生命系统的多层次、多维度下所有数据的总体集合。采用植物大数据技术对植物学基本问题的研究为科学家们提供全新的思路

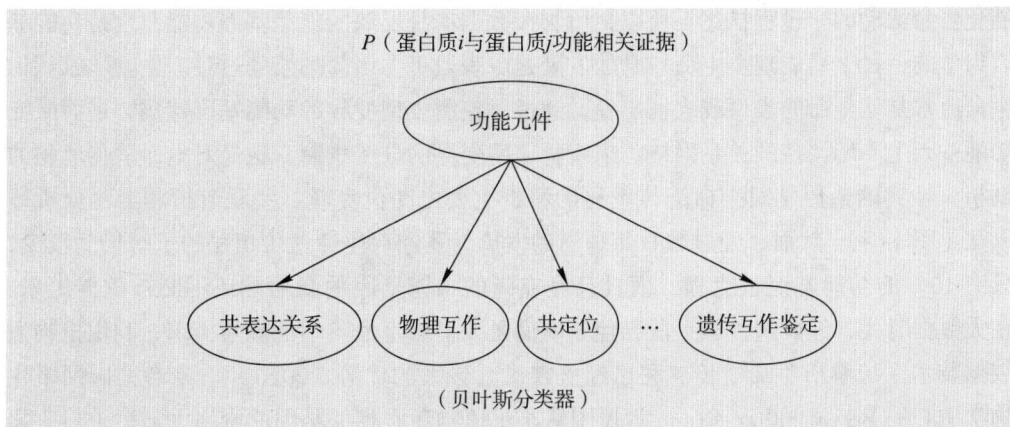

P（蛋白质i与蛋白质j功能相关证据）

功能元件

共表达关系　　物理互作　　共定位　　…　　遗传互作鉴定

（贝叶斯分类器）

图1-6　整合网络大数据的构建

与视角。第一，在植物大数据时代，人们获取数据的方式已然发生了变化，由传统单基因或少量数个基因的 PCR 扩增测序转变为全基因组高覆盖度的测序，由传统单基因或少量数个基因的 qRT-PCR 表达丰度鉴定转变为全转录组一次性的转录水平量化，由传统的单点对单点的蛋白互作鉴定转为高通量的酵母双杂对全基因组水平所有克隆基因的蛋白互作的批量鉴定等；第二，植物大数据技术对植物本身的认识彻底由样本水平转变为总体水平，相应的生物统计学方法也正在或者必将获得改变；第三，植物大数据技术对植物生命系统的规律总结将更具有一般性与普适性；第四，植物大数据技术已经在植物进化与驯化、植物功能基因组学、智能育种等方面得到一定程度的应用，并取到了巨大的进展。

遗传学家 Theodosius Dobzhansky 曾说道，离开进化上的启示，生物学研究将失去意义。植物大数据技术的最大应用价值就是对植物进化与驯化的研究和探索，以及其所揭示的生命进化规律的普遍性。2012 年，美国加州大学戴维斯分校的玉米进化遗传学家 Jeff Ross-Ibarra 团队利用高通量测序技术，对玉米数百份优良自交系、玉米野生近缘种材料和玉米农家种材料进行深度测序，获得了群体水平的植物基因组大数据，从中挖掘出大量的变异，进一步利用群体水平的统计遗传学算法，挖掘出近 2 000 个驯化与选择的基因组位点，系统解析了玉米从大刍草选择驯化成玉米的分子机制，同时也剖析了现在玉米改良过程中，对玉米农家种选择的分子机制。2020 年，同样采用植物基因组大数据的手段，中国科学院遗传与发育研究所的田志喜团队对 3 000 份大豆材料的基因组数据进行了收集，开发了基于图形的基因组拼接手段，将组装的 26 个基因组结合已经发表的'中黄 13''Williams 82'和'W05'基因组，开展了系统的基因组比较，构建了高质量的基于图形结构泛基因组，进一步对以往研究发现的与大豆驯化和适应性有关的重要基因位点的大多数遗传变异进行系统发掘，从全局水平系统追踪了大豆驯化的选择变异历程，如研究发现调控种皮颜色的一个主效驯化基因 *CHS* 的沉默可能是由重复和片段插入两个事件引起的。植物大数据技术已经对我们认为植物进化与驯化的历程产生了积极的影响，加深了对植物进化与驯化分子机制的系统理解。

植物大数据技术围绕植物遗传信息传递每一步的数据进行获取与跟踪，其实质就是对基因组基因如何转录、翻译、表达成蛋白质，再经过修饰形成有功能活性的蛋白质，催化生命活动的全过程描述。所以，植物大数据本身反映的就是基因功能，也是功能基因组学的一种全局展现。生命科学的发展是由表及里、由简到繁的过程。生物学家认识生命通常是从生命的表型或表征出发，通过对控制表型变异的功能基因挖掘，进而研究功能基因上下游调控的关系网络，来解析表型变异的分子机制，也是对生命遗传奥秘的剖析。经典的遗传学对生命遗传奥秘的解析主要由图位克隆、关联分析和混池分析等方法（图 1-7）。然而，经过数百年科学的发展，我们对生命遗传奥秘的了解仍然较少，只有 10% 的功能基因被克隆，而且已经克隆的功能基因的新功能还不断被挖掘出来。在大数据时代，经典遗传学手段已经不能满足人们对生命科学的探索需求，利用植物大数据技术系统解析生命遗传奥秘已经展露出其强大的优势。2020 年，来自德国网络生物学中心的 Pascal Falter-Braun 教授团队，对植物激素相关基因的网络大数据进行收集

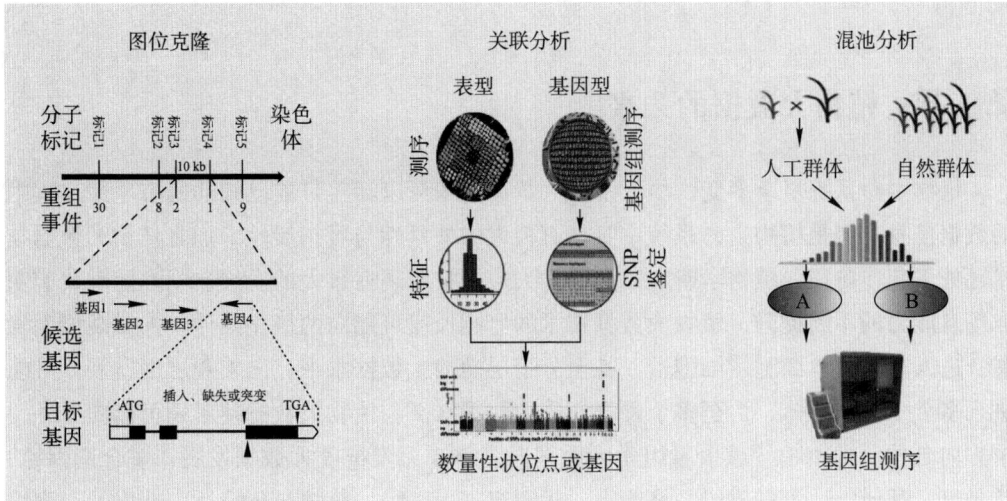

图 1-7 生命遗传奥秘解析的经典遗传学手段与已经克隆的功能基因统计

图 1-7 彩色图片

鉴定，结合植物转录组大数据等其他多维组学大数据，对植物激素相关基因的功能进行系统挖掘，同时对近 20 个植物激素相关基因进行了挖掘与功能验证，系统解析了植物激素变异的分子机制。植物大数据技术使得生命科学研究由单基因到多基因的克隆与验证，可以批量地、系统地对全基因组水平控制性状变异的分子机制进行解析，植物大数据技术为功能基因组学研究提供全新的思路，将系统地革新遗传学与生命科学的研究。

随着全球人口的不断增长，以及人们对物质生活需求的丰富与提升，经典的遗传改良遇到了前所未有的瓶颈与新的挑战。经典遗传育种的产量"天花板"日益显现，同时作物品质现状与人们对个性化食品健康的需求形成鲜明的对比。植物大数据技术已经被证明是系统解析作物进化与驯化的有效手段，而且可以批量系统地进行功能基因的克隆与性状变异的分子机制破解。在植物大数据时代，现代育种将得到进一步的提升，将在至少三个方面彻底打破经典遗传育种的产量"天花板"与个性化品质定向育种瓶颈。①基于植物大数据技术的认识与网络挖掘，通过对调控过程的优良等位基因聚合或系统敲入与敲出的转基因编辑，如基于维生素 A 代谢途径的整体转基因敲入，将水稻变成黄金水稻，以及后来的黑米、C_4 水稻米、紫晶米的系统改造与培育，极大地提升了水稻的稻谷品质。②基于对物种进化与驯化的系统认识以及植物性状变异的分子机制，科学家可以对一个野生的植物进行快速从头驯化，对驯化途径进行系统的分子改造，加速野生植物的作物驯化速度，突破现有作物的产量"天花板"与个性化品质改良的瓶颈。③基于植物大数据获取的知识，进行合成生物学研究，完全创制新的满足人类产量与品质等需求的作物，彻底打破传统物种的限制。植物大数据时代，智能育种将全面提升现代育种，将育种技术信息化、智能化、个性化以及最终的潜力最大化。

第五节 植物大数据的未来

植物生命系统复杂多变，尽管植物大数据技术可以涵盖目前已知的所有生命过程中的数据信息，但是植物生命系统本身具有极大的外延性与可拓展性，加之植物大数据技术还处于起步阶段，植物学研究以及植物大数据技术还有很大的发展空间。随着我们获取信息能力的不断提升，植物大数据技术的监测尺度可能向两极化延伸，向微观层面发展，进入真正的单细胞、细胞器，甚至分子层面的大数据水平；向宏观层面发展，可能进入多个个体、群体，乃至多个种群间的大数据水平。植物大数据技术还可能向另外一个方向延伸，即由单一或少量组学大数据向多维或无限维度大数据发展，整合基因组、转录组、翻译组、蛋白质组、修饰组、代谢组、表观组、植物与环境适应性以及表型组的大数据已经成为植物大数据发展的主要方向。随着更多组学的发现，更高维度的整合组学大数据将不断升级出现。

细胞是生命的基本组成单位，是生命活动的主要场所。传统的生物学研究技术大都基于大量的细胞样本或组织，其结果只能反映样本中所有细胞或组织的整体水平，而无法揭示单个细胞间的异质性，更无法完全真实地反映最底层的生命活动规律。单细胞测序技术的出现为单细胞群落大数据研究打开了大门，进而发展了单细胞全基因组测序（如 LIANTI 扩增子测序等）、单细胞转录组测序（如 PMA-seq、smart-seq、STRT-seq 等）。单细胞群落的植物大数据技术逐步在植物染色体减数分裂重组、单倍体诱导与加倍、基因组甲基化动态变化规律与表观状态重编程、组织生长发育等相关研究中得到应用。然而，由于单细胞群落的植物大数据技术仍然十分繁杂，而且成本较高，目前应用面相对较窄。随着技术的不断发展，以及单细胞植物大数据技术的强大检测力度，必将逐步得以广泛应用，加速整个植物系统生物学的研究进程。

生命科学始于细胞，前期植物学家主要集中在细胞与组织层面进行相关研究。但是对于植物来说，真正对人类产生影响的还是在群体水平。植物是地球上变异最广泛的物种之一，即使在一个种群内，变异仍然十分广泛。如玉米种群内两个自交系间的基因组结构变异达到 1.43%，远高于人类与大猩猩种间的基因组结构变异（1.03%）。所以，单纯的个体水平或少数几个材料内的植物大数据研究往往无法代表整个种群的生命系统。目前，基于群体水平的植物大数据研究已经起步，如水稻"3K 计划"和大豆"3K 计划"的提出与顺利实施，取得了巨大的进展，为群体水平的植物大数据研究提供了参考与模板。

生命是一个复杂的动态系统。要对植物进行系统的了解与解析，需要对生命活动的每一步进行追踪。当前植物大数据技术往往聚焦于植物生长某一特定时期的细胞与组织水平，缺乏对植物全局与动态系统的整体认识。植物大数据技术为我们跟踪植物多维生命周期的分子、细胞、组织、个体或群体水平的数据提供了可能。2016 年，美国加州大学圣地亚哥分校的 Steve Briggs 教授对玉米全生育期的转录组、蛋白质组以及蛋白质修饰组磷酸化水平的大数据测定，为玉米功能基因组学的研究提供了基础。2020年，科学家对拟南芥全生育期的多维组学大数据进行了追踪，提供了一个全面的植物生命周期的分子图谱。

植物与人类生产紧密联系，植物科学研究发展迅速。在大数据时代，植物大数据技术已经成为植物学研究的新兴方向。大数据本身具有"5V"特性，再加上植物的动态性，使得植物大数据技术在新时代的植物学研究中面临着诸多挑战。首先，植物大数据的获取。经典的分子生物技术大多通量低，无法满足植物大数据对数据"大而全"的需求，亟须更多高通量的现代分子生物学技术，以获取全面精确的植物大数据。其次，植物大数据的传输、存储。植物大数据信息多以 G 或 T 级起步，对数据的传输与存储要求极高。5G 信息技术或许可以多少缓解植物大数据的传输，但是大数据的存储仍然是一个巨大的挑战。最后，植物大数据的分析也异常复杂。植物大数据是对植物总体水平的数据收集与量化，而经典的统计分析方法多以样品点的角度出发，目前缺乏总体水平的分析算法。最近兴起的机器学习与深度学习等人工智能算法在一定程度上缓解了植物大数据分析的压力。但是，人工智能算法的高复杂性以及对计算资源的巨大需求，本身也是一种挑战。尽管植物大数据还处于起步阶段，且面临着巨大的挑战，但是植物大数据已经显现的巨大检测力度与广阔应用前景，让我们深信，植物大数据必将大有可为。

推荐阅读

彭绍亮. 生物医药大数据与智能分析 [M]. 北京：人民邮电出版社，2021.

本书简要介绍了并行计算、机器学习和深度学习应用于生物医药大数据的相关基础知识。生物医药大数据蕴含了非常丰富的信息和知识，是关乎人类生存与健康的重要战略资源，但只有对生物医药大数据进行高效处理和智能分析，才能真正推动生物医药研究和产业化从原来的假设驱动向数据驱动转变，因而近年来生物医药大数据与智能分析逐渐成为潜力巨大且发展迅速的交叉领域。植物大数据是与生物医药大数据领域相近，通过对比阅读《生物医药大数据与智能分析》，可以获得"他山之石可以攻玉"的豁然开朗之感。

复习思考题

1. 什么是植物大数据？
2. 植物大数据的特征是什么？
3. 植物大数据的类型有哪些？
4. 如何从大数据的角度看待植物全生命周期？

💬 开放性讨论题

1. 人类大数据时代已经到来，生物学研究在生物大数据时代将走向何方？
2. 生物大数据时代下，生物学研究的最大挑战与机遇分别是什么？

第二章

植物大数据的生物信息学基础

　　生物信息学的诞生和发展最早可以追溯到 20 世纪 60 年代，1962 年诺贝尔奖得主 Linus Carl Pauling 提出基于蛋白质序列的分子进化理论，标志着生物信息学的来临。生物信息学是一门综合利用分子生物学、遗传学、计算机科学与技术的学科，主要用来研究生物信息的采集、处理、存储、传播、分析和解释等，以揭示大量且复杂的生物数据所赋有的生物学奥秘。高通量测序技术彻底改变了生物信息学研究对象（即序列）的产生数量、成本、特征和应用领域等，带来了一系列生物信息学方法的变革和创新。生物信息学已成为介于生物学和计算机科学之间的重要前沿学科，其应用领域影响着医学、农学乃至人类社会，也必然会在植物大数据分析中起着至关重要的作用。

　　本章重点介绍生物信息数据类型及其产生途径和管理、生物信息学统计与算法基础以及序列联配。要求了解生物信息不同数据类型及测序技术，了解贝叶斯统计、图论和隐马尔可夫模型及其在生物信息学中的应用。掌握动态规划算法以及两条序列联配算法，掌握 BLAST 搜索原理。

第一节　生物信息数据及其产生途径和管理

分子序列（如核苷酸和蛋白质序列）是生物信息学研究的主要对象。针对这两类数据的测序技术也发展迅速，随之带来大量的序列数据。为了对这些数据进行有效管理（如储存、分类），各类分子数据库也纷纷建立。

一、生物信息数据类型及测序技术

（一）生物信息数据类型

1. 核苷酸序列数据

核苷酸序列数据包括脱氧核糖核酸（DNA）和核糖核酸（RNA）数据。DNA 的组成单位为四种脱氧核糖核苷酸，分别为腺嘌呤（A）、鸟嘌呤（G）、胸腺嘧啶（T）和胞嘧啶（C）。而 RNA 的组成单位为四种核糖核苷酸，分别为腺嘌呤（A）、鸟嘌呤（G）、尿嘧啶（U）和胞嘧啶（C）。

2. 蛋白质序列和结构数据

蛋白质序列是指 20 种氨基酸代码的排列顺序（也就是蛋白质的一级结构）。氨基酸代码最初是由三个字母表示，后缩减为单字母代码。

蛋白质结构数据主要是指蛋白质的三级结构信息，即蛋白质的多肽链在各种二级结构的基础上，进一步卷曲或折叠形成的具有一定规律的三维空间结构。目前蛋白质的三级结构数据的主要来源是通过实验（X 射线晶体衍射、核磁共振等）来测定。

3. 其他类型数据

分子标记数据。分子标记（molecular marker）是遗传标记的一种，指能反映生物个体或种群间基因组中某种差异特征的 DNA 片段，它直接反映基因组 DNA 间的差异。分子标记的鉴定技术大致可分为三大类：分子杂交技术［如限制性片段长度多态性（RFLP）标记］、聚合酶链反应技术［如随机扩增多态性 DNA（RAPD）标记、扩展片段长度多态性（AFLP）标记、简单序列重复（SSR）标记］和测序或芯片［如单核苷酸多态性（SNP）］。

生物芯片数据。生物芯片（biochip 或 bioarray）技术起源于核酸分子杂交。该技术根据生物分子间特异相互作用的原理，将生化分析过程集成于芯片表面，实现生物信息的存储和集成，从而实现对 DNA、RNA、多肽、蛋白质以及其他生物成分的高通量快速检测。可以进一步分为基因芯片（DNA 芯片或 DNA 微阵列）、蛋白质芯片、细胞芯片和组织芯片等。

生物表型数据。生物表型（phenotype）数据是指与生物体的个体形态、生理、功能等相关的一些指标数据，如作物农艺性状（株高、粒重、产量、淀粉含量等）和人类特征性状（身高、肤色、血型、酶活性、药物耐受力、性格等）。近年来发展起来的表型组学技术，可以高通量获得大量生物表型数据。

（二）测序技术

1. 第一代测序技术

第一代 DNA 测序技术主要为 1977 年桑格（Sanger）等提出的双脱氧测序技术（dideoxy sequencing technique），也称为 Sanger 法。其原理是：双脱氧核糖核苷酸（ddNTP）的 2′ 和 3′ 位置都不含羟基，因此 ddNTP 在 DNA 的合成过程中不能形成磷酸二酯键，从而中断 DNA 的合成反应；在 4 个 DNA 合成反应体系中分别加入一定比例的带有放射性同位素标记的 ddATP、ddCTP、ddGTP 和 ddTTP，通过凝胶电泳和放射自显影后可根据电泳条带的位置确定待测分子的 DNA 序列。在双脱氧测序技术出现的同时，Maxam 和 Gilbert 在 1977 年提出了化学降解法。至今 DNA 测序大都采用 Sanger 法进行。当然，化学降解法也具有其独特的特点，如不需要进行酶催化反应，可对合成的寡核苷酸进行测序；可以分析 DNA 甲基化修饰情况；还可以通过化学保护及修饰等干扰实验来研究 DNA 的二级结构和 DNA 与蛋白质的相互作用等。

2. 第二代测序技术

第二代测序技术简称二代测序（next-generation sequencing，NGS）技术，其最大的特点是实现了高通量测序，技术原理往往是基于边合成边测序。1996 年，Ronaghi 和 Uhlen 发明了焦磷酸测序，直到 2005 年 454 Life Sciences 公司基于焦磷酸测序的原理推出第一台第二代测序系统 Genome Sequencer 20 System（这是改变测序发展进展的重要历史事件），标志着第二代测序技术正式商用。紧接着 2006 年和 2007 年 Solexa/Illumina 公司和 ABI 公司相继推出 GA（Genome Analyzer）和 SOLiD 高通量测序平台，2010 年 Life Technologies 公司推出 Ion PGM 高通量测序系统，2014 年华大基因在收购 Complete Genomics 公司后基于其核心测序技术推出了 BGISEQ-1000 高通量测序平台。这些测序平台在通量、读长、准确度、速度和成本方面各具优势。454 和 SOLiD 测序平台由于测序通量和成本限制了其发展，目前相关业务已经停止。2006 年 Solexa 公司推出第二代测序系统（GA），其中 DNA 簇（DNA cluster）、桥式 PCR（bridge PCR）和可逆阻断（reversible terminator）等核心技术使得 GA 在高通量低成本具有显著优势。2006 年底 Illumina 公司通过收购 Solexa 公司及其测序技术，开始大规模进军测序市场，并在随后数年内发布了多种测序仪，基于高通量、低成本、高准确度等优势，Illumina 公司渐渐地成为测序市场的霸主，基本覆盖行业内所有测序应用，占据了大部分市场份额。目前，Illumina 公司主要的测序平台包括高通量台式测序仪（Novaseq 系列、Hiseq 系列以及 Nextseq 系列）和低通量桌面式测序仪（Miseq、Miniseq 及 Iseq 系列）。其中目前采用最广泛的第二代测序平台是 Illumina 公司的 Hiseq 系列以及 Novaseq 系列。

3. 第三代测序技术

尽管第二代测序技术具有通量大和精确度高的优势，但仍无法对核酸进行直接测序且读长往往限制在数百碱基。第三代测序（third generation sequencing，TGS）技术是基于单分子信号检测的 DNA 测序，其中美国 Pacific Biosciences（PacBio）的单分子实时（single molecule real-time，SMRT）和英国 Oxford Nanopore Technology 的纳米微孔（nanopore）测序技术已经实现了长读长和单分子测序。这两个技术一次可读取数万至数百万碱基的片段。其中纳米微孔测序最长单条读长超过 2 Mb，大大降低了基因组拼接难度。此外，纳米微孔测序技术对核酸的直接测序避免了扩增带来的偏好性，同时可直接检测出核酸上除 ATCG 之外的信息，如碱基修饰 polyA 等。近期 PacBio 开发的 HiFi 测序，极大地提升了其测序准确度，兼顾了二代测序的高准确性和三代测序的长读长优势。

4. 第三代与第二代高通量测序平台的比较

表 2-1 列举了目前五个主要测序平台有关参数和优缺点。目前可以根据以下 4 个标准来进行区别：①测序读长，通常二代测序的读长在几十到数百碱基，而三代测序的读长可达数万、数十万甚至百万碱基；②测序技术，三代测序（包括 PacBio 和 Oxford Nanopore 测序平台）均采用单分子测序，而二代测序则采用的是克隆扩增后的核酸进行序列测定；③测序化学方式，Ion Iorrent、Illumina 和 PacBio 三个测序平台均是以边合成边测序的方式作为测序化学方式，华大智造则是探针锚定聚合技术、纳米球测序技术，而 Oxford Nanopore Technology 选择纳米微孔测序；④检测方法，Illumina、华大智造和 PacBio 这三个测序平台是以光学信号作为检测目的来进行测序，Ion Iorrent 是第一个没有光线感应的高通量测序平台，而纳米微孔测序则是通过检测碱基带来的电信号差异来获取碱基信息。

表 2-1　目前主流第二代和第三代高通量测序平台的比较

测序平台	测序化学方式	检测方法	读长范围 */bp	优势	局限性
Thermo Fisher Ion Iorrent	边合成边测序	pH	200 ~ 600	测序流程简单，仪器运行速度快，运行时间为 2 ~ 4 h；所需要样本量少，仅需要 10 ng 的 DNA 或 RNA	读长短；难于处理同种碱基多聚区域；通量较低，最高通量仅 10 ~ 15 Gb
Illumina/Solexa	边合成边测序	光学	50 ~ 300	测序通量高；应用灵活；测序准确度高，无同聚物错误问题；测序成本低	读长短；仪器昂贵，更新换代成本高；建库操作复杂且时间过长；测序时间过长；扩增偏好，高 GC 或 AT 偏好性；低通量测序平台测序成本很高；部分平台单张芯片通量过大，多样品共同上机等待时间过长
华大智造（MGI）	纳米球测序技术	光学	50 ~ 400	测序通量高；应用灵活；测序准确度高；测序成本低	读长短；仪器昂贵，更新换代成本高；建库操作复杂且时间过长；测序时间过长；部分平台单张芯片通量过大，多样品共同上机等待时间过长

续表

测序平台	测序化学方式	检测方法	读长范围[*]/bp	优势	局限性
Oxford Nanopore Technology	纳米微孔测序	电信号	20 000 ~ 50 000	超长读长；直接DNA/RNA测序；测序设备稳定，可移动在多环境下运行；建库操作简单成本低；芯片可反复利用；可实时获取数据，测序灵活可根据需求随测随停；测序速度快，通量极高	测序准确度仍需要提升，存在同聚物错误
PacBio Bioscience	边合成边测序	光学	10 000 ~ 30 000	读长长；需要样品量较少，10~100 ng；运行灵活，有不同规格芯片（0.5 ~ 10 h），可同时运行 1~16 张芯片	仪器昂贵，更新换代成本高，测序成本高；建库操作复杂且时间过长；对安装环境要求高；测序时间过长

* 读长范围指平均读长范围，不包括特殊应用

（三）组学数据

基因组是目前高通量测序的主要对象，属于 DNA 测序，包括基因组测序及基因组重测序。基因组测序的目的是为了获得其从头拼接的基因组序列，基因组重测序是对有基因组序列的物种群体进行不同个体的基因组进行测序，目的是获得群体内遗传变异。基因组重测序可以通过全基因组测序或简化基因组测序（如 GBS 和 RAD-seq）方式进行。目前二代测序更擅长于 SNP 和长度较短（<10 bp）的插入/缺失（indel）突变的变异检测，而三代测序由于其具有长读长的优势，在结构变异和拷贝数变异的检测中更具优势。

相对于全基因组测序，目标区域靶向捕获测序更加精准高效，检测灵敏度更高，测序成本更低，同时大大降低了后续分析的难度，以外显子测序为例，外显子区域的累计长度通常只占全基因组序列的极小比例，但却包含了绝大多数受关注的变异信息。目标序列捕获测序的原理是将感兴趣的基因组区域通过设计特异性探针或引物，使基因组DNA 在序列捕获体系中进行反应，然后将目标基因组区域的 DNA 片段进行富集后，再利用高通量测序技术进行测序。目前的目标序列捕获技术包括杂交捕获、多重 PCR 以及基于 Cas9 的目标区域靶向捕获技术等。

通过在三维空间中基于其邻近优先相互作用的 DNA 片段方法，1993 年对三维基因组进行了首次测序，随后在 2002 年对其进行了改进和扩展，形成了染色体基础构象捕获（3C）技术，包括 3C 技术的高通量衍生物 Hi-C 技术。三维基因组测序的流程可以

简单描绘为三步：固定三维空间中互作的遗传片段、通过打断序列来更好地捕获互作片段以及通过 PCR 或测序确定互作关系和位置。高通量测序往往在其中扮演了第三步检测的作用，但三维基因组更加关键的是前两个步骤，如何更加有效固定和捕获互作片段是三维基因组测序的关键。

转录组（transcriptome）是特定组织或细胞在某一发育阶段或功能状态下所转录的所有 RNA 总和，主要包括 mRNA 和非编码 RNA（non-coding RNA，ncRNA）。用于转录组数据获取的方法主要包括基于杂交技术的基因芯片或微阵列（gene chip 或 microarray）技术，基于序列分析的基因表达系列分析（serial analysis of gene expression，SAGE）和大规模平行测序（massively parallel signature sequencing，MPSS），以及 RNA-seq 技术等。

生物体新陈代谢过程中产生的化学小分子称为代谢物（metabolite），细胞中小分子代谢物的集合即为细胞的代谢组（metabolome）。代谢物的鉴定主要是利用气相色谱 – 质谱联用仪（GC–MS）和液相色谱 – 质谱联用仪（LC–MS）等技术。

DNA 甲基化是控制表观遗传信息的主要方式之一。DNA 甲基化能引起染色质结构、DNA 构象和稳定性以及 DNA 与蛋白质相互作用方式的改变，从而控制基因表达。DNA 甲基化测序方法按原理可以分成五大类：重亚硫酸盐测序、基于限制性内切核酸酶测序、靶向富集甲基化位点测序、Nanopore 直接 DNA 测序以及 PacBio 甲基化测序。RNA 甲基化修饰是一种常见的真核生物转录后修饰，其中 m^6A（N^6-methyladenosine，6- 甲基腺嘌呤）是最常见的 RNA 甲基化修饰方式。目前，检测 m^6A 修饰常用的高通量测序方法为 RNA 甲基化免疫共沉淀测序（methylated RNA immunoprecipitation sequencing，MeRIP-seq），另外 Nanopore 直接 RNA 测序方法也在近些年迅速发展。

宏基因组以环境样品中全部微生物的混合基因组序列或 16S rDNA 序列，以及最新发展起来的以环境中所有转录本为研究对象，宏基因组学发展了基于 16S rDNA 测序、全基因组测序、宏基因组和宏转录组测序方法。

单细胞基因组学用来检测单细胞层面基因组变异、基因拷贝数变异、单核苷酸变异等，可以克服由异质性样品带来的数据混杂问题。鉴于单个细胞的 DNA（大约只有 6 pg）无法满足测序的 mg 级样品量需求，开发出了许多全基因组扩增测序技术平台，如多重置换扩增技术（multiple dilacement amplification，MDA）、多次退火环状循环扩增技术（multiple annealing and looping-based amplification cycles，MALBAC）、纯线性单细胞基因组扩增技术（linear amplification via transposon insertion，LIANTI）。单细胞转录组分析主要用于揭示单个细胞内的基因表达等信息，准确反映细胞间的异质性。目前已经存在多种转录组扩增测序技术，如 CEL-seq、Smart-seq 和 Drop-seq 等。

翻译组学的重要任务是研究翻译中的 RNA。由于信使 RNA 的翻译活性受到核糖体的调节，而蛋白质水平由翻译活性决定，因此在一定程度上，一条转录本上的核糖体数量以及分布与蛋白质的合成水平呈正相关。目前用来测定正在翻译的 RNA 方法包括多聚核糖体分析技术（polysome profiling）、核糖体 – 新生肽链复合体直接分离技术（full-length translating mRNA profiling，RNC-seq）、翻译核糖体亲和纯化分析技术（translating ribosome affinity purification，TRAP-seq）和被核糖体保护的 RNA 小片段分析技术

（ribosome profiling，Ribo-seq）。

二、分子数据库

（一）分子数据库及其记录格式

1. 分子数据库

分子数据库种类繁多，主要有核苷酸序列和蛋白质序列与结构初级数据库，以及基于初级数据库建立起来的二级数据库等。数据库由记录构成。概括来说每个记录一般由两部分组成：原始序列数据和描述这些数据的生物信息学注释。

2. 数据库记录格式

所谓格式是对信息描述的统一规范，规范的格式为数据的收集、整理、交流和应用提供了方便。分子生物信息数据库的格式有非常多种，较为常见的有 FASTA、FASTQ、GBFF、GFF 等格式。

FASTA 文本格式又称 Pearson 格式，是一种最简单的序列文件格式，能被绝大多数的生物信息分析软件所识别。它最初由 Pearson 与 Lipman 一起于 1988 年首次提出，用于序列数据快速处理和存储。FASTA 格式主要分两部分，第一部分即首行，为描述行，以 ">" 为起始，后跟这段序列的描述信息；第二部分即序列的碱基信息（图 2-1）。

```
>DQ333229.1 Zea mays waxy gene, partial sequence
GGGAANCCCNGCTTGCTTGTGCTAGTGTAATGTAGNGTAGTGGTGGCCANTGGCACAACCTAATAAGCGC
ATGAACTAATTGCTTGCGTGTGTAGTTAAGGACCGATCGGTAATTTTATATTGCGAGTAAATAAATGGAC
CTGTAGTGGTGGAGTAAATAATCCCTGCTGTTCGGTGTTCTTATCGCTCCTCGNATAGATGTTATATAGA
GTACATTTTTTTCTGAATCCTACGTTTTTCATGTGTTTTTGAACTAATTCCTGTGAAATTTCTATATCAT
TCGTGTAAAATTTCTGGGTTCCAAAAACGACCATAGCCTATCTTTGTGTATGCATGGACGGGTCTGGCTT
TAACTAGGCTAAGAACATGCACAACCTATAGATATTTAGGGTGTTCGAACCAAAATTGAGCGCGGACGGT
CCGGCCCTGAGGCCGGACGGTCCGCGGTCCGGACGGTCCGCGCCTGTGGGCCGGACGGTCCGCGCGTGCG
CAGAACAGATTAGGGTTCCGAGTTTTGTGCTACGGTTGTTAGCTAAAATCATGGGATAAGCTCGGAAATT
AGTTTGTAAAGGGTCCAGCCCCCCTCCTCTATAAATAGAGAGGTATACGGCCGATTTATAATCATCAACA
ATCGAATCAATACAACTTCTATTTCGCATTTTATCCTAGGAGTAGTTCTAGTCTAGTTTAGCTTTAGCCT
```

图 2-1 FASTA 格式示例

FASTQ 格式（图 2-2）与 FASTA 格式类似，但是 FASTQ 比 FASTA 多了序列的质量信息。一般情况下，FASTQ 的一条序列有四部分信息。第一行一般包含序列的名称等描述信息，以 "@" 开头。第二行即序列的碱基信息。第三行的内容与第一行的内容相同，但是是以 "+" 开头；有时候 "+" 后面的内容可以省略，但是 "+" 一定不能省略。第四行是序列的质量信息（quality value，即测序的质量评价），与第二行的碱基序列一一对应。FASTQ 质量编码格式有 Sanger 格式、Illumina1.8+ 格式以及 Solexa 格式等。

如果测序错误率用 e 表示，测序碱基质量值用 Q_{phred} 表示，则有下列关系：

```
@A00129:587:H2LV7DSXY:4:1101:4670:1031 1:N:0:GCGAGTAA
GGCATCCTGGTCCTGGCAGAAGGCATAGTCGAGAGTTGTGACCACATAGAGCCTAGGCTAGGTGGGGGCCAATCCAATATTGTTATTAAATTTATATGCTTAATTATGCCCATGAGTGTTACATTTTGCATTGATTGATTTTGAATATTAG
+
FFFFFFFFFFF:FFFFFFFFFFFFFFFFFFFFFFFFFFFFFFFFFFFFFFFFF,FFFFFFFFFFFFFFFFFFFFFFFFFFFFFFF:FFFFFFFFFFFFFFFFFFFFFFFFFFF:FF:F:FFFFFFFFF,FFFFF:FF,FFFFFFFFF:FFFFFFFFF
```

图 2-2 FASTQ 格式示例

$$Q_{phred} = -10\lg(e)$$

另外，经常用的 Q20 或 Q30，同样表示一个碱基的质量值，同时也表示碱基错误率百分比。例如，Q20 表示原始数据中 Q_{phred} 数值大于 20 的碱基数量占总碱基数量的百分比。

通用要素格式（general feature format，GFF）是 Sanger 研究所定义的一种简单方便的数据格式，对 DNA、RNA 以及蛋白质序列的特征进行描述。图 2-3 为 GFF 格式实例，其中列 1 是序列的编号，列 2 是注释软件来源，列 3 是注释的类型，列 4 和 5 对应起始和终止位置，列 6 是得分（序列相似性比对时的 E 值或基因预测时的 P 值，"."表示为空），列 7 是序列方向（正负号代表正反链），列 8 是相位（表明编码区或可编码外显子的相位），列 9 表明附属关系（也可用作注释）。问号表示未知。

图 2-3 GFF 格式示例

```
##gff-version 3
##sequence-region ctg123 1 1497228
seqid  source  type start  end score strand phase attributes
ctg123 . gene 1000 9000 . + . ID=gene00001;Name=EDEN
ctg123 . TF_binding_site 1000 1012 . + . Parent=gene00001
ctg123 . mRNA 1050 9000 . + . ID=mRNA00001;Parent=gene00001
ctg123 . mRNA 1050 9000 . + . ID=mRNA00002;Parent=gene00001
ctg123 . mRNA 1300 9000 . + . ID=mRNA00003;Parent=gene00001
ctg123 . exon 1300 1500 . + . Parent=mRNA00003
ctg123 . exon 1050 1500 . + . Parent=mRNA00001,mRNA00002
```

GBFF 格式（GenBank file format，GBFF）为 GenBank 数据库使用的记录格式。GBFF 格式整体分为三个部分，分别为描述部分、注释部分和序列部分（图 2-4）。

（二）数据库序列递交与检索

1. 数据库序列递交

在进行 DNA 和蛋白质序列分析时，碰到的棘手问题是数据库的冗余（redundancy）。很多数据库通过全局序列联配以及人工复查等方式，使数据库为非冗余（non-redundant，NR）。例如，应用比较广泛且数据比较齐全的 NCBI 蛋白质 NR 数据库，包括 GenBank 的编码区翻译序列、参考序列数据库（RefSeq）、蛋白质结构数据库（protein data bank，PDB）等。这些数据库去除了其中多数冗余序列，但要真正做到百分之白无冗余是困难的。

很多数据库都提供了数据递交功能，GenBank 有多种可以选择的发送系统，如 BankIt、Sequin、tbl2asnb、Submission Portal、Barcode Submission Tool 等。其中 BankIt、Submission Portal 和 Barcode Submission Tool 是自动向 NCBI 发送序列的，Sequin 和 tbl2asnb 必须向 gbsub@ncbi.nlm.nih.gov 发送邮件进行说明，Sequin 工具适用于 EMBL、GenBank 和 DDBJ 数据库的发送服务。ENA 数据库的序列优先上传系统为 WEBMIN，它除了可进行一般大小的序列数据发送外，还可进行大批量的数据发送。

2. 数据库检索与序列搜索

许多系统可以为使用者提供简便的序列库信息查找服务，其中最著名和操作性最

图 2-4　GBFF 格式示例

```
LOCUS       LC545387                243 bp    mRNA    linear   PLN 28-APR-2021
DEFINITION  Oryza sativa Japonica Group cv. Nipponbare OsMT2c mRNA for
            metallothionein 2c, complete cds.
ACCESSION   LC545387
VERSION     LC545387.1
KEYWORDS    .
SOURCE      Oryza sativa Japonica Group (Japanese rice)
  ORGANISM  Oryza sativa Japonica Group
            Eukaryota; Viridiplantae; Streptophyta; Embryophyta; Tracheophyta;
            Spermatophyta; Magnoliopsida; Liliopsida; Poales; Poaceae; BOP
            clade; Oryzoideae; Oryzeae; Oryzinae; Oryza; Oryza sativa.
REFERENCE   1
  AUTHORS   Lei,G.J., Yamaji,N. and Ma,J.F.
  TITLE     Two metallothionein genes highly expressed in rice nodes are
            involved in distribution of Zn to the grain
  JOURNAL   Unpublished
REFERENCE   2  (bases 1 to 243)
  AUTHORS   Yamaji,N. and Ma,J.F.
  TITLE     Direct Submission
  JOURNAL   Submitted (25-APR-2020) Contact:Naoki Yamaji Okayama University,
            Institute of Plant Science and Resources; Chuo 2-20-1, Kurashiki,
            Okayama 710-0046, Japan URL :http://www.rib.okayama-u.ac.jp
FEATURES             Location/Qualifiers
     source          1..243
                     /organism="Oryza sativa Japonica Group"
                     /mol_type="mRNA"
                     /cultivar="Nipponbare"
                     /db_xref="taxon:39947"
     gene            1..243
                     /gene="OsMT2c"
     CDS             1..243
                     /gene="OsMT2c"
                     /codon_start=1
                     /product="metallothionein 2c"
                     /protein_id="BCD68972.1"
                     /translation="MSCCGGNCGCGSSCQCGNGCGGCKYSEVEPTTTTTFLADATNKG
ORIGIN
        1 atgtcgtgct gcggtggcaa ctgcggatgc ggctccagct gccagtgcgg caacggctgc
       61 ggcggatgca agtactctga ggtggaaccc acgaccacga ccaccttcct tgccgatgca
      121 accaacaagg ggtctggtgc tgcttccgga ggatcagaga tggggcgga gaacggcagc
      181 tgcggctgca acacctgcaa gtgcggcacc agctgcgcgct gctcctgctg caactgcaac
      241 tag
//
```

强的两个系统是 Entrez（由 NCBI 创建）和 SRS（sequence retrieval system，由 EMBL TheoreEtzold 建立）。下面即以 Entrez 为例讲解如何在数据库中进行检索和序列搜索。

　　Entrez 是一个基于 Web 界面的综合生物信息数据库检索系统。用户可以方便地检索各种类型数据。在 NCBI 主页默认"All Databases"时点击搜索框右边的"Search"进入。在搜索栏输入关键词，点击"GO"即可开始搜索。如果输入多个关键词，它们之间默认的是"与"（AND）的关系。搜索的关键词可以是单词、短语、句子、数据库的识别号、基因名字等。

　　点击"Search"后，每个数据库图标前方出现了数字，代表的是在相对应的数据库里搜索到的条目数。点击进入对应的数据库，可以查看搜索到的条目。也可以在 NCBI 任一页面上的搜索栏里输入关键字，点击搜索框前面的下拉菜单选择数据库，点击"Search"即可。这种简单搜索会产生大量的结果，其中很多信息都不是我们所需要的，

NCBI 为我们提供了 "Limits" "Advanced Search" 等辅助功能。限制性（limit）搜索和高级（advanced）搜索结构可以根据该数据库结构，将输入的关键词的查询范围限制在某个范围内，如领域、物种、分子类型等。不同的数据库其限定内容略有不同。

第二节　生物信息学统计与算法基础

统计与算法是生物信息学的核心基础，进行序列数据分析，特别是大规模序列数据分析，高效算法至关重要。

一、贝叶斯统计

统计学中有两个主要学派，频率学派和贝叶斯学派。统计推测时一般涉及三种信息：总体信息、样本信息和先验信息。总体信息是统计推测的基础。样本信息是从总体抽取的样本中提供的信息，是最"新鲜"的信息，且越多越好，可以通过样本的加工和处理对总体的某些特征做出较为精确的统计推测。先验信息是抽样前有关统计问题的一些信息，主要来源于经验和历史资料等。贝叶斯统计与经典统计的主要差别在于是否利用先验信息。贝叶斯统计重视先验信息的收集、挖掘和加工，使其数量化，形成先验分布，加入统计推测中来，以提高统计推断的质量。

贝叶斯方法长期未被普遍接受，直到第二次世界大战后，优化决策等领域不断被研究和完善，陆续在工业、经济和管理等领域成功应用。如今，贝叶斯统计已日趋成熟，发展成了一个有影响力的统计学派，打破了经典统计学一统天下的局面。贝叶斯学派的最基本观点是"任一个未知量 θ 都可看作一个随机变量，应该用概率分布去描述 θ 的未知状态"。这个概率分布是在抽样前就有的，是有关 θ 先验信息的概率陈述。这个概率分布称为先验分布。因为任一未知量都有不确定性，而在表述不确定性程度时，概率和概率分布是最好的语言。贝叶斯推导公式如下。

对于两个独立事件，它们的联合概率为：

$$P(A,B) = P(A|B)P(B) = P(B|A)P(A)$$

其中，$P(A|B)$ 为条件概率，即事件 B 发生的情况下事件 A 发生的概率，反之其概率为 $P(B|A)$。条件概率 $P(B|A)$ 可以进一步写成：

$$P(B|A) = \frac{P(A|B)P(B)}{P(A)}$$

事件 A 发生的概率为：$P(A) = P(A|B)P(B) + P(A|\overline{B})P(\overline{B})$。$P(A|\overline{B})$ 是事件 B 不发生情况下事件 A 发生的概率。

如果 $A = D$（data），$B = M$（model），则贝叶斯公式为：

$$P(M|D) = \frac{P(D|M)P(M)}{P(D)}$$

其中，$P(M|D)$ 为后验概率（posteriori probability），$P(D|M)$ 为似然概率

（likelihood probability）、$P(M)$ 为先验概率（priori probability），$P(D)$ 为事实概率（evidence probability）即证据因子，在所有可能性下 D 出现的概率。

在进行贝叶斯统计时，需要利用一个真实数据集作为训练数据集来估计概率模型的参数，然后用于统计推断。

二、图论与概率图模型

（一）图论及其基本概念

图论（graph theory）是以图为研究对象的一个数学分支，是组合数学和离散数学的重要组成部分。图是对对象之间的成对关系建模的数学结构，由顶点（又称节点）以及连接这些顶点的边（又称线）组成。图的顶点集合不能为空，但边的集合可以为空。图可能是无向的，这意味着图中的边在连接顶点时无须区分方向。否则，该图为有向图。

了解图论，首先想到的是哥尼斯堡七桥问题。有条河穿过哥尼斯堡（Konigsberg，现俄罗斯加里宁格勒州），形成两个大岛，市内建有 7 座桥连接这些岛（图 2-5A）。是否可能从一个地点出发，经过 7 座桥且每座桥只过一次，然后回到出发地？1735 年，欧拉给出了答案：不可能。欧拉把这个问题抽象成一个由点和线构成的图问题（图 2-5B）：可能的 4 个出发地为 4 个点（a、b、c、d），7 座桥为 7 条线，这样问题变成从任何一个点出发，经过 7 条线且仅路过一次，再回到原点。由于该图不存在欧拉回路（Eulerian circuit），所以不可能找到这样一条路径满足上述要求。欧拉对这个问题的抽象及其解决算法被认为是图论学科的起始。

图论中涉及的图由顶点（vertex）、边（edge）和关联函数（correlation function）组成。关联函数是指使一张图中每条边对应于顶点的规则；顶点的度（degree）是指作为边的端点个数或连接该顶点边的条数；边分有向边和无向边，边的权重（weight）指边的长度。路径（walk）是指一张图的一部分，顶点和边交替连接。途径允许重复经历点和边。同一图中各边互不相同的途径称为迹（tail），起点和终点相同的迹称为回（circuit）或回路；同一图中各顶点互不相同的途径称为路（path），起点和终点相同的路称为圈（cycle）。

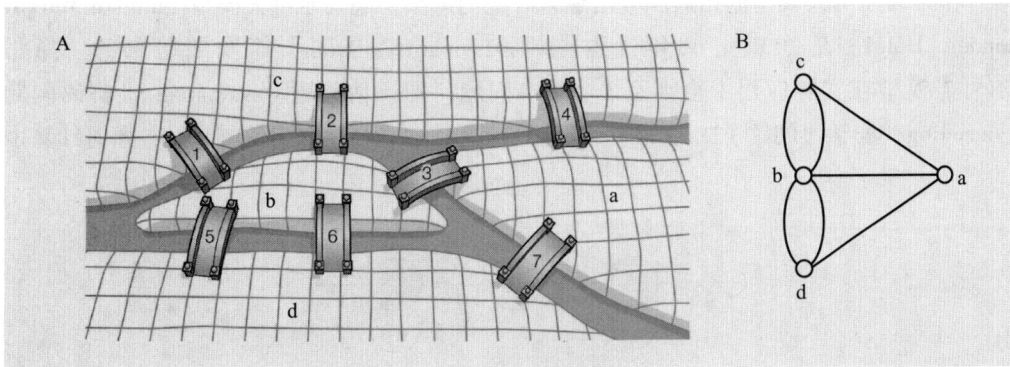

图 2-5　哥尼斯堡七桥问题（A）及其抽象图解（B）

（二）概率图模型

概率图模型（probabilistic graphical model，PGM）是一类用图形模式表达基于概率相关关系的模型总称。概率图模型结合概率论与图论的知识，利用图来表示与模型有关变量的联合概率分布。概率图模型有很多良好性质，如提供了一种简单的可视化概率模型的方法，有利于设计和开发新模型；用于表示复杂的推理和学习运算，可以简化数学表达等。它已成为不确定性推理的研究热点，在机器学习、人工智能和图像识别等领域有广阔的应用前景。

1. 隐马尔可夫模型（HMM）

马尔可夫模型，也称马尔可夫过程或马尔可夫链（Markov chain），是俄罗斯数学家 Markov 1907 年时提出的数学模型，它是研究随机过程中统计特征的一种概论模型。

马尔可夫模型是由一个个状态（所谓态）构成，态之间的转换是以一定概率发生的。也就是说，"将来"与"现在"是通过一个概率去联系，同样"现在"与"过去"也是通过一个概率去联系，这样的概率称为转移概率。

图 2-6　DNA 序列的马尔可夫模型

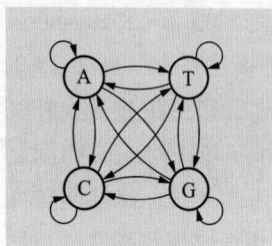

对于一条 DNA 序列，我们可以构建一个简单的马尔可夫模型（图 2-6）。该模型中只有 4 个态：A、T、G、C。对于一条 DNA 序列，它们之间以一定的概率转换。如以下 DNA 序列：

CTTCATGTGAAAGCAGACGTAAGTCA

从碱基 A 态向其他态（碱基）转移的次数如下：

A → T：1 次；

A → G：3 次；

A → C：1 次；

在原状态转移（即 A → A）：3 次。

同样可以统计出其他碱基（态）间的转换次数及其频率。

为了建立识别基因内 5′ 端外显子和内含子间剪接位点方法，可以构建一个马尔可夫模型（图 2-7）。该模型除了起始和终止点，只有 3 个态：外显子、内含子和 5′ 端剪接位点。三个态间的转换概率已在图 2-7 中标出。

作为马尔可夫模型的拓展和应用最为广泛的模型，隐马尔可夫模型（hidden Markov model，HMM）是 20 世纪 60 年代由鲍姆（Leonard E. Baum）等发展起来的。隐马尔可夫模型在实际应用中会涉及 3 个基本问题，即评估问题（evaluation）、解码问题（decoding）和学习问题（learning）。评估问题是已知观察序列 O 和模型 λ，如何计算由

图 2-7　外显子（E）与内含子（I）剪接位点（5′端）马尔可夫模型（Eddy，2004）

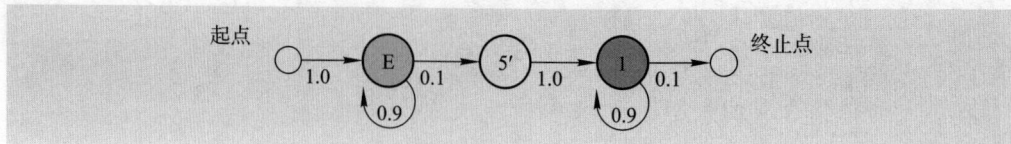

此模型产生此观察序列的概率 $P(O|\lambda)$。解码问题是已知观察序列 O 和模型 λ，如何确定一个合理的状态序列，使之能产生观察序列 O，即如何选择最佳的状态序列。它是对观察值的最佳解释，揭示的是隐藏的马尔可夫模型的态序列。学习问题是如何根据观察序列不断修正模型参数，使 $P(O|\lambda)$ 最大。针对上述 HMM 三个主要问题，已提出了相应的算法来解决：评估问题——向前和向后（forward-backword）算法；解码问题——Viterbi 动态规划算法；学习问题——Baum-Welch 算法（最大期望算法）。

2. 神经网络与深度学习

人工神经网络（artificial neural network，ANN），简称神经网络（neural network，NN），是机器学习和认知科学领域中一种模仿生物神经网络的结构和功能的数学模型或计算模型，用于对函数进行估计和近似。神经网络与人工智能、机器学习和深度学习均具有密切关系或包含关系。

人工智能（artificial intelligence，AI）是指计算机模拟人的意识和思维，从而让计算机具备人类拥有的感知、学习、推理等能力。1950 年人工智能之父图灵提出图灵测试，用来判断机器是否具备智能。其后在 1956 年的达特茅斯会议上，多名计算机科学家共同提出了人工智能的概念。机器学习（machine learning，ML）的概念起源于人工智能发展的早期，是实现人工智能的方法。其定义是计算机用已有的数据得出某种模型，再利用模型预测结果。如果一个程序可以在任务 T 上，随着经验 E 的增加，效果 P 也随之增加，则称这个程序可以从经验中学习。神经网络是机器学习中的一种数学模型或计算模型。神经网络自 20 世纪 40 年代提出，经历了起起落落的发展历程。2000 年以后，随着计算能力的提升以及大数据技术的发展，多层神经网络或深度神经网络的概念被发展起来，其相关的学习方法即深度学习成为最成功的机器学习算法之一，神经网络的研究也再次兴起。

深度学习是以人工神经网络为基础的机器学习的一个分支，其定义是通过构建具有很多隐藏层的机器学习模型和海量的训练数据，来学习更有用的特征，从而最终提升分类或预测的准确性。可以简单地理解为深度学习是神经网络的发展。深度学习的模型包括卷积神经网络、循环神经网络、图神经网络等各种深度神经网络（表 2-2）。深度学习在生物信息学领域也有广泛应用。

表 2-2　深度学习在生物信息学领域应用情况（Li et al.，2019）

研究方向	数据	数据类型	模型 *
序列分析	序列数据（DNA 序列、RNA 序列等）	一维数据	CNN、RNN
结构预测和重构	核磁共振图像、冷冻电镜图像、荧光显微镜图像、蛋白互作	二维数据	CNN、GAN、VAE
生物分子性质和功能预测	序列数据、位置特异性打分矩阵、结构特征、基因表达芯片数据	一维数据、二维数据、结构化数据	DNN、CNN、RNN
生物医学图像处理和诊断	CT 图像、PET 图像、核磁共振图像	二维数据	CNN、GAN

研究方向	数据	数据类型	模型*
生物分子互作预测和系统生物学	基因表达芯片、蛋白互作、基因－疾病互作、疾病相似性网络、疾病变异网络	一维数据、二维数据、结构化数据、图数据	CNN、GCN

*CNN（convolutional neural network）：卷积神经网络；RNN（recurrent neural network）：递归神经网络；GAN（generative adversarial network）：生成对抗网络；VAE（variational auto-encoder）：变分自编码器；DNN（deep fully connected neural network）：深度全连接神经网络；GCN（graph convolutional neural network）：图卷积神经网络

三、机器学习算法

1. 最大期望值法（EM）

最大期望值法（expectation maximization，EM）于 1977 年被提出，它是进行参数极大似然估计的一种方法，该算法可以基于非完整数据集中对参数进行最大似然估计，是一种非常简单实用的学习算法。这种方法可以广泛地应用于处理缺损数据和带有噪声等所谓的不完全数据。它是一种迭代算法，用于含有隐变量（hidden variable）的概率参数模型的最大似然估计或极大后验概率估计。假设我们要估计 A 和 B 两个参数，在开始状态下二者都是未知的，但如果知道了 A 的信息就可以得到 B 的信息，反过来知道了 B 也就得到了 A。可以考虑首先赋予 A 某种初值，以此得到 B 的估计值，然后从 B 的当前值出发，重新估计 A 的取值，这个过程一直持续到收敛为止。

最大期望值法在生物信息学领域有许多应用。如 MEME 工具不经过序列联配，对多条序列进行保守序列查找；隐马尔可夫模型学习问题——Baum-Welch 算法等。

2. 马尔可夫链蒙特卡罗算法（MCMC）

蒙特卡罗方法（Monte Carlo method），也称统计模拟方法，于 20 世纪 40 年代由乌拉姆（Ulam）和冯·诺依曼（von Neumann）首先提出。它是一种以概率统计理论为指导的一类重要数值计算方法，使用随机数（或更常见的伪随机数）来解决很多计算问题。其基本思路是当所求解的问题是某种随机事件出现的概率，或者是某个随机变量的期望值时，通过某种实验的方法，以这种事件出现的频率估计这一随机事件的概率，或者得到这个随机变量的某些数字特征，并将其作为问题的解。因此，蒙特卡罗方法的解题过程可以归结为三个主要步骤：构造或描述概率过程、实现从已知概率分布抽样、建立各种估计量。

马尔可夫链蒙特卡罗方法，简称 MCMC（Markov chain Monte Carlo method），产生于20 世纪 50 年代早期，是在贝叶斯理论框架下，通过计算机进行模拟的蒙特卡罗方法。该方法将马尔可夫过程引入蒙特卡罗模拟中，实现抽样分布随模拟的进行而改变的动态模拟，弥补了传统的蒙特卡罗积分只能静态模拟的缺陷。从理论上说，贝叶斯推断和分析是容易实施的，即对于任何先验分布，只需要计算所需后验分布的性质（如后验均值、后验方差和概率密度函数等），而这些计算本质上就是计算后验分布某一函数的高维积分。但在实践中，鉴于未知参数的后验分布多为高维、复杂的非常见分布，对这些高维积分进行计算十分困难，这一困难使得贝叶斯推断方法在实践中的应用受到很大的限制，在很长一段时间，贝叶斯推断主要用于处理简单低维的问题，以避免计算上的困难。MCMC 方法突破了这一原本极为困难的计算问题，它通过模拟的方式对高维积分进行计算，进而使原本异常复杂的高维积分计算问题迎刃而解，使贝叶斯方法仅适用于解决简单低维问题的状况大有改观，为贝叶斯方法的应用开辟了新的道路。

MCMC 是一种简单有效的计算方法，在很多领域得到广泛的应用，如用于解决基序识别和系谱分析等。

3. 动态规划

动态规划（dynamic programming，DP）是运筹学的一个分支。20 世纪 50 年代初美国数学家 R. E. Bellman 等在研究多阶段决策过程（multistage decision process）的优化问题时，提出了著名的最优性原理（principle of optimality），把多阶段过程转化为一系列单阶段问题，逐个求解，创立了解决这类过程优化问题的新方法，即动态规划。1957 年出版了名著 *Dynamic Programming*，这是该领域的第一本著作。动态规划算法在生物信息学领域广泛应用。最著名的应用就是确定两条序列最优联配结果的算法——Needleman-Wunsch 算法（本章第 3 节详细介绍）。另外，在隐马尔可夫模型的解码问题上也有很好的应用，如维特比算法。

4. 遗传算法

遗传算法（genetic algorithm，GA）是模拟生物进化中自然选择和遗传进化过程的计算模型，是一种通过模拟自然进化过程搜索最优解的方法。它是由美国芝加哥大学的 J. Holland 教授于 1975 年首次提出。

遗传算法是从一个种群开始，该种群包含解决问题潜在的解集。一个种群由一定数目的个体组成，每个个体即为包含染色体的实体，染色体是多个基因的集合，其特征或基因型决定了个体的表型。初代种群产生后，按照适者生存和优胜劣汰的原理，逐代演化产生出越来越好的近似解，在每一代，根据问题域中个体的适合度（fitness）大小来选择个体，并借助于自然遗传规则进行交叉（crossover）和突变（mutation），产生出代表新解集的种群。这个过程将导致种群像自然进化一样，后代种群比前代更加适应于环境，末代种群中的最优个体经过解码，可以作为问题近似最优解。

遗传算法的基本运算过程包括（图 2-8）：①定义参量，编码，随机产生初始群体；②个体评价、选择、复制，确定是否输出；③随机交换运算；④随机变异运算；⑤转向个体评价，开始新的循环。

遗传算法是一种基于适者生存的高度并行、随机和自适应的优化算法，通过复制、交换、变异将问题解码的染色体一代代不断进化，最终收敛到最适应的种群，从而求得问题的最优解或满意解。其优点是原理和操作简单、通用性强、不受限制条件的约束，具有隐含并行性和全局解搜索能力，在组合优化问题中得到广泛应用。

目前，遗传算法在基因组、转录组和蛋白质组等组学分析中应用广泛。例如，基因

图 2-8 遗传算法基本运算过程图

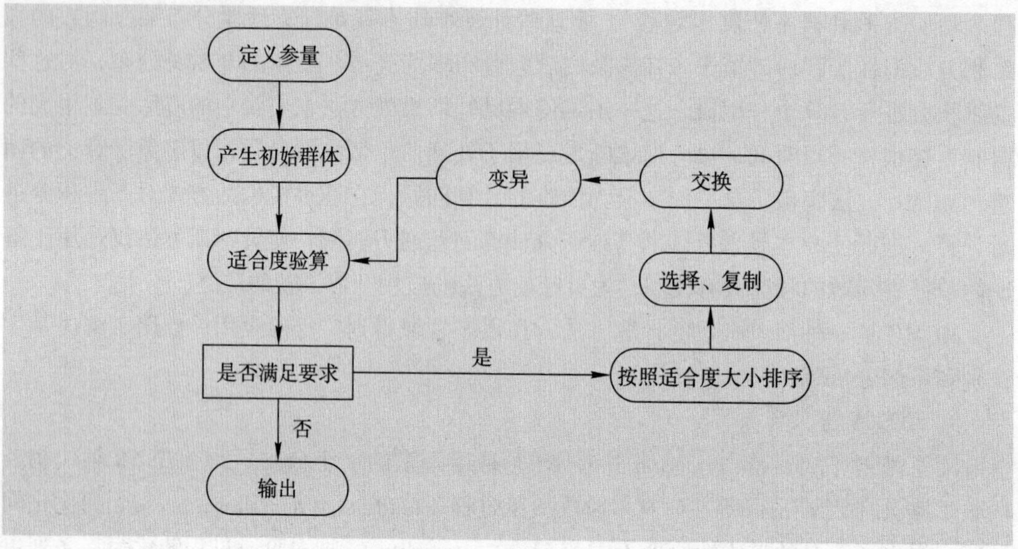

预测、多序列联配、结合位点和启动子等识别，以及 RNA 和蛋白质结构预测等。

第三节 序列联配算法

序列联配也称序列对比，是生物信息学的核心问题之一，许多生物信息学分析内容均涉及序列联配方法，如同源基因、功能域查找等。要进行有效的序列联配，涉及打分矩阵、联配算法和统计判断等关键问题。

一、打分矩阵

打分矩阵（scoring matrix）是序列联配过程中使用的计分规则，是序列联配的重要组成部分，它给出序列联配中碱基或氨基酸匹配或错配值，又称替换矩阵（substitution matrix）。DNA 序列相对比较简单，只有 4 种碱基，而蛋白质序列有 20 种氨基酸，如何给出这些氨基酸匹配和错配的一个科学准确评价值，即准确反映它们的生物学特征，是生物信息学发展之初就面临的问题，也是最早被解决的序列联配关键问题。构建打分矩阵，我们需要找到一个可以估计任何联配的某一统计数，使生物学关系最显著的联配统计数最大。

先看下面两条氨基酸序列的联配情况。如果将各残基按相同率处理，则两种联配方式（a 和 b）的得分是相等的（9 个残基中 5 个匹配）：

（a）TTYGAPPWCS　　　（b）TTYGAPPWCS
　　　TGYAPPPWS　　　　　　TGYAPPPWS
　　　* *** *　　　　　　　* * ***

但是联配（a）中是一些相对常见的残基（A、P、S 和 T）保持一致，而联配（b）

则是有一些相对稀有残基（W- 色氨酸和 Y- 酪氨酸）相一致。我们需要一个更科学的赋分方法来反映匹配氨基酸间生物学和化学关系。实际联配中，C-C 匹配相对比 S-S 匹配更重要些，因为半胱氨酸（C）是具有非常特殊性质的相对稀有氨基酸，而丝氨酸（S）则相对常见或普通。同样，D-E 错配值应取正值，因为这两个残基具有相同的化学性质，在两条联配的蛋白质序列中能起到相同的作用。但是，V-K 匹配结果则应被罚分，因为这两个残基毫无相似，不可能在两条序列中起到一样的作用。

用于 DNA 序列联配的打分矩阵相对比较直观。表 2-3 是一个常被使用的 DNA 打分矩阵。

表 2-3　DNA 序列联配的打分矩阵

	A	C	G	T
A	0.9	−0.1	−0.1	−0.1
C	−0.1	0.9	−0.1	−0.1
G	−0.1	−0.1	0.9	−0.1
T	−0.1	−0.1	−0.1	0.9

矩阵中每个匹配的碱基对均计为 0.9 分，每个不匹配（错配）的碱基对被罚 0.1 分，这样，下面联配的得分应为 $5 \times 0.9 + 2 \times (-0.1) = 4.3$：

GCGCCTC

GCGGGTC

***　　**

用于蛋白质联配的打分矩阵相对复杂，因为没有一个矩阵可以适用各种情况。构建矩阵时应考虑不同的蛋白质家族在进化过程中一种氨基酸突变成另一种氨基酸概率的差异，根据不同的蛋白质家族和预期的相似程度构建不同的打分矩阵。两个最著名的蛋白质打分矩阵分别是 PAM 和 BLOSUM，它们分别是在 1979 年和 1992 年被提出的。

序列联配打分中另一个重要问题是空位问题。空位处理是针对序列进化过程中可能发生的插入和缺失而设计的。插入和缺失可能只涉及一个或多个碱基或残基，也可能是整个功能域（domain），所以，在进行空位罚分设计时必须反映这些情况。一般有两个参数应用于空位罚分（gap penalty）设定，一个与空位设置（gap opening）有关，另一个与空位扩展（gap extension）有关。任一空位的出现均处以空位设置罚分，而任一空位的扩大则处于空位扩展罚分。对于一个空位长度为 k 的罚分 w_k 可用下式表示：

$$w_k = a + bk$$

其中 a 是空位设置罚分，b 为空位扩展罚分。这两个参数值设置的变化会对联配产生明显影响（表 2-4）。

如何设定罚分并无明确的理论可循，但大的空位设置罚分配以很小的空位扩展罚分，被普遍证实是最佳的设定思路。

表 2-4 空位设置和空位扩展罚分对联配的影响

空位设置罚分（a）	空位扩展罚分（b）	联配效果
大	大	极少插入或缺失，适用于非常相关蛋白质间的联配
大	小	少量大块插入，适用于整个功能域可能插入的情况
小	大	大量小块插入，适用于亲缘关系较远的蛋白质同源性分析

二、序列联配算法

（一）两条序列联配算法

Needleman-Wunsch 算法是一种全局联配算法，它从整体上分析两个序列的关系，即考虑序列总长的整体比较，用类似使整体相似（global similarity）最大化的方式，对序列进行联配。两个不等长度序列的联配分析必须考虑在一个序列中一些碱基的删除，即在另一序列做空位（gap）处理。Needleman 和 Wunsch 最初提出的算法是寻求使两条序列间的距离最短，它使用的是一个动态规划的方法。该算法可以用于核酸和蛋白质序列，是生物信息学最经典算法之一。在给定打分规则（打分矩阵和空位罚分）情况下，它们总是能给出具有最高（优）联配值的联配结果。但是，这个联配结果并不一定具有生物学意义，因为它可能达不到生物学意义上的显著水平。

如果将两条联配的序列沿双向表的上轴和左侧轴放置，两条序列所有可能的联配方式都将在它们所形成的方形图中（图 2-9A）。图中标出了一条序列所有碱基与另外一条序列碱基所有可能的联配方式（碱基匹配、不匹配和空位）。从最上角出发，到右下角结束，任何一个联配方式均可以画出一条联配路径，或反过来，任何一条路径也对应一种联配方式（如图中标注的一个路径及其对应的联配结果）。这样一来，我们确定任意两条序列最优联配结果的问题就转化为寻找最优路径问题了。所有可能的路径（联配方式）如果都在这个方形图中，那么我们如何找到最短路径？

图 2-9 两条序列联配方式与路径
A. 两条序列联配方形示意图；B. 联配方式示意图

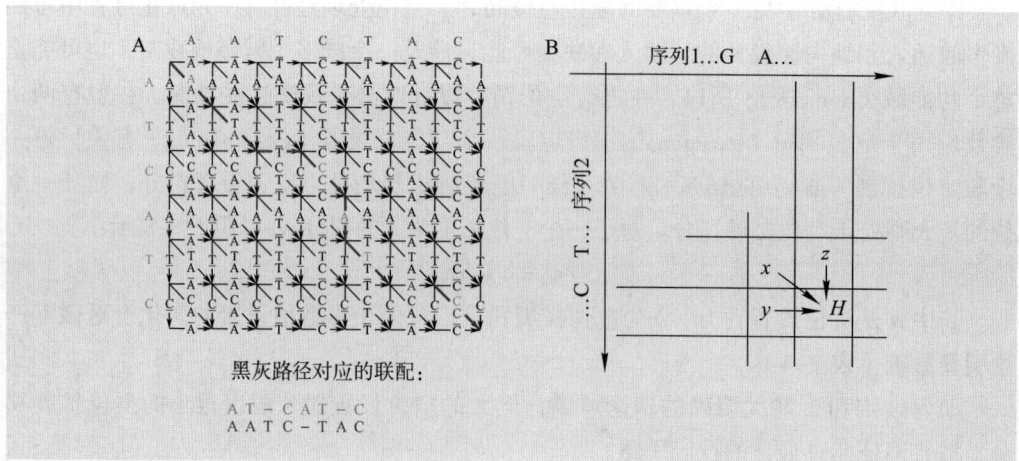

黑灰路径对应的联配：

```
AT-CAT-C
AATC-TAC
```

对于任一联配位点，即图中的任一单元格，仅有三种可能的方式延伸联配过来（图 2-9B）：①碱基匹配或不匹配，即每一序列均加上一个碱基（x 路径），并给其增加一个规定的距离权重（匹配加分，错配罚分）；②在一个序列中增加一个碱基而在另一序列中增加一个空位或反之亦然（y 和 z 路径）。这三种延伸方式的权重值分别加上到达上一个位点的累计得分（x，y，z），就可以得到三种可能联配方式的得分，然后得分最高（H）的路径作为到达本位点的最佳路径。引入一个空位时也将增加一个规定的距离权重（空位罚分）。因此，表中的一个单元可以从（最多）三个相邻的单元达到。为了获得最优路线，我们必须保证从一开始就每步最优，即把到达单元格距离最小的方向作为序列延伸的方向。将这些方向记录下来，并在计算了所有的单元之后，沿着记录的方向就有一条路径可从方形图最右下角（两个序列的末端）追踪到最左上角（两个序列的起点）。由此所产生的路径将给出具有最短距离的序列联配（即最有连配结果）。如获得两条路径获得等距离（相同得分），意味着存在两种可能的路径方向或最短路径。

　　Smith-Waterman 算法是在 Needleman-Wunsch 算法基础上发展而来的，它是一种局部联配算法。由于亲缘关系较远的蛋白质序列可能只有一些相互独立的保守片段，所以进行局部相似性分析时可能比整体相似性分析更合理。

　　Needleman-Wunsch 和 Smith-Waterman 算法作为生物信息学领域最早出现的序列联配算法，很早就被程序化，用于序列比对或数据库搜索。如 BLAST（Basic Local Alignment Search Tool）和 EMBOSS（The European Molecular Biology Open Software Suite）软件包中的全局比对程序 "needle" 和局部比对程序 "water" 等。

（二）多条序列联配算法

　　通过两条序列联配算法（Needleman-Wunsch 算法）和一定的计分系统，我们总是可以获得一个最优联配结果。但是，当我们将三条及以上的序列放在一起联配时，情况就不一样了，问题变得异常复杂。以三条序列为例，所有可能的联配方式（路径）是在三条序列构成的立体空间内，这样从起始到终点可能的路径数量以几何方式增长，从中找出最优路径就困难许多。如果三条以上序列进行联配，可能的联配方式就更加巨大。Lipman 团队由此提出多维动态规划（multidemensional dynamic programming）算法，可以获得多序列最优联配结果，并基于该算法开发了软件工具 MSA（算法详细描述可见 Durbin 等主编 Biological sequence analysis: probabilistic models of proteins and nucleic acids 一书）。

　　目前实用的多序列联配方法均采取启发式（heuristic）算法，即往往能给出一个很好的联配结果，但不能保证给出的一定是最优联配结果。这类算法分为几种类型，如渐进式全局比对（progressive global alignment）、迭代法（iterative method）和基于统计模型的方法等。渐进式全局比对是 20 世纪 80 年代发展起来的，其中以软件工具 Clustal 算法最为成功。

　　Clustal 算法作为渐进式全局比对方法的代表，其基本思路还是利用动态规划算法：首先判断各条序列间差异度大小，然后将最相近的两条序列进行序列联配，采取动态规划算法获得其最优联配结果，然后逐步增加次相近的单条序列或序列联配（作为一条序列看待）。换句话说，由于两条序列的最优联配结果可以很容易地获得，多序列联配便可以在连续使用两条序列联配算法（如 Needleman-Wunsch 算法）基础上，通过先建"树"的思路来逐一进行多序列联配，所以这一方法同样是一种动态规划方法。

三、BLAST 算法

当面对大量两条序列间的比对时，运算时间变得非常重要。如数据库序列搜索就是这样一个问题。Altschul 等 1990 年提出的用于数据库搜索的 BLAST 算法和 1988 年 Pearson 和 Lipman 提出的 FASTA（fast all）算法很好地解决了这一问题。两者算法相似，目前 BLAST 应用最为广泛，本书以 BLAST 为例进行讲解。

BLAST 算法同样是利用动态规划算法，与 Smith-Waterman 算法类似，其不同之处是引入了所谓"词"或"字符串"（"word"或 K-tuple）的检索技术。所有序列都是由若干字符串组成，如我们以 3 个碱基长度的字符串为例，下列 DNA 序列包括了 4 个字长为 3 的字符串：

>seq1

GAGCGG

其包含的字符串：GAG，AGC，GCG，CGG。

为了降低比对时间，BLAST 算法中一个重要手段是建立序列数据库的"字"检索系统，即将数据库中所有序列中所包含的不同长度字符串进行扫描，并建立索引。

下面用图解方式进行具体说明（图 2-10）。第一步（图 2-10A）：扫描递交序列的每个位点，发现特定位点（p）起始的字长为 w 的所有词或字符串（即"p_word"），获得所有词的一个列表。也可以扩大这个列表的词条数量，如允许错配 1~2 个碱基，这样类似的词或与 p_word 匹配值超过一个临界值 T 的词也纳入列表。这样避免遗漏一些相似度低的一些序列。第二步（图 2-10B）：根据上述词列表，确定搜索目标数据库中所有包含与列表中词完全一样的序列。包含相同词的数据库序列将与递交序列进一步进行比较，而那些不包含相同词的序列将不再进行任何序列比对。这样大大节省了搜索时间。第三步（图 2-10C~D）：对于每个数据库序列包含或匹配的词得到的联配（所谓"hit"），向两端以动态规划算法向外延伸（图 2-10C）。延伸过程中联配值 S 不断变动，当联配过程中联配值 S 降低超过某一临界值 X，延伸结束（图 2-10D）。这样我们可以获得所谓高打分匹配片段（high-scoring segment pair，HSP）。然后列出所有超过某一设定临界联配值或 E 值的 HSP。E 值是一个统计参数，随机情况下，是指可以获得等于或超过联配 S 值的 HSP 数量。E 值越小，说明在统计学意义上递交序列与得到的联配序列相似性越高。

上述对于每个匹配字得到的联配，以动态规划算法向两端延伸，延伸方式是以一个特定数值（X）为限定，如果超过该值就终止联配。这种动态规划联配方式是一种数值限定联配（score-limited）类型（图 2-11）。当然，我们也可以用其他条件进行限定联配，如不允许插入空格联配（ungapped），或插入空格数量进行限定联配（banded）类型。如果没有限定，就是我们熟知的全局联配方式，所谓允许空格的全联配。这些限定序列动态往往针对特殊问题或目的进行选用，以提高搜索速率和高效获得特定目标序列。

图 2-10 BLAST 算法

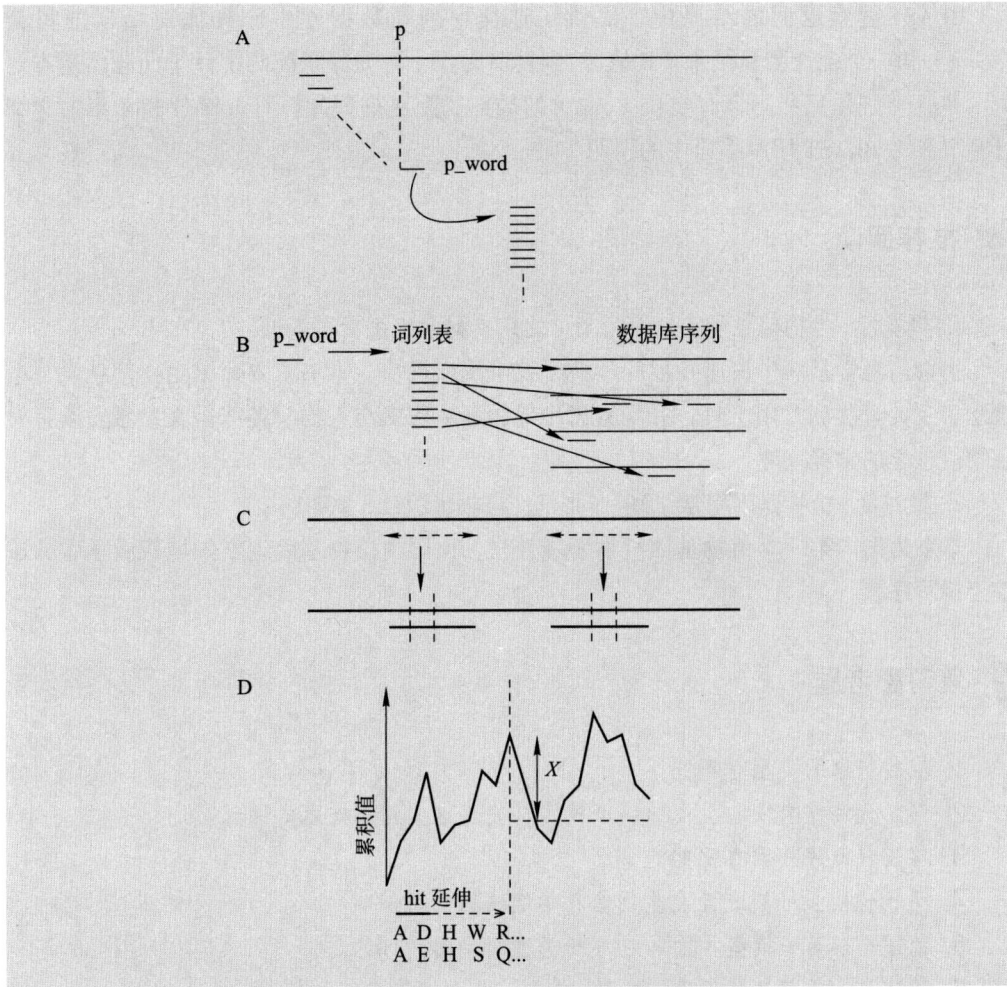

图 2-11 序列动态
规划联配方式
可以利用空格（是否
允许）、空格数量和
联配值等进行限定联
配过程

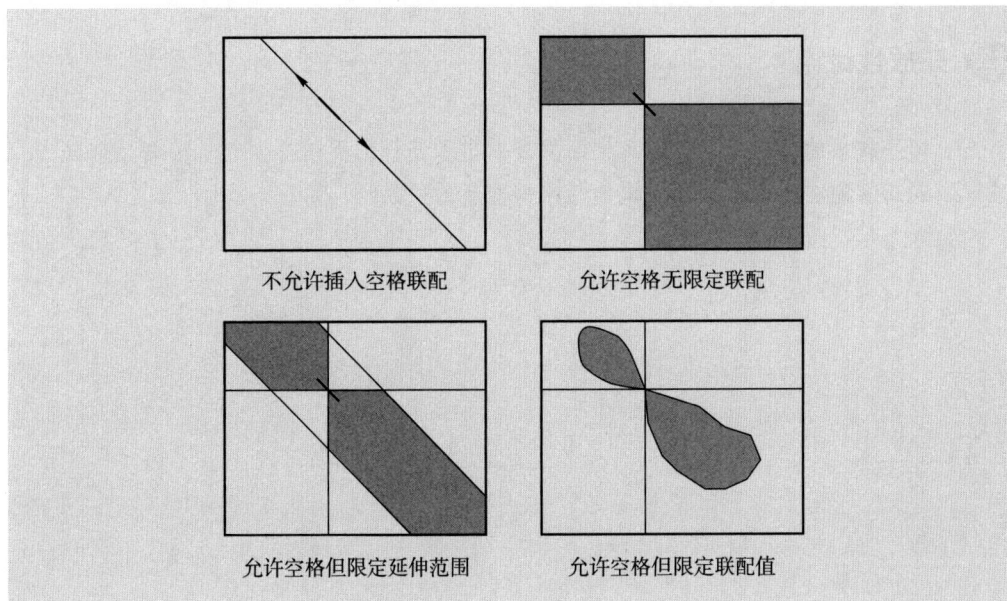

不允许插入空格联配

允许空格无限定联配

允许空格但限定延伸范围

允许空格但限定联配值

BLAST 搜索返回的结果中，提供了递交序列与数据库中序列比对结果的得分（score）和一个统计测验结果（E 值）。到目前为止，对局部联配的统计学问题已基本研究清楚，特别是那些不含有空位（gap）的局部联配更是如此。有关得分和 E 值的详细计算可参考 BLAST 用户手册中的说明。

推荐阅读

1. 樊龙江. 生物信息学［M］. 2 版. 北京：科学出版社，2021.

生物信息学是一个快速发展的学科，技术革新很快，本书主要介绍生物信息学基本概念、主要算法和常用工具，并配有思维导图及"历史与人物"趣味短文，激发读者对生物信息学的学习兴趣。

2. 樊龙江. 植物基因组学［M］. 北京：科学出版社，2020.

本书为国内第一本植物基因组学领域教材，由国内植物基因组学领域权威学者韩斌院士撰写序言。

复习思考题

1. 生物信息的类型有哪些？

2. 第二代测序有哪些主流的测序技术？简述这些测序技术的原理。

3. 第三代测序技术有哪些？

4. 举例说明贝叶斯统计在生物信息学领域的应用。

5. 简述马尔可夫模型和隐马尔可夫模型的异同。

6. 简述 BLAST 算法的原理与步骤。

开放性讨论

1. 测序技术的进步为生物信息学的发展做出了怎样的贡献？

2. 人工智能在生物信息学领域能带来哪些新的发展？

第三章

植物基因组大数据

　　基因组（genome）一词由德国汉堡大学植物学教授
Hans Winkler 于 1920 年提出，是指生物体所有遗传物质
的总和。随着高通量测序技术的快速发展，基因组数据呈
指数级增长，进入了以海量基因组数据为特征的基因组大
数据时代。基因组大数据具有多种特征，如规模性、多样
性、高速性等。基因组大数据结合生物信息学研究，能够
快速挖掘基因组学大数据中蕴含的生物学知识。目前，基
因组学主要分为结构基因组学、功能基因组学、比较基因
组学等。

　　本章重点介绍植物基因组组装与注释、比较基因组与
进化、群体基因组相关的基本知识及理论，了解从参考基
因组到群体基因组的研究思路和构建途径。以具体实例，
掌握基因组组装和注释的基本方法。

第一节 基因组组装与注释

一、基因组调查

随着测序技术的发展，越来越多的植物基因组被测序，其测序手段和方法基本成熟。对于一个没有基因组测序的物种，首先需要对该物种进行基因组调查（genome survey）。主要评估其物种基因组大小、基因组杂合度、倍性、GC 含量，通过流式细胞技术和基因组测序两个途径完成。流式细胞技术是在分子水平上通过对单个细胞进行细胞核 DNA 含量、染色体倍性和基因组大小评估，检测植株 G_0/G_1 峰的细胞核 DNA 含量，可以判断出植物的倍性，如果在 G_1 上有一个峰值，则一般为二倍体植物。对基因组大小和倍性评估后，一般测（30～50）× 的二代数据，进行 k-mer 评估。k-mer 是对于测序的读长迭代选取长度为 K 的序列片段，单条读长测序覆盖某个 k-mer 的概率：$(L-K+1)/G$（基因组大小为 G，读长为 L）。主要使用 jellyfish 和 genome scope 进行基因组 k-mer 评估。主要步骤为：①先用 jellyfish 得到 k-mer 频率的数据，即一个 histo 文件；genome scope 输入 jellyfish 输出的 k-mer 数据，输出 k-mer 分布图。只出现一个主峰说明基因组杂合度不高，如果图中出现多个峰，说明它可能是多倍体或基因组杂合度高。此外，kmergenie 软件可以得到各个 k-mer 分布图，筛选出最佳 k-mer 值。基于 k-mer 可以较好地预测基因组大小，并定性地了解基因组的复杂情况，如果想更具体地了解基因组的复杂度，可以先将 50 × 以上的测序数据进行预组装，然后再做进一步分析。

二、基因组组装与算法基础

基因组组装（genome assembly）是将测序读长经过拼接组装，产生长片段基因组的碱基序列。基因组组装一般分为三个层次：重叠群（contig）、基因支架（scaffold）和染色体（chromosome）。重叠群指不同读长之间的重叠区（overlap），根据图论的方法拼接成较长的连续序列。基因支架指获得重叠群后还需要构建 paired-end 或 mate-pair 库，从而获得一定片段的两端序列，这些序列可以确定重叠群的顺序和位置关系。重叠群的进一步拼接，允许引入 N（即缺口，gap）就得到基因支架。最后根据遗传图谱或光学图谱将这些基因支架定位到染色体上，从而得到高质量的全基因组序列（图 3-1A）。基因组组装基于先重叠后扩展一致性（overlap-layout-consensus，OLC）和德布鲁因图（de Brujin graph，DBG）两种组装算法；OLC 算法一般适用于长读长测序数据，如一代 Sanger 测序数据和三代 PacBio/Nanopore 数据，该算法运行依赖的数据结构需要消耗大量的内存，且运行速度比较慢，错误率高；DBG 算法适用于二代短读长测序数据，难以对重复序列区域进行分析，更依赖于建库。

基于 OLC 算法的基因组拼接主要有以下 3 步：①重叠区：对所有读长进行两两比对，找到读长间的重叠关系，如果两个读长的最小重叠长度低于一定阈值，那么可以认为两段序列顺序性较差。②布局（layout）：根据读长重叠信息将存在的重叠片段建立一

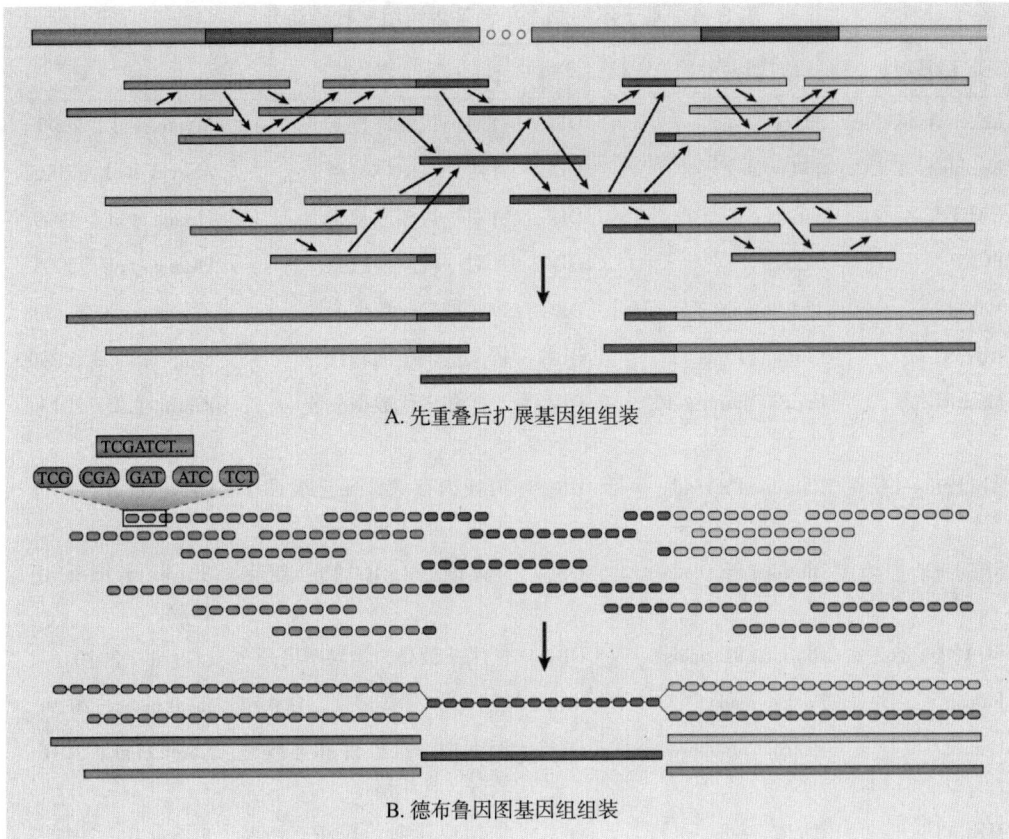

图 3-1　基因组组装
算法（Chaisson et al.,
2015）

A. 先重叠后扩展基因组组装

TCGATCT...

TCG　CGA　GAT　ATC　TCT

B. 德布鲁因图基因组组装

种组合关系，形成重叠群，重叠群进一步排列，生成多个较长的基因支架。③一致性
（consensus）：根据构成重叠群的原始质量数据，在重叠群中寻找一条质量最高的序列路
径，并获得与路径对应一致的序列一致性。通过一致性多序列比对算法，就可以获得最
终的基因组序列（图 3-1B）。

　　代表性的软件有：针对 Sanger 测序和 454 测序数据的 Celera Assembler、Newbler
等；针对三代测序的组装软件有 Falcon、Canu、MECAT、WTDBG、NextDenovo 等
（表 3-1）。DBG 算法将短读长打断为短的 k-mer 构建德布鲁因图，主要分为以下 6 步：
①读长质控后，将读长进行 k-mer 的片段化，即将读长逐个碱基开始切分为长度为 K 的
子串。②k-mer 得到的子序列作为图的节点，两个节点有 k-1 个共同的重叠子集，将其
连接在一起构建德布鲁因图。③得到高频和低频 k-mer，将一些很短的重复解开，相似
性 k-mer 合并形成气泡（bubble）结构。④将无法确定真正连接关系的分叉位点截断，
这一步称为解图获得重叠群序列。⑤将质控后的读长比对回上一步得到的重叠群，利用
读长间的连接关系和插入片段大小信息，通过重叠群两端的配对序列信息，将多个重叠
群连接成基因支架。⑥利用 PE 读长填补基因支架内部的缺口，通过已经组装的重叠群
间的覆盖关系来补充，形成多个没有缺口的基因支架。代表性的软件有：SOAPdenovo2、
SPAdes、ALLPaths-LG、Miniasm、ABySS、Velvet、MasuRCA 等。无论是一代 Sanger 测

表 3-1 基于不同测序平台基因组组装软件简介

组装软件	测序数据	算法	主要特点	参考文献
Celera Assembler	Sanger	OLC	针对一代测序数据	Myers et al.，2000
Newbler	454 reads	OLC	针对一代测序数据	Marcel et al.，2005
CAP3	Sanger	OLC	针对一代测序数据	Huang et al.，1999
PCAP	Sanger	OLC	针对一代测序数据	Huang et al.，2005
Velvet	454/Illumina PE reads	DBG	一代和二代数据混装	Zerbino et al.，2008
ABySS	Illumina PE reads	DBG	较大基因组的软件	Simpson et al.，2009
MasuRCA	PacBio/Illumina PE reads	DBG	二代和三代数据混装	Zimin et al.，2013
ALLPaths-LG	Illumina PE reads	DBG	消耗内存大，要至少两个不同大小文库	Gnerre et al.，2011
SPAdes	Illumina PE reads	DBG	小基因组（<100 Mb）组装	Bankevich et al.，2012
SOAPdenovo2	Illumina PE reads	DBG	使用率最高，错误率也高	Li et al.，2010
Falcon	PacBio reads	String	能分析二倍体序列，含纠错	Jayakumar，2019
Canu	PacBio/Nanopore reads	OLC	速度慢，准确性和连续性较好，含纠错	Koren et al.，2016
MECAT	PacBio reads	OLC	集超快比对、校正、组装于一体	Xiao et al.，2017
NECAT	Nanopore reads	OLC	快准，专门处理 Nanopore	Xiao，Unpublished
WTDBG	PacBio/Nanopore reads	OLC	运行速度快，内存占用小	Ruan and Li，2020
SmartDenovo	PacBio/Nanopore reads	OLC	处理 Nanopore	Ruan，Unpublished
Miniasm	PacBio/Nanopore reads	OLC	运行速度快，不含纠错	Li，2016
NextDenovo	PacBio/Nanopore reads	OLC	连续性较好，无碱基矫正步骤	Hu，Unpublished

序、二代 Illumina 测序，或是三代 PacBio/Nanopore 测序，相比基因组拼接而言最重要的任务就是将这些小片段连接起来；寻找序列之间的重叠关系，构建图谱。之后，利用现有算法从图谱中得到最优路径，从而获得最终的连续性重叠群序列。

在完成一个基因组的拼装后，统计 N50/N90 长度和基因组的长度，评估组装序列的连续性、完整性、准确性和保守性基因。①连续性的评估：将 DNA 测序读长比对到基因组上，验证读长比对基因组的覆盖情况，用于评估组装完整性以及测序的均匀性。如果比对率在 90% 以上以及覆盖度在 95% 以上，认为组装结果和读长有比较好的一致性。②完整性的评估：借助 RNA-seq 或者 EST 的证据进行评估。③准确性评估：通过全长细菌人工染色体序列与组装结果的比对，对组装结果的正确性进行验证。从细菌人工染色体序列和基因支架是否具有较好的一致性来判断组装质量。④保守性基因评估：利用真核生物中的保守蛋白家族集合（CEGMA）和单拷贝直系同源测试库（BUSCO），鉴定组装的结果是否包含这些序列，即包含单条、多条、部分或不包含等情况，最终输出结果。连续性要求组装得到的重叠群序列 N50/N90 长度尽可能长；完整性要求组装序列的总长度占基因组序列长度的比例尽可能大；准确性要求组装序列与真实序列尽可能符合。

三、基于 Hi-C 和 Bionano 假染色体定位

光学图谱技术（Irys system）以及高通量染色体构象捕获技术（Hi-C）分别凭借高通量单分子层的基因组长距离分析技术和高分辨率染色质三维结构信息捕获技术将基因支架定位到染色体。Bionano Genomics 公司的 Irys 光学图谱系统，以专利的芯片技术为核心，通过酶切和 7 bp 带有荧光标签的识别序列对长达数十万碱基的长链 DNA 单分子成像；在辅助基因组组装和结构变异检测等方面具有广泛的应用。Bionano 光学图谱构建主要有两步：①根据光学图谱、物理图谱和混合图谱的比对结果，构建 AGP 文件。②基于 AGP 文件信息，和 Bionano 的杂合基因支架（hybrid scaffold）流程对原始序列进行拼接。最终产生两类 FASTA 文件，一类是未被用于混合组装的序列，文件命名里包含 NOT_SCAFFOLD；另一类是由基因组序列和未知区域的 N 组成。对于基因支架中的缺口，可以用 PBjelly 进行补洞填充。

基于远距离基因支架技术是利用染色质之间的交互信息，将基因组基因支架序列高精度地定位到染色体，并确定其在染色体上的顺序和方向，构建出染色体水平的基因组。基于 Hi-C 技术进行组装的理论基础之一是同一条染色体上两位点间的交互频率显著高于不同染色体上两位点间的交互频率。这就说明通过利用 Hi-C 数据进行聚类，可以将测序得到的基因支架分配到不同的染色体上。同时，因为染色质交互频率会随着两位点距离的增大而减小，这就可以用于对聚类好的基因支架进行排序定向。代表性的软件有 LACHESIS、SALSA2、3D-DNA、ALLHiC 等。

LACHESIS（ligating adjacent chromatin enables scaffolding *in situ*）通过聚类算法将初步组装的重叠群或基因支架分配到各染色体群中，基于染色体内部不同区段间的互作强度高低对每个染色体群组中的重叠群或基因支架进行排序和定向，将基因组草图提升到染色体水平。LACHESIS 是分析 Hi-C 数据的经典工具，目前已发表的 Hi-C 辅助组装文章多基于该算法。但 LACHESIS 在多倍体基因组组装方面具有一定的局限性，在多倍体物种和高杂合物种中由于等位基因序列的相似性，可能会使得不同染色体组之间的重叠群出现假的互作信号，导致组装错误。而 ALLHiC 算法可通过修剪 Hi-C 平行信号和弱信号，将等位基因和同源序列分隔在不同的单倍型内独立组装，有效解决了多倍体物种和高杂合度基因组的辅助组装难题。此外，ALLHiC 还改进了重叠群的排序和定向，尤其是连续性较低的重叠群，提高了短序列的排序和定向的准确性（图 3-2）。当前 ALLHiC 的杂合基因支架流程能够很好处理单倍体信息，可以较好地处理两个亚基因组。这两个软件使用时，先利用 Bionano 数据进行混合组装，然后进行 Hi-C 组装，因

图 3-2 ALLHiC 算法
的主要步骤（Zhang
et al.，2019）

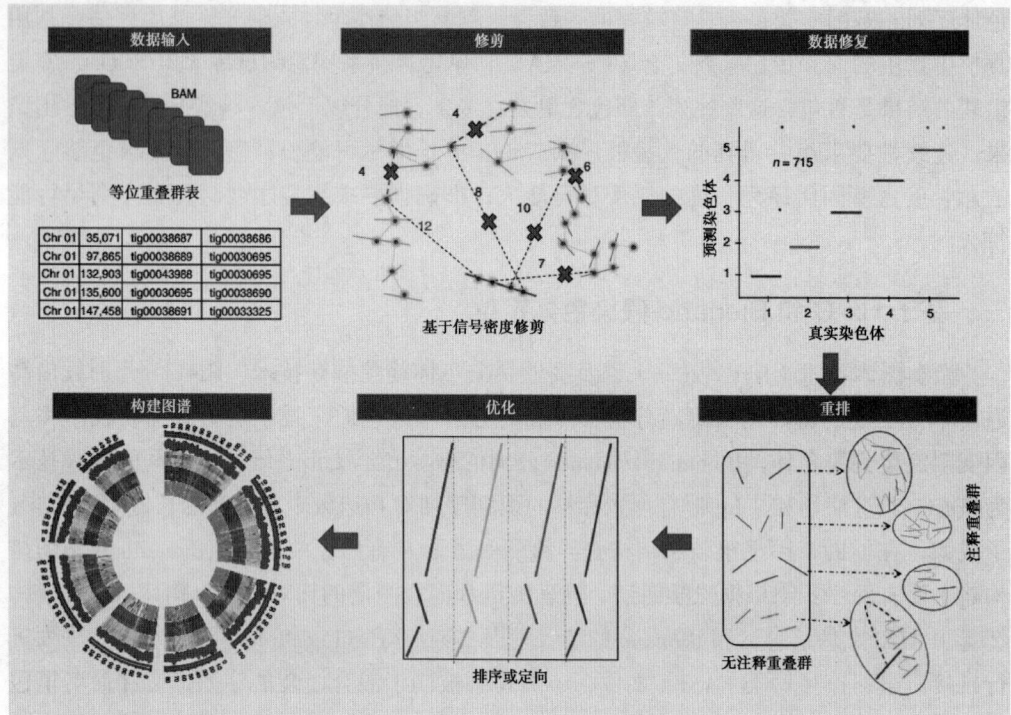

为 Bionano 很难处理 Hi-C 数据引起的基因组中定向或排序的错误。

四、转座子注释

在组装好一个染色体级别的基因组后，要对基因组进行重复序列屏蔽，便于后期的基因预测。植物重复序列可分为串联重复序列（tandem repeat）和转座子重复序列（transposable elements repeat）两大类。其中串联重复序列包括有微卫星序列、小卫星序列等；转座子重复序列包含两类：Class I 以 DNA-DNA 方式转座的 DNA 转座子和 Class II 具有转录活性的反转录转座子（LTR-retrotransposon）。转座子序列在基因组上占有很大的比例，重复序列注释的方法主要包含同源序列比对和从头预测结构特征两种策略。使用 LTR_Finder 和 RepeatScout 等从头预测软件预测重复序列。另一方面，基于同源比对预测与已知重复序列相似的重复序列，PASTEClassifier 根据转座子特征进行分类，注释合并 RepBase 数据库。最终利用 Repeatmasker 软件预测。对于其他特异类型的转座子，如 MITE-Hunter 软件鉴定微倒转转座元件（miniature inverted-repeat TEs，MITEs），LTRharverst 和 LTR_FINDER 鉴定全长的 LTR 转座子，RepeatModeler 鉴定其他的重复序列等。

五、基因组功能元件注释

基因预测主要基于从头预测、同源预测、依赖 RNA-seq 的预测。从头预测（de novo prediction）是通过已有的概率模型来预测基因结构，在预测剪切位点和 UTR 区准确性较低。同源预测（homology-based prediction）是指有一些基因在相近物种间的保守型，可以使用已有的高质量近缘物种注释信息通过序列联配的方式确定外显子边界和剪切位点，如 EST 和 UniProtKB 数据。基于转录组预测（transcriptome-based prediction）是通过物种的各个组织的 RNA-seq 数据辅助注释，现在常用 PacBio RNA-seq 数据，直接预测准确的转录本信息，能够准确地确定剪切位点和外显子区域。最后需要用 Evidence Modeler（EVM）工具对基于 *ab initio* 基因和各种证据整合，合并成完整的基因结构。对于整个基因注释也整合了许多的流程包，如 MAKER 和 BRAKER 流程，下面主要以棉花非参考序列基因组注释 MAKER2 流程为例进行简要说明，最初的输出结果可以继续用作输入训练基因预测的算法，从而获取更高质量的基因模型。主要包括以下 5 步：①物种特异或近缘物种的蛋白质序列，UniProtKB 和 NCBI Protein 数据库；②物种特异或近缘物种的 EST 序列和 Unigene；③ Trinity 拼接的转录本序列；④ RepeatMask 去除重复序列和 RepeatModeler 种子联配方式重头注释基因组序列；⑤用 MAKER 流程注释基因组，这里使用 SNAP 训练，创建 4 个以 ctl 结尾的配置文件 maker_bopts.ctl、maker_evm.ctl、maker_exe.ctl 和 maker_opts.ctl。修改好 *ab initio* 基因预测工具配置文件后，进行 SNAP 两轮的预测训练，最后会生成各种证据的注释文件 gff3 和 fasta。

　　maker_exe.ctl：配置 Maker 调用程序的路径；

　　maker_bopts.ctl：BLAST 和 Exonerat 的过滤；

　　maker_opts.ctl：其他信息，输入基因组文件；

　　修改 maker_opts.ctl 配置文件中 genome、est、protein、altest、rmlib 等所在路径，修改 est2genome=1，protein2genome=1。

　　在得到完整的基因模型后，使用 InterProscan、Pfam、NR、SATase、TAIR10、KOBAS 等多个数据库对基因功能进行注释。另一方面，对非编码元件 rRNA、tRNA、snRNA、snoRNA、miRNA、lincRNA、circRNA 等基于 RNA-seq 和从头预测证据进行注释。

第二节　比较基因组与进化

　　在完成一个物种基因组组装和注释后，通常会与其他物种基因组比较分析，确定该物种的进化地位、物种分化时间、祖先染色体等。通过比较基因组学研究理解基因组结构和功能进化的机制。一般包括以下三个方面的内容。

一、基于蛋白质序列的比较基因组分析

　　基因家族是指一个基因通过基因复制和物种分歧产生两个或更多拷贝的基因，具有相似的功能，形成一个基因簇。基因家族分析主要分以下步骤：首先选取近缘物种，利用蛋白质序列 blastp 比对，构建物种基因家族，得到单拷贝同源基因（single-copy orthologs group，SCOG）和多拷贝同源基因（multiple-copy orthologs group）集合；利用 MAFFT 对各个物种 SCOG 进行多序列比对，提取最佳比对结果；利用 RAxML 构建物种

系统发生树；利用 KaKs_Calculator 进行基因对正向选择分析；针对单拷贝基因家族，使用 PAML 软件包中的 MCMCTree 贝叶斯方法估算（同义替换 Ks）物种分歧时间（T），计算公式为 $T = Ks/2r$（$r = 3.48 \times 10^{-9}$）。计算物种分歧时间后，使用 CAFE 进行基因家族扩张和收缩分析。对于基因的共线性比较分析，利用 MCScanX 软件包根据基因序列 BLAST 结果，分别搜索基因组内部及近缘物种基因组间的共线性区段，一般选择每个 block 区间内中至少有 5 个同源基因对。根据旁系同源基因对可判断两个物种分歧时间，峰值为对应物种发生全基因组复制或分歧的时间点。

二、基于基因组序列联配的比较基因组分析

结构变异广泛存在于人类和动植物基因组中，指 50 bp 到数百万碱基不等的变异，主要包含有拷贝数变异（copy number variant，CNV）、插入（insertion，INS）、缺失（deletion，DEL）、倒位（inversion，INV）、易位（translocation，TRA）、微小转座元件插入（mobile element insertions，MEI）、存在/缺失变异（presence/absence variations，PAVs）等类型。结构变异的鉴定是基因组解析的关键，常用的软件有 MUMmer 和 LASTZ 软件包。MUMmer 基于两个基因组序列联配的方式进行比对，通过最大的匹配算法找到唯一匹配，然后将这些匹配区域聚类成较大不完全联配区域，然后扩展成含有缺口的更大联配区块。LASTZ 用于预处理一个或一组序列，将多个查询序列与之比对。在鉴定出结构变异后，利用 PacBio、Illumina、Hi-C 数据进行 mapping 验证断点。如在海岛棉（*Gossypium barbadense*）和陆地棉（*Gossypium hirsutum*）参考基因组比对中发现了在 A06 上存在四个大的倒位事件，包括 3 个染色体臂内倒位（in1、in3 和 in4）和 1 个染色体臂间倒位（in2），通过 Hi-C 数据热图显示在断点周围离散的染色质相互作用（图 3–3）。

图 3–3 海岛棉和陆地棉结构变异（Wang et al., 2019）

图 3–3 彩色图片

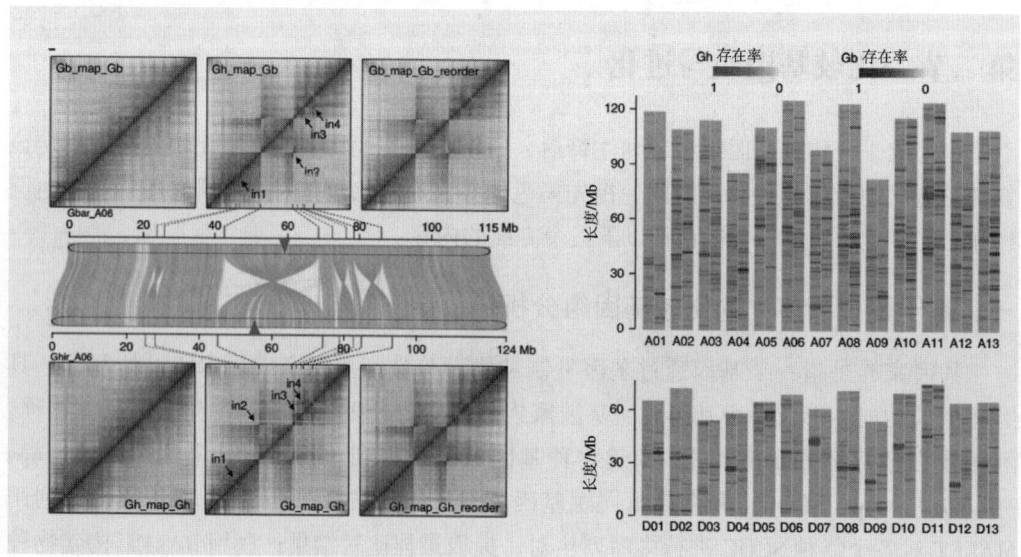

三、基因组多倍化

基因组多倍化是通过染色体倍增的方式导致多套染色体共存于同一细胞核中，形成稳定遗传新物种的现象，为生物进化提供了原始的遗传材料，被认为是进化的加速器。Jiao 等（2011）证实了几乎所有的被子植物都经历了至少一次全基因组复制事件（图 3-4），大约在 300 百万年前（million year ago，MYA）（δ 事件），导致了裸子植物向被子植物的进化；另一次是 192 MYA，在裸子植物和被子植物分开后，被子植物经历了一次全基因组复制（ε 事件），进化出单双子叶植物类型，可能对花和种子的产生有重要贡献。在单子叶植物和双子叶植物分化后，开花双子叶植物又经历了一次全基因组复制 γ，大约发生在 130 MYA，对于这一研究最早的报道是在葡萄基因组测序完成后。水稻和高粱经历了两次全基因组复制，发生在 125 MYA（σ 事件）和 65 MYA（ρ 事件）；模式植物拟南芥经历了两次大规模物种特异的全基因组复制，分别发生在 55 MYA（β 事件）和 25 MYA（α 事件）。

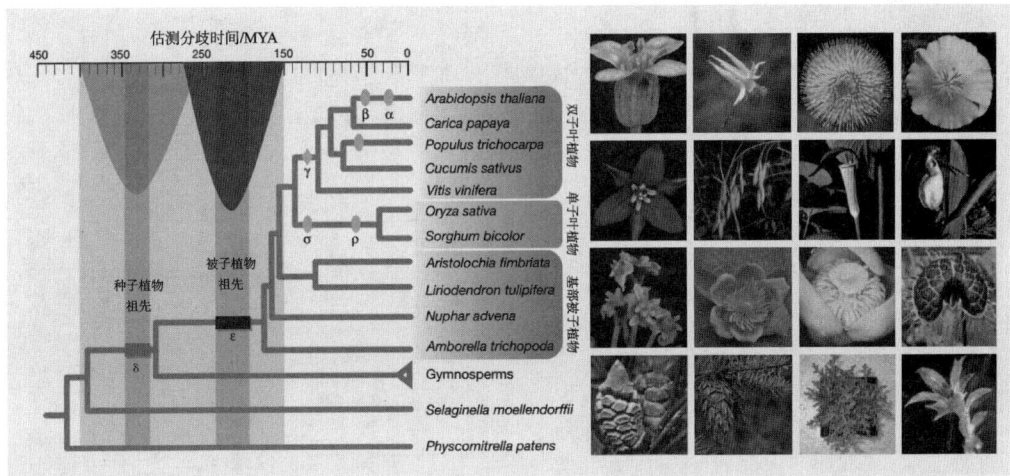

图 3-4　种子植物祖先多倍体事件（Jiao et al.，2011）

图 3-4 彩色图片

第三节　群体基因组

完成高质量参考基因组序列和注释信息，可以充分挖掘不同个体间存在的基因组变异，为农艺性状基因挖掘、野生种和栽培种驯化选择分析、种间渐渗、泛基因组分析提供了有力基础保障。

一、自然群体的基因组变异类型与检测

基于参考基因组变异类型有单核苷酸多态性（SNP）、小的插入缺失（InDel）、结构变异（structural variation，SV）、拷贝数变异（copy number variation，CNV）、转座子插入多态性（transposon insertion polymorphisms，TIP）等。单核苷酸多态性是由单个核

苷酸的改变而引起的 DNA 序列的改变，造成个体间染色体基因组的多样性。一般利用 GATK 流程进行变异检测（SNP/InDel），主要用于高通量短读长测序数据变异检测，多个工具能单独使用，也能组成完整的链式工作流程。该软件主要针对二代 Illumina 平台测序数据，在 InDel 的检测中，将 InDel 附近的读长局部重新比对，降低错误率。

结构变异广泛存在于人类和动植物群体中，是频率较低的变异类型。最新研究结果表明，结构变异对基因组的影响比单核苷酸多态性更大，结构变异在表型变异中起关键作用。如慢粒白血病是由 9 号染色体与 22 号染色体发生易位，导致 ABL 和 BCR 基因融合，形成 ABL 基因异常表达的小型染色体（称为费城染色体）。基于二代 Illumina 测序数据，结构变异检测的方法分别为：双端测序图谱（pair-end mapping，PEM）、分裂读长（split read，SR）、测序深度（read depth，RD）、序列从头组装（de novo assembly）（图 3-5）。

（1）双端测序图谱　利用双端测序的两条读长比对距离实现了基因组上多种结

图 3-5　结构变异检测方法（Alkan et al., 2011）

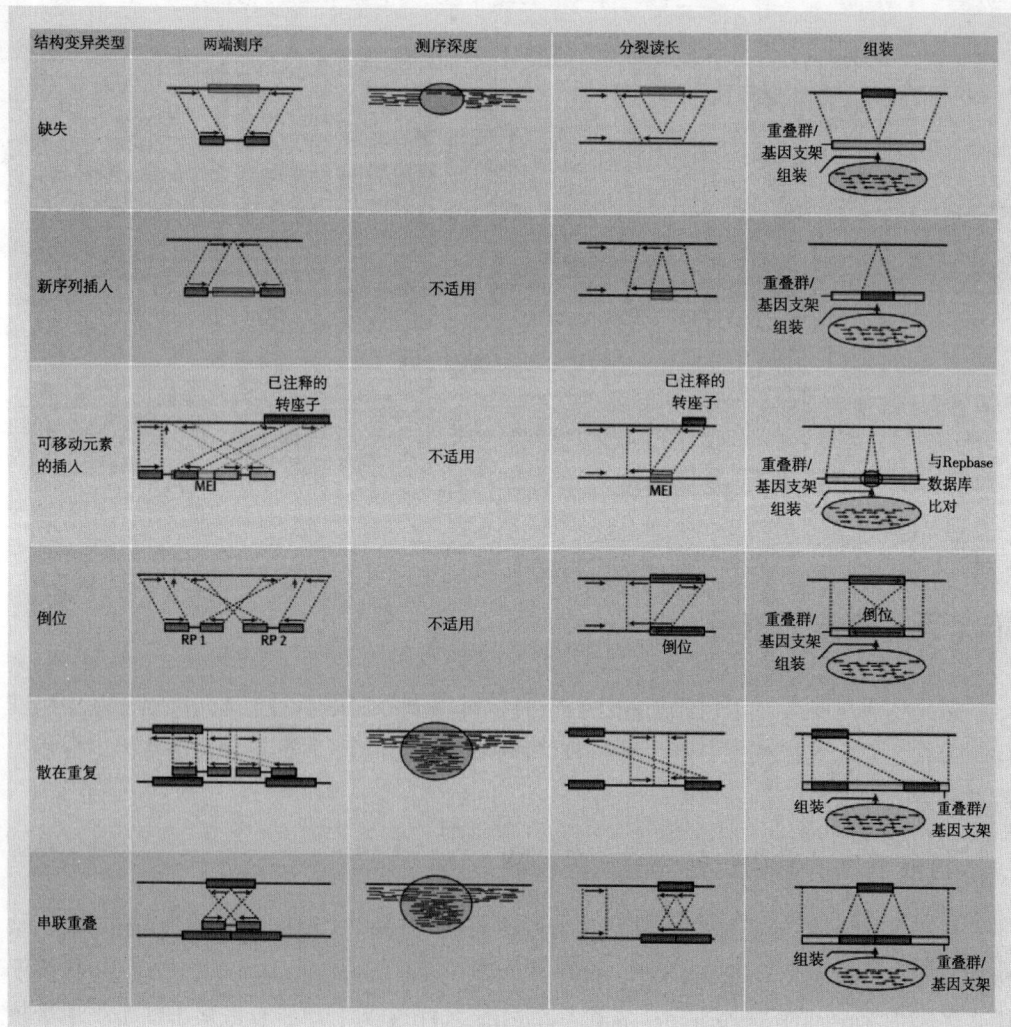

构变异的检测，根据真实比对与参考基因组插入片段长度正态分布图偏离程度检测缺失（deletion）、插入（insertion）、倒位（inversion）、染色体内部和染色体间易位（intrachromosomal or interchromosomal translocation）、串联重复（tandem duplication）和散在重复（interspersed duplication），代表性工具有 Breakdancer、Delly、Spanner、PEMer。PEM 方法对大于 1 kb 的缺失比较敏感，准确性也高，越大的序列缺失越偏离正常的长度中心，才越容易被检测到；但无法检测超过真实片段的插入长度，以及较大的倒位和易位类型。

（2）分裂读长　分裂读长算法的核心是在插入片段长度的波动范围内，对不能正常比对基因组的读长软切除（soft-clip）成 2～3 小段，然后根据 Smith-Waterman 局部比对方法，尝试搜索这条读长最终可能比对上的位置和方向，代表性软件有 Pindel 和 Delly。

（3）测序深度　根据读长覆盖深度呈现出来的是一个泊松分布，可以很好地检测一些大的缺失或重复事件，代表软件有 SVseq2 和 CNVnator。

（4）序列从头组装　通过读长构建数据图，连接成更长的重叠群序列，然后通过比对检测结构变异；要求个体测序深度在 20× 以上，准确组装，代表软件有 laSV。基于序列从头组装迭代方法检测结构变异是最为有效的方法，该方法能够检测所有类型的结构变异。但是目前群体基因组需要高深度的测序数据结合多个不同的策略，将不同软件结果合并在一起最大限度降低假阳性，从而得到可靠的断点。

基于微阵列芯片、Illumina 测序、PacBio 测序、10×Genomics 技术、Nanopore 技术开发了很多算法用于结构变异检测。其代表性的工具有：针对 PacBio 数据的 PBHoney、Sniffles、SMRT-SV、NextSV；针对 Nanopore 数据的 NanoSV、Picky；还有构图检测结构变异的 BayesTyper（表 3-2）。千人基因组测序计划对来自欧洲、中国和日本的 26 类人群的 2 504 个样本；整合 19 种结构变异检测方法，发现平均每个个体约存在 20 000 个结构变异，该研究首次在群体水平上对 68 818 个结构变异的特征、类型、生物学功能做了详细评估，推断非等位基因同源重组与遗传位点发生相关。在高深度测序层次上挖掘了更多的结构变异，观察到结构变异富集在 eQTL 热点。Ho 等利用 PacBio/Nanopore、Hi-C 和 Bionano 技术检测人类大规模数据集中的结构变异，揭示了结构变异在复杂遗传疾病的生物学机制。

表 3-2　基于不同算法检测结构变异

检测软件	测序数据	方法	参考文献
Breakdancer	Illumina	PEM	Chen et al., 2009
PEMer	Illumina	PEM	Korbel et al., 2009
Delly	Illumina	PEM+SR	Rausch et al., 2012
Pindel	Illumina	PEM+SR	Ye et al., 2009
CNVnator	Illumina	RD	Abyzov et al., 2011
laSV	Illumina	*de novo*	Zhuang et al., 2015

续表

检测软件	测序数据	方法	参考文献
PBHoney	PacBio	BLASR 局部比对	English et al.，2013
Sniffles	PacBio	SR 和比对信号	Sedlazeck et al.，2018
SMRT-SV	PacBio	BLASR	Huddleston et al.，2017
NextSV	PacBio	PBHoney+Sniffles	Fang et al.，2018
NanoSV	Nanopore	SR+Breakpoint	Cretu Stancu et al.，2017
Picky	Nanopore	SR+coverage	Gong et al.，2018
OMSV	Bionano	label site	Li et al.，2017
BayesTyper	所有	graph SV	Sibbesen et al.，2018

二、群体基因组进化分析

基于高通量测序技术，针对植物不同的品种/品系，可利用全基因组重测序、简化基因组测序、转录组测序等方法，获得大量变异信息，研究植物群体中的基因频率和基因型频率，发掘群体的遗传结构、遗传平衡和影响群体遗传平衡的因素，从而从分子层面揭示该物种的进化机制、环境适应性等系列问题。在完成基因分型后，首先开展群体结构划分，常用的方法有主成分分析（PCA）、种群结构（population structure）、种群系统发育（population phylogenetic）分析。亚群分类常用的统计方法包括以下 10 种。

（1）核苷酸多态性（π） 衡量特定群体多态性高低的参数，是指在同一群体中随机挑选的两条 DNA 序列在各个核苷酸位点上核苷酸差异的均值。π 值越大，说明其对应的群体多态性越高。

（2）群体间固定指数（Fst） 衡量群体中等位基因频率是否偏离遗传平衡比例的指标，用来研究不同群体间的分化程度。其取值为 0 ~ 1，0 代表两个群体未分化，其成员间是完全随机交配的；1 代表两个群体完全分化，形成物种隔离，且无共同的多样性存在；一般来讲 Fst 为 0.05 ~ 0.15，群体间中等遗传分化；Fst 为 0.15 ~ 0.25，群体间遗传分化较大；Fst 为 0.25 以上，群体间有极大的遗传分化。

（3）Tajima's D 值检验 在标准中性进化模型下 Tajima's D 的理论值为零。如果 Tajima's D >0，表明存在大量中等频率的等位基因，这可能是由于群体瓶颈效应、群体结构或平衡选择引起的。如果 Tajima's D<0，表明存在大量低频等位的基因位点。Tajima's D 分析表示中性进化，越偏离 0，受选择程度越高。

（4）连锁不平衡（linkage disequilibrium）状态 当位于某一座位的特定等位基因与另一座位的某一等位基因同时出现的概率大于群体中因随机分布的两个等位基因同时出现的概率时，就称这两个座位处于连锁不平衡状态。连锁不平衡衰减指位点间由连锁不平衡到连锁平衡的演变过程；连锁不平衡衰减的速度在不同物种间或同物种的不同亚群间，往往差异非常大。一般来讲，连锁不平衡衰减距离通常指的是当平均连锁不平衡系数 r^2 衰减到一半大小时（标准不一）对应的物理距离。

（5）单倍型域（haplotype block）　同一染色体上多个基因座上等位基因紧密连锁的基因组区块构成的基因型，也称为非重组区块。Plink 计算参数为 "--blocks no-pheno-req--blocks-max-kb 10000 --geno 0.1 --blocks-min-maf 0.1"。如在 2020 年，Todesco 等对野生向日葵的 3 个亚种（共 1 506 个样本）进行重测序，使用 Lostruct 软件鉴定了 37 个（1 ~ 100 Mbp 的大小）非重组单倍型，占基因组的 4% ~ 16%。

（6）群体正选择　自然选择"选留"一些稀少的等位基因，拥有这些等位基因的个体能繁殖更多的后代，这样的突变基因往往具有与原来基因不同的功能，而且该功能使得拥有它的生物更能适应环境。

（7）群体负选择　自然选择淘汰一些稀少的等位基因，拥有这些等位基因的个体不能繁殖或繁殖很少的后代；这些基因往往丧失了功能。

（8）瓶颈效应（bottleneck effect）　由于环境改变或人工驯化，使得某一生物种群的规模迅速减少，仅有少部分个体能够顺利通过瓶颈事件，在之后的恢复期内产生大量后代。

（9）基因流（gene flow）　具有某一基因频率群体的一部分移入基因频率与其不同的另一群体并杂交定居，就会引起迁入群体的基因频率发生改变。

（10）有效群体大小（effective population size，Ne）　是指与实际群体具有相同基因频率方差理想群体大小，反映了群体平均近交系数增量的大小以及群体遗传结构中基因的平均纯合度。

三、基因组选择信号的分析

距今约一万年前，人类社会经历了从游动性的猎取采摘到相对定居性的种养农业的生产生活方式，对所采集的作物有了认识，于是选择其中最有用处的野生植物进行栽培，将自然繁殖过程变为人工控制下的过程，称为作物驯化（crop domestication）。作物的改良主要是对驯化的有利基因型进行人工选择，其对基因组影响强烈，是对一些性状不断优化筛选的过程。作物驯化由野生种（wild species）到地方品种（landrace）过渡过程，会造成众多表型改变，如种子休眠弱化、果实或种子的变大、风味物质改变、成熟断穗、落粒特性的丧失、株型（分蘖）的改变、光周期等典型的驯化性状。作物驯化过程会造成复杂的遗传变异，驯化遗传基础来自野生种的自然遗传变异，在其漫长驯化的过程中把控制特异性状的遗传变异筛选出来，并在栽培种群体里固定下来。作物的驯化会导致产量、株型、光周期、品质改变，导致栽培种遗传多样性降低，称为驯化瓶颈（domestication bottleneck），通过选择分析驯化物种并在基因组中留下的驯化清除"印迹"（domestication sweep）。大量研究表明，人工选择使野生种与栽培种之间，地方品种与现代改良品种之间在基因组结构及表型形成了巨大的选择差异。

选择性清除分析主要通过物种的基因组 DNA 测序，观测到体细胞突变在自然选择、人工选择等作用下可能经历的复杂过程及与物种特殊性状相关的基因组特征。选择性清除分析方法有基于最大似然法的 XP-CLR，基于核苷酸多态性 $\pi_{野生种}/\pi_{栽培种}$ 值，野生种和栽培种分化指数（Fst）三种方法。① XP-CLR 基于两个群体间的多基因座等位基因频率差异建立模型加上遗传距离，使用跨群体复合似然比检验来模拟中性条件下的遗传漂移，并利用确定性模型来近似地对附近的单核苷酸多态选择性扫描，选取得分值在前5%的位点作为候选选择位点。②通过计算核苷酸多态性 $\pi_{野生种}/\pi_{栽培种}$ 值，选取其前5%的区间。③计算野生群体和栽培群体分化指数 Fst，选取5%区间作为候选驯化区间。在进行驯化选择分析时，要尽量选择遗传多态性丰富的野生群体，栽培种应具有代表性。目前对作物驯化基因组区段的解析研究主要基于基因组重测序的单核苷酸多态分析，大量二代测序揭示了主要农作物基因组驯化波及区间（domestication sweep regions，DSR）（表3-3）。

表3-3 主要农作物重测序及基因组驯化选择分析

作物	基因组大小	材料数量和类型	深度	选择区段（基因）	参考文献
水稻	466 Mb	446 野生种 +1 083 地方品种	~1.5×	55 个 DSR	Huang et al.，2012
玉米	2.3 Mb	17 野生种 +23 地方品种 +35 改良种	~5×	484 个 DSR	Hufford et al.，2012
小麦	14.5 Gb	93 份二倍体、四倍体、六倍体	~8×	547 个 DSR	Cheng et al.，2019
大豆	1.12 Gb	62 野生种 +130 地方品种 +110 改良种	~11×	121 个 DSR	Zhou et al.，2015
菜豆	650 Mb	60 野生种 +100 地方品种	~4×	930 个 DSR	Schmutz et al.，2014
棉花	2.3 Mb	31 野生种 +321 改良种	~6.9×	93 个 DSR	Wang et al.，2017
油菜	1 008 Mb	188 春油菜 +145 半冬油菜 +658 冬油菜	~6.6×	181 个 DSR	Wu et al.，2019
葡萄	590 Mb	64 野生种 +408 改良种	~15.5×	2 120 个 DSR	Liang et al.，2019
桃子	265 Mb	52 野生种 +213 地方品种 +215 改良种	~6.4×	142 个 DSR	Li et al.，2019
梨子	512 Mb	57 野生种 +56 地方品种	~11×	1 082 个基因	Wu et al.，2018
柑橘	344 Mb	13 野生种 +91 地方品种	~35×	1 600 个 DSR	Wang et al.，2018
茶树	2.94 Gb	23 野生种 +34 地方品种 +24 改良种	~17×	205 个 DSR	Xia et al.，2020
黄瓜	350 Mb	30 野生种 +85 栽培种	~18.3×	112 个 DSR	Qi et al.，2013
甜瓜	450 Mb	134 野生种 +1 041 栽培种	~5×	29.4 Mb DSR	Zhao et al.，2020
西瓜	363 Mb	69 近缘种 +87 地方品种 +258 改良种	~14.5×	172 个 DSR	Guo et al.，2019
开心果	671 Mb	35 近缘种 +14 野生种 +93 栽培种	~7×	9.2 Mb DSR	Zeng et al.，2019
番茄	900 Mb	10 野生种 +343 栽培种	~5.7×	186 个 DSR	Lin et al.，2014
向日葵	2 Gb	189 野生种 +17 地方品种 +287 改良种	~1-25×	36 个 DSR	Hübner et al.，2019
马铃薯	844 Mb	20 近缘种 +20 地方品种 +23 改良种	NA	2 622 个基因	Hardigan et al.，2017

近年来，大量作物驯化相关基因通过数量性状基因座（quantitative trait loci，QTL）克隆、全基因组关联分析及候选基因鉴定，导致了一些重要基因在栽培种中完全被固定下来，这些基因往往是野生个体发生突变，基因功能丧失、歧化或是新功能获得后产生的结果。驯化基因一般在驯化过程中受到强烈的正向选择；且在由一个群体演化

而成的不同亚群中完全丧失了遗传多样性。在高粱中，控制落粒性基因 *SH1*，编码一个 YABBY 家族转录因子，存在 3 种不同的功能弱化变异，包括启动子区碱基变异导致表达量的降低，编码区 2.2 kb 片段的缺失导致产生截断的蛋白质，以及内含子区的一个 "CTGGT" 变异导致的选择性剪接（图 3-6A）。*SH1* 基因旁系同源基因在高粱、水稻和玉米具有相似的功能，存在落粒基因位点的平行驯化选择规律（图 3-6C，E）。Studer 等克隆了玉米 *tb1* 基因，在大刍草的形态进化向现代玉米驯化中起关键作用，它控制着花序性别、上部分枝和花序的节间数量和长度，该基因上游 58 kb 处有一个 hopscotch 转座子插入，提高了 *tb1* 的表达量，使个体的顶端优势明显，从而抑制了分枝的产生（图 3-6B）。Tan 等在普通野生稻导入系后代群体中精细定位并克隆了控制匍匐/直立的关键基因 *OsPROG1*，该基因在野生种和栽培种发生非同义单核苷酸多态变异，其编码锌指蛋白；栽培稻中该基因突变后丧失功能，使植株从匍匐转向直立，是水稻驯化的关键基因（图 3-6D）。其他物种一些重要性状的驯化基因也被克隆，如菜豆抑制成花素基因 *TFL1*（图 3-6F）、大麦种子产量基因 *Vrs1*、玉米籽粒裸露基因 *Tga1*、水稻籽粒芒结构基因 *LABA1*、水稻抽穗期的驯化基因 *LHD1*、大豆种皮可渗透性的驯化关键基因 *GmHs1-1* 等。

四、全基因组关联分析

全基因组关联分析（whole genome association study，GWAS）成为挖掘控制复杂数量

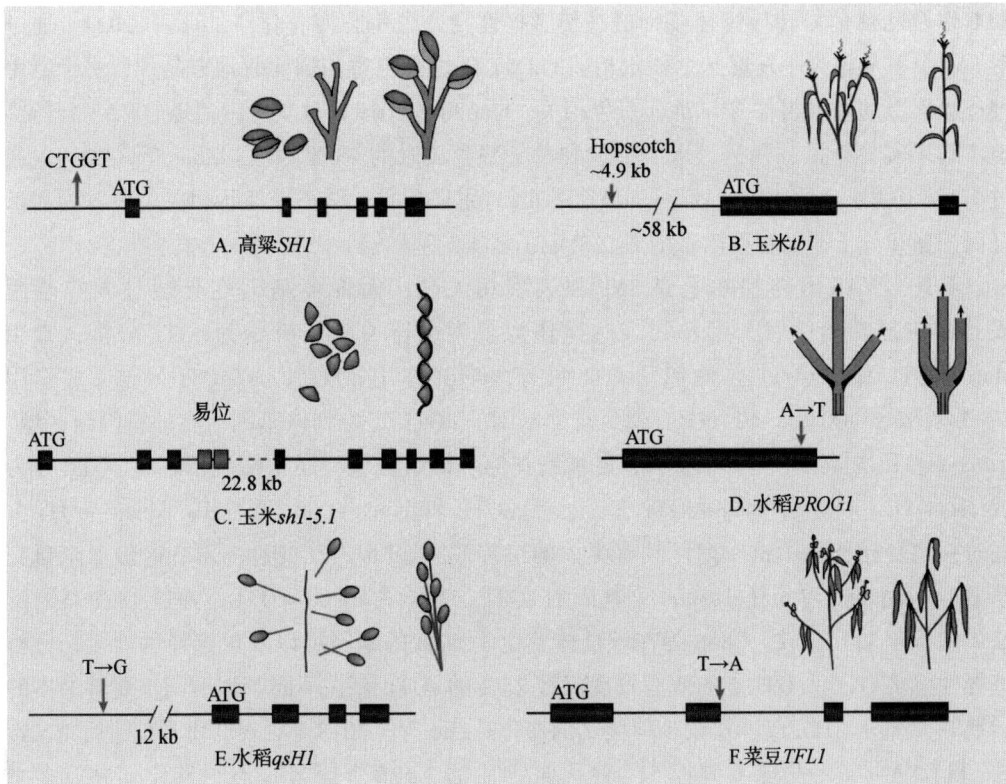

图 3-6　典型作物驯化表型和相关基因（Meyer 和 Puruggana，2013）

性状基因和解析驯化基因的重要手段。GWAS 是在全基因组上对多个个体的多维度遗传变异（SNP、InDel、SV、CNV、PAV）进行基因分型，基于连锁不平衡将基因型与测量的表型值统计关联，解析遗传变异对表型的关联效应。GWAS 中定位群体大小及亚群数目对结果影响较大，亚群间基因型频率的不同，会导致很多假阳性位点的出现。Yu 等（2006）建立了基于不同模型和参数与非参数估计方法进行关联分析，主要是一般线性模型和混合线性模型，后发展了一系列的软件包 PLINK、TASSEL、FastLMM、GEMMA、EMMAX 等。在做一个物种 GWAS 分析前，主要考虑以下几个因素：群体分化较大（群体结构不能太过于明显，稀有变异多）、研究材料来源广泛、变异丰富（可以同时对多个性状进行分析）、表型调查要精准、样本量在 300 以上（低频率位点）、测序倍数高（不同维度的变异 GWAS 分析）等。

GWAS 在水稻、玉米、大豆、棉花、油菜等主要作物重要农艺性状基因定位中取得了一系列进展。Huang 等（2010）对来自全世界的 517 份不同类型的水稻品种进行低覆盖度测序，开发了一种有效算法对基因型数据进行填补，鉴定出 360 万个 SNP 标记，通过 GWAS 共检测到 37 个变异位点与 14 个性状显著关联。Li 等（2013）对 368 份玉米自交系重测序，挖掘了 74 个与玉米油分相关的遗传位点。Ma 等（2018）通过对 419 份陆地棉基因组重测序以及多年多点表型性状测定，鉴定了 7 383 个显著 SNPs 与纤维长度、纤维强度、开花期等 13 个性状相关联。Du 等（2018）对 243 份亚洲棉和非洲棉重测序，发现亚洲棉原先于中国南方后引入长江流域和黄河流域的驯化路线，发现脂肪酸生物合成与黄萎病抗性相关。Wu 等（2018）对 991 份油菜做全基因组关联分析，发现 *FT* 和 *FLC* 以及乙烯信号转导途径基因的遗传多样性导致了生态型分化。Lin 等（2014）通过对 360 个番茄重测序发现 5 个驯化相关的 QTL 促进野生番茄驯化成地方品种，一个野生种连锁累赘的基因组信号与番茄粉色相关。Guo 等（2019）对 414 份西瓜 GWAS 分析鉴定了与果实含糖量、瓤色、果实形状和种子颜色关联的 43 个 QTL。Zhao 等（2019）通过 1 184 份甜瓜重测序，鉴定了 200 个 QTL 与甜瓜品质、形态等性状相关位点，为甜瓜基因挖掘和分子辅助育种体系的建立奠定了坚实的基础。

上述 GWAS 研究基本上是 SNP 和表型相关联，而许多基因变异通过调控基因表达影响复杂的性状，用基因表达量作为表型进行关联分析称为 eQTL 分析，常用 MatrixEQTL 和 FastQTL 软件包。eQTL 可分为顺式作用 eQTL（*cis*-eQTL）和反式作用 eQTL（*trans*-eQTL），*cis*-eQTL 就是某个基因的 eQTL 定位到该基因所在的基因组区域，*trans*-eQTL 是指某个基因的 eQTL 定位到其他基因组区域。通常情况下，将 eQTL 分为近端 eQTL（<1 Mb, local-eQTL），远端 eQTL 和 *trans*-eQTL（>1 Mb, distal-eQTL），local-eQTL 相比 distant-eQTL 具有更大的遗传效应。Liu 等（2016）对 368 份玉米自交系 RNA-seq 分析鉴定了 18 000 个基因的 eQTL，75% 为 distal-eQTL，并且 13 个基因直接影响玉米油分合成。Chen 等在该群体鉴定了 50% 的基因可以发生选择性剪接，分析选择性剪接 QTL（sQTL）的效应发现仅有 25% 的 sQTL 存在不同基因型间主要转录本的转换，大部分 sQTL 仅涉及较小剪接比的变化。Zhu 等（2018）对 600 份番茄进行 RNA-seq 和 DNA-seq，发现了调控 514 种代谢物质的 3 526 个信号位点，鉴定了 9 万多个

eQTL 位点，进一步发现 970 个 SNPs 对应的 535 个基因调控 371 个代谢物，发现与果实颜色和果实重量有关的基因。Liu 等（2020）对 3 个干旱处理的 224 份玉米自交系进行 RNA-seq，鉴定了 73 573 eQTLs，鉴定到 3 733 个 eQTL 直接位于转录因子上参与抗旱反应。随着 eQTL 发展，Gusev 等（2016）发展了将基因表达与性状直接相关联方法，进行转录组 / 蛋白质组关联研究（transcriptome/proteome-wide association study，TWAS），并确定显著靶标基因与性状关联。Li 等（2020）通过对 251 份陆地棉材料纤维进行 RNA-seq，鉴定了 28 个与纤维品质相关的位点和 15 330 个 eQTL，进一步通过 TWAS 分析鉴定了 13 个与纤维品质相关的候选基因。

通常 GWAS 分析只使用 SNP 和短片段的插入或缺失变异的信息与表型相关联，而忽略参考基因组丢失的大片段结构变异。通过 SV-GWAS、PAV-GWAS、k-mer GWAS 等方法鉴定丢失的基因组变异中与表型变化相关的位点，这样可以对 SNP-GWAS 的结果进行补充。Domínguez 等（2020）利用 602 份野生和栽培番茄重测序数据鉴定了 6 906 转座子插入多态性（transposon insertion polymorphisms，TIP），鉴定了 40 个 TIP 与果实颜色和次生代谢物表型变异显著关联。Alonge 等（2020）对 100 个番茄 Nanopore 测序，首次构建了番茄的 PanSV 数据集，鉴定了一个 P450 的 CNV 位点与果实重量相关联。Carpentier 等通过 TIP-GWAS 发现 Tos17 和 Karma 转座子激活可能是由外部环境刺激触发。Voichek 和 Weigel（2020）提出了一种适用于植物的基于 k-mer 的高效 GWAS 方法，该方法可以高功效检测结构变异的类型，包括大片段的缺失、插入和重排，并且该方法不依赖参考基因组。

五、泛基因组

1. 泛基因组基本概念和构建策略

随着多种植物参考基因组的不断公布及同种不同个体植物基因组间的相互比较，研究者逐渐认识到单一参考基因组不能代表物种内的多样性，泛基因组概念因此产生。泛基因组（pan-genome）是 Tettelin 等于 2005 年在微生物基因组研究中提出，是指一个细菌的基因组不能代表整个菌种基因组，它包含一个菌群的核心基因组（core genome）和非必需基因组（variable/dispensable genome）。核心基因组和泛基因组对应于核心基因（core gene）和可变基因（variable gene）。核心基因指在所有动植物品系或者菌株中都存在的基因；可变基因指在一个以上的动植物品系或者菌株中存在的基因，一般来讲核心基因是动物生命活动不可或缺的，负责基础代谢，而可变基因通常参与胁迫反应。随着测序样本数目的增多，冗余的基因组基因数目会增多，达到一定阈值后，将维持稳定。早期泛基因组主要集中于基于群体水平的二代测序，针对不同亚种 / 个体材料进行重测序及组装，构建泛基因组图谱。泛基因组有从头组装（de novo assembly）、比对泛基因组（map-to-pan）、迭代组装（iterative assembly）和图形化泛基因组（graph-based pan-genome）构建方法。从头组装是指对每个测序个体基因组组装和注释，然后在所有个体基因组上鉴定出核心基因组和可变基因组。对比泛基因组是在从头组装基础上建立起来的，首先对每个个体组装，找出没有比对到参考基因组序列，再进一步的组装，合并所有新的序列得到非冗余泛基因组集合。迭代组装将没有比对到参考基因组序列提取出来，每个个体组装结果得到的序列扩展原有的参考基因组，迭代至所有测序材料，最后建立起整个泛基因组。近年来，新起了图形化泛基因组是将多个参考基因组中鉴定的结构变异重新映射到群体水平，是未来泛基因组研究的重要方向。

🖙 拓展资源 3−1

近年来植物泛基因组研究

2. 基于二代测序的植物泛基因组研究进展

基于二代测序短读长构建泛基因组已经在拟南芥、玉米、水稻、小麦、大豆、芝麻、苜蓿、油菜等中报道。先前研究发现不同物种中可变基因比例在 8% ~ 61%，其中玉米为 61%，水稻为 52%，小麦为 42%，番茄为 26%，野生大豆为 52%，向日葵为 25%，欧洲甘蓝型油菜为 38%，甘蓝为 18%。对于可变基因组大小和基因数目的确定，很大程度上是由测序材料数目和组装质量决定的。Yao 等利用类宏基因组策略组装了 1 529 份水稻低深度测序材料中籼稻和粳稻亚群在参考基因组中缺失的序列，重新将 GW5 基因和 840 种代谢物关联在非必需基因上，为解析新的遗传变异位点奠定了基础。Zhao 等（2018）利用二代高通量测序组装 66 份野生稻和栽培品种基因组，组装的重叠群 N50 长度在 21 ~ 75 kb，鉴定了 2 300 万 SNP 变异，并且还通过细菌人工染色体文库对其中一个材料进行高质量组装，验证方法的可行性。Wang 等利用 3 010 份亚洲栽培稻构建了 SNP、InDel、SV 图谱，并利用对比泛基因组策略构建了 453 份水稻的泛基因组图谱，获得了 268 Mb 在'日本晴'基因组中缺失的序列，注释了超过 10 000 个新的基因。研究发现，核心基因在进化特征上比较古老，而非必需基因在群体水平有很大分化。在番茄中，725 个栽培和近缘野生番茄组装出 351 Mb 非参考序列和 4 873 个新基因，其中 74.2% 为核心基因，驯化过程中有 120 个有利基因和 1 213 个不利基因，改良过程中有 12 个有利基因和 665 个不利基因。这些研究表明，构建群体水平的泛基因组，可以挖掘多种变异对重要功能基因的影响，更进一步阐述重要农艺性状形成的遗传基础。

随着三代测序的发展，获得多个参考基因组构建基于图形化泛基因组，完善该物种的基因集，还可以获得种群个体特有的 DNA 序列和功能基因信息，为系统进化分析及功能生物学研究奠定基础。2020 年，田志喜课题组首次构建了第一张大豆图形化泛基因组，该研究对来自全世界各地 2 989 份大豆进行重测序，构建了每个进化分支上 26 份大豆品种的参考基因组，揭示了结构变异对重要表型的贡献，为大豆功能基因组研究提供了重要数据资源。

3. 目前泛基因组研究的局限性和未来发展

目前泛基因组主要是针对群体水平上构建的泛基因组草图，主要存在以下问题：短读长和测序倍数较低导致组装出的片段不能覆盖完整的基因结构，同时不能准确地反映全部结构变异。未来研究主要着重于以下 4 个方面。

（1）跨种属间泛基因组研究　从种到属、从属到科的泛基因组研究，研究种属特有的基因家族对特色性状形成的重要性。

（2）综合基因组学方法，精确识别结构变异构建图形化泛基因组　产生每个个体的 RNA-seq 数据，精确注释编码蛋白和非编码 RNA。讨论核心基因和可变基因产生的机制，物种新基因产生的遗传效应，可变基因可为未来的进化研究提供有价值的信息。

（3）泛基因组构建方法的一致化　图形化泛基因组方法的优化，重点是对泛基因组进行精确和一致性的功能注释，存储和可视化泛基因组以探索变异基因更广泛的功能。

（4）整合三维基因组学和调控组学手段研究泛基因组的调控区域　泛基因组对存在/缺失变异的分析大多集中在编码区域，然而越来越多研究发现顺式调控元件和重复序列在作物驯化和改良中同样重要。因此，研究调控区域的泛基因组很有意义。今后将利用编码区的 PAV 和非编码区的 PAV，揭示基因组调控区域变异对重要农艺性状形成的贡献。

第四节　植物基因组组装实例

前面已初步了解基因组组装算法、基因组进化、群体基因组、泛基因组学的研究内容和方法。在本节中，我们将分析一套由牛津纳米孔公司（Oxford Nanopore Technologies，ONT）平台产生的拟南芥长片段读长。以 Canu 和 NextDenovo 组装软件的使用为例，通过对数据的纠错、修剪、组装、纠错、评估，加深对植物基因组组装的理解。

一、数据来源和软件

（一）数据来源

数据来源选取 2018 发表在 *Nature communications* 上的一篇拟南芥基因组组装文章，首先在 EBI 数据库 PRJEB21270 项目下载 ONT、PB、Illumina 测序原始数据，下载完成后去除低质量的读长。

```
## Sequel
wget −c −q ftp://ftp.sra.ebi.ac.uk/vol1/ERA111/ERA1116568/bam/pb.bam
wget −c −q ftp://ftp.sra.ebi.ac.uk/vol1/ERA111/ERA1116568/bam/pb.bam.bai
## MinION
wget −c −q ftp://ftp.sra.ebi.ac.uk/vol1/ERA111/ERA1116595/fastq/ont.fq.gz
# Illuminia MiSeq
wget −c −q ftp://ftp.sra.ebi.ac.uk/vol1/ERA111/ERA1116569/fastq/il_1.fq.gz
wget −c −q ftp://ftp.sra.ebi.ac.uk/vol1/ERA111/ERA1116569/fastq/il_2.fq.gz
```

（二）Canu 软件

Canu 软件是根据 OLC 基因组拼接算法设计的，基于长读长的重叠关系和一致性多序列比对算法进行组装，主要分为：①原始数据纠错（correct），得到高质量的读长；②修剪（trim），得到读长间高质量的重叠区域；③组装，直接通过读长间的重叠区域连接成更长的序列（图 3-7）。

二、组装流程

（一）数据来源和 Canu 组装

测试数据来源于拟南芥 Col-0 基因组 28×ONT 长片段数据，如果拿到的是 fast5 格

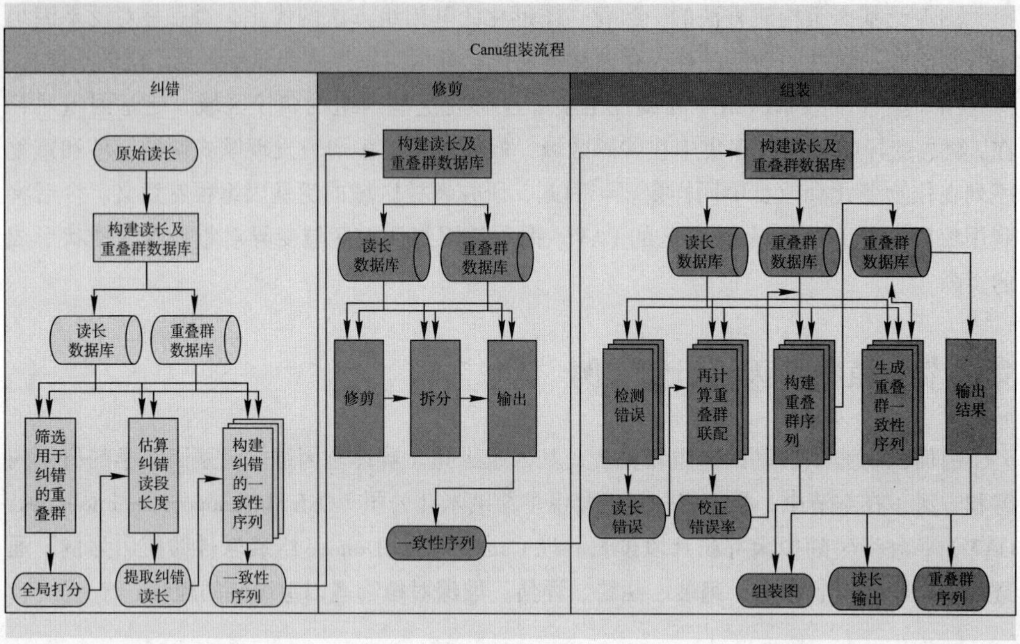

图 3-7 Canu 软 件
的工作流程（Koren
et al.，2017）

式，先利用 Guppy 软件将数据转换成 fastq 格式。

（1）首先对数据进行纠错，ONT 数据错误率较高，这一步是利用读长间相互比较得到高置性度的碱基。

```
canu −correct \
gridOptions="−q high −M 100G" \
−p ONT.correct \
−d ./ONT.correct/ \
genomeSize=0.12g \
−nanopore−raw ./PRJEB21270/ONT.fa
```

（2）通过 Canu trim 程序获得更好质量的区域。

```
canu −trim gridOptions="−q high −M 100G" \
−p ONT.trim −d ./ONT.trim \
genomeSize=0.12g −nanopore−corrected \
./ONT.correct/ONT.correct.correctedReads.fasta.gz
```

（3）利用 Canu assemble 进行组装，设置最大期望差异的碱基数参数 correctedErrorRate，这一步可以多设置几组数据，关于 correctedErrorRate 参数根据 PB 数据或者 ONT 数据的测序深度来决定。

```
canu −assemble gridOptions="−q smp −M 200G" \
−p ONT.assembly −d ONT.assembly genomeSize=0.12g \
correctedErrorRate=0.144 ovlMerThreshold=500 \
−nanopore−corrected
```

./ONT.trim/ONT.trim.trimmedReads.fasta.gz

结果文件在 ONT.assembly 这个文件夹下 ONT.assembly.contigs.fasta 和 ONT.assembly.report，在 ONT.assembly.report 文件中包含组装的大小、N50 长度等信息。

（二）NextDenovo 组装

NextDenovo 软件主要包括两个模块：NextCorrect 用于原始数据纠错，NextGraph 能够基于纠错后数据进行组装，适用于 PacBio 和 Nanopore 数据的组装。

（1）写入 fasta 文件真实路径，利用子程序先获取推荐的 seed_cutoff 值。

realpath ONT.fastq > ONT.fofn

seq_stat −f 1k −g 120m −d 28 ONT.fofn > ONT.stat

#*Suggested length cutoff of reads（genome size：120000000，expected seed depth：28）to be corrected：2140 bp

（2）修改配置文件　纠错 + 组装。

[General]

job_type = lsf

job_prefix = nextDenovo

task = all # 'all','correct','assemble'

rewrite = yes # yes/no

deltmp = yes

rerun = 3

parallel_jobs = 200

input_type = raw

input_fofn = ONT.fofn

workdir = ONT_2140_rundir

cluster_options = −R span[hosts=1] −q normal −n {cpu}

[correct_option]

read_cutoff = 1k

seed_cutoff = 2140

blocksize = 3g

pa_correction = 250

seed_cutfiles = 20

sort_options = −m 20g −t 8 −k 40

minimap2_options_raw = −x ava−ont −t 8

correction_options = −p 8 −dbuf

[assemble_option]

random_round = 20

minimap2_options_cns = −x ava−ont −t 8 −k17 −w17

nextgraph_options = –a 1

（3）运行文件　nextDenovo run.cfg。

最后在文件夹 ./ONT_2140_rundir /03.ctg_graph/01.ctg_graph.sh.work/ 下产生 20 个组装结果，选取基因组大小和 N50 较好结果用于后续纠错。每个目录下都有 shell 输出，可以挑选基于 nextDenovo.sh.e 这里面组装指标较好的，再输出序列，如比较 N50 大小：grep N50 ./ctg_graph*/*.e |sort –k2，2n；修改 nextDenovo.sh 文件中 '–a 0' 为 '–a 1'；输出 fasta。在第一个文件夹下，组装出 22 条重叠群，基因组大小约为 116.58 Mb，N50 大小为 13 Mb，可见该软件组装连续性效果很好（表 3–4）。

表 3–4　NextDenovo 组装结果

类型	基因长度 /bp	数量
N10	18 424 114	1
N20	14 485 959	2
N30	14 042 242	3
N40	14 042 242	3
N50	13 009 150	4
N60	12 225 815	5
N70	11 520 408	6
N80	5 367 205	8
N90	3 351 573	10
最小	83 622	NA
最大	18 424 114	NA
平均	5 298 984	NA
总计	116 577 640	22

（三）基因组草图的纠错

ONT 测序错误率较高，需要用二代双端测序数据进行纠错，这里使用 Pilon 软件对原始的重叠群序列纠错。

（1）首先将二代测序数据比对到重叠群上。

bwa index –p ONT.assembly.contigs.fasta ONT.assembly.contigs.fasta

bwa mem –t 50 ONT.assembly.contigs.fasta \

shortreads_1.clean.fq.gz shortreads_2.clean.fq.gz | samtools sort –@ 50 –O bam –o align.bam \samtools index –@ 50 align.bam

（2）去除 PCR 标记重复。

samtools markdup –t 50 align.bam align_markdup.bam

samtools rmdup align.bam align_markdup.bam

（3）过滤掉低质量比对的读长。

samtools view –@ 50 –b –q 30 align_markdup.bam > align_filter.bam

samtools index –@ 50 align_filter.bam

（4）利用 Pilon 程序进行纠错；基因组较大时这一步可以分开重叠群运行。

java –Xmx150G –jar pilon-1.23.jar --genome ONT.assembly.contigs.fasta --threads 50 --frags align_filter.bam --fix snps，indels --output polished_2 --vcf & > pilon.log.1

（四）基因组的组装评估

首先进行基因组的比对，利用 minimap2 或者 nucmer 将组装的基因组比对已经发表的参考基因组，可视化共线性的结果（图 3–8）。从图 3–8 可以看出整体共线性较好。大部分 TAIR10 的染色体对应的都是 2 条或 3 条重叠群，有少部分序列存在方向上的不一致需要进一步用 Hi-C 和二代测序数据纠错。另外采用 MCScan 评估基因共线性，用 BUSCO 评估基因组和基因的完整性等。

minimap2 –t 50 –x asm5 TAIR10.fa nextgraph.assembly.contig.fasta > alignment.paf

DotPlotly.R –i alignment.paf –o alignment –s –t –l –p 6 –k 5

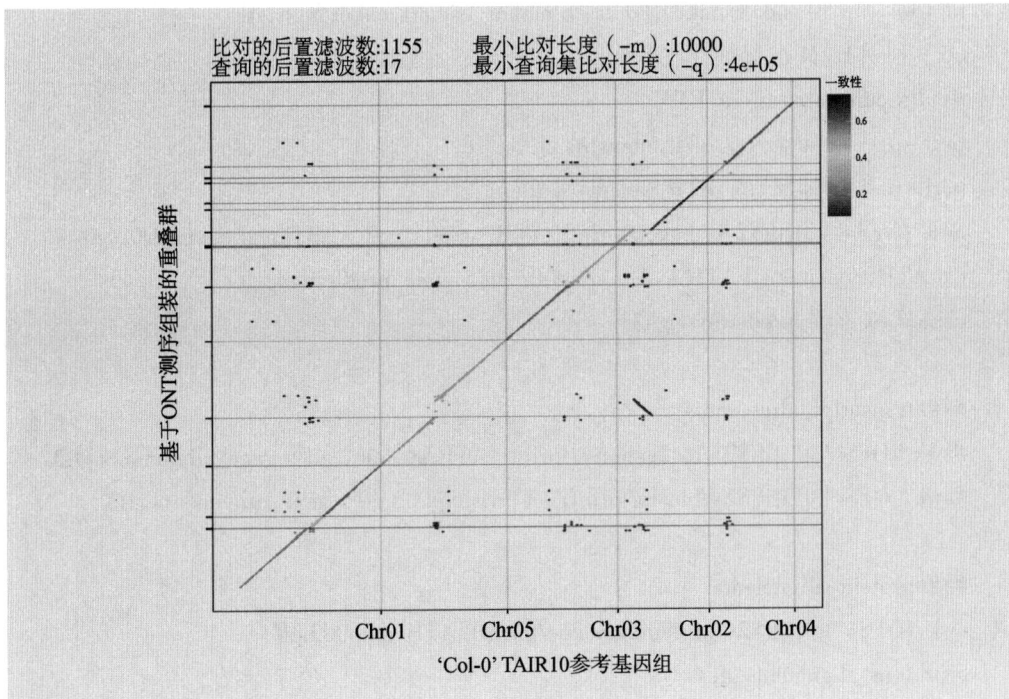

图 3-8　NextDenovo 组装结果与已发表拟南芥 Col-0 基因组比对的共线性图

三、基因组注释

结合从头预测、同源预测、基于转录组预测，用 EvidenceModeler 工具进行整合，合并成完整的基因结构。该分析的流程主要基于 MAKER 和 BAKER 两个注释软件包完成；这里简单介绍一下 MAKER 流程注释基因组。

（1）下载拟南芥特异或近缘物种的蛋白质序列，UniProtKB 和 NCBI Protein 数据。

esearch –db nucleotide –query " Arabidopsis AND（"mrna"[Filter]）" | efetch –format fasta > Arabidopsis.EST.fa

esearch –db protein –query " Arabidopsis " | efetch –format fasta >Arabidopsis.pep.fa

EST 文件处理：awk '/>/&&NR>1{print ""; }{ printf "%s"，/>/ ? $0" "：$0 }' Arabidopsis. EST.new.fa | awk '{if（$2 ! ~ /N/）print}' |sed 's/ /\n/g' > Arabidopsis.EST.noN.fa

（2）Trinity 拼接的各个组织 RNA–seq 数据，转录本序列。

Trinity --seqType fq --left RNA_1.fastq --right RNA_2.fastq --CPU 20 --max_memory 100G --output AG_trinity_1

（3）RepeatMask 识别重复序列和 RepeatModeler 重头注释基因组序列。

RepeatMasker –e ncbi –species cotton –pa 50 –xsmall –dir ./RM_genome/ genome. nextpolish.fasta

BuildDatabase –name Race261 –engine ncbi genome.nextpolish.fasta

RepeatModeler –database Race261 –engine ncbi –pa 10

（4）修改配置文件运行 MAKER，用 AUGUST 和 SNAP 进行两轮预测。

mpirun –np 50 maker maker_bopts.ctl maker_exe.ctl maker_opts.ctl

（5）利用 EVM 进行整合注释结果。

#1. Prepare Input file to EVM

perl –p –i –e 's/^#.*//s' ATH.augustus.gff

perl –p –i –e 's/^#.*//s' ATH.genemark.gff

awk '{OFS="\t"}{if($2 ~ /maker/)print}' ATH.snap002.gff > ATH.maker.snap002.gff

cat ATH.augustus.gff ATH.maker.snap002.gff > gene_predictions.gff3

chmod +x gene_predictions.gff3

####transcript_alignments

#awk '{OFS="\t"}{if($2~/est2genome/)print}' ATH.snap002.gff > gene_alignments.gff3

#awk '{OFS="\t"}{if($2~/blastn/)print}' ATH.snap002.gff > gene_alignments.gff3

####protein_alignments

awk '{OFS="\t"}{if($2~/protein2genome/)print}' ATH.snap002.gff \
> protein_alignments.gff3

awk '{OFS="\t"}{if($2~/blastx/)print}' ATH.snap002.gff > protein_alignments.gff3

perl partition_EVM_inputs.pl \
--genome ./RM_genome/genome.nextpolish.fasta.masked –g \
gene_predictions gene_predictions.gff3 --protein_alignments protein_alignments.gff3\
--segmentSize 100000 --overlapSize 10000 --partition_listing partitions_list.out

#2. Generate the EVM Command Set

perl write_EVM_commands.pl --genome genome.nextpolish.fasta.masked -weights 'pwd'/weights.txt --gene_predictions gene_predictions.gff3 --protein_alignments protein_alignments.gff3 --output_file_name evm.out --partitions partitions_list.out > commands.list

perl execute_EVM_commands.pl commands.list | tee run.log

#3. Combine the Partitions

perl ~ /software/EVidenceModeler-1.1.1/EvmUtils/recombine_EVM_partial_outputs.pl --partitions partitions_list.out --output_file_name evm.out

#4. Convert to GFF3 Format

perl convert_EVM_outputs_to_GFF3.pl --partitions partitions_list.out --output evm.out --genome genome.nextpolish.fasta.masked

#5. Merge GFF3

find . -regex ".*evm.out.gff3" -exec cat {} \; > EVM.all.gff3

gffread EVM.all.gff3 -T -o EVM.all.gtf

#6. Convert GFF3 to fasta file

module load SAMtools/1.9

gffread -g genome.nextpolish.fasta.masked EVM.all.gtf -w EVM.all.fasta

需要说明的是，对基因组注释还包括非编码 RNA 和调控区域的注释，以及转座子的注释，需要更多测序数据和新的预测方法。

📖 推荐阅读

1. Huang XH, Huang SW, Han B, et al. The integrated genomics of crop domestication and breeding [J]. *Cell*. 2022, S0092-8674（22），534-537.

该文全面系统梳理了近十年主要农作物基因组和遗传学领域重要的研究进展，包括对作物参考基因组和图形化泛基因组的构建与解析、驯化和育种过程中重要基因的发掘鉴定、作物从头驯化、基因组设计育种功能模块聚合、应对气候变化的优异基因等多方面进行综述。

2. Chen RZ, Deng YW, Ding YL, et al. Rice functional genomics：decades' efforts and the roads ahead [J]. *Science China Life Science*. 2022，65：33-92.

该文详述了水稻基因组研究的重要进展，展示了众多利用多组学方法对水稻基因定位和功能解析的研究实例。

3. Lei L, Gottsman E, Goodstein D, et al. Plant pan-genomics comes of age [J]. *Annual Review of Plant Biology*, 2021, 72: 411-435.

该文综述了泛基因组的构建、作物泛基因组研究进展与优异基因的挖掘、基因组的非编码调控区域解析、基于图形化泛基因组与重要性状变异位点的挖掘、泛基因组研究局限性等多方面研究。

4. Tomsho LP, Hu Y, Liang HY, et al. Ancestral polyploidy in seed plants and angiosperms[J]. *Nature*. 2011, 473: 97-100.

该文首次阐明了种子植物和被子植物早期的古基因组多倍化事件,基因组加倍化对物种多样性的影响。

5. Meyer R, Purugganan M. Evolution of crop species: genetics of domestication and diversification [J]. *Nature Review Genetics*, 2013, 14: 840-852.

该文综述了数量性状位点定位、全基因组关联分析研究和农作物驯化机制研究,列举了与作物最初驯化表型多样化相关的位点。

❓ 复习思考题

1. 基因组组装的算法原理是什么?常用的组装软件有哪些?
2. 基因组变异类型有哪些?主流的鉴定软件有哪些?
3. 泛基因组构建的方法有哪些?

💬 开放性讨论

1. 试述高质量的参考基因组和功能元件的注释对未来功能基因组研究的意义。
2. 未来泛基因组研究应该集中在哪些方面?目前构建的泛基因组有哪些局限性?试述泛基因组在未来作物分子设计育种中的应用。

第四章

植物转录组大数据

RNA 测序（RNA sequencing，RNA-seq）等高通量实验技术的相继研发与广泛应用，产生了海量的转录组数据，为基因组结构注释、单核苷酸多态性鉴定、功能基因挖掘、物种进化研究等提供了宝贵的数据资源，也推动转录组研究成为基因组学和功能基因组学研究的重要内容之一。

本章重点介绍转录组测序常用技术，以及转录组大数据分析常用的数据和软件资源。要求掌握二代和三代转录组测序技术特点，熟悉转录组数据分析常用数据和软件资源，了解转录组数据分析流程。

第一节 高通量转录组测序技术

自 20 世纪 90 年代至今，表达序列标签（expressed sequence tag，EST）、微阵列（microarray）以及 RNA-seq 技术等多种高通量实验技术相继研发出来，推动了转录组研究的快速发展。近年来发展起来的 RNA-seq 技术，可针对不同的研究需求建立相应的测序流程，进而对不同类型的转录本进行高通量测序，已成为转录组研究的主流技术。

一、二代转录组测序技术原理

目前，二代转录组测序是全转录组范围内对基因转录产物测序和表达水平定量的常用技术。过去十余年间，454 Life Sciences、ABI 和 Illumina 公司分别推出了 454、SOLiD 和 Solexa 等多种高通量测序技术，其中 Illumina 公司基于 Solexa 技术推出了 HiSeq 系列平台，逐渐成为二代转录组测序中最广泛应用的平台。Illumina 测序的核心步骤包括：RNA 提取、cDNA 合成、接头（adaptor）连接、聚合酶链反应（PCR）扩增和测序等。

在提取含有 polyA 尾的 mRNA 分子时，可采用 oligo-dT 磁珠特异结合 polyA 的方法，从全部 RNA 分子中捕获带有 polyA 的 mRNA；若关注没有 polyA 尾的 mRNA 分子，则可采用去除 rRNA 的方式，利用 Ribo-Zero、RiboMinus 等专业试剂盒去除 rRNA。如果需要对 sRNA 测序，则可通过在聚丙烯酰胺凝胶电泳（polyacrylamide gel electrophoresis，PAGE）中切取 18～30 nt 条带的方法回收得到 sRNA。此外，5′ CAGE、PolyA-seq 等测序技术可对目标 RNA 片段进行富集和测序。

由于双链 DNA 分子较 RNA 更为稳定，且易于扩增。因此，在得到分离提纯的 RNA 后，通常需要将其反转录为 cDNA 分子。在合成 cDNA 分子前，分离提纯后的 RNA 分子首先需要进行碎片化，将其打断成适于测序大小的片段（fragment），随后进行反转录。反转录时，通过随机引物（random primer），利用反转录酶以 mRNA 为模板合成 cDNA。随后，需要先去除 RNA 模板，并以 cDNA 为模板合成第二条 cDNA，从而得到双链 cDNA 分子。经末端修复后，添加接头序列，并通过 PCR 扩增文库。

Illumina 测序平台使用边合成边测序（sequencing by synthesis，SBS）技术和 3′端可逆屏蔽终结子（3′ blocked reversible terminator）技术进行测序。测序时，往每个测序泳道内加入 DNA 聚合酶和四种不同荧光标记的特殊核苷酸（A、T、C、G）。在酶的催化作用下，从测序引物结合部位开始合成与测序模板互补的 DNA 链，每次加入一个核苷酸。一轮合成反应结束后，由测序仪的光学系统拍摄激发产生的荧光并记录，特定波长的荧光代表不同的核苷酸，从而实现待测模板第一个碱基的测序。一个测序循环结束后，核苷酸 3′端的屏蔽基团被酶切除，从而可以进行下一个循环的合成测序，合成的下一个核苷酸产生的荧光再次被记录。经过 100 或 150 个循环后，即可实现待测模板 100～150 bp 的正向单向测序。如果要进行双端测序，在单向测序完成后，往系统中加入缓冲液，洗掉测序过程中合成的 DNA 链，系统合成待测序列的互补链，然后以互补链为测序模板链，以与正向测序相同的方式进行反向测序，即可得到与正向序列相对的反向序列。

由于 RNA-seq 需要进行 cDNA 的 PCR 扩增，为减少扩增对测序结果带来的影响，单分子标签（unique molecular identifier，UMI）技术近年来被应用于克服扩增偏差并提升基因定量结果的准确性。

二、三代全长转录组测序技术原理

1. PacBio 测序技术原理

PacBio 公司利用单分子实时（single molecule real time，SMRT）测序技术进行异构体测序（isoform sequencing，iso-seq）。对于分离提纯得到的 RNA 分子，首先反转录为全长 cDNA，经 PCR 扩增、文库构建、PCR 末端修复以及单分子实时接头（SMRT-adaptor）序列添加等处理后，采用边合成边测序方法进行测序，并记录带有四种不同荧光标记的核苷酸（dNTP）与 cDNA 模板的对应碱基配对发出的荧光信号，最后将荧光信号转化为核苷酸序列信息。

SMRT 测得的全长 cDNA 分子可长达 10 kb。除测序读长更长外，其测序速度很快，每秒约 10 个 dNTP；由于 DNA 聚合酶通过修饰过的碱基时速度减慢，相邻碱基峰之间的距离由此变大，SMRT 还可基于此检测碱基的修饰情况。美中不足的是，SMRT 测序较二代测序技术错误率更高，可达 15%，因此分析时，常需要利用二代 RNA-seq 数据进行矫正。

2. 三代 ONT cDNA 测序技术原理

与 PacBio 不同的是，PCR 扩增在 ONT cDNA 测序技术中是可选择的（图 4-1）。在添加接头以后，cDNA 直接测序可以消除 PCR 扩增带来的偏差；若选择 PCR 扩增，则

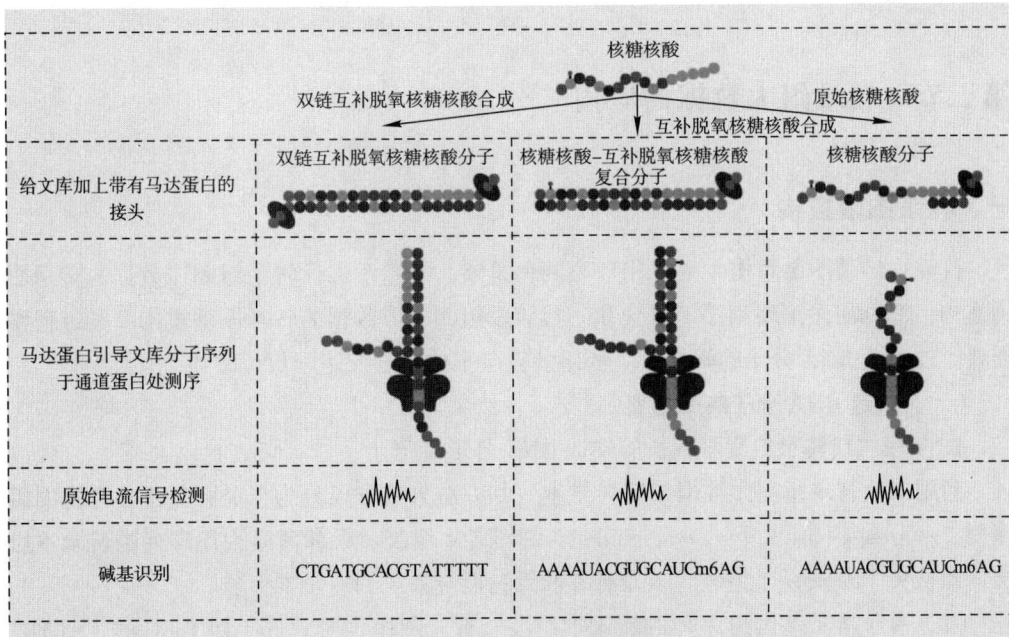

图 4-1 三代 ONT cDNA 测序原理

只需要提取少量 RNA 即可。测序时，cDNA 分子通过具有一定电压（100~120 mV）、直径约 2.6 nm 的纳米微孔通道蛋白，不同的核苷酸会引起电流强度变化幅度的不同。

Nanopore 公司还推出了可直接对 RNA 分子进行测序（direct RNA sequencing，dRNA-seq）的技术。在制备文库时，需要分别添加连接 polyA 的 oligo（dT）双链核酸接头以及装有驱动测序马达蛋白的测序接头。随后，由马达蛋白牵引 RNA 分子从 3′ polyA 尾向 5′ 帽端对 RNA 测序。dRNA-seq 测得的 RNA 分子长度约 1 kb，最长可达 10 kb。值得一提的是，dRNA-seq 避免了 cDNA 合成、PCR 扩增等过程带来的测序偏差，还保留了 RNA 分子上的化学修饰（如 m^6A、m^5C 等），在表观转录组学研究中应用前景广阔。

三、二代与三代转录组测序技术比较

二代与三代转录组测序技术，在文库构建、测序方法和结果、下游分析等方面存在不同（表 4-1）。在文库构建方面，二代及三代转录组测序建库时均需要添加接头序列；二代测序与基于 cDNA 的三代测序建库步骤较为类似，均需要进行 cDNA 合成、接头添加、PCR 扩增等步骤，而 dRNA-seq 仅需要添加接头即可完成建库。

二代与三代转录组测序技术各有利弊（表 4-1）。相对于二代测序技术，PacBio 和 Nanopore 公司提供的三代转录组测序技术，可对完整的 RNA 分子进行单分子水平的测序，从而规避因建库、序列比对、拼接等过程带来的假阳性结果，能更准确地鉴定转录本的结构。但是，三代转录组测序也存在一定的缺陷。与二代测序技术相比，三代测序通量相对较低。利用 Illumina 测序平台进行二代测序时，一次可以产生 10 亿至 100 亿条短读长（short read）片段；而在 PacBio 和 Nanopore 测序平台上，一次 RNA-seq 则可产生千万级别的读长；在测序质量方面，三代测序较二代测序的错误率相对较高，同时还存在插入、缺失等错误。

第二节 转录组大数据的应用

一、转录图谱重构

目前，转录图谱重构主要采用以下两种策略：①基于二代转录组测序数据的转录图谱重构；②利用多策略测序（二代和三代转录组测序）数据的转录图谱重构。其过程常需要经过候选 RNA 分子的筛选鉴定和组装转录本的质量控制两步（图 4-2）。

（一）候选 RNA 分子的筛选鉴定

1. 基于二代转录组测序读长的候选 RNA 分子鉴定

利用二代转录组测序数据组装转录本，其方法大致可以分为三类：基于参考基因组序列（reference-based 或 genome-guided）的转录本组装、无参考基因组序列的转录本组装，即从头（*de novo*）组装，以及有参和无参混合方式的转录本组装。

（1）基于参考基因组序列的转录本组装 首先利用比对软件（如 TopHat2、STAR、

表 4-1　二代与三代转录组测序技术比较

测序平台	测序技术	建库					测序	优势	局限性
		RNA 片段化	cDNA 合成	接头添加	PCR 扩增	片段长度选择			
Illumina	cDNA 测序	√	√	√	√	√	基于荧光波长检测边合成边测序	测序通量较高，错误率较低；分析方法与软件很多	测序读长较短，后续序列比对、拼接等分析结果中存在一定比例的假阳性结果
PacBio	cDNA 测序		√	√	√	√		测序读长较长；分析时较二代测序技术简化了序列拼接等步骤	测序通量较低；测序存在一定的错误率
Nanopore	cDNA 测序		√	√	√	√	基于碱基通过纳米微孔时电流强度变化测序	测序读长较长；分析时较二代测序技术简化了拼接等步骤；减少了由反转录或PCR扩增带来的测序偏差；可检测RNA碱基修饰，估算polyA尾长度	
	RNA 测序			√					

在测序方面，二代测序与 PacBio 公司三代转录组测序技术均利用边合成边测序方式，通过检测带荧光标记的核苷酸释发出光的波长与峰值来确定碱基类型；而 Nanopore 测序则是利用碱基通过带有电压的纳米微孔时，所检测电流强度的变化幅度进行测序。

图 4-2 转录图谱重构策略

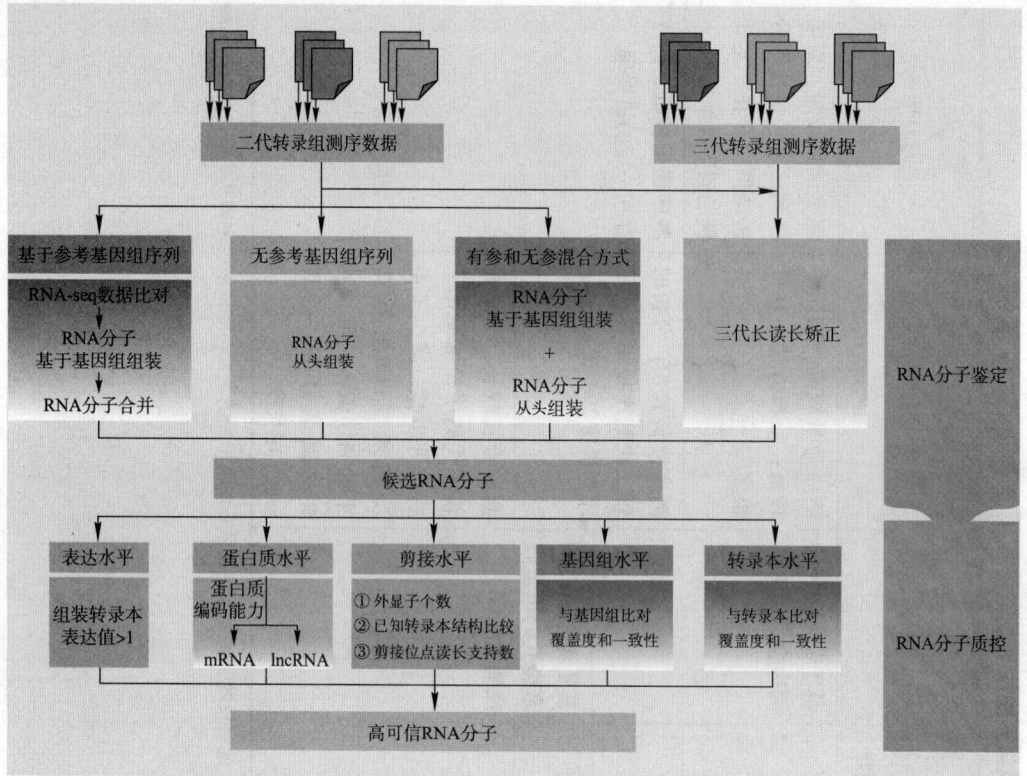

HISAT2 等）将 RNA-seq 数据比对至参考基因组上，再根据读长在基因组上的比对位置，利用拼接软件（如 Cufflinks、StringTie 等）组装出转录本片段（transcript fragment）。以 StringTie 为例，进行转录本组装时，StringTie 首先利用短读长与参考基因组的比对结果以及参考基因组注释构建选择性剪接图（alternative splicing graph，SG）（图 4-3）。图 4-3 中以不同路径（path）的形式代表不同的转录本；随后，找到读长覆盖度最高的一条路径作为该区域的第一条转录本，利用这条路径中的所有读长计算该转录本的表达水平并移除这些读长；接着更新 SG，并以相同方法继续鉴定转录本，直至用尽这一区域内的所有读长。组装后还需要根据不同样本产生的转录本片段，进一步利用合并软件（如 Cuffmerge、StringTie merge 等）再次组装生成更长的转录本片段。

（2）转录组从头组装　当待分析物种尚未测定基因组序列或参考基因组质量不佳时，转录本的组装可采用从头（de novo）拼接方法。拼接时，通常基于德布鲁因图（de Bruijn graph）的组装方法（图 4-4）。以两条假定的转录本 A 和 B 的序列（ATCGAATCCCGAA 和 ATCGAATCCCGTC）为例，图 4-4A 通过 RNA-seq 得到 6 条读长片段；图 4-4B 设定 k-mer 值为 3，将所有读长分割为 3 bp 的小片段；图 4-4C 以每个 3 bp 的小片段为一个节点，每个节点逐一连接，可依次建立一张有向图；遍历图中可能的路径，筛选得到两条合理的路径，黑色和灰色分别代表转录本 A 和 B。这种方法组装时，首先需要确定 k-mer 值，进而将每条读长分割为长度为 k 的子序列；随后将所有子序列基于相同序列依次连接成为一张有向图；图中每条子序列是一个节点，通过整合

图 4-3 基于参考基因组序列的转录本组装原理

A. 利用 StringTie 等软件将读长比对到参考基因组；B. 根据读长与基因组的比对结果构建选择性剪接图；C. 利用迭代策略找到读长高丰度覆盖的路径，进而确定不同转录本的外显子组成情况

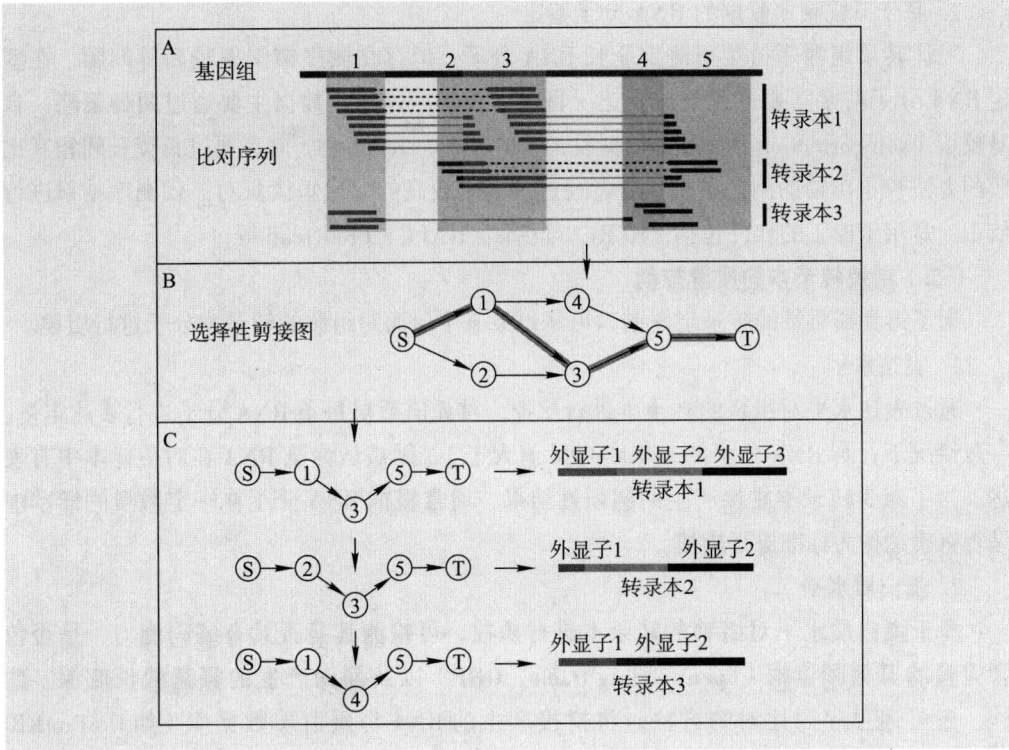

图 4-4 基于德布鲁因图的转录本从头（de novo）拼接方法

片段和测序信息来推测合理的路径，每一条路径代表一条转录本。常用的从头拼接软件有 Trinity、Trans-ABySS、SOAPdenovo-Trans、Oases 等。从头拼接可能因该物种基因组中存在的多拷贝基因、选择性剪接事件等原因，导致拼接结果的准确性低于基于参考基因组拼接的方法。

（3）有参和无参混合方式的转录本组装 在转录组分析中，还可使用有参和无参混合方式的转录本组装策略。该策略既利用了参考基因组序列和基因组注释的信息，又利用了测序数据中隐含的基因信息，有望得到更为全面的转录组图谱。

2. 基于三代测序数据的 RNA 分子鉴定

三代转录组测序虽然可测定全长 RNA 分子，但存在测序错误率较高等问题，在鉴定 RNA 分子前常需要进行数据校正。目前，校正三代测序数据主要通过两种策略：自身校正（self-correction）及混合数据校正（hybrid-correction）。前者通过长读长间相互比较的方法校正出错的测序结果；后者通过准确度较高的二代短读长对三代测序结果进行校正。常用于校正的软件包括 FMLRC、Jabba、HALC、Proovread 等。

（二）组装转录本的质量控制

为了得到高质量的转录组图谱，可从以下五个层面对组装的转录本分子进行质控。

1. 表达水平

通过表达水平对组装的转录本进行质控，首先需要对每条 RNA 分子进行表达定量。一般情况下，若 RNA 分子的 FPKM/TPM 值大于 1，则被认为该 RNA 在对应样本中有表达。为了减少转录本拼接产生的假阳性结果，通常根据 RNA 分子在一定数量的样本中是否有表达作为标准进行质控。

2. 蛋白质水平

基于蛋白质水平对组装的转录本进行质控，可检测其是否具有编码能力、是否包含完整的开放阅读框（open reading frame，ORF）以及翻译产生的氨基酸长度等。此外，还可通过序列比对的方法，将拼接产生的 RNA 与蛋白质数据库（如 UniProtKB/Swiss-Prot、NCBI 的 NR 数据库等）比对，根据比对结果进行筛选。目前评估 RNA 蛋白质编码能力的软件较多，包括 CPC2、CPAT 和 CNIT 等。以 CPC2 为例，通常将编码能力预测分值 >0.5、包含完整的开放阅读框（ORF）及翻译产生的氨基酸长度 >100 AA（amino acid）作为标准筛选 mRNA。值得注意的是，在利用 CPC2 分析组装转录本，若编码能力预测分值 <0.5、不包含完整的开放阅读框（ORF）及翻译产生的氨基酸长度 <100 AA，则该转录本可能为非编码 RNA。长链非编码 RNA（如 >200 bp）的表达水平较低，具有组织特异性，可能具有调控基因表达的功能。在鉴定长链非编码 RNA时，还需要考虑组装的转录本是否为持家非编码 RNA（如 tRNA、snRNA 及 snoRNA等）和 sRNA 前体。判断方法可将组装 RNA 比对至持家非编码 RNA（tRNA 数据库可从 Genomic tRNA 数据库下载，snRNA、snoRNA 可从 NONCODE 数据库收集）及 sRNA 前体数据库上，根据比对结果进一步筛选。

3. 剪接水平

剪接水平的质控可分为三个方面。一是将组装的转录本与基因组比对，判断对应的初始 RNA 是否包含内含子。二是判断组装的转录本与已注释的 RNA 序列是否高度相似，即检测组装转录本与基因组比对确定的剪接位点位置与已注释的剪接位点位置是否接近。三是判断读长对剪接位点的支持情况。

4. 基因组水平

在对从头组装产生的转录本进行质控时，还可通过 GMAP、BLAST 等比对软件，与同源物种或相关物种参考基因组序列的比对，然后设定覆盖度和一致性合理的阈值来过滤筛选高可信的转录本。

5. 转录本水平

与基因组水平质控相似，转录本水平质控即将组装的转录本比对到相近物种或注释质量较高的转录本（如通过三代测序产生的全长转录本）上。根据比对结果的覆盖度和一致性筛选高可信的 RNA 分子。

二、表达定量

RNA-seq 数据的另外一个重要应用是对基因 / 转录本的表达进行定量。基于比对至基因 / 转录本上的读长数、基因 / 转录本长度、测序深度等信息，研究人员提出了 RPKM（reads per kilobase of exon model per million mapped reads）、FPKM（fragments per kilobase of exon model per million mapped fragment）、TPM（transcripts per kilobase of exon model per million mapped reads）等多种指标来定量基因 / 转录本的表达水平。常用的软件包括 Cufflinks、RSEM、StringTie 等。

RPKM 首先消除了测序深度带来的影响，得到标准化的读长数，再进一步消除基因长度的影响，标准化基因长度。RPKM 的计算公式为：

$$RPKM = \frac{M \times 10^9}{N \times L}$$

其中，M 表示比对至该基因 / 转录本的读长数；N 表示 RNA-seq 数据中总读长数；L 表示该基因 / 转录本的长度。

FPKM 的计算方法与 RPKM 类似。不同的是，FPKM 专门用于双端测序数据。对于双端测序产生的 RNA-seq 数据，同一条片段可以产生两条读长（R_1 和 R_2）。与基因组比对时，会出现 R_1 和 R_2 可同时或只有一条读长（R_1 或 R_2）高质量地比对至参考基因组上两种情况。对于 R_1 和 R_2 同时比对至基因组上这种情况，在计算 FPKM 时，R_1 和 R_2 仅考虑为 1 次。

与 RPKM 和 FPKM 不同的是，TPM 首先进行基因长度标准化，再进行测序深度标准化。其计算公式为：

$$A = \frac{M \times 10^3}{L}$$

$$TPM = A \times \frac{1}{\sum A} \times 10^6$$

其中，A 为按基因长度对读长数进行标准化；M 表示比对至该基因 / 转录本的读长数；L 表示该基因 / 转录本的长度。

近年来，研究人员还提出一种无须比对的表达定量方法（alignment-free 或 pseudo-alignment），研发出 Sailfish、Kallisto、Salmon 等软件，通过统计 RNA-seq 数据中的 k-mer 值直接进行表达定量。研究人员通过比较基于比对和无须比对的表达定量方法，发现无须比对的方法可以显著地减少 RNA-seq 分析所需的时间和内存，但对长度短、表达丰度低的转录本进行定量时准确性要低于基于比对的方法。

三、环状 RNA 的鉴定

环状 RNA（circular RNA，circRNA）是真核生物中一类保守的 RNA 分子，是由 RNA 分子反向剪接连接（back-spliced junction，BSJ）形成的闭合环状结构的单链 RNA（图 4-5），可通过结合 miRNA 或蛋白质来调节基因的表达。

根据 BSJ 位点检测策略的不同，环状 RNA 的鉴定方法大致可分为两类（图 4-6）。一是基于分割比对的方法鉴定环状 RNA，代表性的方法和软件有 find_circ、CIRCexplorer、CIRI 和 UROBORUS。在 RNA-seq 数据中，跨越 BSJ 位点的读长与基因组比对时会被分成多个片段，根据这些片段在基因组上的方向确定 BSJ 位点，进而鉴定出对应的环状 RNA。二是基于推测 BSJ 邻近序列的方法鉴定环状 RNA，代表性的方法有 KNIFE 和 NCLscan。这类方法首先根据参考基因组序列和注释推测潜在的 BSJ 位点，然后围绕这些位点构建潜在的环状 RNA，随后将读长比对到这些假定序列上，最后根据读长对潜在环状 RNA 的支持情况筛选可靠的环状 RNA。

需要注意的是，受制于二代测序读长长度的限制，基于二代测序数据的环状 RNA 鉴定方法常难以确定环状 RNA 的全长序列以及对应的选择性剪接事件。2021 年，研

图 4-5 环状 RNA 的产生

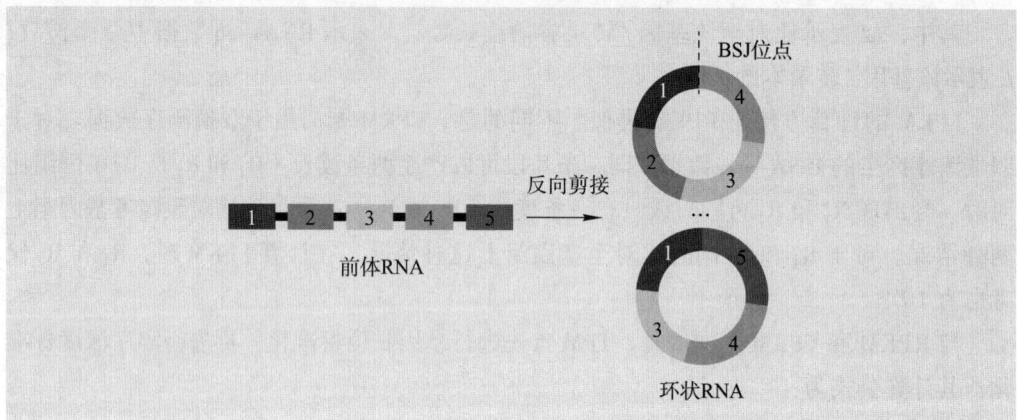

图 4-6 环状 RNA 鉴定方法

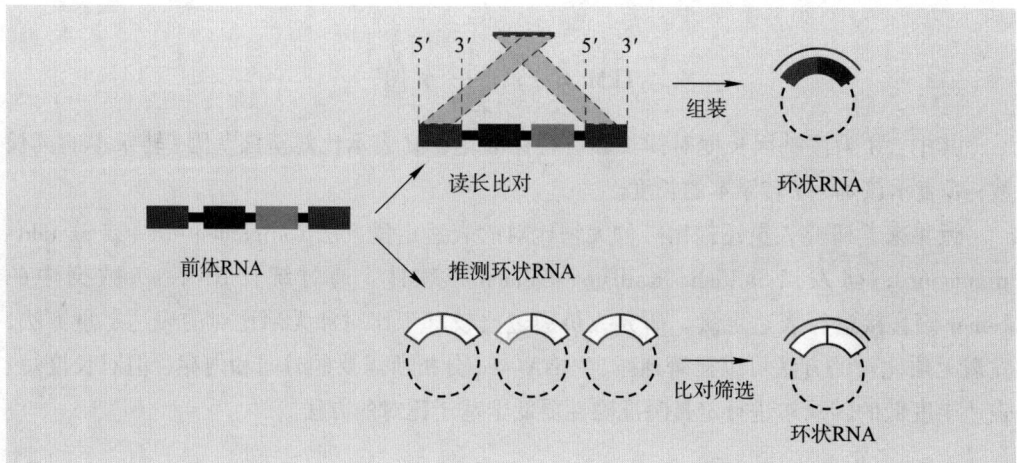

究人员开发了一种针对环状 RNA 的测序技术 isoCirc，通过整合滚环扩增（rolling circle amplification，RCA）和 Oxford Nanopore 长读长纳米微孔测序技术，有效提升了低丰度环状 RNA 的检测能力，并测定出环状 RNA 的全长序列及其内部的选择性剪接事件。

四、小 RNA 的鉴定和定量

小 RNA（small RNA，sRNA）种类有多种，包括 miRNA（microRNA）、siRNA（small interfering RNA）、piRNA（PIWI-interacting RNA）和 phasiRNA（phased secondary small interfering RNA）等。本节针对不同类型的 sRNA，重点介绍其产生机制以及对应的数据处理、鉴定和定量过程。

（一）sRNA 的产生机制

1. miRNA（microRNA）

miRNA 是一类内源性的、具有调控功能的非编码 RNA，长度约为 22 nt。在动植物中，*MIR* 基因经过转录产生具有茎环结构的初级转录物（pri-miRNA）。经过相关酶切割后，茎环结构保留成为 miRNA 前体（pre-miRNA），再经过一次切割，茎结构中一条链作为成熟 miRNA 和 AGO 蛋白形成 RNA 诱导沉默复合物（RNA-induced silencing complex，RISC），进而参与转录后调控（图 4-7）。

2. 内源 siRNA（endogenous siRNA）

与 miRNA 不同，siRNA 是由双链 RNA（double-stranded RNA，dsRNA）前体产生。dsRNA 可能来自两条互补 RNA 链杂交，或由单链 RNA 经 RNA 依赖聚合酶合成相应的一条互补链。siRNA 在转录或转录后水平上抑制基因表达，不同长度的 siRNA 可能发挥不同的作用。例如，长度为 24 nt 的 siRNA 可参与 RNA 诱导的 DNA 甲基化，22 nt 的 siRNA 可抑制 mRNA 的翻译。

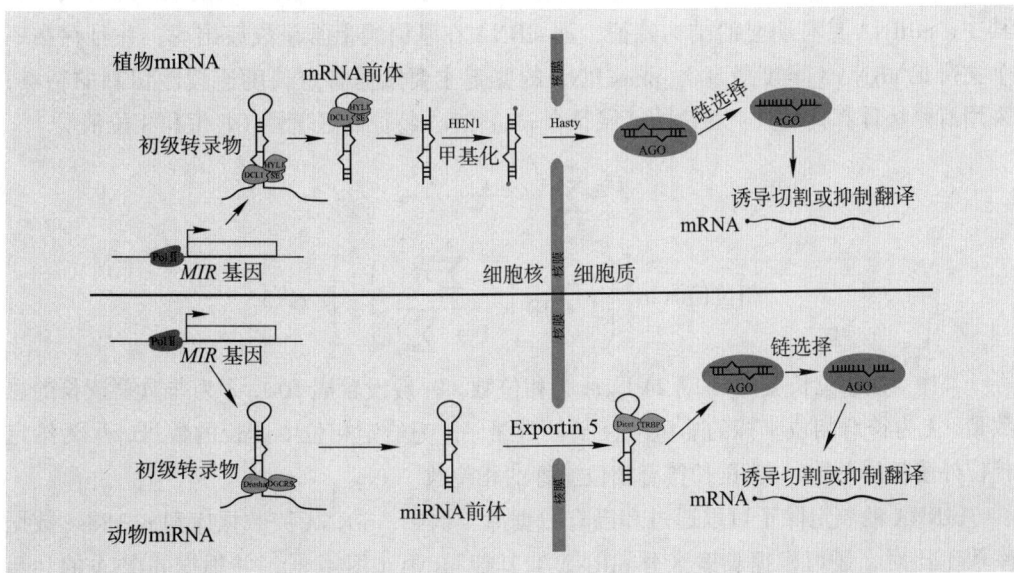

图 4-7　动植物中 miRNA 生物合成途径

3. piRNA（PIWI–interacting RNA）

piRNA 是一类动物特异的非编码 RNA。2006 年，冷泉港实验室的 Gregory Hannon 和洛克菲勒大学的 Thomas Tuschl 研究小组发现了一类长度在 24～31 nt，在动物生殖器官特异性表达，通过和 Piwi 蛋白结合来靶向调控下游基因的小 RNA（PIWI–interacting RNA）。Piwi–piRNA 复合物能够抑制转座子的活性，也能够靶向调控基因来参与胚胎发育、性别决定等进程。

4. phasiRNA（phased secondary small interfering RNA）

在植物中，一部分 miRNA 结合靶基因或 lncRNA 之后会使它们连续产生具有特定长度的呈相位排列的 siRNA（phasiRNA）。具体来讲，单链 RNA 被 miRNA–RISC 切割后的产物在 RDR6（RNA dependent RNA polymerase 6）作用下形成双链 RNA，随后在 DCL4（dicer–like 4）蛋白滑动切割下形成特定长度的 sRNA 片段（主要为 21 nt 和 24 nt）。

（二）sRNA 的鉴定

1. 数据的预处理

高通量测序技术对 sRNA 测序可产生上千万条读长。原始数据需要去掉接头序列以及低质量的读长。为了防止其他 RNA 的污染，分析过程中常进一步去除比对到 rRNA、tRNA、snRNA 和 snoRNA 等序列的读长。保留下来的读长（长度 18～26 nt）用于后续的 sRNA 鉴定。

2. sRNA 的鉴定

sRNA 的鉴定可大致分为两类：一是基于数据库的搜索；二是利用 sRNA 特征进行预测。以 miRNA 为例，miRBase 数据库（Release 22.1）收录了 270 多个物种的 38 589 条 miRNA 前体和 48 860 条 miRNA 成熟体。将预处理后的读长序列与 miRBase 数据库中的序列进行比对，可推测读长的来源。基于 miRNA 的序列、结构等特征，研究人员提出了 miRNA 的高通量筛选标准。在植物中，过滤后的高质量读长可先根据长度进行筛选，然后依次鉴定 miRNA 和 siRNA，并进一步排除不同 sRNA 间的干扰（图 4-8）。其中，miRNA 具有明显的结构特征，而 siRNA 在基因组上常呈成簇出现，并且存在一个主导的 sRNA（丰度最高）。phasiRNA 的鉴定主要依据特定长度连续性切割的特点，采用滑窗法计算具有数个相位的区域符合 phasiRNA 特征的显著性（P 值和相位值）。

$$P = \sum_{X=k}^{m} \frac{\binom{(l-1)m}{n-k}\binom{m}{k}}{\binom{lm}{n}},$$

$$相位值 = \ln\left[\left(1 + 10 \times \frac{\sum_{i=1}^{m} N_i}{1 + \sum U}\right)^{t-2}\right], \quad t \geq 3$$

其中 l 为相位长度（21 或 24），m 为相位数（一般设置成 10），n 为非重复读长的总数量，k 为符合相位坐标的非重复读长的数量。N 为给定相位中读长的数目，U 为给定相位外读长的总数，t 为读长符合相位坐标的相位数。

piRNA 的鉴定除了可以通过和已有数据库（例如，piRNA 簇数据库和 piRBase 数据库等）比对，还可根据长度区分 piRNA 和其他 sRNA（图 4-8），并根据 piRNA 的乒乓

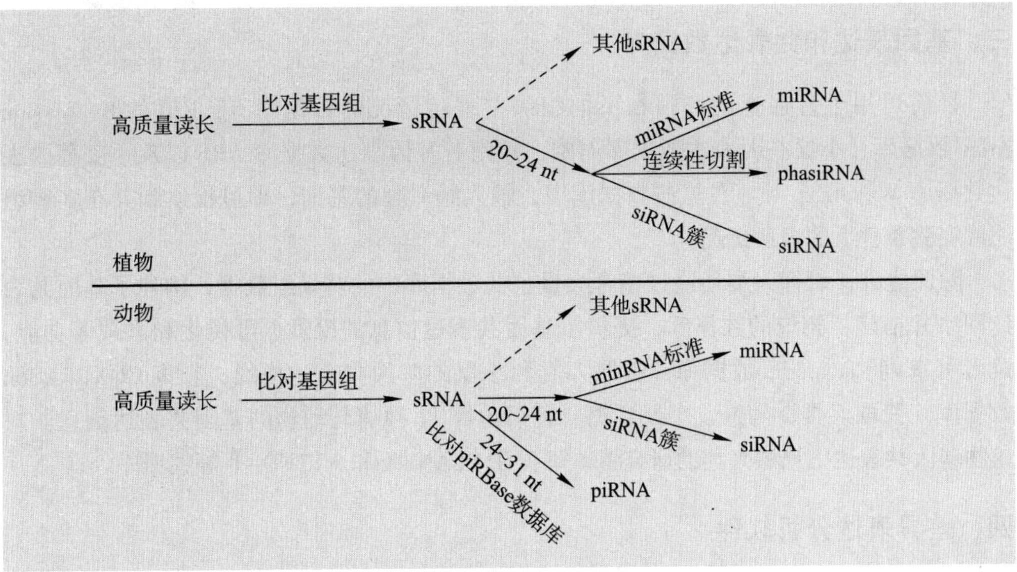

图 4-8　sRNA 鉴定示意图

循环（"Ping-Pong" cycle）机制筛选 piRNA。

（三）sRNA 的表达定量

sRNA 的定量包括单个 sRNA 的表达定量和前体（sRNA 簇或位点）的表达定量。对于单个 sRNA，常采用 TPM 进行 sRNA 的表达定量。对于前体的定量，可将前体看作基因估算其表达值。

第三节　转录组大数据的生物信息学资源

一、RNA-seq 数据资源

目前常用于存储、共享 RNA-seq 数据资源的有国家基因组科学数据中心（National Genomics Data Center）构建的系列数据库（database commons）、美国国家生物技术信息中心（National Center for Biotechnology Information，NCBI）中的 GEO（gene expression omnibus）和 SRA（sequence read archive）数据库、欧洲生物信息中心（European Bioinformatics Institute，EBI）以及日本 DNA 数据库（DNA Data Bank of Japan，DDBJ）等。使用者可根据需要上传新测数据或搜索、下载所需要的数据。

二、sRNA 数据库

目前研究者已研发出多个 sRNA 数据库。以 miRNA 为例，有经典的 miRBase；作为补充的 miRCarta；针对原生动物的 MirGeneDB；针对植物的 PmiREN、sRNAanno 和 plant small RNA genes 等。值得注意的是，sRNAanno 还收录了 phasiRNA 的注释。针对 piRNA，已构建的数据库有 piRBase、piRNABank 和 piRNA cluster database 等。

三、基因表达和共表达数据库

目前可用于直接查询基因在不同组织中表达情况的数据库有：EBI 的 Expression Atlas 数据库、小鼠基因表达数据库 MGI、拟南芥基因表达数据库 ARS 以及小麦基因表达数据库 WheatExp 等。在这些数据库中，输入感兴趣的基因，即可检索到其在多种组织或实验条件下的表达情况。

除此之外，研究人员还通过整合大量公共数据库中的转录组数据，构建了基因共表达网络并搭建了相应的数据库，提供了基因共表达信息的检索、可视化和下载等功能。读者可查询 Coexpedia 数据库，获取人类和小鼠的基因共表达模块；查询 COXPRESdb 数据库，获取人类、大鼠、小鼠、鸡、斑马鱼等 11 种哺乳动物的基因共表达信息。对植物基因共表达信息感兴趣的研究者，可关注 PLANEX 和 ATTED-Ⅱ 等数据库。

四、差异表达分析软件

基因或转录本的表达定量结果可用来比较不同条件下基因或转录本表达水平的变化情况，即差异表达分析（differential expression analysis）。差异表达分析可分为两种不同的策略：基于读长数的差异表达分析策略和基于表达值的差异表达分析策略。

基于读长数的差异表达分析策略利用广义线性模型等方法比较不同条件下基因区域读长数的变化及对应的统计显著性分值。常用的软件包括 DESeq2、edgeR 等。值得注意的是，这类方法往往只考虑了比对至基因的总读长数，忽视了不同转录本之间的读长数差异，难以准确地反映转录本层面的表达差异情况。基于表达值的差异表达分析策略，首先计算出基因或转录本水平的表达值，然后再进行差异分析。常用软件包括 CuffDiff、Ballgown 等。在进行差异表达基因或转录本鉴定时，通常采用两个指标进行筛选：①表达值的差异倍数（fold change，如 fold change≥2）；②经错误校验率（false discovery rate，FDR）校正的 P 值（如 $P \leq 0.05$）。

若实验涉及植物多个突变体或自交系、多种培养条件或多个发育时间点等因素，在进行差异表达分析时，可利用 edgeR 等软件进行多因子（multiple factor）基因差异表达分析。例如，在分析对照（well water，WW）和干旱胁迫（drought stress，DS）条件下干旱敏感型 B73 和干旱耐受型 Han21 自交系苗期叶片组织的差异表达基因，可使用多因子的比较方法同时考虑不同实验条件（WW 和 DS）、不同自交系（B73 和 Han21），即（Han21-DS-Han21-WW）-（B73-DS-B73-WW）。

五、条件特异表达基因识别方法

条件特异表达基因是指在特定组织、特定发育时期、特定非生物或生物胁迫等条件下高度表达的基因，其常在对应条件下发挥着重要作用。截至目前，研究人员已提出了多个统计指标来判断基因是否为条件特异表达基因（表4-2）。这些指标大致可分为两大类：①评估基因在一种条件下特异表达的程度，如 count、τ、Gini、TSI、Hg 和 tsThreshold 等；②评估基因在每种条件下特异表达的程度，如 Z-score、EE_i、PEM 和 SPM 等。

表 4-2　条件特异性评估指标

指标	公式	广谱表达	特异表达
count	$n_{expressed}$	n	1
τ	$\tau = \dfrac{\sum\limits_{i=1}^{n}(1-z_i)}{n-1}$; $z_i = \dfrac{g_i}{\max\limits_{1 \leq j \leq n}(g_j)}$	0	1
Gini	$\dfrac{n+1}{n} - \dfrac{2\sum\limits_{i=1}^{n}(n+1-i)g_i}{n\sum\limits_{i=1}^{n}g_i}$	0	$(n-1)/n$
TSI	$\dfrac{\max\limits_{1 \leq i \leq n}(g_i)}{\sum\limits_{i}^{n}g_i}$	0	1
Hg	$-\sum\limits_{i=1}^{n}p_i \times \log_2(p_i)$; $p_i = \dfrac{g_i}{\sum\limits_{i=1}^{n}g_i}$	$\log_2 n$	0
tsThreshold	$1 - \min\limits_{1 \leq i \leq n}R_i$; $R_i = \max(g_i)$ 或 $\mathrm{mean}(g_i)$	0	1
Z-score	$\dfrac{g_i-\mu}{\sigma}$; $\mu = \dfrac{\sum\limits_{i=1}^{n}g_i}{n}$; $\sigma = \sqrt{\dfrac{\sum\limits_{i=1}^{n}(g_i-\mu)^2}{n-1}}$	0	>3
EE_i	$\dfrac{g_i}{\sum\limits_{i=1}^{n}g_i \times \dfrac{S_i}{\sum\limits_{i=1}^{n}S_i}}$; $S_i = \sum\limits_{j=1}^{GN}g_{ij}$	0	>5
PEM	$\log_{10}\left(\dfrac{\sum\limits_{i=1}^{n}S_i}{S_i} \times \dfrac{g_i}{\sum\limits_{i=1}^{n}g_i}\right)$	0	~1
SPM	$\dfrac{g_i^2}{\sum\limits_{i=1}^{n}g_i^2}$	0	1

　　表中 n 代表一批转录组数据中各种实验条件的数目，$n_{expressed}$ 表示在特定阈值下，基因 g 在 n 个组织中表达。在这些指标中，τ 指标总体性能最好，应用最为普遍；Gini 指标近些年受到关注，其表现与 τ 类似；count 指标计算最简单，在选择合适阈值条件下，有较好的特异表达基因识别效果。

六、时序转录组数据分析软件

　　在生物体生长发育过程中，一部分基因的表达呈动态变化趋势。这种基因表达的动态变化具有重要的生物学意义。例如，拟南芥分子伴侣 *GIGANTEA* 基因的节律表达使得植物能适应季节交替过程中昼夜长短和温度的变化。基于时序转录组数据，读者可开展动态表达模式的发掘、时序差异表达基因的鉴定、生物样本的分类以及基因动态调控网络的构建等研究。

1. 动态表达模式的发掘

通过 K-means、双向聚类、自组织映射等算法对基因表达矩阵进行聚类分析，检测基因的动态表达模式，代表性的软件有 STEM 和 TimeClust。STEM 聚类分析结果如图 4-9 所示。图中每一个方框代表一组基因的表达模式，数字为模式的标号，横轴为时间，纵轴是表达量。

图 4-9　STEM 聚类分析示意图

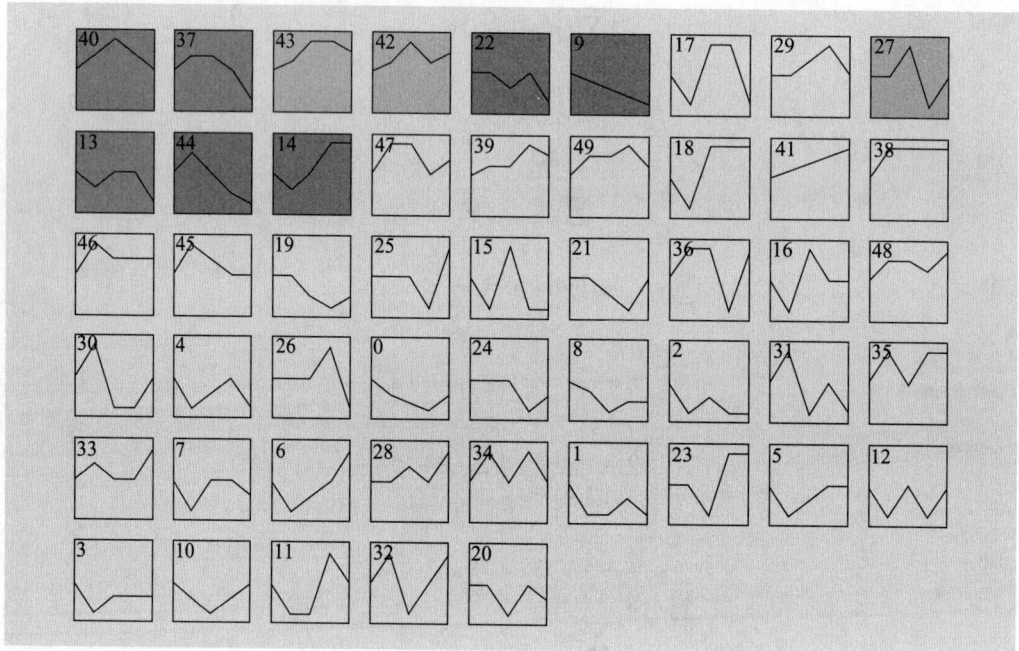

2. 时序差异表达基因的鉴定

这一类软件用于检测时序条件下表达模式显著变化的基因，代表性的软件有 ImpulseDE2、splineTimeR 和 maSigPro。ImpulseDE2 适用于时间点比较少（如小于 8）的 RNA-seq 数据，splineTimeR 和 maSigPro 在超过 8 个时间点的 RNA-seq 数据中表现相对较好。

3. 生物样本的分类

通过学习现有时序转录组数据中样本类型和基因时序表达谱的关系，构建生物统计学模型预测新输入表达谱数据的样本类型，代表性的软件有 GQL、MVQueries 等。

4. 基因动态调控网络的构建

此类软件通过结合时序表达数据和其他生物学数据，构建基因的表达动态调控网络。例如，DREM 软件通过整合转录因子-靶基因的互作信息和时间序列基因表达数据，构建转录因子的动态调控网络（图 4-10）。图中不同颜色的线条代表表达模式相似的基因（基因簇）平均表达水平随时间的变化趋势，每个圆圈的大小代表这个基因簇中基因表达水平的方差，表示一次分支事件，代表在该节点基因簇在不同的转录因子调控下被分割成不同的基因簇，转录因子名称标识在分支旁边。

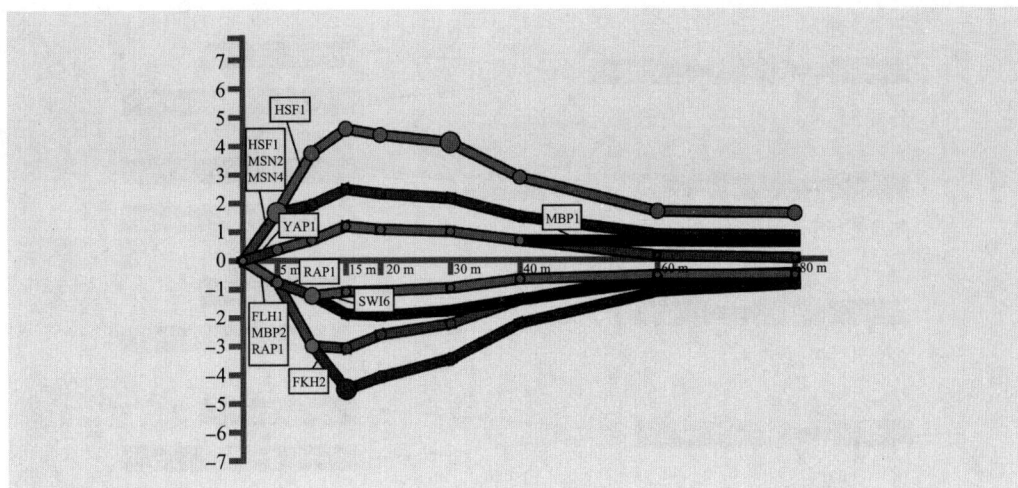

图 4-10 DREM 构建的基因动态调控网络示意图

图 4-10 彩色图片

七、转录本表达数据分析软件

选择性剪接是真核生物特有的生物学过程，DNA 转录成前体 RNA 后，mRNA 前体通过不同的剪接方式（选择不同的剪接位点组合）可产生不同的 mRNA 剪接异构体（转录本）。这些转录本在结构和功能上的差异使得它们可以响应不同细胞类型、组织、发育阶段和环境条件下复杂的生物学过程。选择性剪接事件主要有 5 种基本类型（图 4-11）：外显子跳读（exon skipping）、外显子互斥（mutually exclusive exon）、可变 5′ 剪接位点（alternative 5′ splice site）、可变 3′ 剪接位点（alternative 3′ splice site）和内含子保留（intron retention）。针对选择性剪接类型鉴定及分析代表性的软件有 SpliceJumper、SplicePie、SpliceSeq、CLASS2 和 spliceR 等。目前基于 RNA-seq 数据在转录本层面的分析主要集中于以下三个方面。

1. 转录本差异表达

转录本差异表达（differential transcript expression，DTE）指不同条件下表达量发生显著变化的转录本。大多数鉴定基因差异表达的方法（如 DESeq2 和 edgeR 等）同样适用于转录本差异表达的鉴定。

2. 转录本差异使用

转录本差异使用（differential transcript usage，DTU）指不同条件下基因内转录本表达量相对比例发生显著变化的转录本。常用的软件有 DEXSeq、DRIMSeq、SUPPA2。

3. 转录开关事件

转录开关（transcriptional switching，TS）事件指在不同实验条件下来自同一条基因的两条转录本相对表达地位发生转换的事件。代表性的软件有 iso-kTSP、Isoform Switch Analyze R、3D RNA-seq、TSIS、deepTS 等。deepTS 覆盖了从转录本图谱构建、转录本表达定量、转录本转换事件鉴定及下游分析等多个过程，可对成对样本、时序样本以及群体样本的转录组数据进行转录开关事件的挖掘研究。

图 4-11 选择性剪接
主要类型

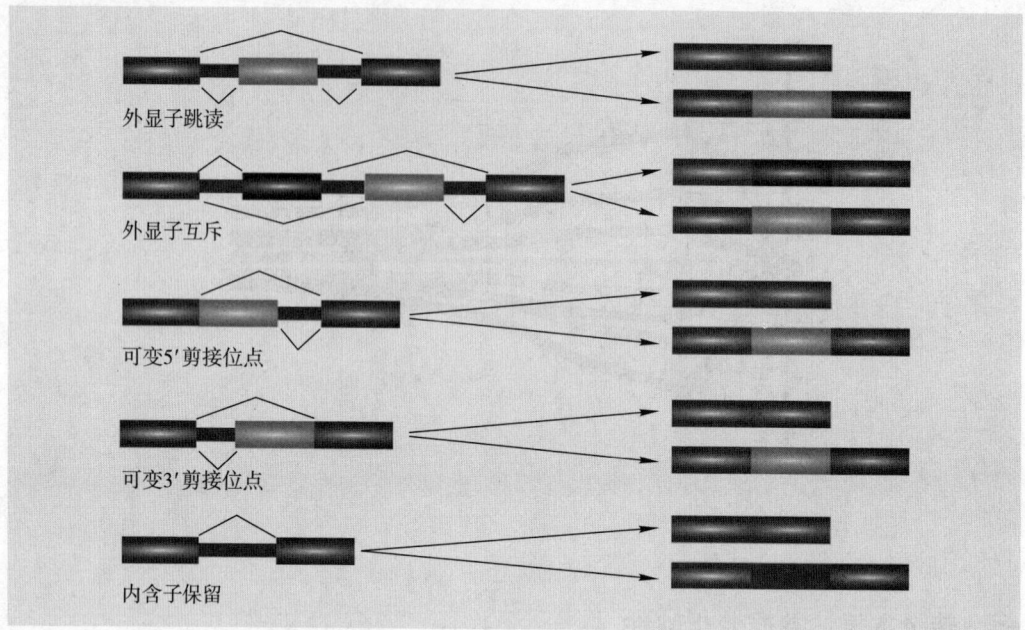

外显子跳读

外显子互斥

可变5′剪接位点

可变3′剪接位点

内含子保留

八、Unmapped RNA-seq 数据分析软件

RNA-seq 数据的常用分析方法是将 RNA-seq 读长比对至参考基因组上，再利用比对至参考基因组上的读长进行下游分析（表达水平评估、选择性剪接事件鉴定、差异表达分析等）。然而，比对时常存在部分读长不能比对至参考基因组（unmapped 读长）的情况，其可能原因有多种，包括：①参考基因组序列不完整；②比对软件算法自身有局限；③实验材料的特异性等。这些 unmapped 读长在分析时常被遗弃。事实上，unmapped 读长也包含大量有价值的生物学信息，同样值得关注和利用。在人类 RNA-seq 数据的大规模分析中，unmapped 读长可用于鉴定癌症相关的新转录本，发现潜在的癌症标记。

Chen 等利用 Galaxy 平台构建了一个交互式、界面友好、使用方面的 unmapped 读长分析与挖掘软件 CAFU。CAFU 主要包含 unmapped 读长的提取和转录本拼接、转录本可信度分析以及转录本特征描述和功能注释等功能模块。CAFU 在利用 unmapped 读长时，首先将 unmapped 读长进行拼接，产生高可信的转录本，再结合相应物种参考基因组中已注释的转录本构建共表达网络，并进一步对网络模块中的转录组进行 GO 富集分析，借以推测拼接产生转录本的生物学功能。通过对 171 组玉米 RNA-seq 数据的 unmapped 读长分析，研究人员鉴定出了 635 条新转录本，其中 291 条可能参与干旱逆境应答。

九、sRNA-seq 数据分析软件

由于 sRNA 种类多样、sRNA-seq 数据复杂，研究者可根据自身需要，整合常用的分析软件和工具包，构建个性化的 sRNA 分析流程（图 4-12；表 4-3）。

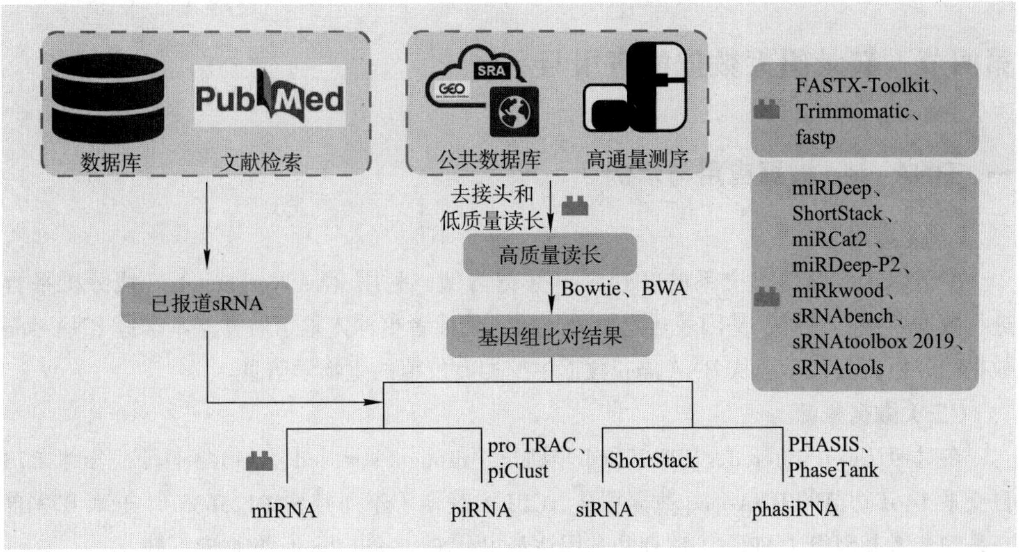

图 4-12　sRNA 分析流程和相关工具

表 4-3　sRNA 分析软件和对应的输入和输出数据

流程	工具	输入	输出
前期处理	FASTX-Toolkit、Trimmomatic、fastp	原始数据（FASTQ 格式）	过滤后的数据（FASTQ 格式）
miRNA	miRDeep、ShortStack、miRCat2、miRDeep-P2、miRkwood、sRNAbench、sRNAtoolbox 2019、sRNAtools	过滤后的数据（FASTQ 或 FASTA 格式）、网页版工具支持输入 SRA 号	鉴定得到的所有 miRNA
siRNA	ShortStack	过滤后的数据（FASTQ 格式）或比对产生的 BAM 文件	siRNA 和 siRNA 簇
piRNA	proTRAC、piClust	比对产生的 SAM 文件	piRNA 簇
phasiRNA	PHASIS、PhaseTank	FASTQ 格式转成的 FASTA 格式	phasiRNA、tasiRNA 和 miRNA 触发器

　　分析的数据集可从 NCBI 的 GEO、SRA 等公共数据库下载，已报道的 sRNA 可从 miRBase 等数据库或文献中获得。sRNA-seq 数据与参考基因组的比对可采用 Bowtie 和 BWA 等软件。miRNA 鉴定和分析工具较多，其中 miRDeep 支持基于 miRNA-seq 数据的 miRNA 预测和差异表达分析；sRNAtools 可用于多种类型 sRNA 潜在功能的挖掘；sRNAbench 和 sRNAtoolbox 2019 可在线处理 sRNA-seq 数据。

第四节 转录组大数据的应用与示例

一、RNA-seq 数据应用与示例

（一）概述

本节以玉米 B73 自交系的 RNA-seq 数据为例，利用 RNA workbench 在线分析平台进行数据质控、比对、基因表达定量等分析，使读者更深入地了解并基本掌握 RNA-seq 数据的分析流程，学会从 RNA-seq 数据中挖掘有价值的生物学信息。

（二）数据来源

在对照（well watered，WW）和干旱胁迫（drought stressed，DS）条件下，玉米 B73 自交系 14 d 幼苗的 RNA-seq 数据可从 NCBI 中获得（序列号 SRP125635）。玉米 B73 自交系的参考基因组（APG4）序列和基因注释可从 Ensembl Plants 数据库下载。

（三）分析流程

1. 数据上传

当上传数据量不大时，可通过"download from URL"或"upload files from disk"功能，将数据直接上传至 RNA workbench 上；若数据大小超过 2 Gb 时，可借助 FileZilla 等软件，通过 ftp 上传。

2. 搭建 RNA-seq 数据质控、比对、基因表达定量分析流程

进行 RNA-seq 数据分析时，首先需要利用 FastQC 等软件对 RNA-seq 数据的质量进行评估。接下来去除初始数据（raw data）中测序接头和低质量的碱基，可选用的软件包括 Trimmomatic、fastp 等。选取 fastp 对初始数据进行质量控制，选用的参数包括碱基质量大于 20，保留的最小读长长度为 50（图 4-13）。

图 4-13 RNA-seq 数据质控、比对、基因表达定量分析流程搭建

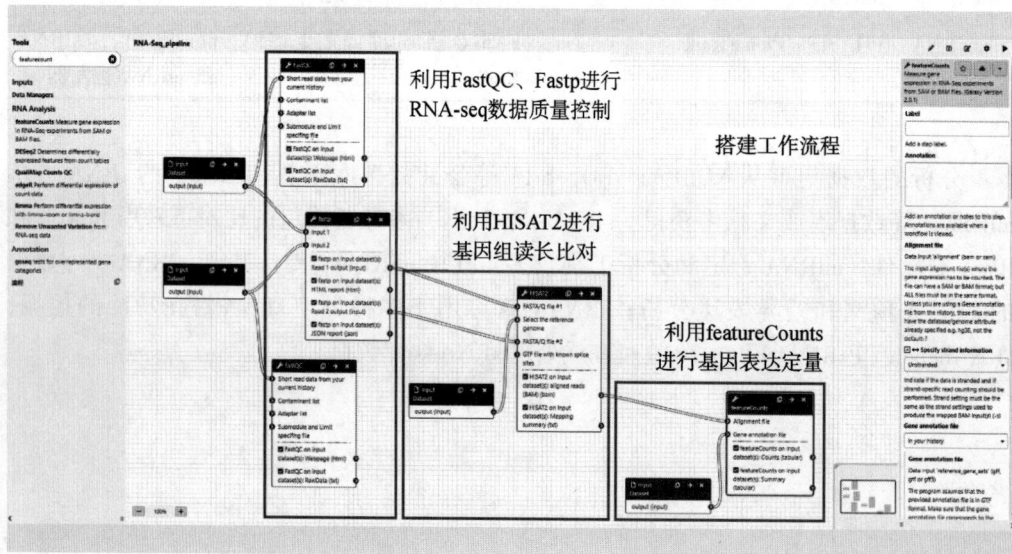

质控后的数据即可进行基因组读长比对，常用的比对软件有 Bowtie、TopHat、HISAT2 等。在将玉米 B73 品系自交系 RNA-seq 数据比对至玉米 B73 品系参考基因组上时，需要对内含子长度等参数进行设定。选用 HISAT2 进行数据比对，最大内含子长度设置为 10 kb（图 4-13）。研究者可以尝试选择不同的比对软件、设置不同的参数，通过比较不同组合下的基因组读长比对结果，进一步深入理解 RNA-seq 结果。

基于基因组读长比对结果产生的二进制序列比对图文件格式（binary sequence alignment/map format，BAM）文件，可对基因进行表达定量。选用 featureCounts 进行读长数水平的基因表达定量（图 4-14）。流程搭建好后，即可对 RNA-seq 数据进行分析（图 4-14）。

3. RNA-seq 分析结果整合与可视化

得到 RNA-seq 质控、比对结果，可利用 RNA workbench 中集成的在线工具进行整合及可视化。对于 RNA-seq 数据质控（图 4-15）和比对率（图 4-16）等结果，我们可利用 MultiQC 进行整合。获得基因组读长比对结果的 BAM 文件后，可利用 JBrowse 对比对结果进行可视化。

4. 差异表达基因鉴定

根据计算的读长数作为输入数据，利用 DESeq2 进行差异表达分析，鉴定出差异表达基因（图 4-17）。

（三）干旱应答基因挖掘

基于案例中使用的测序数据，共鉴定出了 1 737 个差异表达基因（其中上调基因 521 个，下调基因 1 216 个）（图 4-18）。利用在线 GO 分析工具 AgriGO 分别对上调基因和下调基因做 GO 富集分析发现：表达上调基因主要富集在光合作用（GO：0015979、GO：0019684）、响应非生物学胁迫（GO：0009628、GO：0009314、GO：0009416）等生物学过程；而表达下调基因则主要富集在细胞壁合成（GO：0071669、GO：0009832、

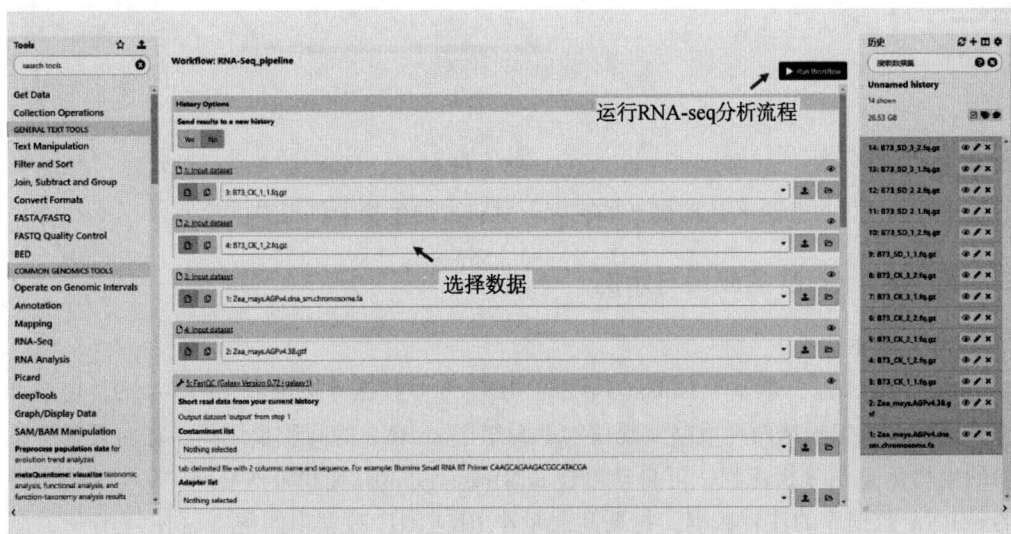

图 4-14 运行 RNA-seq 数据分析流程

图 4-15 RNA-seq 数据质量控制结果（fastp）整合

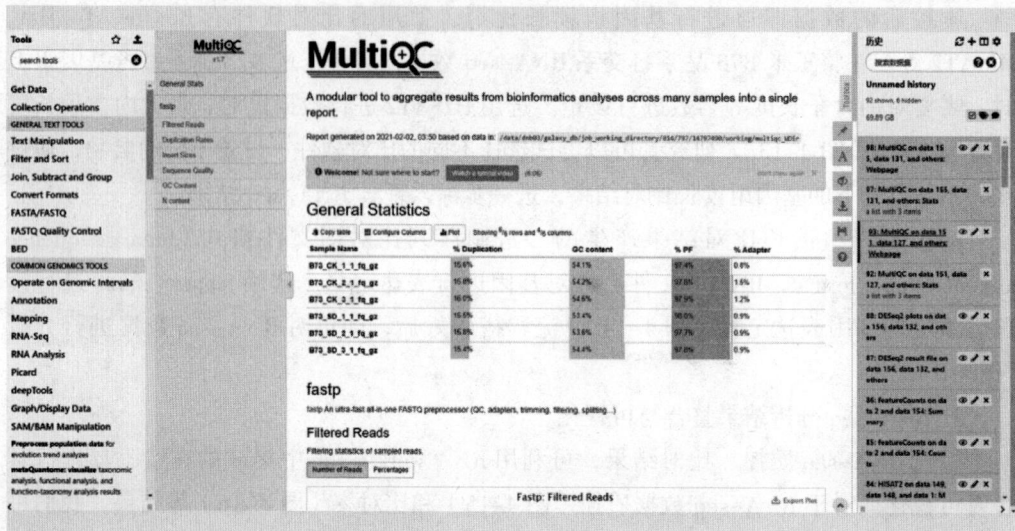

图 4-16 RNA-seq 比对率结果整合

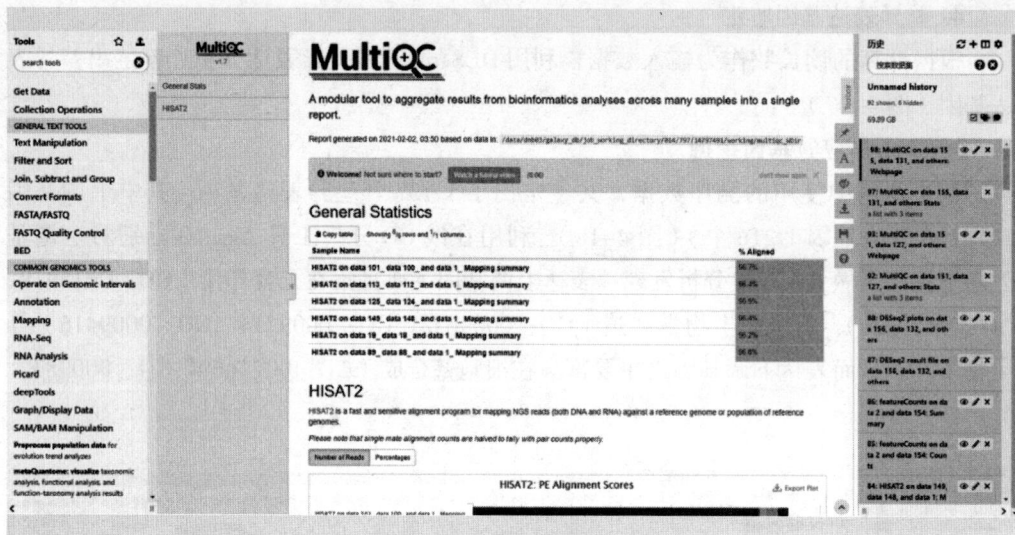

GO：0042546、GO：0071554、GO：0071555）等过程。这些玉米响应和抵御干旱胁迫的重要候选基因可为进一步挖掘玉米响应干旱胁迫的生物学机制提供参考。

二、sRNA-seq 数据应用与示例

（一）概述

iwa-miRNA 是一款基于 Galaxy 系统的 sRNA-seq 数据分析软件（图 4-19）。它结合计算分析和人工筛选两种策略实现植物基因组中 miRNA 的高质量注释。它内置了一系列的生物信息学分析流程，可自动聚合 miRBase、PmiREN 和 sRNAanno 等具有代表性的 miRNA 数据库的注释数据，挖掘高通量小 RNA 测序数据中的候选 miRNA 分子，刻

图 4-17 利用 DESeq2 进行基因差异表达分析

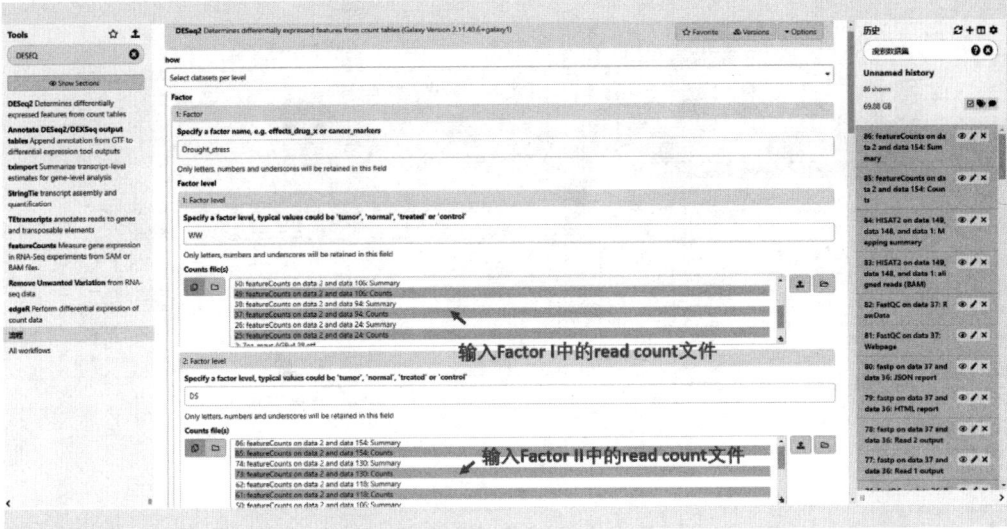

图 4-18 干旱应答差异表达基因分析结果

	GeneID	Base mean	log2(FC)	StdErr	Wald-Stats	P-value	P-adj	Stat
2	Zm00001d031332	5939.994063	2.544296774	0.196978293	12.9166353	3.63E-38	9.62E-34	Up-regulated
3	Zm00001d044120	192.5004377	-3.582140518	0.330369657	-10.84282541	2.16E-27	2.86E-23	Down-regulated
4	Zm00001d010380	289.1567751	-4.601226453	0.443815768	-10.36742447	3.49E-25	3.08E-21	Down-regulated
5	Zm00001d003712	61909.99682	-2.24802845	0.22210216	-10.1215965	4.43E-24	2.94E-20	Down-regulated
6	Zm00001d002068	164.8617148	-4.104279567	0.414987432	-9.890129788	4.59E-23	2.44E-19	Down-regulated
7	Zm00001d018752	514.3569873	-2.412751817	0.244758867	-9.857668678	6.35E-23	2.81E-19	Down-regulated
8	Zm00001d033516	51.15618627	-4.910797328	0.539480319	-9.10282944	8.80E-20	3.33E-16	Down-regulated
9	Zm00001d045190	6972.05946	2.020063557	0.226945173	8.90110829	5.53E-19	1.83E-15	Up-regulated
10	Zm00001d039529	1053.052899	-1.803312112	0.210264773	-8.576387231	9.79E-18	2.88E-14	Down-regulated
11	Zm00001d044504	1199.307627	3.284704819	0.390124989	8.419621694	3.78E-17	1.00E-13	Up-regulated
12	Zm00001d026147	369.0396279	-2.117327411	0.257701473	-8.216202197	2.10E-16	5.06E-13	Down-regulated
13	Zm00001d018941	431.7242081	1.639042355	0.204600234	8.01095053	1.14E-15	2.52E-12	Up-regulated
14	Zm00001d042731	459.3907551	1.990128395	0.252076075	7.894951521	2.90E-15	5.64E-12	Up-regulated
15	Zm00001d024234	96.47124548	-3.887252174	0.492571256	-7.891756014	2.98E-15	5.64E-12	Down-regulated
16	Zm00001d036801	70.14731767	-3.323594387	0.425291056	-7.814870177	5.50E-15	9.73E-12	Down-regulated
17	Zm00001d048694	312.4756972	-4.712717351	0.608959284	-7.738969542	1.00E-14	1.58E-11	Down-regulated
18	Zm00001d042654	623.8165589	-2.826962514	0.365340371	-7.737887014	1.01E-14	1.58E-11	Down-regulated
19	Zm00001d043789	364.0505876	-4.453129018	0.57605706	-7.730360981	1.07E-14	1.58E-11	Down-regulated
20	Zm00001d028630	9382.675313	2.030322183	0.26402068	7.690011957	1.47E-14	2.05E-11	Up-regulated
21	Zm00001d039175	105.3321299	2.810560049	0.368238809	7.632438472	2.30E-14	3.05E-11	Up-regulated
22	Zm00001d013261	12581.0409	2.354456499	0.309511364	7.607011487	2.81E-14	3.54E-11	Up-regulated
23	Zm00001d012391	436.0669957	-3.059411236	0.40434364	-7.566364188	3.84E-14	4.63E-11	Down-regulated
24	Zm00001d007932	1227.651284	-1.785812739	0.241304477	-7.400661443	1.36E-13	1.56E-10	Down-regulated
25	Zm00001d036740	262.4923332	-4.09356142	0.554354898	-7.38436954	1.53E-13	1.69E-10	Down-regulated
26	Zm00001d025922	888.8178361	1.471367448	0.200305036	7.345633832	2.05E-13	2.17E-10	Up-regulated
27	Zm00001d035662	17032.56298	1.55949016	0.213913784	7.290274277	3.09E-13	3.15E-10	Up-regulated
28	Zm00001d036455	29.55431482	-3.718260256	0.512884354	-7.249704979	4.18E-13	4.10E-10	Down-regulated
29	Zm00001d031749	9147.135001	-1.945151498	0.271104579	-7.174912002	7.24E-13	6.69E-10	Down-regulated
30	Zm00001d016076	1071.080532	-4.306160777	0.600294663	-7.173411726	7.32E-13	6.69E-10	Down-regulated
31	Zm00001d053843	262.7801224	1.569552591	0.220426232	7.120534513	1.08E-12	9.50E-10	Up-regulated
32	Zm00001d032115	195.2116112	2.457978621	0.346629037	7.091092661	1.33E-12	1.14E-09	Up-regulated
33	Zm00001d003422	377.856279	-2.16850981	0.30689419	-7.065985229	1.59E-12	1.32E-09	Down-regulated
34	Zm00001d040152	2564.657083	-3.021348732	0.428503627	-7.050929199	1.78E-12	1.43E-09	Down-regulated
35	Zm00001d030551	823.5920065	-2.257803779	0.320766973	-7.038766351	1.94E-12	1.51E-09	Down-regulated
36	Zm00001d052937	215.3383893	2.214113809	0.314849523	7.032292089	2.03E-12	1.54E-09	Up-regulated
37	Zm00001d012212	411.5266544	2.436892886	0.347914069	7.004295328	2.48E-12	1.83E-09	Up-regulated

Sheet1

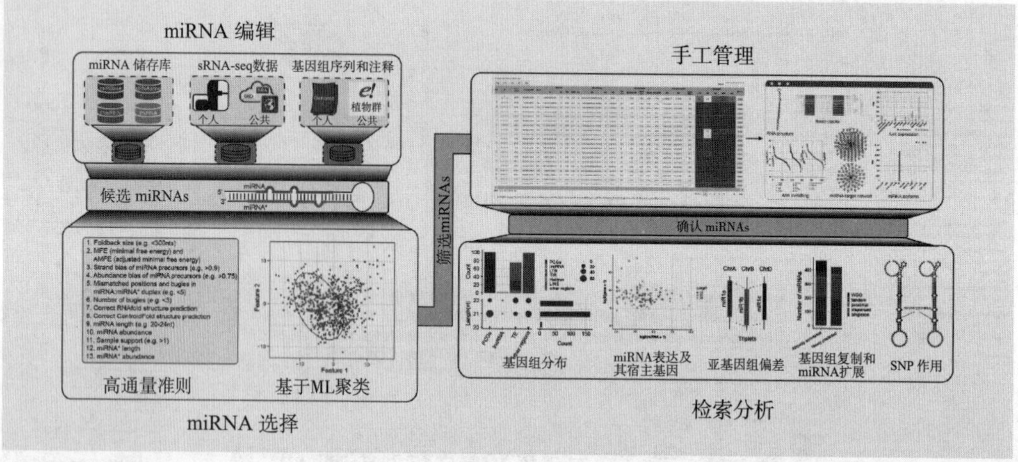

图 4-19 iwa-miRNA
平台模块示意图

画 miRNA 在序列、结构和表达等多个层面的特征信息，建立动态的 Web 交互界面实现高质量 miRNA 的人工辅助筛选，构建基于机器学习的计算生物学模型进行全基因组水平的 miRNA 精确预测。iwa-miRNA 支持本地 docker 运行和在线分析，具体操作细节和详情请参考 iwa-miRNA 提供的用户手册。

（二）数据来源

从 NCBI 中获得拟南芥叶片和花序的 sRNA-seq 数据（序列号 SRR11347201、SRR11829907）。作为案例演示，这里从每组数据中提取 10 000 000 条读长并将文件打包，具体测序数据和拟南芥样品信息可以从相关数据库下载获得并通过 iwa-miRNA 左侧工具栏中的 "uploadFile from your computer" 工具上传，参考基因组使用 iwa-miRNA 中 "genomePrepare" 提供的拟南芥 Ensembl Plants release-47 版本。

（三）分析流程

iwa-miRNA 主要由五个功能模块构成，包括：①调研目标物种在已有数据库中 miRNA 的收录情况；②基于 sRNA-seq 数据挖掘鉴定 miRNA；③不同来源数据的整合；④基于不同标准下 miRNA 的分类；⑤针对目标 miRNA 详细信息的探索。iwa-miRNA 的用户手册提供了详细的操作说明和原理介绍。下面针对其中三个部分展开具体的介绍。

1. 调研拟南芥在已有数据库中 miRNA 的收录情况

通过选择拟南芥和 miRBase/PmiREN/sRNAanno/Plant small RNA genes miRNA 公共数据库（图 4-20），iwa-miRNA 能够整合这些数据中的 miRNA 信息。

通过对数据进行挖掘、分析和展示 iwa-miRNA 输出网页界面用于了解各个数据库中收录的 miRNA 成员和特征。

2. 基于 sRNA-seq 数据挖掘鉴定 miRNA

通过选择 "genomePrepare" 提供的拟南芥和上传的 sRNA-seq 数据，iwa-miRNA 能够过滤这些数据，并进一步用过滤后的序列鉴定 miRNA（图 4-21）。iwa-miRNA 对 miRNA 鉴定工具的结果进行了整理并输出规范的表格，从而便于用户的使用和检查（图 4-22）。

图 4-20 调研已有数据库中 miRNA 收录情况时的输入操作

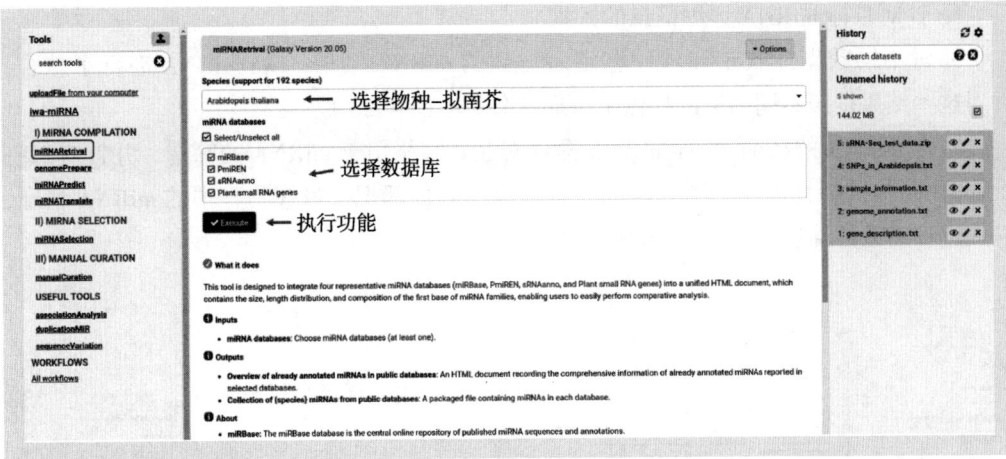

图 4-21 sRNA-seq 数据挖掘时的输入操作

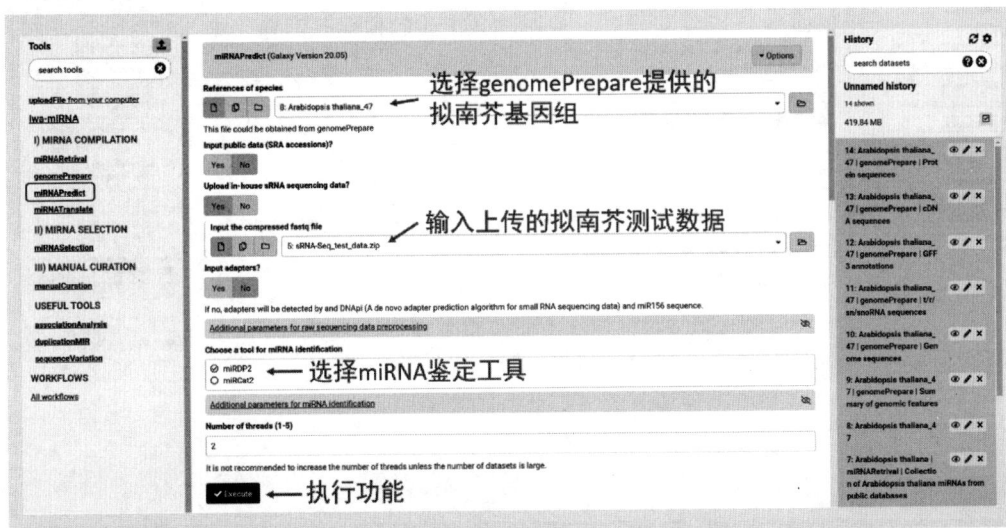

图 4-22 sRNA-seq 数据挖掘输出结果

3. 针对目标 miRNA 详细信息的探索

针对不同数据库收录和软件鉴定后得到的 miRNA 结果，iwa-miRNA 进行了整合，并对这些结果按照不同的标准提供了可靠性分类（图 4-23）。

结合 miRNA 的特征，iwa-miRNA 提供交互式表格用于 miRNA 的筛选，并针对每一个 miRNA 提供特征展示，利于研究人员从整体和局部把握目标物种中的 miRNA 情况，从而进行有效的筛选（图 4-24 和图 4-25）。

图 4-23 针对目标 miRNA 详细信息的探索时的输入操作

Row	ID	HT criteria	One class SVM	Source	Stem loop Loc	Stem loop Len	Stem loop MFE	Stem loop AMFE	Mature miRNA Arm	Mature miRNA Seq	Mature miRNA Len	TPM
			A		All					All		
☐	ath-MIR160a	true	remained_positive	1234+	2:16340281:16340361:+	81	-43.2	-53.33	5p	UGCCUGGCUCCCUGUAUGCCA	21	153.5
☐	ath-MIR156a	true	remained_positive	1234+	2:10676470:10676553:-	84	-42.5	-50.6	5p	UGACAGAAGAGAGUGAGCAC	20	1138.6
☐	ath-MIR160b	true	remained_positive	1234+	4:9888985:9889067:+	83	-34.4	-41.45	5p	UGCCUGGCUCCCUGUAUGCCA	21	153.5
☐	ath-MIR157c	true	remained_positive	1234+	3:6244527:6244693:-	167	-59.7	-35.75	5p	UUGACAGAAGAUAGAGAGCAC	21	1182.8
☐	ath-MIR157d	true	remained_positive	1234+	1:18026837:18027008:-	172	-57.7	-33.55	5p	UGACAGAAGAUAGAGAGCAC	20	23.0
☐	ath-MIR159a	true	remained_positive	1234	1:27713234:27713413:-	180	-71.6	-39.76	3p	UUUGGAUUGAAGGGAGCUCUA	21	14059.
☐	ath-MIR165b	true	remained_positive	1234+	4:369856:369989:-	134	-45.8	-34.18	3p	UCGGACCAGGCUUCAUCCCCC	21	1804.
☐	ath-MIR156d	true	remained_positive	1234+	5:3456643:3456732:-	90	-45.2	-50.22	5p	UGACAGAAGAGAGUGAGCAC	20	1138.6
☐	ath-MIR162a	true	remained_positive	1234+	5:2634936:2635019:-	84	-35.4	-42.14	3p	UCGAUAAACCUCUGCAUCCAG	21	4788.8
☐	ath-MIR161	true	remained_positive	1234+	1:17825730:17825819:+	90	-36.6	-40.67	5p	UGAAAGUGACUACAUCGGGGU	21	8344.5
☐	ath-MIR166b	true	remained_positive	1234+	3:22922211:22922320:+	110	-43.1	-39.18	3p	UCGGACCAGGCUUCAUUCCCC	21	8112.
☐	ath-MIR158a	true	remained_positive	1234+	3:3366349:3366411:-	63	-26.9	-42.7	3p	UCCCAAAUGUAGACAAAGCA	20	22226.6
☐	ath-MIR164a	true	removed_positive	1234+	2:19520769:19520848:+	80	-27.8	-34.75	5p	UGGAGAAGCAGGGCACGUGCA	21	507.9
☐	ath-MIR156e	true	removed_positive	1234+	5:3867212:3867309:+	98	-52	-53.06	5p	UGACAGAAGAGAGUGAGCAC	20	1138.6
☐	ath-MIR166c	true	remained_positive	1234+	5:2838051:2838756:+	106	-34	-32.08	3p	UCGGACCAGGCUUCAUUCCCC	21	8112.
☐	ath-MIR156b	true	remained_positive	1234+	4:15074944:15075025:+	82	-45.4	-55.37	5p	UGACAGAAGAGAGUGAGCAC	20	1138.6
☐	ath-MIR163	false	remained_positive	12	1:24884081:24884381:+	301	-106.4	-35.35	3p	UUGAAGAGGACUUGGAACUUCGAU	24	1260

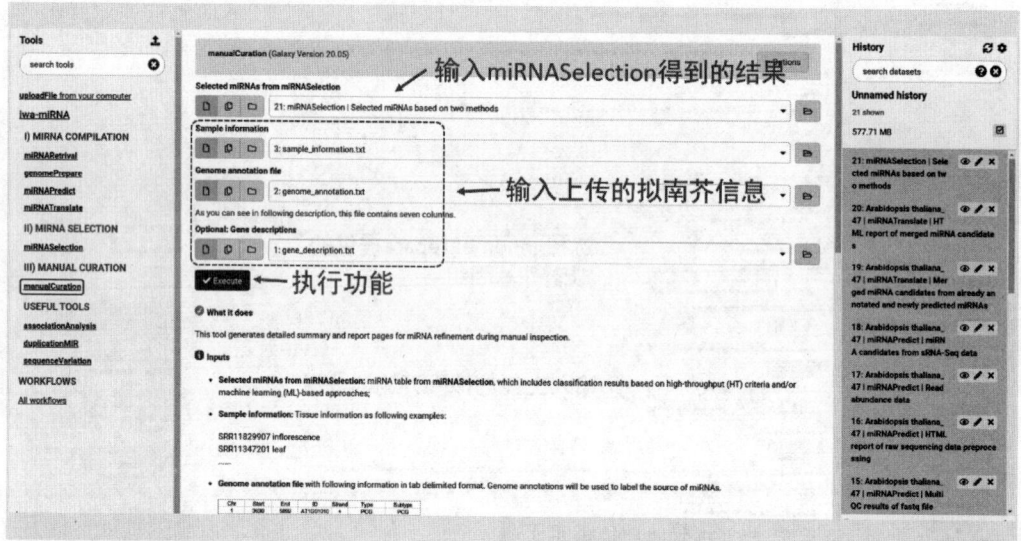

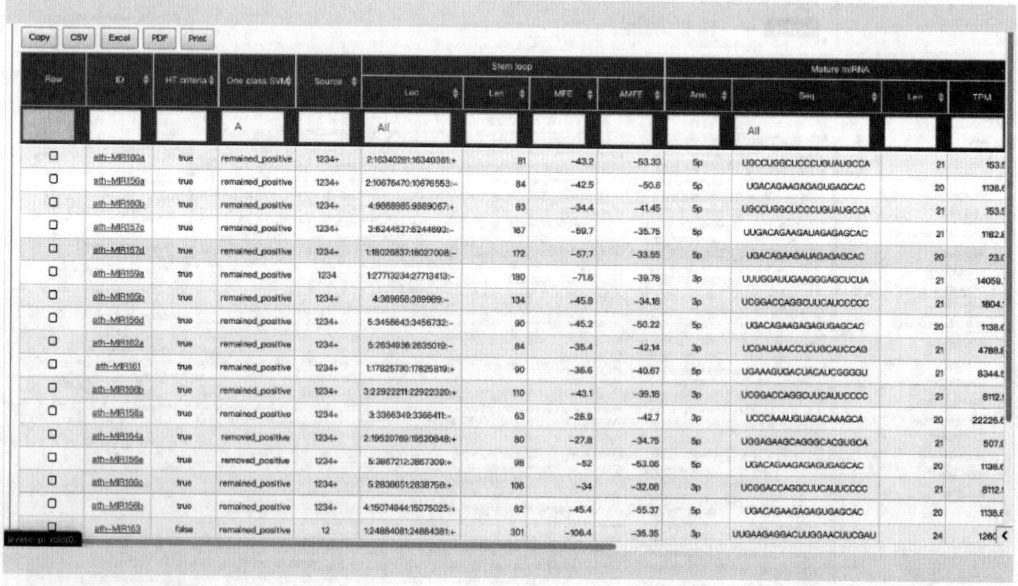

图 4-24 miRNA 集的信息展示

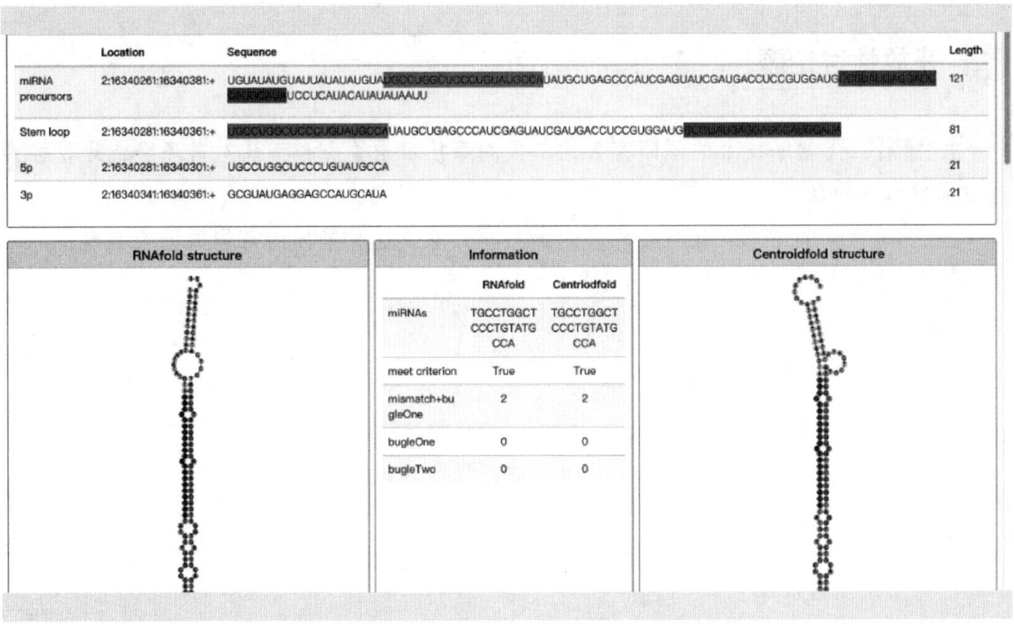

图 4-25　目标 miRNA 的详细信息展示

	Location	Sequence	Length
miRNA precursors	2:16340261:16340381:+	UGUAUAUGUAUUAUAUAUGUA**UGCCUGGCUCCCUGUAUGCCA**UAUGCUGAGCCCAUCGAGUAUCGAUGACCUCCGUGGAUG████████████UCCUCAUACAUAUAUAAUU	121
Stem loop	2:16340281:16340361:+	**UGCCUGGCUCCCUGUAUGCCA**UAUGCUGAGCCCAUCGAGUAUCGAUGACCUCCGUGGAUG████████████	81
5p	2:16340281:16340301:+	UGCCUGGCUCCCUGUAUGCCA	21
3p	2:16340341:16340361:+	GCGUAUGAGGAGCCAUGCAUA	21

	RNAfold structure

Information	RNAfold	Centriodfold
miRNAs	TGCCTGGCT CCCTGTATG CCA	TGCCTGGCT CCCTGTATG CCA
meet criterion	True	True
mismatch+bu gleOne	2	2
bugleOne	0	0
bugleTwo	0	0

	Centroidfold structure

推荐阅读

1. Stark R，Grzelak M，Hadfield J. RNA sequencing：the teenage years [J]. *Nature Review Genetics*，2019，20：631-656.

介绍 RNA-seq 技术的发展与应用。

2. Korpelainen E，Tuimala J，Somervuo P，et al. RNA-seq 数据分析实用方法 [M]. 陈建国，张海谋，译. 北京：科学出版社，2018.

RNA-seq 数据分析实用工具书。

3. Axtell MJ，Meyers BC. Revisiting criteria for plant microRNA annotation in the era of big data [J]. *Plant Cell*，2018，30：272-284.

植物 miRNA 注释方法总结。

4. Liu Y，Teng C，Xia R，et al. PhasiRNAs in plants：their biogenesis，genic sources，and roles in stress responses，development，and reproduction [J]. *Plant Cell*，2020，32：3059-3080.

植物 phasiRNA 综述文章。

复习思考题

1. RPKM、FPKM、TPM 计算过程有什么区别？

2. 动植物中的 sRNA 主要有哪些？如何区分这些 sRNA？

开放性讨论题

1. 随着三代测序技术的不断完善，二代测序技术是否会被淘汰？若不会，可以在哪些方面发挥其价值？

2. 不同物种中 miRNA 数目存在一定的差异，导致这种差异的可能原因有哪些？

3. 动植物中的 piRNA 和 phasiRNA 有哪些异同点？

第五章

植物蛋白质组大数据

··

　　蛋白质作为生命体的五大物质之一，是最能决定细胞特征的物质。为阐明各种复杂的生命活动过程及其相关联的网络机制关系，单纯研究单个或若干个蛋白质早已不能满足学科发展需求，故在已有的大量基因组信息和日渐先进的技术革新的基础上，开始对大规模的蛋白质展开科学研究，蛋白质组及蛋白质组学也因此应运而生。目前的蛋白质组学基本都是以质谱技术为核心，以生物信息学分析为支撑而展开研究，但针对不同的研究群体，如长链氨基酸的蛋白质或短链多肽，又或是翻译后修饰的蛋白质，其在提取、检测或鉴定的分析过程中仍然存在不同程度的差别。基于此，本章将相关内容细分为蛋白质组大数据、多肽组大数据和翻译后修饰蛋白质组大数据三个模块，重点介绍各个模块的基本概念、检测分析方法及相关数据库。

第一节 蛋白质组大数据

蛋白质组（proteome）是由一个细胞、组织、机体在特定时间和空间上表达的所有蛋白质（protein）。蛋白质组的概念最初由澳大利亚科学家马克·威尔金斯于 1994 年提出，他将蛋白质和基因组（genome）两词组装，拼接成一个新的英语单词，即蛋白质组，用以描述基因组编码的所有蛋白质。由定义可知，蛋白质组是基因组能够编码的所有蛋白质所构成的整体，而非局限于一个或数个蛋白质，其特征也非常明显：由于基因表达过程的各个环节都存在多变性，同一基因组在不同细胞、不同组织或不同生长时期所产生的蛋白质群体也会存在差异，故在时间和空间上都呈现出高度的动态变化。蛋白质组概念诞生三年后，瑞士学者皮特·詹姆斯（Peter James）在剑桥大学《生物物理学》上又首次提出了蛋白质组学（proteomics）的概念。蛋白质组学是后基因组时代发展起来的学科，它是以蛋白质组为研究对象，研究细胞、组织或生物体所有蛋白质的组成及其变化规律的科学，包括蛋白质的表达、亚细胞定位、蛋白质相互作用、翻译后修饰，以及在时间、空间和不同细胞类型中蛋白质功能转换等方面的内容。蛋白质组学的分析主要是基于质谱（mass spectrometry，MS）技术，因此，本节将以质谱技术为起点，对蛋白质组的检测方法与鉴定技术进行介绍。

一、质谱技术

质谱技术早期应用于无机化合物的分析中，后被用于生物有机化合物的定性、定量分析，在生命科学及生物医学的各个领域中得到广泛应用。用于分析生物大分子的质谱技术称为生物质谱技术，近几十年来，生物质谱技术取得了飞速发展，其在精度、灵敏度、自动化程度和扫描速度等方面的进步使得蛋白质组学的研究分析水平也相应有了大幅提升，已成为大规模分析鉴定蛋白质的核心技术平台。

生物质谱的基本原理是将样品在离子源中进行离子化后，生成不同离子间质荷比（m/z）的带电离子，经过加速电场的作用形成离子束，进入质量分析器，再利用电场和磁场作用将来自离子源的离子根据质荷比差异来进一步分离，在离子检测器中接收、检测并计算经过分离的离子信号，从而进行物质的分析。现市面上已开发出多种类型的质谱仪，虽然检测精度不同，性能也有差异，但其基本组成都大同小异，一般由进样系统（inlet）、离子源（source）、质量分析器（analyzer）、离子检测器（ion detector）和数据分析系统（data analysis system）这五部分组成（图 5-1）。计算机数据分析系统能够对

图 5-1 质谱仪基本组成成分

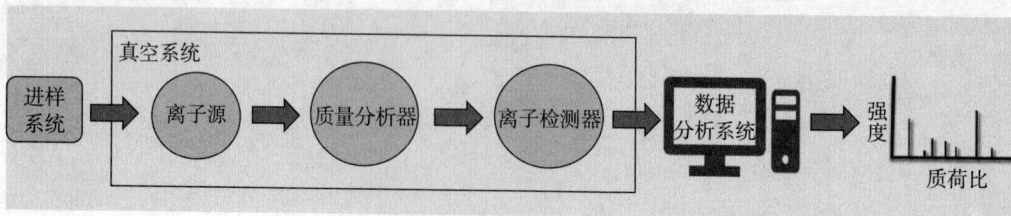

以上所获得的信号进行采集和处理，经过质量数转换、扣除本地或相邻组分干扰、谱峰强度归一化及修正等步骤，得到按不同质荷比排列和对应离子丰度的质谱图。

二、蛋白质组检测方法与鉴定技术

基于质谱技术的蛋白质组学有两种基本研究策略（图 5-2）。第一种是自上而下（top-down）法，即对蛋白质样品进行凝胶电泳分离后，将感兴趣的完整蛋白质斑点（相对较纯）切离并进行凝胶内酶解，后使用一级或二级质谱鉴定；第二种是自下而上（bottom-up）法，也就是常说的鸟枪法，即从样品获取复杂的总蛋白质后通过蛋白酶［通常是胰蛋白酶（trypsin）］直接将其酶解为肽段混合物，再将酶解产物经过高效液相色谱（high performance liquid chromatography，HPLC）分离（代替传统凝胶分离法）进入质谱仪进行串联质谱分析，将得到的一级和二级质谱信息与理论酶切打碎形成的离子信息进行比对以鉴定肽段，从而进一步对蛋白质进行定性和定量。

自上而下法和自下而上法这两种方法都可实现蛋白质组检测分析的目的，但是各有特点：自上而下法能够对整个蛋白质或小分子多肽进行整体结构分析，并能为翻译后修饰和剪接可变体的鉴定提供证据支持，在纯度较高的单一蛋白质整体序列，结构和精确的修饰类型研究上比较有优势，且可在质谱比对鉴定时有效避免假阳性问题，但实验过程耗时，高通量能力较弱；自下而上法（鸟枪法）能够在更短的时间内获取大量质谱鉴定结果，在灵敏度和样品通量分析上更具优势，但是由于自下而上法从一开始就使用了蛋白酶水解，不能够保证蛋白质的完整性。由此可见，每一种策略都有其优点和缺点，在具体应用时，应该根据研究目的而选取不同的策略。本节后面介绍的双向凝胶电泳及差异凝胶电泳的方法是基于自上而下法展开应用的，而非标定量法、iTRAQ/TMT 等蛋白

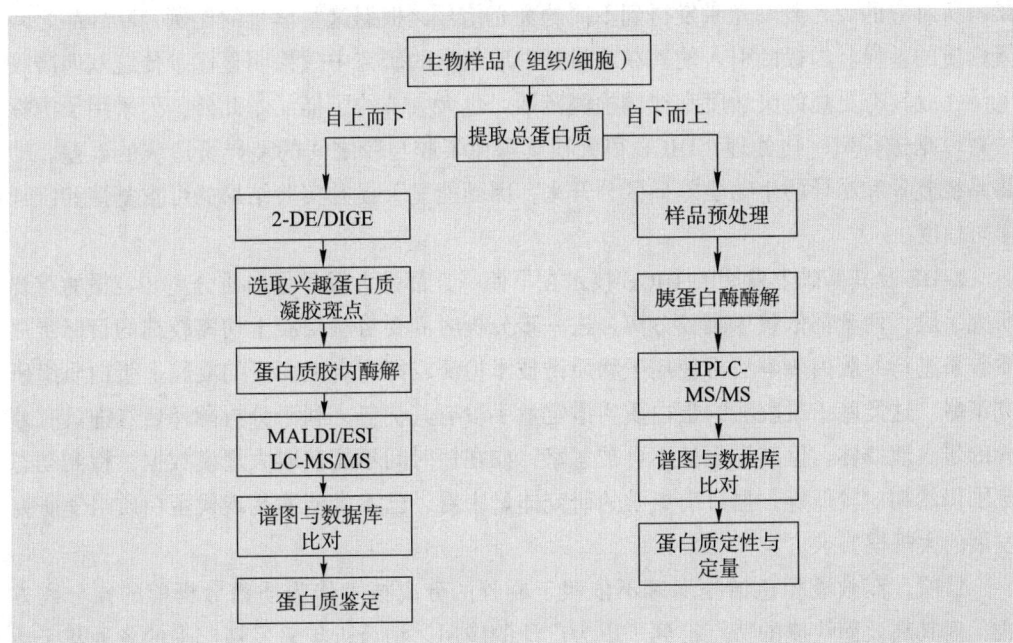

图 5-2 基于质谱技术的蛋白质组学自上而下法和自下而上法的基本研究策略

质组学研究方法主要基于自下而上法展开应用。

（一）双向凝胶电泳

在分析鉴定蛋白质之前，需要将其进行分离，常用的方法之一是双向凝胶电泳（two-dimensional gel electrophoresis，2-DE）技术。2-DE 原理是根据蛋白质的两种独立特性在两次分离步骤中将蛋白质分开：第一向是在高压电场下对蛋白质进行等电点聚焦（IEF），根据蛋白质的等电点（pI）将蛋白质分开，然后在第一向的垂直方向上进行第二向的十二烷基硫酸钠-聚丙烯酰胺凝胶电泳（SDS-PAGE），根据蛋白质的相对分子质量将其分离，由此将复杂的蛋白质混合物中的蛋白质在二维平面上分开。一次双向凝胶电泳可以分离数千甚至上万种蛋白质，凝胶上的蛋白质斑点可通过放射性标记或各种染色方法（银染法、考马斯亮蓝法、荧光染色法等）进行显色观察。根据研究目的，也可从凝胶上选取感兴趣的目标蛋白质斑点再进行单独切离，通过凝胶内酶解后使用质谱进行鉴定。

2-DE 方法具有很高的蛋白质信息量提取能力，同时分辨率也较高，但 2-DE 技术存在其固有的局限性，如不能保证电泳凝胶之间的重复性问题、检测的线性范围较窄，同时难以对特殊蛋白质（如极酸性、极碱性或高疏水性蛋白质）、低丰度蛋白质以及高相对分子质量大分子蛋白质进行有效分离，致使使用该方法对这类蛋白质的检测仍存在一定的难度。

（二）差异凝胶电泳

荧光差异凝胶电泳（differential gel electrophoresis，DIGE）技术是在 2-DE 的基础上发展起来的荧光标记定量蛋白质组学技术。其分离蛋白质混合物的原理与双向凝胶电泳一致，也是利用蛋白质的等电点和相对分子质量的差异来分离，同时增加了对具有灵敏度的荧光染料及内标的使用。即进行电泳前分别使用三种不同的荧光（如常用的 Cy2、Cy3、Cy5）标记生物样本和内标，在一张 2D 凝胶上进行电泳，所得凝胶图像用这三种染料所对应的荧光激发光激发得到不同的荧光信号，根据这些信号的比例判断样品之间蛋白质的差异。内标的引入使其在定量蛋白质组学的研究中效果明显优于传统双向凝胶电泳，故具有更高的灵敏度和线性检测范围，也大大节约了样品。此外，因采用了内标法对数据进行归一化处理，DIGE 很大程度避免了胶与胶之间的差异所造成的误差，即将系统差异和诱导的生物学差异区分开来，因而能显著提升实验结果的可重复性和统计学可信度。

2-DE 及其基础上发展的 DIGE 技术在早期一直都是大批量蛋白质分离和定量的重要研究手段，两者都依赖于凝胶分离，进一步分析时需要将从凝胶上切离较纯的目标蛋白质胶条进行凝胶内酶解后再使用生物质谱技术检测，即为自上而下的凝胶上蛋白质组研究策略。这类基于凝胶法的蛋白质质谱定量手段有其优势，利于分析翻译后修饰具有差异的蛋白质群体。但其局限性不可被忽略，如在短时间不能获取大规模数据，检测动态范围仍然相对较低等，据目前组学的研究体量来看，已不太能满足现代蛋白质组学研究发展的大规模要求。

目前，高效液相色谱技术等不依赖于凝胶的分离技术作为质谱分析前的预分离方式，因其高效而快捷的特点得到了更为广泛的应用，结合近年来发展起来的各种基于质谱的新型蛋白质定量方法，如 iTRAQ/TMT、非标定量法等，使得在定性的基础上能够进一步更加精细地解析细胞、组织或生物体的整体蛋白质组的丰度及动态水平变化。这些新发展的定量方法极大丰富和补充了蛋白质组的定性和定量分析手段，使检测达到结果更精准，实验可重复性更强的规模化发展阶段。根据标记与否，可将这些定量分析方法分为标记定量技术（如 iTRAQ/TMT）和非标记定量技术（如 label free）两大类。

（三）iTRAQ/TMT

同位素标记相对和绝对定量（isobaric tags for relative and absolute quantitation，iTRAQ）和串联质谱标签（tandem mass tags，TMT）技术是目前定量蛋白质组学应用最广泛的体外标记技术，分别由美国 AB Sciex 公司和 Thermo Fisher 公司研发，除了其所用标签分子结构和规格上有所不同（iTRAQ 目前为 4 标和 8 标，TMT 为 2 标、6 标、10 标和 16 标），两者原理基本相同。以 iTRAQ 为例，该试剂分子由报告基团（reporter group）、平衡基团（balance group）和肽反应基团（amine-specific peptide reactive group）三部分组成。报告基团用于指示蛋白质样品丰度水平；平衡基团用于平衡报告基团的质量差，使等重标签（报告基团 + 平衡基团）质量一致，不同报告集团及其相对应平衡基团的质量之和都相同；肽反应基团能与赖氨酸侧链氨基和所有肽链的 N 端发生共价连接，从而标记上所有氨基酸。将不同的标签对经胰蛋白酶消化来源于不同样品的肽段进行标记，等量混合这些肽段后，使用质谱进行扫描。由于 iTRAQ 标签的总质量数相同，来源不同但序列相同的蛋白酶酶解肽段在一级质谱中不能被区分，因此会一起进入二级质谱分析。在二级质谱中，平衡基团会在高能碰撞中发生中性丢失，而报告基团在二级质谱低质量区域产生多个报告离子，其信号强度则代表该标记样品的表达量。根据报告离子的峰面积计算同一蛋白质同一肽段在不同样品间的比值，即可实现蛋白质的相对定量。iTRAQ 的基本工作流程如图 5-3 所示。一个标签完整的分子式由一个报告基团和一个平衡基团耦联到一个特异的肽反应基团上，使得每个标签集具有相同的相对分子质量（图 5-3A）。在图 5-3 中，一个 113 报告基团与一个 192 平衡基团（总标签相对分子质量为 305）连接，一个 114 报告基团与一个 191 平衡基团连接，以此类推（图 5-3B）。分别收集 8 个不同的样本，一个代表对照组，其他代表不同的实验组（图 5-3C）。将样品与每个 iTRAQ 标签进行还原、烷基化、消化等充分反应（图 5-3D）。将所有样品的等量蛋白质混合在一起，带有混合 iTRAQ 标签的肽可用一维或多维色谱纯化，后使用 MS 进行分析（图 5-3E）。选择出 MS 中感兴趣的峰并用碰撞诱导解离（collision induced dissociation，CID）二次碎裂，释放出报告离子（图 5-3F）。报告离子被 MS/MS 检测并确定每个蛋白质在 8 个原始样本中的相对含量（图 5-3G）。

iTRAQ/TMT 技术优势明显，分别体现在以下几个方面：①通量上不受样本数目的限制，单次最多可以同时进行 8 个样品（iTRAQ）或 16 个样品（TMT）蛋白质的鉴定和定量。超过 8 个样品或 16 个样品又可通过设置内参形成搭桥，实现多次上机数据之间的比较。②定量准确，稳定性好，重复性高。iTRAQ 技术中不同样本标记后的混合样品进行统一处理和上机，与非标定量法（label free）相比，减少了样本处理和上机造成的实验误差，进一步提升了蛋白质定量的准确性和可重复性。③蛋白质检测范围广，无物种特

图 5-3 iTRAQ 定量蛋白质组学研究基本流程

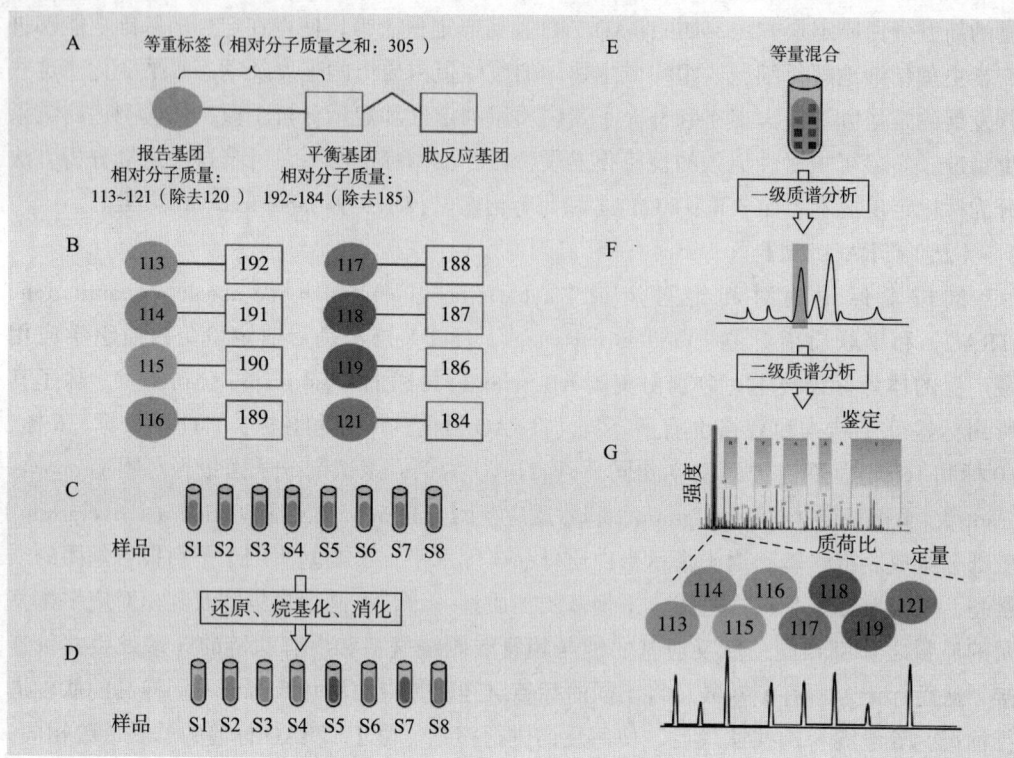

异性限制，理论上可用于所有物种。可覆盖的蛋白质范围广，如胞浆蛋白、膜蛋白、胞外蛋白、分泌蛋白、核蛋白等皆可检测。另外，对可检测蛋白质的丰度和相对分子质量跨度大，通常适用于各种极端类型蛋白质，如低丰度蛋白、强碱性蛋白、相对分子质量小于 10 000 或大于 200 000 的蛋白质。但需要注意的是，iTRAQ/TMT 不适合蛋白质总量极低的样本分析，也不适合进行蛋白质绝对有和无的差异比较分析，此外，这两种方法所使用的标记试剂较为昂贵，成本较高。

（四）非标定量法

与标记蛋白质组学定量技术的烦琐实验过程中需要使用昂贵的标记试剂相比，非标记蛋白质定量技术（label free quantification，LFQ）的应用相对更加经济和简单。LFQ 无须对样品做特殊标记处理，直接通过液相色谱-串联质谱（LC-MS/MS）联用技术对蛋白质酶解肽段进行质谱分析，其基本工作流程如图 5-4 所示。该方法无须昂贵的稳定同位素标签做内部标准，只需要分析大规模鉴定蛋白质时所产生

图 5-4 非标定量法定量蛋白质组学研究基本流程

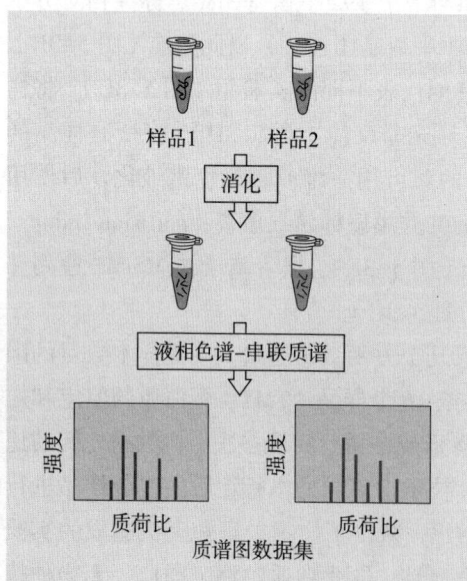

的质谱数据，比较不同样品中相应肽段的信号强度（峰面积）或分析谱图数对大量肽段对应的蛋白质进行相对定量。

在该方法中，样品是分开制备并分别进行质谱检验分析。在不同条件下培养的细胞或组织样品（如实验组和空白对照组）分别进行蛋白质的提取、酶解、LC-MS/MS 样品上机得到质谱图，进一步的定量则基于二级质谱图计数或离子峰强度这两种方法。

常规非标定量法的优点是：①无须昂贵的同位素标记试剂，不必考虑标记效率问题；②对样品的需求量少，适用范围广，且实验中对样品操作较少，因而更接近原始状态；③检测灵敏度高，分析动态范围广；④可对样品间蛋白质的有无表达进行差异性分析。其缺点在于，实验结果的准确性依赖于实验操作的平行性和质谱重复性实验设计，对质谱设备要求较高，因检测平行性问题不适合进行太多组别样本的差异分析。目前，最新的 LFQ 技术已经更新到了 4D-LFQ。所谓 4D，即在保留时间、质荷比（m/z）、离子强度的基础上，增加了离子淌度的第四维数据，单针可实现相当于 3D 蛋白质组中多个片段合并的检测深度，能得到更好的检测平行性；另外，4D-LFQ 在翻译后修饰的研究中同样表现出优越性，不仅显著提升各种修饰组的鉴定深度和数据可靠性，其高灵敏度的特性也使得无须使用大量样本，进一步节约了前期样品制备的用量。该方法是目前蛋白质组学研究中优势明显的一种分析手段。

（五）蛋白质组鉴定技术

由串联质谱得到的大量质谱图数据，通常需要通过计算机软件对产生的图谱进行比对去推断和鉴定肽段序列。目前主要有两种鉴定方法：从头测序分析法和理论质谱图数据库比对法。前者是将二级图谱直接转化成肽段，无须任何数据库，但对质谱图的质量要求非常高，只有比较理想化的质谱图能够满足要求。然而在实际情况中，往往存在碎片离子的信号强度不一致，或许多碎片离子随机性丢失造成拼接困难以及噪音峰掩盖部分真实信号等问题。所以目前第二种理论质谱图数据库比对法使用更为广泛，即和已知的数据库进行搜寻检索和比对以推断肽段的组成，这需要引入搜索比对所需的特定参考数据库以实现鉴定目的。

搜库比对环节涉及两个关键点：一是搜索引擎软件，二是参考数据库。对于已知蛋白质序列较多的物种（如模式生物），搜寻注释蛋白质的质谱数据分析通常相对简单，得到的结果可靠且成功率高；但对于已知蛋白质序列较少或不完整的物种，又需要寻找新的蛋白质，可尝试采用跨物种检索的办法检索近缘物种数据库，但该法鉴定效率低且准确度相对较差。因此，在缺少参考数据库的情况下，往往需要从基因组或转录组数据自行构建个性化数据库（custom database）以扩充参考比对的数据搜寻空间，这一点将在后面小节针对不同研究目的分别介绍。

基本的搜库流程是将所分析的图谱与数据库中的所有图谱进行依次比较，根据设定的阈值进行打分，根据评分排布，分值最高的认为是最匹配的肽段序列来做进一步分析。在使用搜索引擎软件前，需要考虑 4 个基本要素：①蛋白质序列数据库：通常是从公共数据库下载的 FASTA 格式数据。如果是鉴定大量未知的蛋白质，需要构建个性化蛋白质数据库作为参考数据库。②特异性酶解：在搜库前需要明确所使用的蛋白酶种类，如最常用的胰蛋白酶（软件会自动识别蛋白质链上 K 或 R 位点并在其羧基端切断肽段）。若不对酶切位点进行限制，计算机算法会把所有情况都算一遍，产生大量多种可能的肽段，既耗时又容易产生高度错配。③碎片类型：二级质谱不同的解离方式会产生不同的碎片离子，如碰撞诱导解离（CID）和高能碰撞解离（HCD）主要产生 b 离子、y 离子；电子转移解离（ETD）主要产生 c 离子、z 离子。搜库软件通常会根据所用设备类型来自动判断碎片离子的类型。④蛋白质的修饰：针对翻译后修饰蛋白质组的研究，在搜库前还需要考虑不同的修饰类型。这些信息确认后，再选择合适的搜库软件。表 5-1 列举了几种常见的搜库软件，其中 SEQUEST、X! Tandem、MASCOT、MaxQuant 最为常用。

表 5-1　常用质谱数据搜库软件

搜库软件名称	基本描述	是否免费
SEQUEST	是世界上第一款搜库软件。其打分方式基于信号强度，主要分两步：先对匹配结果给出一个预打分，然后再通过全局评估打出最后得分	否
X! Tandem	打分算法与 SEQUEST 一样，开放资源匹配串联质谱与肽序列。优点是运算速度较快，并行集群计算成本低。该软件考虑到不完全酶切肽段的情况，但仅考虑 b/y 的离子类型	是
MASCOT	目前世界上使用最为广泛的搜库软件，基于概率打分的算法，速度较快，可整合分析几乎所有主流的质谱仪器原始数据，蛋白质鉴定率高	是
MaxQuant	拥有自己的肽段搜索引擎 Andromeda。类似 MASCOT，基于概率进行打分。使用 target-decoy 搜索策略估计和控制假阳性。可兼顾定性和定量。同 MASCOT 一样，目前使用较为广泛	是
MassMatrix	一种用于串联质谱数据的数据库搜索算法，使用质量精度敏感的概率评分模型对蛋白质和肽进行比对	是
Phenyx	整合了一系列统计评分模型（OLAV）来生成和优化评分方案，该方案可针对各种仪器、仪器设置和一般样本处理进行定制	是
Proteome Discoverer	一款综合的蛋白质组学分析软件平台，兼容所有标准的蛋白质组学流程，在一个程序中能够合并和比较从多个搜索引擎、公共数据库和裂解方法中获得的数据，提供交叉确认蛋白质的多种方法。该平台提供了全面的蛋白质组学定性和定量数据查看、分析、比较等功能	否
pFind	由中国科学院团队开发的一款具有自主知识产权的蛋白质鉴定搜索引擎。该平台提供从串联质谱中获取的蛋白质或多肽进行鉴定、完整的糖肽分析、不依赖于任何数据库对多肽的从头测序、标记蛋白质组学数据分析等多种功能	是

对于蛋白质鉴定搜库比对过程，通常是从现有蛋白质序列数据库（如 UniProt 或 NCBI）中下载相应的参考序列，利用 MASCOT 等搜索引擎将理论肽段质谱图与从实验获得的肽段质谱进行匹配并打分，即可获得蛋白质的鉴定结果。对于无法从现有公共数据库中成功匹配或者缺乏物种参考数据库的大量未知蛋白质的鉴定，可以利用基因组数据的六框翻译、转录组数据的三框翻译等来源产生个性化数据库（custom database），再

通过搜索引擎将质谱数据和该个性化数据库进行比对，从而实现对蛋白质的鉴定。该方法连通了蛋白质组学和基因组学的信息，所以称为蛋白质基因组学（proteogenomics）。蛋白质基因组学的优越性在于利用蛋白质组的信息提高了对基因的注释，既能确认预测的基因、校正错误注释的基因，同时有助于发现新的功能基因和更多翻译后修饰等信息，对于研究较少且缺乏基因注释的非模式生物也非常适用，目前已成为该领域研究的有力工具。此外，在蛋白质基因组学基础上扩展的还有针对多肽组研究的多肽基因组学。

三、蛋白质组数据库资源

蛋白质组数据库是用于存储和分析大规模蛋白质信息的数据平台，在生物信息快速发展的今天，已经积累了海量的蛋白质数据资源，分布在各个数据库平台上用于参考和共享，下面将主要介绍几种常用的蛋白质组数据库平台。

美国国家生物技术中心（National Center for Biotechnology Information，NCBI）数据库是使用最为广泛的生物数据集成平台之一。NCBI 数据库平台拥有包括 PubMed、PubMed Central 和 GenBank 等在内的大约 40 个在线文献和分子生物学数据库，提供了丰富的数据库和资源。与蛋白质相关的有以下几个常用子模块：①保守结构域数据库（conserved domain database，CDD）；②蛋白质聚类数据库（protein clusters database）；③蛋白质数据库（protein database，PDB）；④结构数据库或分子模型数据库（MMDB）；⑤蛋白质序列相似性比对工具（BLASTP）；⑥参考序列数据库（reference sequence database）等。由于目前蛋白质序列数据库众多，不同数据库之间存储的蛋白质序列存在大量冗余。为方便使用，NCBI 网站内还构建了 NCBI NR 数据库（RefSeq non-redundant proteins），即非冗余蛋白质数据库。对于所有已知或可能的编码序列，NR 记录中给出了相应的氨基酸序列（通过已知或可能的读码框推断而来）以及专门蛋白质数据库中的序列号。NR 数据库相当于一个以核酸序列为基础的交叉索引，将核酸数据和蛋白质数据相互联系起来。NR 数据库可进行在线 BLAST，也可直接下载数据。

通用蛋白质资源数据库（universal protein database，UniProt），是由 Swiss-Prot、TrEMBL 和 PIR-PSD 三大国际蛋白质序列数据库合并而成的通用数据库，是目前收录蛋白质信息最丰富、资源最广的数据库。该数据库包含超过 6 000 万条序列，其中超过 50 万条序列均被生物学家人工注释和审阅，剩余的则是依据专业规则进行了自动注释。该平台主要包含三部分内容，分别是：①蛋白质知识库（UniProt knowledgebase，UniProtKB）；②蛋白质归档库（UniProt identifier archive，UniParc）；③蛋白质参考资料库（UniProt reference sequence clusters，UniRef）。此外还新增了蛋白质组和参考蛋白质组数据及一些辅助数据以适应蛋白组学等研究的需求。UniProtKB 提供了丰富全面的蛋白质信息，除了蛋白质序列的核心数据，还包括功能、分类、交叉引用等多种注释信息，目前包括 TrEMBL 和 PIR-PSD 两个子库；UniRef 为非冗余性综合参考数据集群，将密切相关的蛋白质序列组合归并在一起以提升搜索速度，根据序列相似程度，UniRef 分为 UniRef100、UniRef90 和 UniRef50 这 3 个数据集子库；UniParc 是目前数据相对最为齐全的一个综合性非冗余数据库，包含了所有主要的、公开的数据库的蛋白质序列。

蛋白质结构数据库（protein data bank，PDB）是由美国布鲁克海文国家实验室维护，专门用于处理和分类存储蛋白质等生物大分子的 3D 结构及其他生物学数据。作为重要的世界性数据库之一，其应用范围也极其广泛。其来源主要通过电子显微镜、X 晶体衍射和核磁共振等实验测定的蛋白质及其他生物大分子三维结构。其内容主要有原子坐标、一级结构和二级结构、实验数据以及参考文献等信息。建立 PDB 的主要目的是便于查询特定的生物大分子结构信息，对一个或多个蛋白质结构进行简单分析。

蛋白质分析专家系统（expert protein analysis system，ExPASy）是由瑞士生物信息研究所创建并维护的蛋白组学分析平台。该平台专门提供蛋白质序列、结构、功能和双向凝胶电泳图谱信息资料。此平台包括许多用于具体分析的工具，包括蛋白质功能预测，序列搜寻及比对，二级结构、三级结构和四级结构预测等，蛋白质组学相关工具分为三部分，分别是蛋白质序列一致性工具（protein identification tools）、蛋白质特征工具（protein characterization tools）和序列分析工具（sequence analysis tools）。

除以上所述的公共资源数据库，还有很多其他不同功能类型的蛋白质数据库（表 5-2）。不同的蛋白质数据库为各种蛋白质及蛋白质组的序列、结构、功能及相互作用关系等分析研究提供了丰富的参考和使用资源。

表 5-2　常用蛋白质数据库

数据库名称	基本描述
PROSITE	蛋白质序列功能位点数据库，是蛋白质特征序列的词典，收录包含蛋白质结构域、蛋白质家族和功能性位点及其关联模式和图谱特征信息。PROSITE 可用于鉴定一个未知蛋白质序列属于哪一个已知的蛋白质家族
InterPro	蛋白质综合数据库，涵盖了从大量数据库中整合而来的蛋白质结构域、蛋白质家族、功能位点等信息
SCOP	蛋白质结构分类数据库，详细记录了已知蛋白质结构之间的关系
PRIDE	蛋白质组学质谱研究数据库，包含了蛋白质组学质谱数据、多肽鉴定、翻译后修饰等质谱信息
3DID	三维互作结构域（3D interacting domains）数据库，搜集 3D 结构已知的蛋白质互作信息。可通过结构域名称、基序名称、蛋白质序列、GO 编码、PDB ID、Pfam 编码进行检索
PiSITE	蛋白质互作位点数据库（database of protein interaction sites），该数据库以 PDB 为基础，在蛋白质序列中搜寻可能的互作位点
Bionemo	存储与生物降解代谢相关的蛋白质和基因组数据库，包括蛋白质序列、结构、结构域，基因序列，调控元件等信息，也包含相关生化反应、代谢路径图等信息
SMART	一个综合性蛋白质数据库资源整合的数据平台，与其他各类蛋白质数据库建立信息互联。该平台有 NORMAL 和 GENOMIC 两个模式，NORMAL 包含 Swiss-Prot、SP-TrEMBL 和 Ensemsbl 三个数据库；而 GENOMIC 模式是使用已经完成测序的蛋白质组数据，可根据 ID 号、ACC 号或蛋白质序列对蛋白质的各种注释信息进行查看，包括长度、数据库来源、对应基因、选择性剪接、结构域、蛋白质互作网络关系、涉及信号通路、翻译后修饰情况和种属同源物等信息

四、蛋白质组大数据分析

由于蛋白质组学研究产生的是大规模数据，单纯依靠传统或常规工具去少量鉴定和分析单一或若干蛋白质的功能已远远不能满足研究需求，需要使用更综合、更高效的数据处理模式，以更大的尺度和更丰富的维度进行信息整合并解析复杂而海量的生物学数据，进而挖掘到更多生命科学规律。所以以计算机数据处理为核心的生物信息学（bioinformatics）与蛋白质组学的结合已成为蛋白质组学发展的大趋势。由于生物信息学的并入，计算机行业的术语"大数据"也自然迁移并运用到蛋白质组学的研究中，将从蛋白质组学中所获取的高通量数据以生物信息学的处理模式进行整理、综合分析、深入挖掘和存储的过程，称为蛋白质组大数据的处理过程。

在基于质谱的蛋白质组的分析鉴定后，除了对其定性、定量结果进行基本统计分析外，也会根据不同的生物学研究目的，使用各种软件进行进一步的数据挖掘，所以生物信息学分析是蛋白质组各种数据处理过程当中必不可少的一部分。此外，依据目前的研究趋势来看，很多情况下也会将蛋白质组学和其他组学联合起来进行数据解读和分析，如涉及的代谢组通路网络的代谢组学，与蛋白质组学紧密关联的翻译组学等。后续的分析形式较多，且没有固定流程要遵循，但需要明确的是通过大数据分析期望达到何种研究目的，或是否能通过分析挖掘到更多有效信息，接下来将举例介绍几种常见分析以供参考。

常见的一种分析是主成分分析（principle component analysis，PCA）。它是一种使用最广泛的无参数降维方法，基于方差从原始数据中提取最有价值的信息，能把高维复杂的数据进行"简化和降维"，将大量相关变量转化为一组少量的不相关变量，而这些无关变量即称为主成分。PCA 的目的是为了看生物学样本是否足够相似，组间差异是否足够大。点与点之间的距离代表样本的相关性，相同颜色的点代表一个组，点越靠近代表越相似，反之则差异越大，且横向距离差比纵向距离差更重要。图 5-5 为 Scollo 等（2020）利用非标定量法对四种不同基因型的可可豆蛋白质组进行检测，对发现的 57 个差异丰度蛋白质进行了主成分分析。其中，横坐标代表的第一主成分（component 1），贡献了 31.8% 的差异，纵坐标代表的第二主成分（component 2），贡献了 29% 的差异。结果显示每个基因型在四个象限内可以相互分开，相同成分的四个重复又相应聚集在一起，表明组间差异明显。ICS 1 和 ICS 39 两个基因型因属于同一杂交组系具有相近的遗传背景，所以呈高度正相关；而 IMC 67 和 SCA 6 两者则为远缘遗传品系，两者组间差异较大。对差异表达蛋白质的主成分分析可辅助区分不同组间基因型的样本差异。

另一种常用的分析是相关性分析，指对两个或多个具备相关性的变量元素进行分析，从而衡量两个变量因素的相关密切程度，如正相关、负相关、不相关，或者线性相关和非线性相关等做简要分类。相关性的元素之间需要存在一定的联系或者概率才可以进行相关性分析，可以以相关图（如散点图），相关系数（如 Pearson、Spearman 和 Kendall 相关系数）或统计学显著性分析的形式逐一递进判断。此外还可以结合一些可视化图形，如火山（volcano）图、韦恩（Venn）图、热图（heatmap）、聚类（cluster）

图 5-5 四种基因型
可可豆的 57 种差异
表达蛋白质的主成分
分析图

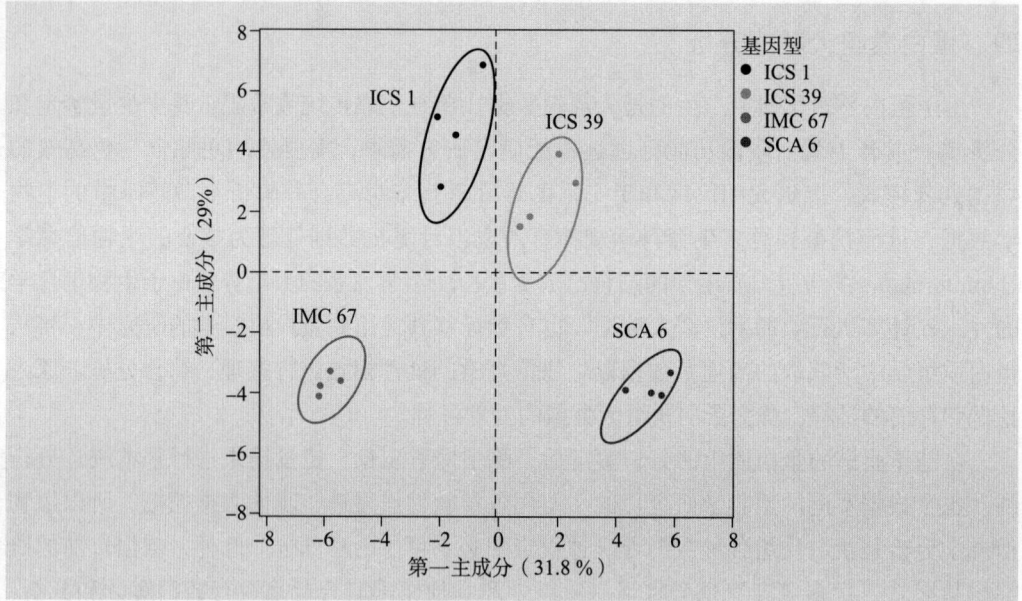

图等将统计学数据以直观的形式反映蛋白质数量分布情况、差异性表达情况及上调或下调的表达趋势情况等。

经过以上两种初步分析可以直观看到样本间的差异情况和总体变化趋势，在此基础上，可进一步进行生物信息学功能注释预测分析，如 GO 注释、KEGG 注释和 COG 注释。通过以上注释方法，可分析预测蛋白质的功能和其可能参与的通路。此外，针对大规模蛋白质类群，可对其进行功能富集。功能富集分析是从单个蛋白质功能注释扩展到蛋白质数据集的注释分析。富集分析方法通常是使用超几何分布算法或 Fisher 精确检验等统计学方法分析一组相关蛋白质在某个功能节点上是否出现过，更加精细地过滤和筛选出有意义的节点以获取可靠性更强的显著富集功能信息。常见的富集分析有 GO 富集、KEGG 富集等，通常可用气泡图或柱形图进行可视化。目前使用最为广泛的功能富集在线分析网站有 DAVID 和 Metascape 等。

除了以上分析方法，也可利用蛋白质相互作用网络（protein-protein interaction network，PPI）对蛋白质相互作用类型与强度进行分析。最常用的 PPI 研究平台是 STRING 数据库，利用该数据库所得到的网络图中每一个节点（node）都代表一个蛋白质，节点当中显示的螺旋表示该蛋白质的结构已知，可对其点击放大查看。数据库中节点与节点之间的线型（edge）有三种展示方式，第一种是证据（evidence）类型，表示蛋白质间的相互作用，不同颜色连线代表不同作用类型，多条连线代表两种蛋白质之间的相互作用类型不止一种，有被实验验证的，也有推测的。第二种是置信度（confidence）类型，线的粗细代表蛋白质之间的相互作用强度。第三种是分子作用（molecular action）类型，不同线形表示不同的预测作用模式。对于单个蛋白质的检索，如输入系统素（systemin）和选择对应物种番茄（*Solanum lycopersicum*），该系统会给出与该蛋白质相互作用的所有蛋白质构成的网络，该功能更适用于对某个蛋白质的相互作用进行探究。而对于多个蛋白质的检索，输入多种蛋白质名称后，系统会给出输入蛋白质之间的相互作用网络，适用于输入蛋白质之间相互作用的挖掘。

第二节 多肽组大数据

肽或多肽（peptide）又称为小蛋白，是一类由 2 ~ 100 个氨基酸组成的小分子物质，在生物体内具有重要的生物学功能，同时也具有广泛地开发和应用价值，如可作为激素信号分子、细胞因子、抗微生物试剂、蛋白酶抑制剂等发挥作用。在植物中，多肽能参与植物的细胞分裂、发育、繁殖、结瘤和防御等多种生物学过程。内源肽在体内主要通过蛋白质降解、基因编码和不依赖核糖体的酶催化形成，根据其来源，可以进一步将内源肽分为传统肽（CPs）和非传统肽（NCPs）。CPs 是指来源于传统开放阅读框的内源肽，NCPs 则是指来源于传统认为不翻译的区域，如基因间区、UTRs 区、内含子区、跨基因元件区域。

多肽组（peptidome）是指活体生物器官、组织、细胞和体液中的全部内源性多肽的集合。多肽组学（peptidomics）则是研究生物体整套多肽组的结构、功能、变化规律及其相互关系的学科。2000 年，多肽组学的概念首次在生物分子资源设施协会（the Association of Biomolecular Resource Facilities，ABRF）会议的会议摘要"从单一到生物系统的全局分析"上提出，但是直到 2005 年，在欧洲和日本发展起来的术语多肽组学才得到广泛的认同。多肽组学在组学研究领域具有重要的作用，一方面它同蛋白质组学一样，属于后基因组时代的学科产物；另一方面，除了肽的大小，多肽组学和蛋白质组学的主要区别在于多肽组学要避免酶的消化，尽量维持其原始状态，以鉴定天然存在的内源肽。同时，多肽组学的存在也填补了蛋白质组学和代谢组学之间的空缺。

对生物体内包含传统肽和非传统肽在内的多肽组研究，同样依赖于质谱技术，但并不能按照标准的蛋白质组学研究策略。其原因如下：首先，常规自下而上的蛋白质组学分析流程中，在获取样品总蛋白质组后需要外源添加蛋白酶（胰蛋白酶）对总蛋白质进行水解，且质谱依据的是所产生的酶解肽段信息从而鉴定蛋白质。而多肽组学的目的是为了研究天然存在的多肽，对内源性多肽组的提取既不能外源添加胰蛋白酶进行酶解，又要通过加热或添加蛋白酶抑制剂等手段抑制酶解效应，以最大程度维持内源肽的天然状态；其次，内源肽的长度很短，通常为 2 ~ 100 个氨基酸，相对分子质量低，需要使用合适孔径的超滤装置对其富集，再使用质谱分析。因此，基于多肽组所具有的与蛋白质组不同的特征，需要依据专门的多肽组学研究策略进行分析鉴定。

一、多肽组检测方法与鉴定技术

多肽组学研究的基本步骤同蛋白质组学相似，大致可分为：样品准备、多肽提取、分离纯化、质谱检测、多肽定性和定量、生物信息学数据分析及功能验证。但如前所述，多肽组在前期提取方法上与蛋白质组有很大的差异：多肽组的提取会添加酶抑制剂或使用加热固定手段而抑制非特异性酶解，以保持内源肽的真实性和完整性。因而多肽组提取和富集步骤对后续的内源肽分析鉴定非常关键。常用多肽组提取方法有：有机溶剂沉淀法（organic solvent precipitation）、差异增溶法（differential solubilization）、离心超滤法（centrifugation ultrafiltration）和固相萃取法（solid phase extraction）等。

相较于动物，植物多肽组学研究的发展相对较为缓慢，不仅因为植物细胞天然存在比动物细胞更复杂的细胞器（如细胞壁、液泡及叶绿体）及普遍存在的非特异性降解所导致的提取环节复杂，同样也因缺乏完善的参考数据库使得大量多肽谱图仍然无法鉴定。一个高效的植物内源性多肽的提取和鉴定策略可参见 Wang 等（2020）所建立的方法。该策略中，在多肽组提取过程中使用水浴加热结合植物蛋白酶抑制剂的方法以最大限度消除非特异性蛋白酶水解的作用，同时也添加了三氯乙酸（TCA）- 丙酮沉淀的步骤以进一步提升多肽组的提取效率。

与蛋白质组学研究类似的是，在获取纯化的多肽组后，同样需要利用 HPLC–MS/MS 对其进行检测，最后再通过搜索引擎将实验所得质谱图结果和参考数据库理论图谱进行比对鉴定。然而，在对多肽组进行数据库比对鉴定的过程中需要注意的是，除了利用公共数据库资源鉴定部分来自传统注释编码区的传统肽之外，也要考虑对来自传统认为不编码的区域的非传统肽的鉴定。由于非传统肽来源于过去认为不编码的区域，在现有数据库中未曾注释，所以用现有数据库作为参考数据库很难得到匹配结果。针对此种问题，一种有效的解决策略同样是建立个性化数据库，即结合基因组学的序列信息建立新的理论数据库以扩大多肽的搜索鉴定范围，这种研究策略称为多肽基因组学（peptidogenomics）。

多肽基因组学研究策略对于已知和未知内源肽的大规模鉴定都适用，已先后成功应用在人类和微生物的内源肽鉴定。Wang 等（2020）在人类多肽基因组学的基础上，首次构建了植物多肽基因组学的研究方法，通过在单子叶植物和双子叶植物中对包括传统肽和非传统肽在内的内源肽大规模鉴定证明了植物多肽基因组学方法的广泛适用性。该研究很大程度上克服了植物领域内源肽的大规模鉴定中所遇到的一系列问题，故其应用潜力巨大，在促进植物及其他物种多肽组的大规模鉴定和基因组注释信息完善的同时，也为后续植物新型多肽的功能和机制研究奠定了基础。

二、多肽组数据库资源

多肽组的数据资源在 UniProt、NCBI 等常规大型数据库中亦有存储，且进行质谱数据库搜索鉴定和序列比对时通常也选择这类通用的数据作为参考数据库之一。除此之外也有一些具有不同侧重功能的多肽专用数据库可参考，用于辅助检索不同类别或鉴定具有特定生物学功能的多肽。表 5-3 列举了几种常用的多肽组数据库信息。

三、多肽组大数据分析

对于从多肽组学研究流程所得到的多肽组大数据的后续分析，同前面蛋白质组学大数据中所介绍的常规分析类似，涉及基本序列相关分析、生物学功能富集分析和代谢通

表 5-3　常用多肽组数据库

名称	基本描述
PepBank	基于序列文本挖掘的公共肽数据源的肽库。只存储长度不大于 20 个氨基酸且序列已知的生物活性小肽，提供程序搜索库中与目标序列相似的小肽
PepBind	基于序列的蛋白质 – 多肽结合残基预测的数据库
PlantPepDB	存储由人工筛选的植物来源并具有治疗活性等不同功能的活性小肽数据库
ProPepper	存储谷物类来源小肽的数据库
TCDB	膜转运家族数据库，包含若干个肽家族
BioPepDB	食源类生物学活性多肽的数据库
APD2	抗菌肽数据库（antimicrobial peptide database），主要存储来源不同的抗菌肽，也有宿主防御肽及其三维结构（部分在蛋白质结构数据库中有收录其三维坐标信息），也具备根据丰富的关键字对天然免疫肽功能相关搜索的流程体系
Cybase	存储具备不同生物学功能的植物源周期蛋白或小肽的数据库，其中一些在 UniProt、GeneBank 和 PDB 中也有存储信息
NORINE	该数据库是存储非核糖体合成小肽的结构和注释信息及分析工具的数据库平台
PeptideDB	存储动物来源的由前体蛋白质所裂解产生的一类信号肽，包括细胞生长因子、肽激素、抗菌肽、毒性肽等

路富集分析、相互作用关系及其相关性分析等方面。

第三节　翻译后修饰蛋白质组大数据

蛋白质的翻译后修饰（post-translational modification，PTM）指的是蛋白质在核糖体中翻译后其一个或多个氨基酸残基上被加上化学修饰基团，从而改变蛋白质理化性质的过程。目前，UniProt 数据库收录了超过 400 种蛋白质翻译后修饰种类，但只有少量被研究，如磷酸化、糖基化、乙酰化、泛素化、甲基化、琥珀酰化等。翻译后修饰会影响蛋白质的空间构象、活性状态、稳定性、亚细胞定位、与其他分子之间的相互作用关系及降解途径等，使得蛋白质的结构更加复杂化、功能更加多样化，是增加蛋白质多样性的关键机制，也是调节细胞内生理活动的重要途径。因此，对翻译后修饰的系统性研究能够更深入地理解细胞生命活动规律和发生机制，这也是翻译后修饰蛋白质组学产生和研究的意义。翻译后修饰蛋白质组学是蛋白质组学研究发展的派生和延伸，主要利用蛋白质组学分析技术对修饰的蛋白质群体及其修饰位点进行分析鉴定，并对机体不同生理状态下翻译后修饰的动态变化进行定量分析。

与常规蛋白质组研究策略类似，翻译后修饰蛋白质组也是基于质谱技术进行鉴定。其主要步骤（图 5-6）包括：样品中蛋白质提取，蛋白质酶解，修饰肽段的富集，液相色谱质谱联用（LC-MS/MS）分离，蛋白质鉴定，计算机生物信息分析及定性定量。其

图 5-6 修饰蛋白质组学研究基本流程

蛋白质提取 → 蛋白质酶解 → 修饰肽段富集 → LC-MS/MS → 蛋白质鉴定 → 计算机生物信息分析

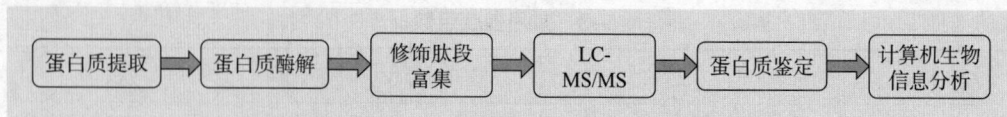

中，较为关键的步骤在于不同修饰类型的肽段富集以及质谱对修饰位点的鉴定。在质谱检测环节，若研究目的除了定性还需要定量，可根据样本或实验条件的适用性选择 iTRAQ/TMT 标记或非标定量法进行定量。

以下将集中介绍几种常见的翻译后修饰类型及其研究方法，主要侧重各自不同的富集方法、修饰位点鉴定以及对应的数据库资源。

一、磷酸化蛋白质组

（一）磷酸化蛋白质组概念

蛋白质的磷酸化指的是在激酶催化作用下把 ATP 或 GTP 上的磷酸基团转移到不同种类蛋白质的氨基酸残基上，主要发生在丝氨酸（Ser）、苏氨酸（Thr）和酪氨酸（Tyr）上。其中，磷酸化丝氨酸最多，磷酸化苏氨酸次之，磷酸化酪氨酸最少，三者的比例约为 1 800：200：1。蛋白质的磷酸化修饰广泛存在于生物体各个组织细胞的生命活动进程以及生长发育的不同阶段，它是翻译后修饰最主要的一种形式，也是目前研究最多的翻译后修饰类型。根据综合性数据库显示，哺乳动物蛋白质组的磷酸化位点预估高达 10^5 之多，足见其普遍性和重要性。

磷酸化蛋白质组（phosphoproteome）指的是蛋白质组中全部的磷酸化蛋白质，而磷酸化蛋白质组学（phosphoproteomics）则是针对磷酸化蛋白质的全面分析，包括对磷酸化的鉴定、定性和定量。蛋白质磷酸化和去磷酸化是一个互为可逆的动态过程，激酶和磷酸酶在磷酸化位点上竞争以调节蛋白质的磷酸化状态，进而直接影响其三维构象，改变活性。磷酸化修饰能够调控生物体中几乎所有重要的生理活动，如细胞生长、胞间通讯、信号传递、肌肉收缩、神经活动、细胞增殖分化凋亡等。对于植物而言，蛋白质的磷酸化修饰参与植物温度胁迫、盐胁迫、干旱胁迫、养分胁迫和激素调控等大多数代谢和生理途径。细胞中磷酸化蛋白质水平异常会引发蛋白质功能异常，造成机能紊乱。因此，借助分析生物体在不同生理或病理条件下磷酸化蛋白质的差异性变化情况，从而找到关键位点和生物标记物类分子，为了解磷酸化修饰所参与的重要代谢通路、解析植物生理异常的发生机制及采取应对措施奠定重要基础。

（二）磷酸化蛋白质组检测及鉴定

前文介绍的常规定量蛋白质组技术策略原则上都可用于磷酸化蛋白质的分析，但鉴于磷酸化蛋白质本身丰度低、动态范围广、磷酰键易断裂，再加上各种非磷酸化肽和无机盐的干扰，造成检测鉴定困难。因此，发展新型高效富集方法对于快速、准确分析磷酸化蛋白质具有重要意义。目前有许多富集磷酸化修饰蛋白质或肽段的可用方法，使用较为广泛的有固定化金属离心亲和色谱法（immobilized metal affinity chromatography，IMAC）、金属氧化物亲和色谱富集法（metal oxide affinity chromatography，MOAC）、强阳离子交换色谱法（strong cation exchange chromatography，SCX）。除了上述常用的富集方法外，还有强阴离子交换色谱法、亲水性相互作用色谱法、离子交换层析等。在实际的富集过程中，可以根据研究需求将上述方法进行多重富集方法联用以提高磷酸化肽的富集效率，得到质量更高的磷酸化蛋白质鉴定结果。

在分离富集得到磷酸化肽段后，选用合适的磷酸化肽段检测方法同样至关重要。针对细胞或组织等不同的样品类型，选择标记定量法 iTRAQ/TMT 以及无标记定量法都可进行常规大规模的磷酸化蛋白质定性和定量检测，而针对少量预先指定的目标修饰肽段则可利用靶向检测方法。质谱鉴定磷酸化位点的原理是：蛋白质在发生磷酸化修饰后其相对分子质量会增加 79.966，质谱通过这种质量偏移能精确地测定蛋白质或多肽的相对分子质量固定变化，从而识别磷酸化位点。

（三）磷酸化蛋白质组数据库资源

目前基于生物信息化平台的建立和发展，加上磷酸化蛋白质组学的广泛研究，已有大量注释的磷酸化蛋白质组学数据库及分析工具。表 5-4 列举了几个常用的蛋白质磷酸化数据库。

表 5-4　常用磷酸化蛋白质组数据库

数据库名称	基本描述
PhosSNP	该数据库用于收录磷酸化单核苷酸多态数据资源
P（3）DB	该数据库专门收录植物来源的蛋白质磷酸化数据，包含了超过 6 000 个底物蛋白的上万个非冗余磷酸化位点
PhosphoSitePlus	该数据库收录了磷酸化、乙酰化等翻译后修饰信息和相应研究工具
PHOSIDA	收录了数千种内源高可信度磷酸化位点等数据，可检索目标蛋白的磷酸化、乙酰化及糖基化数据，同时整合了每个被修饰蛋白质的结构信息、进化信息和具体修饰位点
PhosPhAt 2.2	该数据库收录存储了模式植物拟南芥磷酸化位点的数据。这些数据来自世界各地研究团队的超过 6 000 条磷酸肽的质谱测试结果
Phospho.ELM	该数据库存储了来自真核生物蛋白质中被实验验证的磷酸化位点信息，以及搜寻和下载工具
phospho3D 2.0	该数据库是 phospho3D 数据库升级版，存储了磷酸化位点及其附近残基信息的三维结构数据信息，其数据信息来自 Phospho.ELM 数据库

二、糖基化蛋白质组

（一）糖基化蛋白质组概念

蛋白质的糖基化（glycosylation）是指蛋白质上特殊的氨基酸残基在糖基转移酶的作用下被连接上糖链的过程。据报道，细胞内一半以上的蛋白质都有糖链修饰，且免疫系统中的绝大多数关键分子都是糖蛋白。真核生物细胞中的绝大多数蛋白质糖基化都沿着分泌途径发生，起始于内质网并在高尔基体中完成。作为另一种主要的翻译后修饰类型，糖基化调控蛋白质在组织和细胞中的定位、功能、活性、寿命和多样性等多个方面，参与包括细胞识别、细胞分化、发育、信号转导、免疫应答等在内的各种重要生物学过程。此外，多种疾病的发生也伴随着蛋白质糖基化异常的现象。

糖基化蛋白质组（glycoproteome）指的是蛋白质组中所有能被糖基化修饰的蛋白质集合，而糖基化蛋白质组学（glycoproteomics）的核心任务则是利用蛋白质组学的手段，大规模鉴定发生糖基化修饰的位点和表达丰度变化，解析糖链结构，鉴定完整的糖肽及其与其他蛋白质的相互作用与调控机制，并探索糖蛋白在生命活动中扮演的角色和生物学功能。由于糖基化结构异常复杂，现阶段还无法达到全面分析带有糖链结构糖蛋白的目的，在实际研究中只能通过切除糖肽上的糖链，通过高效富集方法筛选出混合在大量非糖肽中的糖肽，再用质谱检测方法进行鉴定。

（二）糖基化蛋白质组检测及鉴定

与磷酸化蛋白质组的研究方法类似，在糖基化蛋白质组被检测鉴定前，同样需要富集步骤以降低非糖肽的干扰。糖基化蛋白质特异性富集技术主要有两种，分别是外源凝集素法和酰肼化学法。外源凝集素法应用最为广泛，属于非破坏性富集手段，能够保留糖链与肽链的完整结构。凝集素能够专一地识别某一特殊结构的单糖或聚糖中特定的序列并与之发生可逆的非共价结合；而酰肼化学法则会破坏这种天然结构，其原理是将糖链邻位二醇开环氧化形成醛。该方法优点在于特异性高，但也因此破坏了天然结构而导致对完整糖链蛋白的分析鉴定与定量较为困难。除了以上两种方法，还有硼酸亲和富集法、亲水色谱富集法以及分子排阻色谱法等，这些方法与外源凝集素法类似，都可维持糖链与肽段的完整结构。此外，近些年又新发展了代谢标记、化学酶标记和抗体法等富集方法。

目前，基于质谱技术的糖蛋白分析的一般步骤是：先对糖基化位点进行特异性的质量标记，再利用质谱对产生的理论质量差异进行检测鉴定，确定是在哪个氨基酸残基的位点上发生了该种糖基化。对于 N- 糖基化的鉴定，PNGase F 酶法应用较为广泛。在肽段富集后用 N- 糖酰胺酶 F（PNGase F）在 $H_2^{18}O$ 中切除连接在天冬酰胺（Asn）残基上的糖链，使天冬酰胺（Asn）转变成天冬氨酸（Asp）后，其相对分子质量增加 2.989 而达到质量标记的目的，通过无标定量法或 iTRAQ 的方法对糖基化肽段进行定量分析。而 O- 糖基化更多的是采用化学法进行位点标记，如 β- 消除 – 米氏反应法。该方法的基本原理是在碱性环境中丝氨酸和苏氨酸上的 O- 糖基团发生 β 消除形成一个不饱和双键，双键被亲核试剂攻击后发生加成反应，使丝氨酸或苏氨酸残基的质量发生一个相对的理论偏移值，即在 O- 糖基化位点处产生质量标记，再通过二级质谱鉴定糖基化位点。

糖基化蛋白质组学的研究建立起蛋白质和糖这两类生物大分子的桥梁，有助于从宏观的视角全面地认识蛋白质糖基化的发生过程、发展规律及其在生命活动中所起的重要生物学功能。对糖基化蛋白质的全面了解有助于对生物体内相关功能异常的判定或发病机制的阐明给予科学性指导。目前，对于蛋白质糖基化的全面研究还具有相当的挑战，一方面糖的结构及其功能并非一一对应的线性关系，且呈高度动态变化趋势，对其研究方法也将是不断调整的优化过程，许多瓶颈将会随着技术的成熟和研究的深入逐步破除。

（三）糖基化蛋白质组数据库资源

糖蛋白作为翻译后修饰蛋白质组学和糖组学中重要的研究内容，对其大规模的信息分析和数据存储也非常重要。依托于生物信息学的发展，糖基化蛋白质组数据库也在不断扩大和更新，以下列举了几种糖基化蛋白质组相关的数据库。

CAZy 是糖类活性酶数据库。收录了以糖作为底物的酶类，包括糖苷酶、糖基转移酶和脂肪酶等信息。其基于蛋白质结构域中的氨基酸序列相似性，将糖类活性酶类归入不同蛋白质家族，可通过物种或 CAZy 家族进行信息搜索。

GlyConnect 是一个蛋白质糖基化数据库。该平台为研究糖链、携带糖链的蛋白质、合成或降解糖链的酶以及结合糖链蛋白质之间的关系提供资源，以便查询糖生物学信息和促进对收集的糖生物学数据的解释。

UniCarbKB 是替代 GlycoSuiteDB 的糖基化蛋白质组学数据库，是一个开放的数据平台，提供免费访问和丰富的信息资源，旨在通过整合糖科学相关的结构、实验和功能信息，进一步了解糖基化和糖介导的生物学过程中所涉及的结构、途径和网络。

Glycosciences 是一个提供支持糖生物学和糖组学研究的数据库和工具的综合平台，主要提供了糖相关三维结构模型和蛋白质结构数据库中包含糖的蛋白质条目参考。该平台同样也提供核磁共振谱、注释工具等资源信息。目前收录了 26 586 个聚糖条目、13 612 个三维结构模型以及 2 585 个构象图谱信息，参考了 13 095 个蛋白质结构数据条目中的 1 912 不同的聚糖结构（截至 2021 年 10 月）。

三、乙酰化蛋白质组

（一）乙酰化蛋白质组概念

蛋白质的乙酰化是在乙酰转移酶的作用下，乙酰供体（如乙酰辅酶 A）将乙酰基团共价结合到受体蛋白的末端氨基酸残基的过程，主要发生于赖氨酸（Lys），也包括丝氨酸（Ser）和苏氨酸（Thr），是细胞内一种重要的蛋白质翻译后修饰类型。

乙酰化蛋白质组（acetylproteome）指的是蛋白质组中所有能被乙酰化修饰的蛋白质集合，乙酰化蛋白质组学（acetylproteomics）即利用蛋白质组学手段，大规模鉴定发生乙酰化修饰的蛋白质位点和表达丰度变化，并探究乙酰化修饰相关的生物学功能。早期的研究大多聚焦于核内组蛋白和转录因子的乙酰化修饰与细胞自噬的关系，之后发现在细胞质和线粒体中也存在诸多蛋白质的乙酰化修饰。研究表明，蛋白质的乙酰化修饰参与调控包括 DNA- 蛋白质相互作用、亚细胞定位、转录活性、细胞代谢、信号通路调控和应激反应等多种生理活动过程。对于植物而言，组蛋白乙酰化对植物的生长、发育、开花、生物和非生物胁迫调控及激素信号应答等起重要作用，且在植物细胞壁防御病菌侵害、减缓细胞壁降解等方面也发挥着重要的作用。但无论是植物乙酰化蛋白质组研究方法的成熟性还是目前取得的进展，都还远不及在原核生物及高等动物中的研究水平。

根据目前的研究进展，已发现的乙酰化形式有两种，分别是 Nα 乙酰化和 Nε 乙酰化。Nα 乙酰化是蛋白质 N 端被乙酰化的修饰类型，一般认为其不可逆。该种修饰类型在真核生物中普遍存在，能覆盖大于 80% 的真核生物蛋白质，但在原核生物中很少见；

Nε乙酰化的修饰过程则是动态可逆的，其中赖氨酸乙酰化研究的最多，在真核生物中已经发现了1 000多种具有不同功能的赖氨酸残基乙酰化的蛋白质。这些研究证明了蛋白质乙酰化分布的广泛性及其在生物体中扮演着多种重要的生物学角色。

（二）乙酰化蛋白质组检测及鉴定

与其他修饰类型的蛋白质组研究方法类似，在提取步骤同样需要对乙酰化肽段进行特异性富集，通常采用的是对乙酰化赖氨酸（Ac-K）具有高亲和力的基序抗体法对乙酰化肽段富集，得到富集特异性乙酰化肽段后，根据赖氨酸乙酰化修饰肽段相对分子质量增加41.051的质量偏移差进行质谱鉴定。Kim等（2006）首次在蛋白质组学水平上研究出一种检测赖氨酸乙酰化的方法，即用赖氨酸乙酰化特异性抗体富集乙酰化肽段，再利用HPLC-MS/MS进行检测，结果在被测蛋白质中的195个检测到388个赖氨酸乙酰化位点，且发现超过20%的线粒体蛋白质中都存在乙酰化赖氨酸，其中包括许多寿命调节因子和代谢酶类。该研究揭示了赖氨酸乙酰化修饰在细胞核外的多种细胞通路调控中同样发挥着作用。经过特定的富集步骤，使用常规的iTRAQ/TMT和无标定量法都可对蛋白质的乙酰化修饰信息进行定性和定量。

（三）乙酰化蛋白质组数据库资源

目前有若干公共数据库收录了一些蛋白质乙酰化的相关信息，但蛋白质乙酰化的专用数据库还相对较少。PLMD 3.0是一个蛋白质赖氨酸修饰专用数据库，是蛋白质赖氨酸乙酰化修饰数据库（CPLA 1.0）和蛋白质赖氨酸修饰数据库（CPLM 2.0）的扩充和升级。目前该平台收录了文献来源的53 501种蛋白质的赖氨酸乙酰化、泛素化、甲基化、糖基化等20种修饰信息，共计284 780个修饰事件（截至2021年10月）。此外，还有一些综合数据库如PhosphoSitePlus、HPRD、SysPTM、及dbPTM等平台同样也包含了一些乙酰化蛋白质数据信息。这些数据库中的Nα乙酰化和Nε乙酰化修饰信息都经过手动挑选而收录。虽然赖氨酸乙酰化位点只占据修饰位点总量很少的一部分，但仍有大量存在于生物体当中的赖氨酸乙酰化信息需要进一步挖掘和研究，有关乙酰化相关的数据库也会随着研究的不断深入，以方便更多相关研究的参考使用。

四、泛素化蛋白质组

（一）泛素化蛋白质组概念

泛素（ubiquitin，Ub）是一类在真核细胞中普遍存在的，由76个氨基酸组成的高度保守小分子，因其分布的普遍性而命名为泛素。蛋白质的泛素化是指泛素在一系列酶的催化作用下共价结合到靶蛋白的过程，通常发生在蛋白质的赖氨酸残基上。泛素化过程由泛素活化酶（ubiquitin-activating enzyme，E1）、泛素缀合酶（ubiquitin-conjugating enzyme，E2）和泛素连接酶（ubiquitin-ligase enzyme，E3）三种酶共同参与完成。蛋白质泛素化广泛存在于各种真核细胞。与其他翻译后修饰类似，泛素化同样也是一个受严格调控的可逆过程，但不同之处在于泛素是数十个氨基酸组成的小分子链，所以该修饰类型所添加的并非单一基团。蛋白质泛素化修饰的生物学功能多样化，除了介导蛋白质的26S蛋白酶体降解途径外，还广泛参与了DNA损伤、基因转录、蛋白质翻译、信号转导、免疫应答、细胞周期控制以及生长发育等几乎所有的生命活动过程。

泛素化蛋白质组（ubiquiproteome）指的是蛋白质组中所有能被泛素化修饰的蛋白质集合，而泛素化蛋白质组学（ubiquiproteomics）则是在蛋白质水平上系统而全面的鉴定生物体内总蛋白质中的泛素化蛋白质及其泛素化修饰位点，进而分析其在所参与的生物学活动中发挥的功能和意义。泛素化蛋白质组学的研究为进一步阐述泛素化修饰所参与的生物学过程的分子机制提供有效途径。此外，也能扩充泛素化蛋白质组学在实际应用中的用途，为生物医学基础研究和疾病诊断、植物性状调控和改良等方面都能提供理论指导和思路。

（二）泛素化蛋白质组检测及鉴定

准确的定位蛋白质中的泛素化位点是泛素化蛋白质组学的主要研究目标，而利用质谱鉴定前首先要实现有效富集。泛素化蛋白质主要有三种富集方法，分别为抗体法、泛素偶联标签法、泛素亲和介质法。

抗体法是利用对泛素链具有特异性的抗体来实现富集目的。目前，利用 K-ε-GG（二甘氨酰 – 赖氨酸）抗体富集因高效而广泛使用。其基本原理为：泛素单体和寡聚泛素链在 E1、E2 和 E3 作用下通过其 C 端甘氨酸的氨基肽以共价键连接到靶蛋白的赖氨酸 ε 氨基上，经胰蛋白酶消化后，形成带有特异性 K-ε-GG 泛素分支的肽段，再用相应抗体进行富集。目前可直接利用商业化试剂盒实现该步骤，在提升富集效率的同时也简化了泛素化蛋白质的富集过程。

泛素偶联标签法是在泛素分子的 N 端插入亲和标签，如 His、Biotin、Myc 等，然后在细胞内表达偶联标签的泛素分子，并利用亲和纯化方法纯化泛素化蛋白质。

对于无法插入泛素标签的组织、器官等样品的泛素化蛋白质组研究，需要利用非标签依赖的方法进行富集纯化，如泛素亲和介导法。泛素结合结构域（ubiquitin-binding domain，UBD）是一种有效的泛素亲和介导法，能够有效特异性富集泛素化蛋白质。不同 UBD 对不同的泛素链亲和力不同，据此特征可根据需求特异性富集某种泛素链或集中富集所有类型的泛素链。

（三）泛素化蛋白质组数据库资源

目前泛素化修饰的生物信息数据处理主要围绕泛素化修饰相关蛋白质数据库的建立、泛素化修饰网络的构建和分析，以及修饰位点的预测等方面展开。随着泛素化蛋白质组学研究的不断深入，越来越多的文献报道了更多有用的泛素化修饰相关数据，建立平台对获取的数据进行合理地收集、存储、管理十分必要。以下介绍几个典型的泛素化蛋白质组相关数据库。

E3Net 是由韩国科学技术院生物信息学实验室设计并开发的泛素化修饰数据库。该数据库数据量庞大，注释信息丰富，是目前泛素化修饰相关蛋白质数据库中较为全面的平台。E3Net 数据库共收录了 427 个物种中 2 201 个泛素连接酶及 4 896 个底物蛋白信息，以及这些物种中的 493 个泛素连接酶与 1 277 个底物蛋白之间的 1 671 个特异选择关系（截至 2021 年 10 月）。该平台的数据主要来源于文本挖掘方法挖掘 MEDLINE 摘要得到的结果、UniProt 相关条目注释信息、公共泛素化数据库收录数据及高通量实验数据。

hUbiquitome 是北京大学开发的一个数据库，该平台收录了高可信度实验验证的人类泛素化相关蛋白质。目前该数据库共收录了 1 个泛素活化酶、12 个泛素缀合酶、138 个泛素连接酶、279 个底物蛋白以及 17 个去泛素化酶（截至 2021 年 10 月）。虽然规模较小，条目注释信息较少，每个条目包含的相关信息不多，但所有数据均由人工录入，收录数据具有很高的准确性和可靠性，也包含了数据提交功能及原始数据下载功能。

UbiProt 是由俄罗斯下哥罗德医学院创建的一个泛素化修饰底物蛋白质数据库。该平台主要致力于收录泛素化底物蛋白数据，对泛素化研究具有重要意义。UbiProt 数据库主要存储了一些大规模组学实验数据，其余的底物蛋白数据是从针对特定蛋白质的泛素化修饰实验研究中得到的，所有条目同样也是通过人工输入和注释，包含了特定的泛素化底物蛋白信息，如蛋白质的性质、物种来源、泛素化修饰特征、参考文献及相关链接等。

第四节　多肽大数据的应用与示例

肽是氨基酸以肽键连接在一起形成的化合物，通常由 100 个以下的氨基酸组成。内源性小肽和基因、蛋白质一样，在生物体中具有重要的生物学功能，可作为激素分子、调控因子、信号分子等，以多样的生物学角色参与到生长发育、转录调控、抗菌活性及免疫调控等各种生命活动中，如调节免疫防御反应的番茄内源肽信号 Systemin 和大豆内源肽信号 GmSubPep 等。

前面小节已经提到，除了我们所熟知的来源于传统开放阅读框区的传统肽（conventional peptides，CPs），还有一类是来源于非传统开放阅读框区（传统认为不编码的区域）的新型小肽，即非传统肽（non-conventional peptides，NCPs），因其在多种生物学过程中都具有重要的功能，近年来备受关注。非传统肽的来源丰富，可以是基因的内含子（intron）区域、基因间区（intergenic region）、各种跨越基因元件的交界区（如 exon-intron、UTR-exon）等。对于植物而言，非传统肽对植物的根系生长、花粉发育、叶片和花序及器官形成、代谢物合成、胁迫耐受和程序性死亡等方面都有重要意义。然而，由于植物内源肽大规模提取方法的限制，加上缺少参考数据库等原因，导致植物非传统肽的研究受到限制，对植物非传统肽的认知与利用也有限。

河南农业大学吴刘记课题组首次提出了植物多肽基因组学的概念，建立了用于大规模鉴定植物内源肽的植物多肽基因组学研究方法，填补了前期针对植物包括传统肽和非传统肽在内的内源肽提取及鉴定方法的空白。本节将以玉米为例，介绍该植物多肽基因组学的研究方法，包括如何从植物中大规模提取和鉴定内源肽，以及对所获得的两类内源肽（传统肽和非传统肽）开展的生物信息学分析内容进行展示，增加读者对植物多肽组学大数据分析的认识。

该方法可分为四个基本步骤：①玉米内源多肽组的提取和质谱检测；②个性化多肽基因组数据库的建立；③数据库比对和内源肽鉴定；④传统肽和非传统肽的生物信息学分析。

一、玉米内源肽的提取和质谱检测

玉米内源肽的提取和质谱检测如图 5-7 所示，基本操作步骤包括：植物（玉米）样品经过液氮研磨成粉、95℃高温水浴加热后，用三氯乙酸（TCA）-丙酮进行沉淀并预冷洗涤至无色，弃上清液，真空干燥，再复溶于添加了植物蛋白酶抑制剂（目的是最大程度防止非特异性降解）的 10 g/L 三氟乙酸（TFA）萃取缓冲液进行提取。通过超声、离心，并经过 10 000 的超滤管离心来过滤和富集植物内源肽。所得内源肽混合物再经 C18 萃取柱脱盐后，使用高通量液相色谱-串联质谱对其进行检测，生成肽的实验质谱数据集。

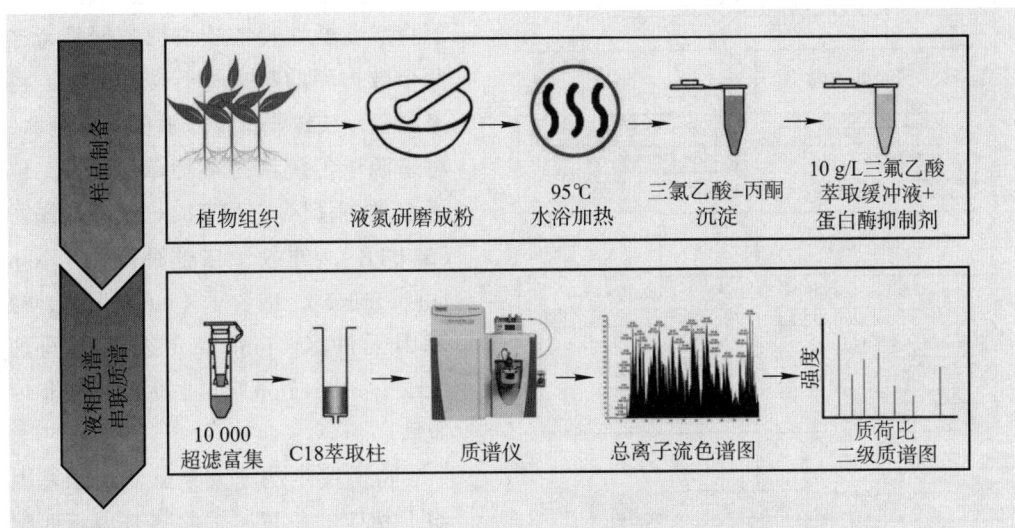

图 5-7 玉米内源肽提取和质谱检测基本工作流程

二、个性化多肽基因组数据库的建立

基于质谱的多肽组学研究是将实验质谱数据和参考数据库进行比对来实现对肽的鉴定。因此，所得实验质谱数据需要引入参考数据库进行比对。考虑所研究的内源肽组包括传统肽和非传统肽两类，而非传统肽来源于传统认为不编码的区域，在现有蛋白质数据库中没有注释，所以很难通过公共数据库作为参考而匹配到非传统肽的信息。因而，除了将公共数据库 Ensembl 中的蛋白质数据作为参考数据库外，还需要自建多肽基因组数据库，来扩大搜索范围以匹配更多未知肽。多肽基因组学数据库的构建方法是：从 Ensemble 植物基因组数据库中下载 FASTA 格式的植物基因组序列并使用 EMBOSS：6.6.0 软件包对其进行六码框翻译。基因组 DNA 包含正链和负链，从每条链上的第一个、第二个和第三个核苷酸分别开始翻译，对应于不同的读码框，在遇到终止密码子时终止翻译，并从该终止密码子的后一个核苷酸开始，按照此原则继续进行下一个肽的翻译。按照标准的遗传密码原则进行三联密码子的翻译，并为每个翻译的氨基酸分配一个字母缩写，"*" 符号代表终止密码子。将包含基因组坐标和定位（如

图 5-8 基于计算机六框翻译的个性化多肽基因组数据库的建立

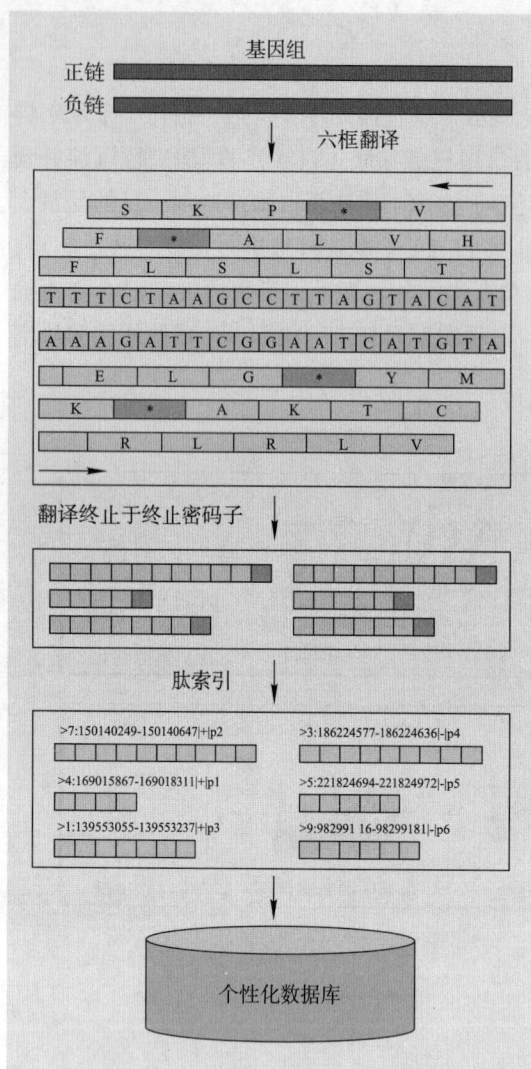

7：150140249-150140647|+|p2）的肽索引文件分配给每个肽序列，建立个性化多肽基因组数据库。

三、数据库比对和内源肽鉴定

利用搜索引擎进行搜库比对的步骤如图 5-9 所示。分别将从 Ensembl 蛋白质数据库中下载的玉米蛋白质组序列数据及个性化多肽基因组数据库的数据导入 Mascot，并利用该搜索引擎将实验所获得的质谱图数据集与这两个数据库的数据进行搜索匹配，将来源于传统编码区的小肽归为传统肽，将来源于传统认为不翻译的区域，包括 5′ 非翻译区（5′ UTR），3′ 非翻译区（3′ UTR），外显子错框翻译区（exon out of frame），内含子（intron）区，跨基因元件区（junction）及基因间区（intergenic region）的小肽，归为非传统肽。

将所鉴定的非冗余肽对应于基因组上相应的位置，去除多基因组匹配位点的肽，留下单一匹配在基因组位点的肽，即获得位置来源不同的非传统肽。

搜库匹配结果如图 5-10 所示，所获取的肽包括与 Ensembl 蛋白质数据库匹配的 744 条非冗余肽和与个性化多肽基因组数据库匹配的 3 932 条非冗余肽，其中 3 315 条多肽只在自建的个性化多肽基因组数据库中鉴定到。将与多基因组匹配位点的肽去除后，单一基因组匹配位点的内源肽共计 2 837 个，分别是 844 个传统肽和 1 993 个非传统肽。

四、传统肽和非传统肽的生物信息学分析

使用 R 语言代码编程，将鉴定到的非传统肽和传统肽分别注释到对应的基因组位点上，进一步完善玉米基因组信息（图 5-11）。由此分布情况可看出，大部分传统肽分布都接近于端粒，而非传统肽则均匀地分布在每条玉米染色体的端粒和着丝粒之间。此外，两种类型小肽的数量和染色体长度的皮尔逊相关性分析显示，非传统肽的数目和染色体长度呈正相关（$r = 0.77$；$p = 0.009\ 9$），但传统肽的数量与染色体长度之间并未表现出相关性（图 5-12）。

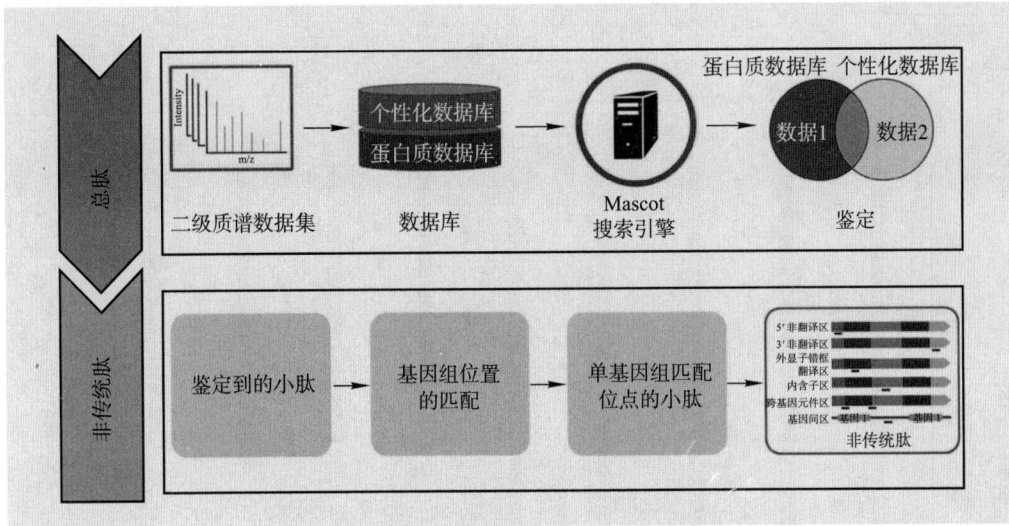

图 5-9 利用 Mascot 搜索引擎将实验所得质谱图集与所建的个性化多肽基因组数据库和蛋白质数据库进行搜索比对的流程

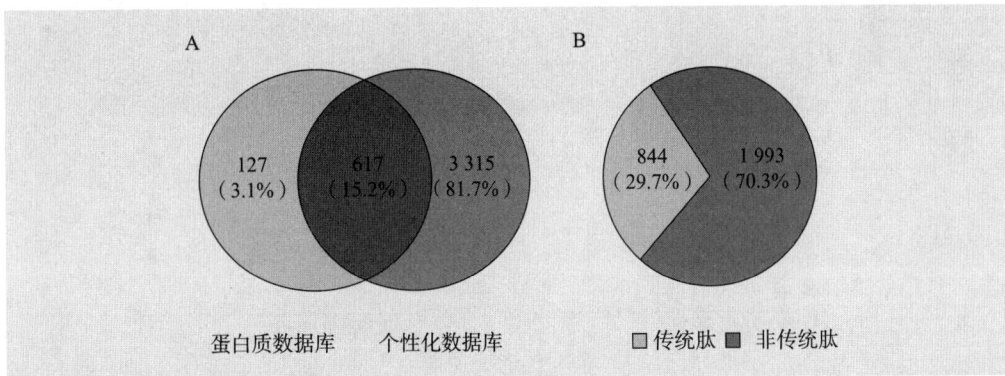

图 5-10 韦恩图展示由 Ensembl 蛋白质数据库和个性化多肽基因组数据库鉴定到的多肽数量

A. 与蛋白质数据库和与个性化多肽基因组数据库匹配的小肽；B. 单一基因组位点匹配的传统肽和非传统肽

获取被质谱验证翻译的 1 993 个非传统肽后，对其进行进一步的生物信息学分析（图 5-13），包括不同小肽在基因组上 DNA 正反链的分布情况、在基因不同区域上位置的分布状态、肽平均长度（average length）、相对分子质量（molecular weight）及其等电点（isoelectric point）等信息分析。结果发现：更多的非传统肽来自玉米基因组的正链；来源于基因间区的非传统肽数量最多，且其平均长度及平均相对分子质量都高于其他区域来源的非传统肽；而位置来源不同的非传统肽之间的平均等电点没有显著差异。

以上方法通过将植物多肽组学与基因组学有机整合，实现了对植物内源性肽的大规模鉴定，并将来源于不同基因元件的多肽信息标记在基因组上，证实了植物中有大量过去被认为不翻译的基因区域其实是翻译的，同时也进一步完善了基因组的注释信息。该植物肽基因组学方法具有广泛的适用性，除了玉米，也可以应用到其他植物中（拟南芥中已经验证）。该研究既为植物内源肽，尤其是非传统肽的挖掘提供了新的方法，同时也为植物非传统肽的生物学功能研究奠定了基础。

图 5-11 玉米内源性传统肽和非传统肽的全基因组分布情况

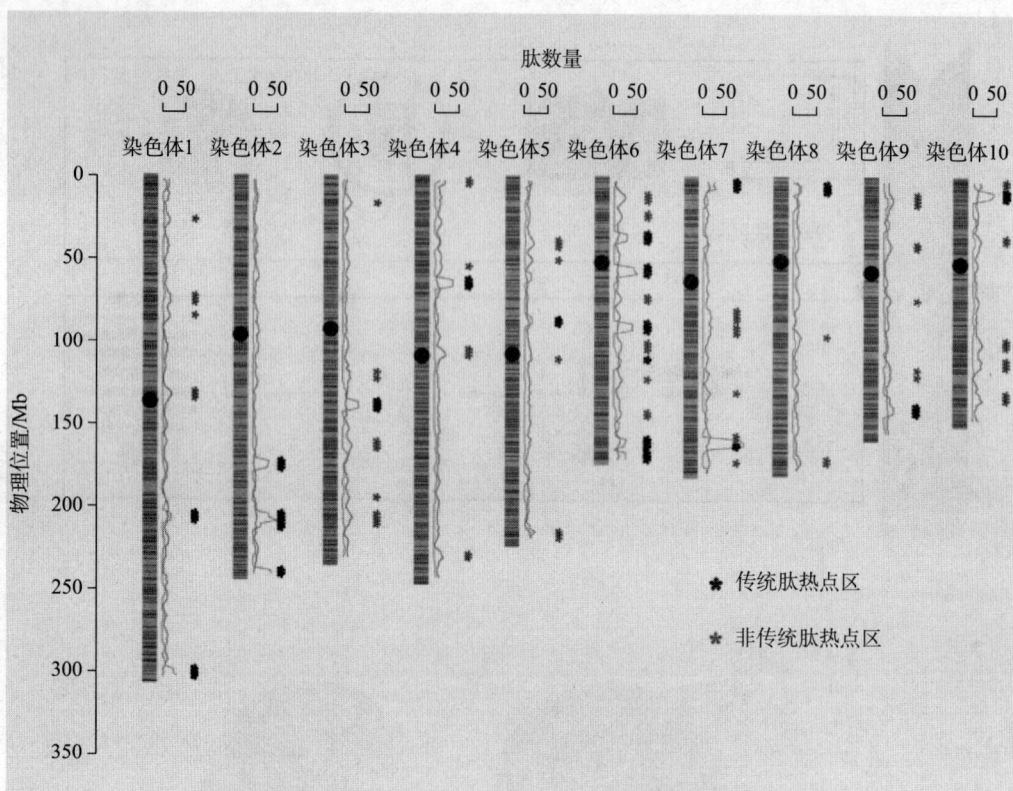

图 5-12 传统肽（左）和非传统肽（右）的肽数目和染色体长度的相关性分析

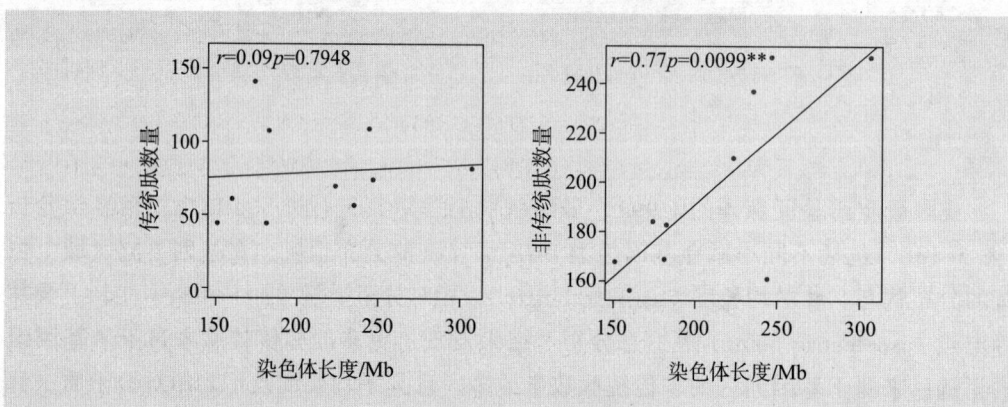

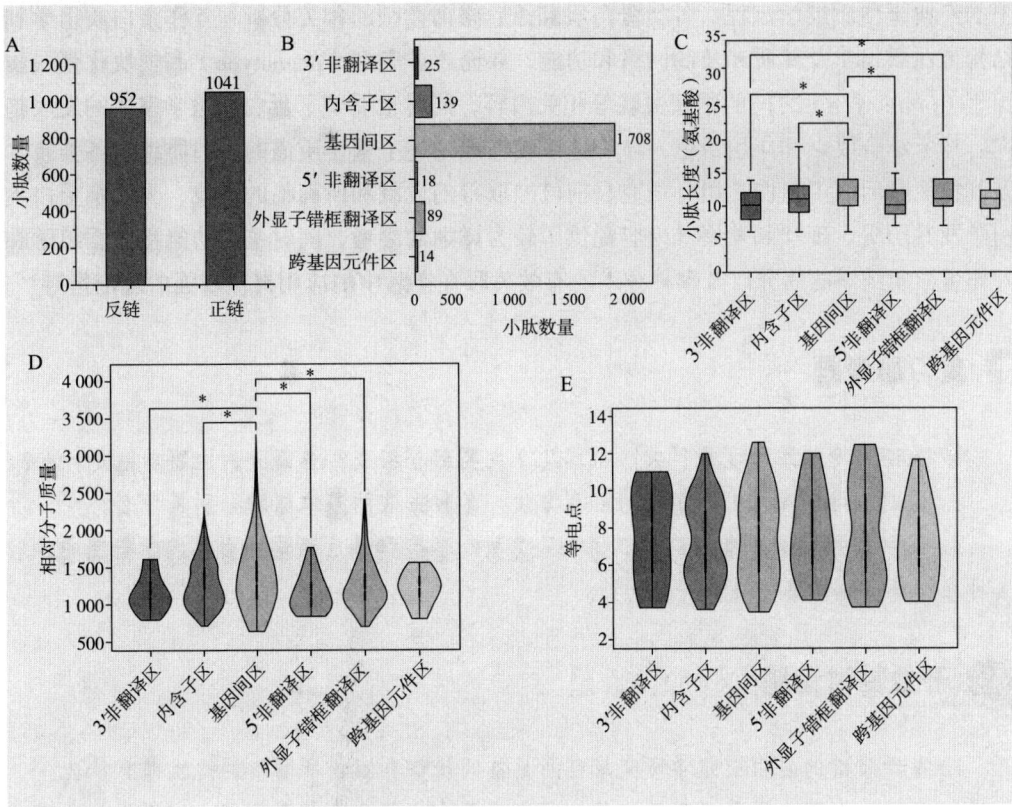

图 5-13 玉米非传统肽的基本特征

A. 非传统肽在 DNA 正链和负链上的数量分布情况；B. 非传统肽在基因不同区域的分布情况；C～E. 分别为来自不同基因区域的非传统肽的氨基酸长度（C）、相对分子质量（D）及等电点（E）情况

📺 **推荐阅读**

1. Wang S，Tian L，Liu H，et al. Large-scale discovery of non-conventional peptides in maize and *Arabidopsis* through an integrated peptidogenomic pipeline［J］. *Molecular Plant*，2020，13（7）：1078-1093.

该研究建立了一种植物多肽基因组学方法，在玉米和拟南芥中分别鉴定到了 1 993 个和 1 860 个非传统肽，这些非传统肽来源于非传统开放阅读框区（先前认为不翻译的区域），如基因间区、内含子区和非翻译区。通过全基因组关联分析（GWAS），揭示了玉米中的非传统肽在抗病性方面具有潜在作用。该工作首次提出了植物多肽基因组学的概念，打破了植物小肽大规模挖掘及鉴定的技术瓶颈，在蛋白质翻译水平上揭示了植物基因组中有大量传统观点认为不翻译的区域其实是可以翻译的；同时也为植物小肽的进一步开发和利用奠定基础。该研究具有较强的开创性，涉及的多肽基因组学策略及分析手段有助于对相关领域新技术的学习和理解。

2. Aebersold R，Mann M. Mass-spectrometric exploration of proteome structure and function［J］. *Nature*，2016，537（7620）：347-355.

该综述对近几十年来蛋白质组学的发展进行了综合性阐述。作者分别介绍了自下而上的经典蛋白质组学流程、各类蛋白质翻译后修饰类型的相关分析、互作蛋白质组学和结构蛋白质组学及其所涉及的网络和功能，并论述了表型（phenotype）和模块化蛋白质组型（proteotype）之间的紧密关联等相关内容，同时也展望了蛋白质组学整体的发展趋向、技术结合要点和应用价值。该综述系统性地论述了基于质谱的蛋白质组学各类技术及其特征，回顾了蛋白质组学研究目前已经取得的成就和所面临的挑战，为理解蛋白质组学及其历史、现状和发展等内容提供了较为详细的参考，同时也为功能蛋白质组学和互作蛋白质组学的研究以及多种技术的有效关联在实际中的应用提供较强的理论指导。

❓ 复习思考题

1. 质谱仪的基本原理是什么？有哪几个主要部分组成？各部分的主要功能是什么？

2. 蛋白质组学都有哪些常规的检测方法？各种方法的基本原理分别是什么？

3. 蛋白质的翻译后修饰都有哪些常见类型？各种翻译后修饰蛋白质组学研究中，对各种修饰类型的富集方法都有什么？

💬 开放性讨论题

1. 基于质谱的蛋白质组学研究策略所具备的优势和目前所面临的挑战都有什么？

2. 目前，在玉米和拟南芥等植物中已经发现有大量来源于基因组上过去认为不翻译区域的非传统肽存在，这些非传统肽的翻译属于非经典翻译事件的范畴。除了这些非传统肽，还有什么其他类型的非经典翻译事件？请通过查阅文献资料，列举一些非经典翻译事件的例子及其特征。

第六章

植物表观组大数据

随着科学的不断进步以及研究的不断深入，人们发现生命活动并非完全由DNA序列决定，DNA序列以及包裹DNA的组蛋白上存在的表观修饰也起重要作用。这些修饰包括DNA甲基化、组蛋白甲基化等，它们可以动态添加或去除，影响个体的生长发育和环境适应性。

在全基因组水平对表观遗传修饰的分布特征和功能进行研究是表观基因组（epigenome）的范畴。一个多细胞个体只有一个基因组，但由于表观修饰是动态可逆的，因此可以有多个表观基因组。除DNA及组蛋白外，RNA上也存在着表观修饰，由此延伸出了表观转录组（epitranscriptome）的概念，包括mRNA以及各种非编码RNA上的修饰，这代表着一种全新的转录后调控基因表达水平的方式，引起了人们的广泛关注。

本章着重阐述DNA甲基化、组蛋白甲基化和RNA甲基化的动态变化、数据获取及分析方法。

第一节 表观基因组

表观基因组是指在基因组水平研究组蛋白以及 DNA 上的表观修饰。表观基因组的变化可能会导致染色质结构以及基因组功能的变化。本节主要介绍 DNA 甲基化和组蛋白甲基化。

一、DNA 甲基化

DNA 甲基化是指在 DNA 甲基转移酶（DNA methyltransferase，DNMT）的催化作用下，以 S-腺苷甲硫氨酸（S-adenosyl methionine，SAM）作为甲基供体，在特定碱基上添加一个甲基基团的过程（图 6-1 左）。DNA 甲基化广泛地存在于生物体中，从原核生物到高等动植物都发现了不同程度的 DNA 甲基化。常见的 DNA 甲基化修饰发生在胞嘧啶第 5 位碳原子上，因此也称为 5-甲基胞嘧啶（5-methylcytosine，m^5C）。此外，腺嘌呤第 6 位氮原子也可以发生甲基化，被称为 N^6-甲基腺嘌呤（N^6-methyladenine，m^6A）。一般研究中所涉及的 DNA 甲基化都指 m^5C。下文中，DNA 甲基化也指 m^5C。

在哺乳动物中，DNA 甲基化主要发生在对称的 CG 序列环境中，仅在少量的胚胎干细胞中发现非 CG 甲基化。植物中 DNA 甲基化与哺乳动物中不同，其甲基化可以发生在所有序列环境中（图 6-1 右），包括 CG、CHG 以及 CHH（其中 H = A、T 或 C），以模式植物拟南芥为例，在全基因组范围内，其 DNA 甲基化水平约为 24%（CG）、6.7%（CHG）、1.7%（CHH）。

（一）DNA 甲基化的动态变化

1. DNA 甲基化的从头建立

在植物中，三种序列环境（CG、CHG 和 CHH）中的 DNA 甲基化都由 RNA 指导的 DNA 甲基化（RNA-directed DNA methylation，RdDM）途径建立。RdDM 途径是植

图 6-1 DNA 甲基化及其发生的序列环境

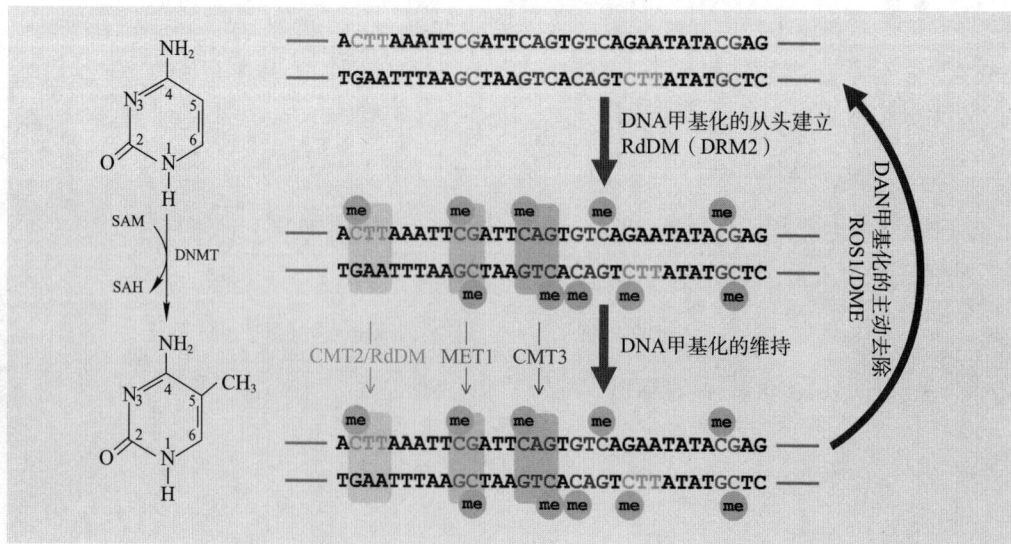

物特有的，其需要两种植物特有的 RNA 聚合酶 POL IV（RNA polymerase IV）和 POL V（RNA polymerase V）。经典的 RdDM 途径主要由 24-nt 干扰小 RNA（small interfering RNA，siRNA）的产生、支架 RNA（scaffold RNA）的合成、沉默复合体的装载以及 DNA 甲基化的从头建立三步组成（图 6-2）。

第一步：首先在目标位点装载 DNA 依赖的 RNA 聚合酶 POL IV，转录产生单链 RNA（single-stranded RNA，ssRNA），并以该 RNA 为模板在依赖于 RNA 的 RNA 聚合酶 2（RNA-dependent RNA polymerase 2，RDR2）的催化下合成双链 RNA（double-stranded RNA，dsRNA），双链 RNA 可被 DCL（dicer）蛋白切割生成 24-nt siRNAs。第二步：产生的 24-nt siRNAs 被 AGO4（argonaute 4）或 AGO6 结合形成 RNA 诱导沉默复合物（RNA-induced silencing complex，RISC）。第三步：另一个植物特有的 DNA 依赖 RNA 聚合酶 POL V 被装载到目标区域并且转录出约 200 nt 的支架 RNA（scaffold RNA），通过与 RISC 中 24-nt siRNAs 序列配对，使 RISC 准确地装载到支架 RNA 上，并装载从头甲基转移酶 DRM2（domains rearranged methyltransferase 2）到靶位点建立甲基化。根据其中涉及的关键蛋白质，这一途径也称为 POL IV-RDR2-DCL 途径。

除了上述经典 POL IV-RDR2-DCL 途径外，植物体内还存在非经典的 RdDM 途径，即 POL II-RDR6-DCL 途径。这一途径的基本过程与 POL IV-RDR2-DCL 类似，也分成上述三个主要步骤，只是在这一途径中，RNA 聚合酶 POL II 取代 POL IV，RDR6 取代 RDR2，在某些位点促进 siRNA 的产生，同时，POL II 或 POL V 促进支架 RNA 的产生。

2. DNA 甲基化的维持

植物通过 RdDM 途径建立 DNA 甲基化后，需要通过一系列酶来维持 DNA 甲基化，从而保持 DNA 甲基化模式的稳定。不同序列环境的甲基化由不同酶维持。

CG 胞嘧啶甲基化由甲基转移酶 1（methyltransferase 1，MET1）维持。MET1 是哺乳

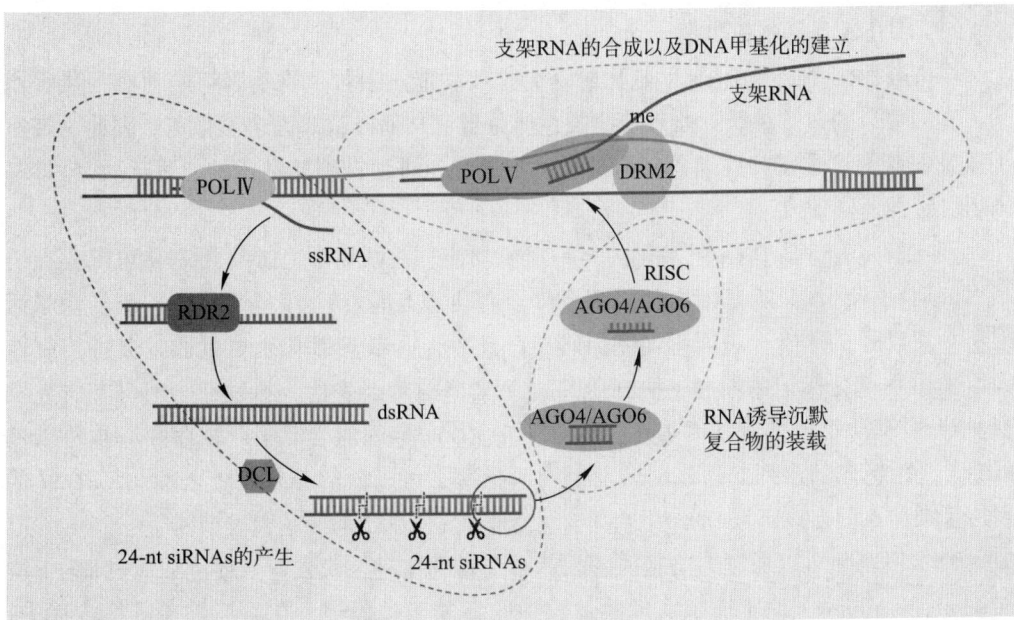

图 6-2 经典 RdDM 途径

动物 DNA 甲基转移酶 1（DNA-methyltransferase 1，DNMT1）在拟南芥中的同源基因，可以识别 DNA 复制后模板链上发生甲基化的 DNA 序列，并在新合成的子链中胞嘧啶上添加甲基化，从而维持 DNA 甲基化。

CHG 甲基化的维持由染色质甲基化酶 3（chromomethylase 3，CMT3）催化。CHG 甲基化与组蛋白修饰 H3K9me2（组蛋白 H3 第 9 位赖氨酸上的双甲基化）形成正向反馈通路可以相互加强。CMT3 的染色质结构域（chromodomain）可以结合 H3K9me2，并在相应位置建立 CHG 甲基化。反过来，组蛋白 H3K9 甲基转移酶 SUVH4（suppressor of variegation 3-9 homologue 4）包含一个 SRA 结构域，可以特异性结合 CHG 甲基化，并建立 H3K9me2。当 CMT3 或者 SUVH4 突变时，全基因组 CHG 甲基化降低。

CHH 甲基化可以由 RdDM 途径或者染色质甲基化酶 2（chromomethylase 2，CMT2）维持，主要取决于 CHH 所处的染色质环境。RdDM 途径的目标区域主要包括一些短的转座子或者一些"年轻"的转座子以及染色体臂上的一些重复序列，这些区段的染色质相对疏松，也即通常所说的常染色质。而异染色质区域（也即染色质压缩比较紧密的区域）的 CHH 甲基化主要由 CMT2 催化。

3. DNA 甲基化的去除

通常情况下，DNA 甲基化作为一种稳定的表观修饰存在于动植物中，但并非一成不变。植物中既存在主动去甲基化，也存在被动去甲基化。主动去甲基化指通过 DNA 去甲基化酶在特定位点去除甲基化，被动去甲基化指在 DNA 复制过程中由于维持甲基化酶的功能缺失导致 DNA 甲基化的被动去除。

以拟南芥为例，其去甲基化酶家族主要有四个成员，分别是 ROS1（repressor of silencing 1）、DME（demeter）、DML2（demeter-like protein 2）和 DML3（demeter-like protein 3）。其中 ROS1、DML2 和 DML3 通常在营养组织表达，而 DME 则通常在配子形成时发挥作用。

（二）DNA 甲基化的功能

维持基因组稳定是 DNA 甲基化的一个重要功能。多数生物基因组中含有大量转座子，它们可以通过"跳跃"插入新的染色体位置，从而导致基因组不稳定。因此，转座子以及一些高度重复序列通常都会被高度甲基化，进而抑制转座子的"跳跃"，维持基因组稳定性。

影响基因表达是 DNA 甲基化的另一重要功能。在植物中，DNA 甲基化可以存在于基因的启动子区域或者基因内部。通常位于启动子上的 DNA 甲基化可以抑制转录激活因子与启动子的结合，进而抑制基因转录。此外，DNA 甲基化也可以通过促进抑制性的组蛋白甲基化标记的增加（如 H3K9me2）来抑制基因表达。不过近年来也有研究发现 DNA 甲基化可以促进基因表达。例如，在 ROS1 基因的启动子区域存在一段可以被 RdDM 途径靶向的序列，当该区域发生甲基化时，可以激活 ROS1 的表达，使 ROS1 的表达量增加；而当该区域 DNA 甲基化含量降低时，ROS1 的表达则被抑制。

DNA 甲基化可以通过影响基因的表达参与植物多种生长发育或环境适应过程。RIN（ripening-inhibitor）是番茄果实成熟过程中的重要调控因子，在番茄果实成熟过程中，许多促进果实成熟基因的 DNA 甲基化水平都有所降低，便于 RIN 与基因启动子的结合，促进果实成熟。在拟南芥中，ROS1 可以靶向 *EPF2*（epidermal patterning factor 2）基因的启动子区域，通过调控其甲基化程度来控制 *EPF2* 的表达，进而控制拟南芥叶片气孔的发育。除了影响植物发育外，DNA 甲基化还参与植物逆境响应，包括冷胁迫以及盐胁迫等，在生物胁迫中行使重要功能。

（三）DNA 甲基化检测方法

随着技术的不断发展，人们逐渐认识到 DNA 甲基化在各种生命活动中的重要性，并开发出多种方法用于研究 DNA 甲基化的分布规律以及生物学功能。

目前常用的在全基因组范围内检测 DNA 甲基化的方法为全基因组甲基化测序技术（whole genome bisulfite sequencing，WGBS）。该方法基于亚硫酸氢盐转化并结合二代测序技术，可以在全基因组范围和单碱基分辨率下对 DNA 甲基化进行检测。早在 1992 年，Frommer 就首次提出了基于亚硫酸氢盐处理的测序方法，该方法可以精确获得甲基化发生的碱基位置，将检测精度精确到单个碱基，因此被称为 DNA 甲基化检测的"金标准"。该方法的原理如下：DNA 经亚硫酸氢盐处理后，未被甲基化的胞嘧啶（C）转化为尿嘧啶（U），甲基化的胞嘧啶受到甲基基团的保护则会维持不变。随后通过 PCR 扩增，碱基配对的原则，尿嘧啶（U）最终会转变为胸腺嘧啶（T），将 Sanger 测序后的序列与未经过亚硫酸氢盐处理的 DNA 序列比较，即可获得甲基化发生的位点（图 6-3）。

早期由于测序技术不够成熟，测序成本较高，此方法通常只用来检测感兴趣的特定区域的 DNA 甲基化，而不能在全基因组范围内检测整个基因组的甲基化。直到下一代测序技术的出现以及不断改善，测序成本不断降低，才真正做到对全基因组范围的 DNA 甲基化进行检测。植物中，WGBS 于 2008 年在拟南芥中首次开发和应用。

2008 年，Cokus 等绘制出了精确到单碱基的拟南芥全基因组甲基化图谱，并且检测到了一些先前未被检测到的甲基化位点，如在端粒的重复末端发现了 DNA 甲基化。同年，Lister 等也绘制出了精确到单碱基的拟南芥全基因组甲基化图谱，并对甲基化维持、建立和去除途径相关基因的突变体进行分析，确定了这些基因的靶标。Cokus 和 Lister

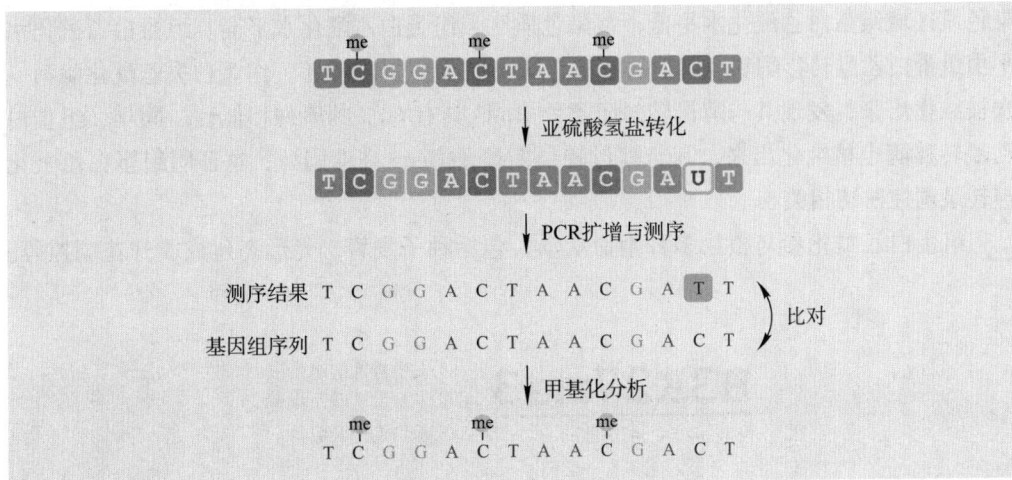

图 6-3　亚硫酸氢盐处理检测 DNA 甲基化的原理

等的研究绘制出了高精度的拟南芥表观基因组图谱，并对 DNA 甲基化的动态变化提供了新的见解。

全基因组亚硫酸氢盐测序方法被开发出来之后，很快运用到不同物种中，包括番茄、柑橘、玉米、水稻以及高粱。随着技术的进步，测序成本的降低，越来越多的物种都建立了甲基化图谱，极大地方便了人们的研究。

除此之外，还有其他多种 DNA 甲基化的检测方法，如基于甲基化敏感的限制性内切酶鉴定 DNA 甲基化，基于富集的方法鉴定 DNA 甲基化等。

二、组蛋白修饰

组成核小体的四种组蛋白亚基上可以发生多种修饰，包括甲基化、乙酰化、磷酸化、泛素化、糖基化等。这些修饰可以相互协调共同调控复杂的生命活动。目前对组蛋白甲基化和乙酰化修饰的研究较多。

（一）组蛋白修饰命名规则

对组蛋白修饰的命名通常由三部分组成（图 6-4）。以 H3K27me3 为例，表示组蛋白 H3 第 27 位赖氨酸添加 3 个甲基基团，其中，H3 表示在组蛋白 H3 亚基上发生修饰，同样，组蛋白 H2A、H2B 以及 H4 亚基上都可以发生修饰；K27 表示在第 27 位赖氨酸上发生修饰，其他位置的赖氨酸也可以发生修饰，如第 9 位以及第 14 位等，且其他氨基酸也可以发生修饰，如丝氨酸（Ser，S）以及精氨酸（Arg，R）等；me3 中 me 表示添加的是甲基化（methylation）修饰，3 则表示添加了三个甲基基团。除 me 外，还用 ac 表示乙酰化（acetylation），ub 表示泛素化（ubiquitination），ph 表示磷酸化（phosphorylation）。同理，H3K4me2 表示在组蛋白 H3 第 4 位赖氨酸上添加了两个甲基基团。

（二）组蛋白乙酰化修饰

乙酰化修饰大多发生在组蛋白 H3 的第 9、14 位赖氨酸和 H4 的第 8、12 位赖氨酸（图 6-5）。一般来说，组蛋白乙酰化可以使组蛋白所带正电荷减少，削弱其与 DNA 结合的能力，使染色质区域的结构从紧密变得松散，增强相关基因的表达。通常情况下，异染色质区域组蛋白乙酰化水平低，常染色质区域组蛋白乙酰化水平高。组蛋白乙酰化水平由组蛋白乙酰转移酶和组蛋白去乙酰化酶协同维持。1996 年，组蛋白去乙酰化酶第一次被纯化出来，发现其与酵母转录阻遏物 Rpd3 具有 60% 的序列相似性。同年，组蛋白乙酰转移酶也被纯化出来，其与酵母转录衔接子 Gcn5 高度同源，这证明组蛋白乙酰化与转录调控密切相关。

组蛋白乙酰化参与植物多种生命活动，包括种子发育、光形态建成、开花调控等。

图 6-4　组蛋白修饰命名规则

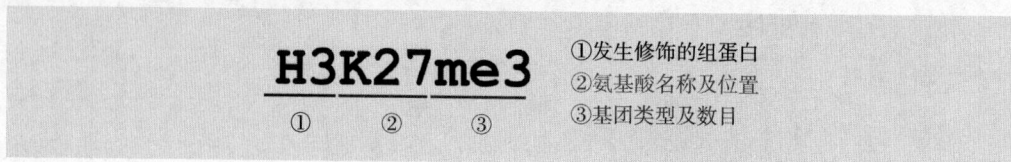

H3K27me3
① ② ③

① 发生修饰的组蛋白
② 氨基酸名称及位置
③ 基团类型及数目

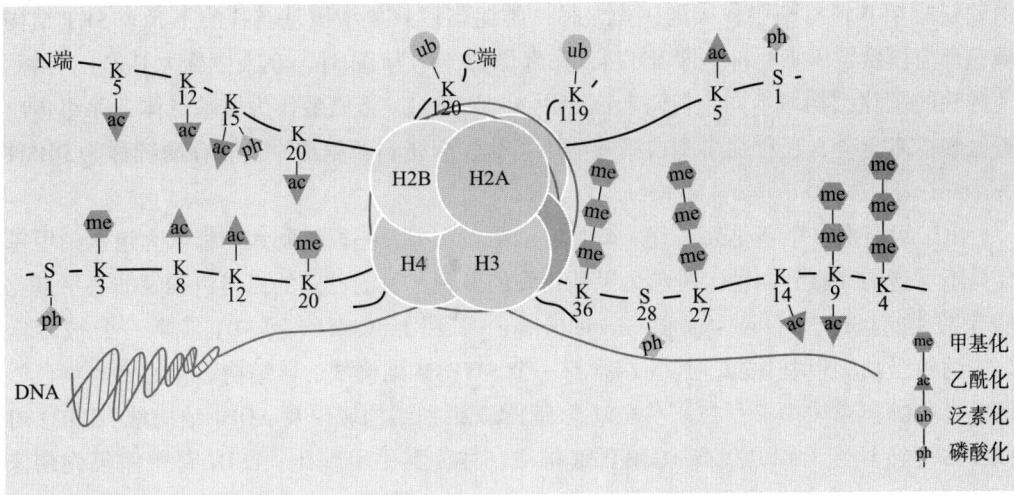

图 6-5 组蛋白修饰的多样性

例如，拟南芥 AtHDA7（histone deacetylase7）是一种组蛋白去乙酰化酶，对拟南芥雌配子体发育和胚胎发生至关重要。研究表明 AtHDA7 在拟南芥花蕾中高表达，通过将 *AtHDA7* 基因进行突变，降低其表达量，发现突变角果中正常发育种子数量明显降低，进一步研究发现其突变后会影响拟南芥四核囊胚的发育从而影响角果中成熟种子数目。

除参与植物生长发育以外，组蛋白乙酰化也参与植物对生物胁迫以及非生物胁迫的响应。如在拟南芥中，HDA6（histone deacetylase 6）是拟南芥冷驯化和耐冷性所必需的。在长期的冷处理过程中，HDA6 在拟南芥中被激活表达，对野生型拟南芥和 hda6 突变体进行冷处理，发现 hda6 突变体电解质渗透率增加（电解质渗透率可以描述细胞膜的破损程度，渗透率越高表明细胞膜受到的损害越高），植株变得不耐冷。组蛋白乙酰化也参与到植物响应生物胁迫的过程中，如参与植物对病原菌侵染的调控。拟南芥中 HDA19（histone deacetylase 19）负调控水杨酸介导的防御反应，HDA19 可以去除组蛋白乙酰化从而抑制基因表达，因此，当其活性丧失时，可以激活水杨酸积累相关基因的表达，提高水杨酸含量，提高抗性。总之，组蛋白乙酰转移酶以及去乙酰化酶可以动态调控组蛋白乙酰化水平，参与生长发育和环境适应过程。

（三）组蛋白甲基化修饰

甲基化修饰主要在组蛋白 H3 和 H4 的赖氨酸和精氨酸两类残基上，赖氨酸残基能够发生单、双、三甲基化，而精氨酸残基能发生单、双甲基化，不同程度的甲基化极大地增加了组蛋白修饰和基因表达调节的复杂性（图 6-5）。不同的甲基化修饰起到不同的作用，有的甲基化修饰与基因沉默相关，有的则与基因活跃转录相关。目前普遍认为 H3K9 和 H3K27 甲基化存在于转录受到抑制的染色质区域，而 H3K4 和 H3K36 甲基化则在基因活跃表达的区域富集。

2000 年，首个组蛋白赖氨酸甲基转移酶 SUV39H1（suppressor of variegation 3-9 homologue 1，又称 KMT1A）被发现，其特异性甲基化组蛋白 H3K9。SET 结构域为其催化结构域，在酵母以及人中保守。含 SET 结构域的组蛋白赖氨酸甲基转移酶是组蛋白赖氨酸甲基转移酶中较大的一类，另一类组蛋白赖氨酸甲基转移酶不含有 SET 结构域，目前仅鉴定出来一种，即 KMT4，在酵母中被称为 Dot1p，在人中称为 Dot1L。虽然两种酶的催化结构域不同，但两者都使用 S- 腺苷 -L- 蛋氨酸作为甲基供体。除组蛋白赖氨酸甲基化外，还存在组蛋白精氨酸甲基化。组蛋白精氨酸甲基转移酶统称为 PRMT（protein arginine methyltransferase）。

由于组蛋白去甲基化酶一直未被鉴定出来，在很长一段时间人们都认为组蛋白甲基化是不可逆的，直到两种组蛋白去甲基化酶的发现。目前已知的组蛋白赖氨酸去甲基化酶有两类：LSD1（lysine specific demethylase 1）和 JmjC 家族。LSD1 是第一个被鉴定出来的组蛋白去甲基化酶，其 N 端含有一个 SWIRM 结构域，该结构域在许多与染色质调节有关的蛋白质中都存在，在 C 端含有 FAD 识别结构域以及 AOF1 结构域。LSD1 可以在体内特异性识别 H3K4me1 和 H3K4me2，并使其去甲基化。LSD1 是单胺氧化酶家族的成员，依赖 FAD 催化氧化反应，由于单胺氧化酶反应的过程中需要一个额外的质子参与，因此 LSD1 的去甲基化活性受底物限制，不能去掉赖氨酸的三甲基修饰。JmjC 家族是一类含有 Jmj C 结构域的蛋白质家族，其可以分为八类：KDM6/JMJD3、KDM5/JARID1、KDM4/JHDM3、KDM3/JHDM2、KDM2/JHDM1、PHF、JMJD6 以及 JMJc-only。基于对 KDM4/JHDM3 的晶体结构分析发现 JmjC 结构域含有 8 个 β- 折叠，而这 8 个 β-折叠形成像"口袋"一样的东西从而与 Fe（Ⅱ）和 α- 酮戊二酸（α-KG）结合来行使催化功能。JmjC 结构域中有 5 个相对保守的氨基酸，其中 3 个氨基酸残基与 Fe（Ⅱ）辅因子结合，另外两个残基与 α-KG 结合。这些氨基酸变异可能会消除酶活性，因此这些保守氨基酸的变异与否通常作为判断蛋白质是否有活性的标准。

组蛋白甲基化可以调控基因表达，参与不同的生命活动。例如，拟南芥开花调控和玉米对茎腐病的抗性。在拟南芥的开花调控网络中，*FLC*（flowering locus C）处于枢纽位置，是调控拟南芥开花的关键基因。目前已知的调控 *FLC* 表达的基因很多都是通过调控 *FLC* 的染色质修饰来实现的，包括激活 *FLC* 表达的 H3K4 甲基化和 H3K36 甲基化，抑制 *FLC* 表达的 H3K9 甲基化和 H3K27 甲基化。茎腐病是玉米主要病害之一，*ZmCCT*基因（CCT domain-containing gene）参与玉米对茎腐病的抵抗，当病原菌侵染植株时，*ZmCCT* 基因上 H3K27me3 和 H3K9me3 迅速减少，由于 H3K27me3 和 H3K9me3 通常起到抑制基因表达的作用，所以，当其被去除后，*ZmCCT* 基因被迅速诱导表达，进而提高了对病原菌的抵抗能力。

（四）组蛋白修饰检测技术

目前常用的组蛋白修饰检测技术为染色质免疫沉淀测序技术（ChIP-seq），该技术根据亲和纯化原理，使用特异性抗体富集与目标修饰结合的 DNA 片段，结合高通量测序手段，可以精确地识别 DNA 与蛋白质的互作。

ChIP-seq 需要经过以下步骤（图 6-6）：首先，通过紫外照射交联或甲醛交联，将组蛋白与 DNA 的结合固定，不同类型的样品对交联时间的需求不同，因此需要在实验开始前确定交联时间。接着，提取细胞核，动物细胞可以直接通过裂解细胞得到完整的细胞核，但植物需要通过一系列的分离、离心步骤才能得到完整的细胞核，并且在提取过程中要尽量防止细胞核的破裂。然后，通过超声波处理或限制性内切酶酶解消化，将基因组 DNA 打断，使用特异性抗体进行免疫沉淀，从而将含有特定组蛋白修饰的 DNA 片段富集出来。最后，解除 DNA 和组蛋白之间的交联，并用蛋白酶将抗体消化，纯化得到 DNA 片段，建库测序，并将测序得到的短序列片段比对到参考基因组上，鉴定 DNA 片段的富集区段，这些富集区段即为组蛋白修饰发生的位置。通过使用不同的抗体，可以利用 ChIP-seq 对不同的组蛋白修饰的分布进行检测。

抗体质量是决定 ChIP-seq 数据质量的关键，一个灵敏度高且特异性好的抗体可以使检测结果更加准确且全面。除此之外，要加入对照，排除实验结果中的一些假阳性。通常使用的对照有两种，一种是输入 DNA（input DNA），即进行免疫沉淀前的 DNA，另一种是使用非特异性抗体或者非目标抗体进行免疫沉淀得到的 DNA 片段，一般用 IgG 抗体。IgG 抗体理论上不会与 DNA 片段结合，也就不会富集任何 DNA 片段。但是由于

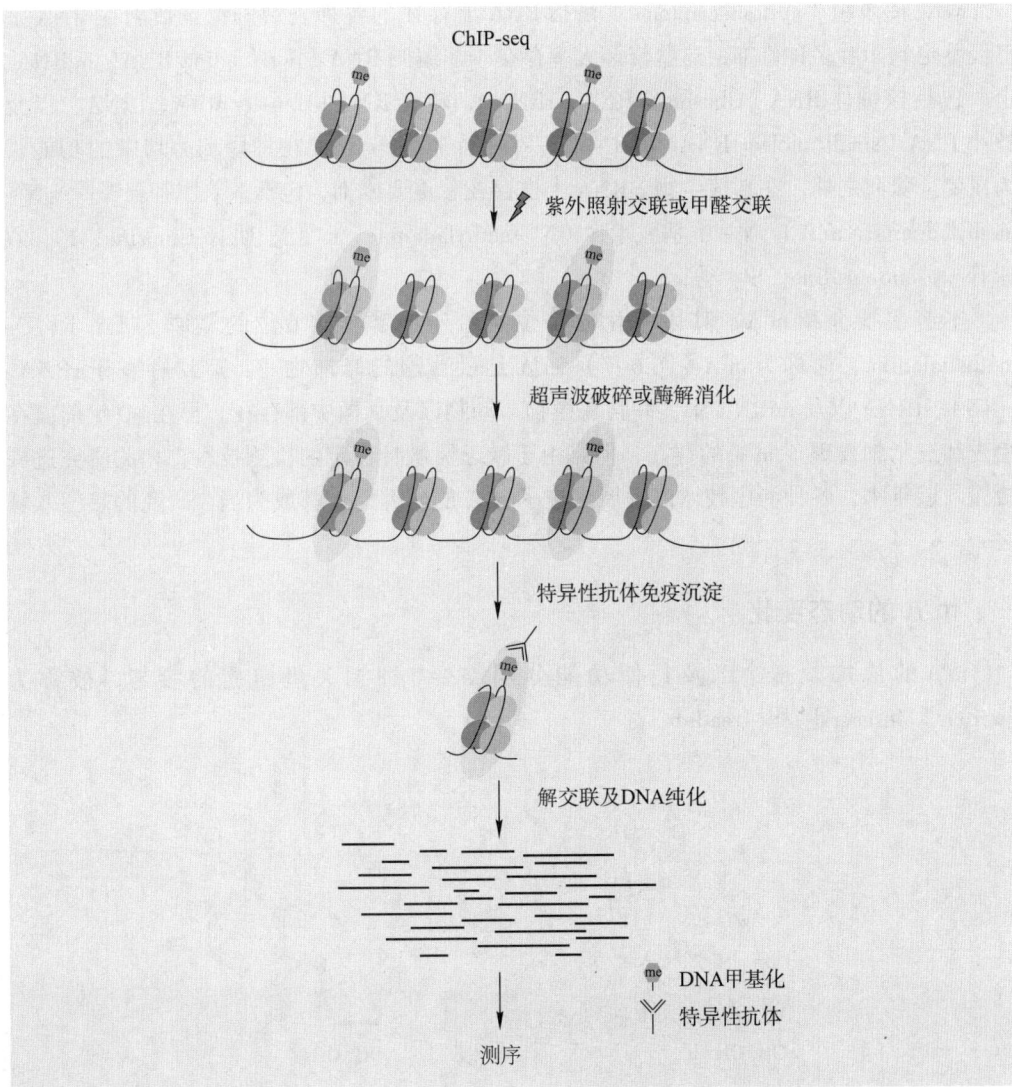

图 6-6 ChIP-seq 流程示意图

非特异结合，或者实验过程中未结合 DNA 的不完全洗脱，会导致一些非靶标 DNA 被富集下来，造成假阳性。因此以 IgG 抗体富集的 DNA 作为背景，可以有效地去除一些非特异性结合的 DNA。ChIP-seq 技术在研究组蛋白修饰的全基因组分布上起了重要作用。

虽然 ChIP-seq 是目前应用最广泛的研究组蛋白修饰的技术，但是 ChIP-seq 技术步骤烦琐，且甲醛交联效率、抗体特异性以及灵敏度、超声波破碎效果等都对 ChIP-seq 实验成功率具有巨大影响。此外，ChIP-seq 还存在对样品需求量大，结果信噪比低以及重复性差等缺点。近期 CUT & TAG 技术的诞生弥补了 ChIP-seq 的缺点，降低了实验需要样品量，提高了信噪比及实验重复性，并且可以大大缩短实验步骤和时间。

第二节 表观转录组

表观转录组（epitranscriptome）是指 RNA 上存在的各种表观修饰，目前在 RNA 上已经鉴定到 100 多种修饰，这些修饰大多存在于非编码 RNA（non-coding RNA，ncRNA）上，包括核糖体 RNA（ribosomal RNA，rRNA）、转移 RNA（transfer RNA，tRNA）以及核小 RNA（small nuclear RNA，snRNA），对维持非编码 RNA 在翻译和剪切中的功能极为重要。除此之外，在真核生物 mRNA 上也存在着重要修饰，包括 N^6- 甲基腺嘌呤（N^6-methyladenine，m^6A）、N^1- 甲基腺嘌呤（N^1-methyladenine，m^1A）、肌苷（inosine，I）、假尿苷（pseudouridine，Ψ）等。

本节主要介绍 m^6A，其甲基化修饰位点位于腺嘌呤第 6 位的氮原子上，即 N^6-methyladenine，简称为 m^6A（图 6-7）。m^6A 是最普遍的修饰之一，广泛存在于 rRNA、mRNA、tRNA 以及 miRNA 中，并且在植物、动物以及真菌中都存在。早在 40 年前就在小麦和玉米中发现了 m^6A 的存在，但是由于缺乏灵敏且稳定的检测技术，相关研究进展缓慢。近年来，各种测序技术的发展促进了 m^6A 的研究，使其成为当今研究的热门领域之一。

一、m^6A 的动态变化

m^6A 的添加、去除以及行使功能分别需要 3 种相关蛋白质的参与，被称为"writers""erasers"和"readers"。

图 6-7 RNA m^6A 甲基化示意图

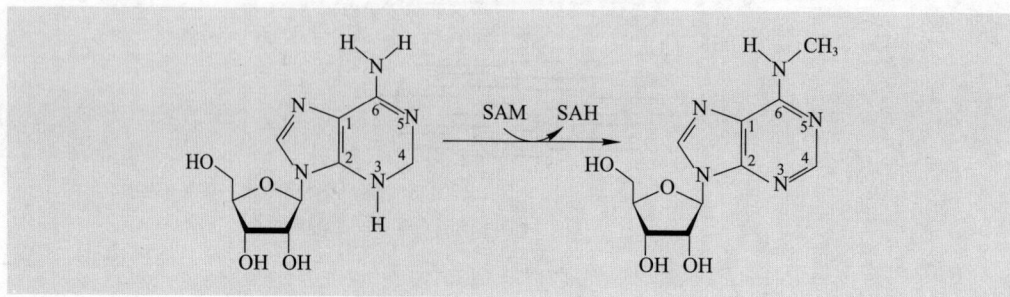

（一）m^{6}A "writers"

"writers" 通常指甲基转移酶，METTL3（methyltransferase-like 3）是在哺乳动物中发现的第一个 m^{6}A 甲基转移酶，是一种假定的 SAM 依赖的甲基转移酶，随后通过对 METTL3 进行进化树分析，发现了第二类 m^{6}A 甲基转移酶 METTL14，经过后续的实验分析发现其不具有甲基转移酶活性，但 METTL14 可以与 METTL3 互作，形成复合体共同行使功能。其中 METTL3 起催化活性，METTL14 在底物识别方面起重要作用，两者共同介导了哺乳动物 mRNA 上 m^{6}A 的沉积。除此之外，METTL3 和 METTL14 复合体还有第三个组分——WTAP（Wilms' tumor 1–associating protein），是哺乳动物的一种剪接因子，其同样没有甲基转移酶活性，但它与 METTL3 和 METTL14 复合体互作，显著影响 m^{6}A 的沉积。

植物中也存在 m^{6}A "writers"，如在拟南芥中发现了 METTL3 的同源蛋白 MTA，这是拟南芥中最早发现的 m^{6}A 甲基转移酶。同样，METTL14 在拟南芥中的同源蛋白也被鉴定出来即 MTB（methyltransferase B），但目前还未对其功能进行深入研究。FIP37（FKBP12 interacting protein 37）是 WTAP 在拟南芥中的同源蛋白，也被验证可以影响 m^{6}A 修饰。例如，WUS（WUSCHEL）和 STM（SHOOTMERISTEMLESS）是两个调控拟南芥茎端分生组织发育的关键调控蛋白，FIP37 可以通过介导 *WUS* 和 *STM* 的 m^{6}A 修饰，调控 *WUS* 和 *STM* 表达进而调控茎端分生组织的发育。m^{6}A "writer" 在序列上相对保守，通过与拟南芥 "writers" 的序列进行比较，在玉米、番茄、小麦、高粱等植物中都鉴定出了相应的 "writers"。

（二）m^{6}A "erasers"

m^{6}A "eraser" 指 m^{6}A RNA 去甲基化酶，目前在拟南芥中发现了两种 m^{6}A RNA 去甲基化酶，分别是 ALKBH9B 和 ALKBH10B。ALKBH9B 与细胞质中 P 小体共定位，mRNA 降解过程中的 5′ 端去帽反应通常就发生在 P 小体中，因此 ALKBH9B 的 m^{6}A 去甲基化酶活性可能与 mRNA 降解以及沉默有关。

（三）m^{6}A "readers"

m^{6}A "readers" 通过与 m^{6}A 特异性结合，实现 RNA 甲基化修饰的生物学功能。最初在人肝癌细胞系 HepG2（human hepatoellular carcinomas）中通过用甲基化的 RNA 以及未甲基化的 RNA 作为诱饵，进行亲和层析，并对纯化得到的蛋白质进行质谱分析，发现了两个 m^{6}A "readers"——YTHDF2 和 YTHDF3，两者都含有 RNA 结合结构域。拟南芥中已经鉴定到的 m^{6}A "readers" 有 11 个，但对其功能了解还较少。

二、m^{6}A 的生物学功能

1. 影响蛋白质的翻译效率

蛋白质的翻译通常由 43S 核糖体复合物被募集到 mRNA 5′ 帽上起始，但 mRNA 5′ UTR 上的 m^{6}A 可以直接通过 eIF3（eukaryotic initiation factor 3）募集 43S 核糖体复合体，从而在不依赖 5′ 帽的情况下起始翻译。由于多种外界刺激都可以使 m^{6}A 在全基因组范围内重新分布，推测 5′ UTR 上的 m^{6}A 可以在外界胁迫下绕过 5′ 帽从而促进相关基因的翻译。

2. 影响 mRNA 稳定性

拟南芥 m^{6}A 去甲基化酶可以介导 mRNA 去甲基化影响靶基因 mRNA 的稳定性，影响拟南芥的成花转变。番茄中，m^{6}A 去甲基化酶可以通过调控番茄果实成熟相关基因的 m^{6}A 修饰影响 mRNA 稳定性，参与果实成熟的调控。

三、m^{6}A 修饰的高通量检测技术

目前 m^{6}A 的检测方法很多，可以分为依赖特异性抗体的检测方法和不依赖特异性抗体的检测方法。前者包括 m^{6}A-seq、MeRIP-seq［methylated（m^{6}A）RNA immunoprecipitation with high throughput sequencing］、PA-m^{6}A-seq、miCLIP、m^{6}A-LAIC-seq 等，都是通过用特异性抗体对含有 m^{6}A 修饰的 mRNA 片段进行富集并进行建库测序，获得甲基化修饰的位置。后者包括 m^{6}A-REF-seq 和 MAZTER-seq 技术，通过使用一种对 m^{6}A 敏感的酶 MazF 对 RNA 进行切割，并经过末端修复和纯化后，接入下一代测序接头，PCR 扩增后进行高通量测序，得到甲基化修饰的位置。其中 m^{6}A-LAIC-seq 与 MAZTER-seq 技术可以对 m^{6}A 水平进行量化。

第三节　表观组大数据分析示例：DNA 甲基化数据分析流程

前面已经介绍了表观遗传修饰的动态变化、生物学功能及检测方法，本节将以全基因组 DNA 甲基化测序（WGBS）为例，介绍数据分析流程。

高通量测序结果通常会储存在 fastq 格式的文件中，先介绍一下 fastq 格式（图 6-8）。fastq 格式分为四行，第一行以 "@" 字符开头，后面为读长的 ID 以及其他信息。第二行为序列信息，主要包括 ATCG 四种碱基。第三行以 "+" 开头，后面同样接读长的 ID 以及其他信息，ID 和其他信息可以省略但 "+" 不能省略。第四行代表读长的质量，以 ASCII 码表示。每一个字符都与第二行相应位置的碱基对应（即第四行第一个位置的字符代表的就是第二行第一个碱基的质量）。字符由碱基质量得分根据一定规则转化而来，碱基质量得分可以反映该碱基的错误率，其计算公式为 $Q = -10\log10P$，其中，P 为错误率，Q 为碱基质量得分，Q 越大碱基越可靠。若某位置碱基错误率 P 为 0.001，则对应的碱基质量得分 Q 为 30。至于为什么不直接用数字表示碱基质量，而是要转换成 ASCII 码，有两个原因，一个是若用数字表示则需要在数字与数字之间用间隔符号进行区分，再一个就是数字表示会增大所需要的存储空间。但由于 ACSII 码 0~31 都是控制字符，从 32 位开始才可以打印保存，因此就采取用 Q 值加上一个固定数值来表示。这个固定值有两个选择，一个是 33，就是我们所说的 phred33；另一个就是 64，也就是我们常说的 phred64。因此同样碱基质量得分为 30 的情况下，以 phred33 表示其转换成 ASCII 为 30+33=63，63 对应的 ASCII 码是 "？"，则第四行中该碱基对应位置为 "？"。以 phred64 表示时其转换成 ASCII 为 30+64=94，对应的 ASCII 码是 "^"，则第四行中该碱基对应位置则为 "^"。

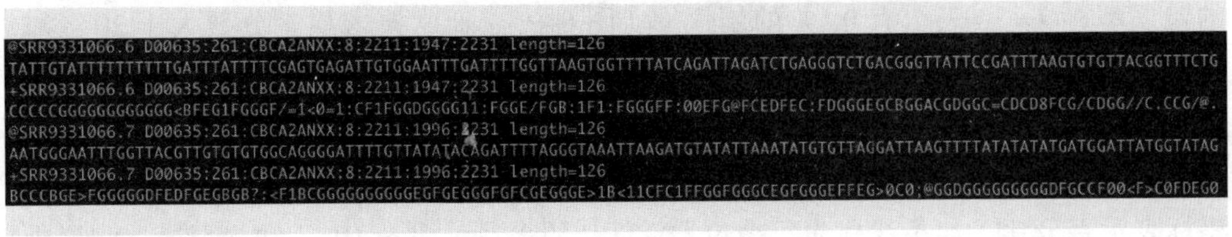

```
@SRR9331066.6 D00635:261:CBCA2ANXX:8:2211:1947:2231 length=126
TATTGTATTTTTTTTTTGATTTATTTTCGAGTGAGATTGTGGAATTTGATTTTGGTTAAGTGGTTTTATCAGATTAGATCTGAGGGTCTGACGGGTTATTCCGATTTAAGTGTGTTACGGTTTCTG
+SRR9331066.6 D00635:261:CBCA2ANXX:8:2211:1947:2231 length=126
CCCCCGGGGGGGGGGGG<BFEG1FGGGF/=1<0=1:CF1FGGDGGGG11:FGGE/FGB:1F1:FGGGFF:00EFG@FCEDFEC:FDGGGEGCBGGACGDGGC=CDCD8FCG/CDGG//C.CCG/@.
@SRR9331066.7 D00635:261:CBCA2ANXX:8:2211:1996:2231 length=126
AATGGGAATTTGGTTACGTTGTGTGTGGCAGGGGATTTTGTTATATACAGATTTTAGGGTAAATTAAGATGTATATTAAATATGTGTTAGGATTAAGTTTTATATATATGATGGATTATGGTATAG
+SRR9331066.7 D00635:261:CBCA2ANXX:8:2211:1996:2231 length=126
BCCCBGE>FGGGGGDFEDFGEGBGB?:<F1BCGGGGGGGGGGEGFGEGGGFGFCGEGGGE>1B<11CFC1FFGGFGGGCEGFGGGEFFEG>0C0;@GGDGGGGGGGGGDFGCCF00<F>C0FDEG0
```

图 6–8　fastq 格式示意图

WBGS 数据进行分析主要分为以下 5 步：①数据质控以及预处理；②比对到参考基因组；③比对结果处理及筛选；④甲基化信息的提取；⑤结合研究目的进行个性化分析。

一、数据质控及预处理

通常可以通过两个渠道获取数据。其一是自己的测序数据，其二是在 NCBI 等公共数据库中下载数据。为了方便介绍数据分析流程，本文将利用公共数据进行分析。

对任何数据进行分析前都需要进行质控，质控可以发现数据中的异常值，异常值可能由于实验或者测序过程中潜在的错误或者污染造成的，应及时删除，以减少对后续分析造成的偏差。二代测序的原始数据称为 raw data，为未经任何处理的数据；另外一种称为 clean data，为对原始数据进行质控后的数据。原始数据需要进行去接头（adapter）以及去除低质量的读长后，才可以用于下游分析，这步通常可以用 TrimGalore 软件完成。下面以双端测序结果为例，介绍 TrimGalore 的用法。

trim_galore [options] <filename（s）>

几个常用参数如下：

- --phred33 采用 ASCII+33 表示质量得分；--phred64 则用 ASCII+64 表示质量得分；
- --fastqc 调用 fastqc 对处理后的 fastq 格式文件进行质检；
- -a 建库时所用的接头序列，若没有明确指定，TrimGalore 将自动检索是否用了通用接头，并去除；
- -o 指定输出路径。

TrimGalore 软件集成 Cutadapter 以及 FastQC 两个软件，可一步完成接头去除和质检过程，并将结果生成 HTML 格式的报告，直观显示质检结果。HTML 界面中，左侧为目录，点击其中任意一项，界面右侧会出现详细结果。整个质控结果分为多个部分，其中合格通过的部分用绿色对勾表示，警告用黄色感叹号表示，不通过用红色叉表示。测序数据中出现感叹号或者叉号并不代表数据不合格或者失败，而是需要通过一定的处理，包括修剪或去除质量较差的读长。下面对几个重要指标进行简单介绍。

（1）基本统计（basic statistics）　测序的基本信息，包括 Encoding：测序平台的信息；Total sequences：测序得到的读长数目；Sequence length：测序的长度；%GC：整体序列中 GC 的含量，GC 含量一般有物种特异性。

（2）每个碱基序列质量（per base sequence quality）　指所有读长每个碱基的质量得分统计，横坐标为测序的第 1 ~ 126 个碱基，纵坐标为质量得分 Q，如 $Q = 20$ 表示有 1%

的错误率，$Q = 30$ 表示有 0.1% 的错误率（图 6-9）。通常要求质量分数大于 20 区域。若发现测序最后几位碱基质量得分较低，可以考虑切除后几位碱基，以保证后续分析的准确性。

（3）每个碱基序列含量（per base sequence content） 横坐标代表每个碱基位置，纵坐标表示百分比，四条线代表每个位置 ATCG 的含量（图 6-10）。常规高通量测序中，AT 含量相近，CG 含量相近，但在甲基化测序中，由于亚硫酸氢盐处理可将未甲基化的胞嘧啶转换为尿嘧啶 U（PCR 后为胸腺嘧啶 T）。因此，胞嘧啶水平会有明显下降，而胸腺嘧啶水平会有所升高。因此这个指标可在一定程度上指示亚硫酸氢盐处理后的转化效率。

（4）序列重复水平（sequence duplication level） 在进行建库过程中，通常先进行 PCR 扩增以提高一些含量较低的片段的浓度，使其可以被检测到。但在 PCR 过程中会引入一些偏差，如 PCR 过程中引入的碱基突变会引入假的变异，同时 PCR 的偏好性会导致某条序列的偏好性扩增，会对测序结果造成影响。因此当重复序列含量较高时，通

图 6-9 每个碱基序列质量得分统计

图 6-10 每个碱基序列含量统计

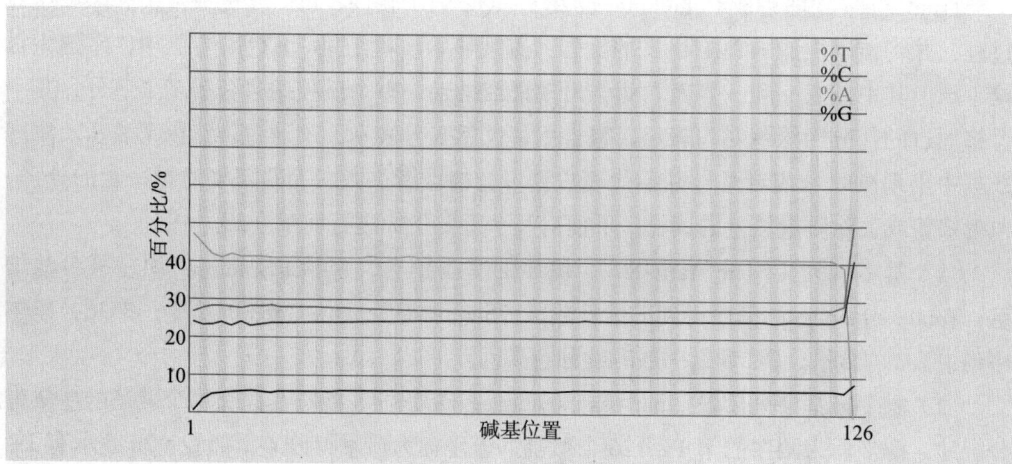

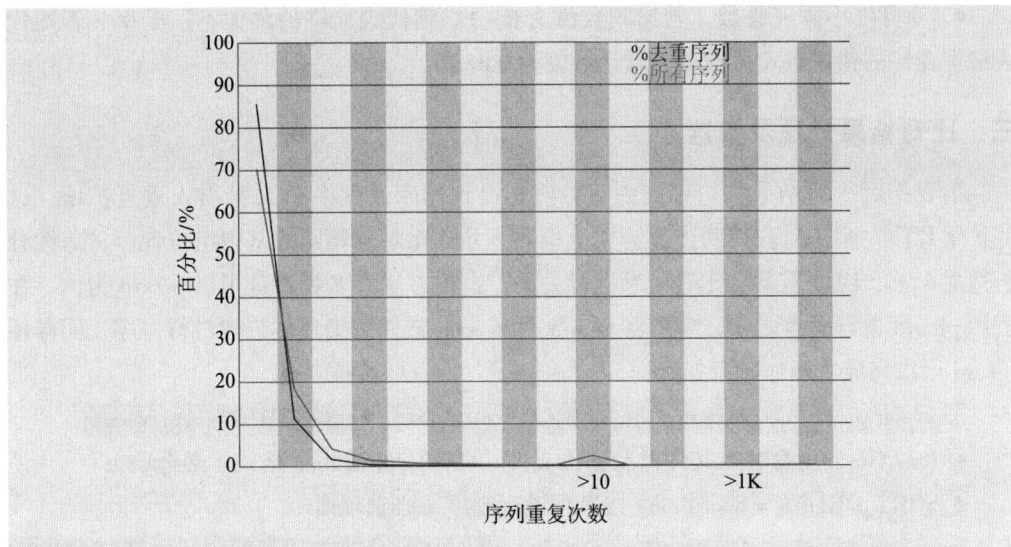

图 6-11 序列重复水平统计

常会对其去除再进行下一步分析。在图 6-11 中，横坐标表示序列重复次数，纵坐标代表百分比。灰线表示测序结果中所有序列的重复情况，黑线是去重之后序列的分布情况。正常情况下，蓝线和红线的峰值都应该集中在横坐标轴左侧，即大部分序列重复次数应在 1~3 次。

二、比对到参考基因组

对数据进行预处理以及质控后，就可以进行后续分析，首先需要将测序所得读长比对到基因组。由于亚硫酸氢盐处理会显著降低基因组上胞嘧啶的含量，如果直接将读长比对到基因组上，比对率会很低，因此开发了专门针对 WGBS 数据的比对方法。目前所用比对方法主要有两类，一类是以 Bismark 软件包为代表的 "three letter" 的方法，简单来说，就是将参考基因组序列以及测序得到的读长序列中的 C 全部转换为 T，相对应互补链上的 G 全部转换为 A，再进行比对。另一类是以 BSMAP 为代表的方法，其不转换基因组，只允许读长中的 C 和 T 都可以比对到基因组上的 C 位点，而 C 不能比对到 T 位点，并且通过引入 "seed" 加快比对速度。"seed" 就是一定长度的一段序列，以这段序列为单位对测序结果进行比对。两种方法各有优缺点，Bismark 比对率比 BSMAP 低，但其准确率更高，而 BSMAP 虽然比对率高于 Bismark，但可能会引入偏差。

下面以 BSMAP 为代表介绍比对流程。

bsmapz [options]

● −a 测序结果文件，可以为 fasta/fastq/bam 格式。双端测序结果用 −b 参数，输入另一端测序文件（必选项）；

● −d 参考基因组序列，应是 fasta 格式（必选项）；

● −o 输出文件位置及名称，可以为 bam/sam/bsp 格式，若没有指定，则默认为 sam 格式（必选项）；

● –v 可接小数或整数，若输入数值为 0~1，则代表允许的最大不匹配率。否则代表最大允许的错配数（可选项，默认数值为 0.08）。

三、比对结果处理及筛选

主要指对比对结果进行序列去重。前文提到建库过程中 PCR 会引入重复扩增，这些扩增片段在测序时获得的读长会完全相同，并且比对到相同的基因组位置，对后续分析造成影响，因此需要对比对结果进行去重。去重方法有多种，这里以 picard 为例。在利用 picard 进行去重之前，需要将 bam 文件或 sam 文件按染色体位置进行排序，同样用 picard 可以完成。操作命令如下：

```
java –jar picard.jar SortSam I=input.bam O=sorted.bam SORT_ORDER=coordinate
```

● I = / O= 分别为输入文件以及输出文件，可为 sam 或 bam 格式（必选项）；
● SORT_ORDER = coordinate 按坐标进行排序（必选项）。

```
java –jar picard.jar MarkDuplicates I=input.bam O=marked_duplicates.bam M=marked_dup_metrics.txt
```

● I = / O = 分别为输入文件以及输出文件，可为 sam 或 bam 格式（必选项）；
● M = 指定一个文件写入重复指标（必选项）。

去除 PCR 重复后对于双端测序数据还需要进一步处理：仅保留可以比对到染色体相同位置的读长，且两条读长的方向符合预期，即两条读长的方向相对，分别从序列两端延伸向序列中间，根据片段化大小不同，可以有不同的间距，但间距需要小于片段大小。可以利用 Bamtools 工具进行处理。

除此之外，还需要去除含有重叠群的读长。对于双端测序，read_1 和 read_2 可能在中间一段是重叠的，这样在后续分析过程中重叠的部分就会调用两次，从而引入误差。所用具体命令如下：

```
bamtools filter [options]
```

● –isMapped 保留比对到基因组上的读长（可选项，根据想要保留的读长不同而进行不同的选择）；
● –isPaired 保留双端同时比对到基因组上的读长（可选项，根据想要保留的读长不同而进行不同的选择）；
● –isProperPair 保留双端都比对到基因组上且距离合适的读长（可选项，根据想要保留的读长不同而进行不同的选择）；
● –in 输入文件（必选项）；
● –out 输出文件（必选项）。

```
bam clipOverlap [options]
```

● ––in 输入文件，可以为 bam 或者 sam 格式（必选项）；
● ––out 输出文件，可为 bam 或 sam 格式（必选项）；
● ––stats 输出关于重叠群的统计信息（可选项）。

四、甲基化信息的提取

BSMAP 自带一个提取甲基化信息的脚本，这里直接用自带脚本对甲基化信息进行提取，相关命令如下：

`python methratio.py [options] FILES`

- –o / --out 输出甲基化比例的文件名（可选项，若没有则为默认文件名 STDOUT）；
- –d / --ref 参考基因组 fasta 文件（必选项）。

在理想情况下，所有未发生甲基化的 C 都应转化成 T，但在实际实验过程中，亚硫酸氢盐的转化效率并不是 100%，因此需要衡量实际实验过程中的转化效率。在植物中，由于叶绿体基因组不发生甲基化，所以通常用叶绿体基因组的转化效率衡量转化效率。

五、结合研究目的进行个性化分析

当上述步骤都完成后，就可以根据研究目标进行不同的下游分析。有几个分析方向供参考：分析甲基化在不同染色体位置上的分布情况，包括基因内、启动子区、增强子以及转座子等；鉴定不同样品间 DNA 甲基化差异区段，探究 DNA 甲基化差异与基因表达差异、表型变异的相关性等；结合组蛋白修饰数据进行分析，构建表观基因组图谱等。

总之，表观基因组以及表观转录组分析是一个新兴的研究热点，还有很多有趣的问题等待大家去探索！

📺 推荐阅读

Springer NM，Schmitz RJ. Exploiting induced and natural epigenetic variation for crop improvement [J]. *Nature Reviews Genetics*，2017，45（18）：563–575.

本文综述了表观遗传变异在作物改良中的应用前景。

❓ 复习思考题

1. DNA 甲基化可以发生在哪些序列环境？
2. DNA 甲基化建立以及维持的途径分别有哪些？
3. DNA 甲基化检测的黄金标准是什么？其检测原理是什么？
4. 组蛋白上可以发生哪些修饰？H3K4me2 的含义是什么？
5. ChIP-seq 的基本原理是什么？
6. WGBS 数据分析的一般步骤包括哪些？

💬 **开放性讨论题**

1. 你认为表观遗传变异是否可以增加生物多样性？
2. 试述表观遗传变异在作物改良中的应用前景。

第七章

植物代谢组大数据

　　代谢是生命活动中所有化学物质变化的总称，代谢物是生命的物质基础。代谢组学旨在研究生物体或者组织器官甚至单个细胞的全部小分子代谢物的动态变化及其遗传和生物化学基础，代谢组学研究可以更全面地揭示基因的功能，促进系统生物学的快速发展。随着分析方法和检测技术的发展，在短时间内检测和鉴定数千种代谢物已经实现，因此，植物代谢组的研究也逐步进入了大数据时代。利用大数据的思维模式和研究方法不仅可以有效地搭建代谢组学研究平台和代谢组大数据共享数据库，还可以快速筛选出具有应用价值的代谢物和代谢途径，从而进行遗传改良或者应用开发。本章内容将系统介绍植物代谢组大数据的获取、处理与分析过程，如何对代谢物进行注释并解析其合成途径，以及植物代谢组大数据如何进行合理高效的应用，并将通过部分示例来进行详细而又深入的展示和解析。

第一节 植物代谢组大数据的获取

据估计，自然界中的植物能产生超过 20 万种代谢物，因此，通过仪器设备对这些代谢物进行高效检测并获取其对应的化学信息（主要是质荷比、二级碎片和保留时间等）是植物代谢组学大数据研究的前提。目前，气相色谱 – 质谱联用（gas chromatography-mass spectrometry，GC-MS）技术、高效液相色谱 – 质谱联用（high performance liquid chromatography-mass spectrometry，HPLC-MS）技术和核磁共振（nuclear magnetic resonance，NMR）技术是获取植物代谢组学大数据最主要的仪器平台。下面分别对以上三种仪器平台分别进行详细介绍。

一、气相色谱 – 质谱联用技术

气相色谱 – 质谱联用（gas chromatography-mass spectrometry，GC-MS）技术是代谢组学研究中最早用于获取数据的分析技术之一，其特点是技术成熟易操作，适合分析极性低、沸点低或者衍生化后易挥发的代谢物，如糖类、醇醛类和萜类等。由于其具有全球通用的标准代谢物谱库，成了目前较为常用的植物代谢组学研究平台之一。在 GC-MS 中，气相色谱能高效分离复杂的混合物，而质谱则能检测这些化合物的质荷比以及二级碎片，两者都是在气态下运行的，可以直接连接，所以其稳定性和重现性都非常高。而其缺点则表现在通量相对较低，且衍生化过程使得样品前处理变得复杂。在 GC-MS 中，气相部分的关键技术包括气路系统和流动相、色谱柱和柱温箱、进样系统以及衍生化系统；质谱部分的关键技术包括离子源、质量分析器以及真空泵。GC-MS 样品的制备与数据获取过程主要包括以下 4 步。

1. 目标样品的采集

首先，在取样前要选取好采集样品的组织部位和时间点，样品的发育时期、组织部位和光周期都会显著影响代谢物的含量。其次，取样速度要快、称量要准确且要迅速进行灭活，一般通过液氮进行快速冷冻灭活。

2. 样品的研磨与萃取

对于鲜样，整个样品粉末化的过程需要保持低温（-60℃以下），可以通过具有冷冻模块的磨样机实现，离心管、钢珠、模块、萃取液等都需要提前进行冷冻。对于冷冻干燥过的样品，则可进行常温操作。磨好的样品加入一定量的无水甲醇使酶失活（以 100 mg 样品为例，一般加入 1.4 mL 无水甲醇），同时加入核糖醇作为内标（60~100 μL）。然后对样品进行振荡、离心、吸上清液，再加入 30% 氯仿溶液（2.0 mL），涡旋离心，吸取 200 μL 上清液至新的离心管中进行下一步的衍生化。

3. 样品的衍生化

将有机相挥干（氮吹或者离心干燥），加入 50 μL 甲氧氨基化试剂进行溶解（甲氧氨基烟酸盐，20 mg/mL 吡啶溶液），37℃反应 2 h，持续振荡，加入 100 μL 硅烷化试剂（N– 甲基 –N– 三甲基硅烷三氟乙酰胺，MSTFA），37℃反应 30 min，反应过程中保持振荡，衍生化完全的样品转移到适合 GC–MS 分析的进样瓶中待检测。

4. 样品的上机检测

可以根据实验的需求选择三重四级杆质谱（QQQ）或者飞行时间质谱（TOF）进行样品的检测。气相色谱进样参数主要有：一般采用不分流进样，进样量 1~2 μL，进样口温度为 230℃，载气为氦气，流速为 1~2 mL/min，如果样品浓度高，则建议分流进样。气相色谱参数主要有：温度程序（如 80℃恒温 2 min，然后以 15℃/min 的速率升温到 330℃，持续 6 min），色谱柱一般为毛细管色谱柱，长度 30~40 m。质谱参数主要有：质量扫描范围质荷比 50~700，采集速率每秒 20 个扫描。如果是三重四级杆质谱，则可以通过多反应监测模式（multiple reaction monitoring，MRM）的方法进行定量分析。

二、高效液相色谱 – 质谱联用技术

高效液相色谱 – 质谱联用（high performance liquid chromatography-mass spectrometry，HPLC–MS）技术是目前植物代谢组学大数据获取过程中应用最广泛的仪器平台，其特点是分离能力强大，通量、分辨率和灵敏度都非常高，且可以同时获得所检测代谢物定性和定量的结果，因此，该技术已经越来越多地被应用于植物代谢组学研究中。虽然 GC–MS 也具有高通量和高效的优点，但是沸点高或者热稳定性差的物质都难以检测。而 HPLC–MS 则只需要样品能制成溶液，不需要衍生化就可以检测，而这些代谢物占有机物总数的 80% 以上。因此，理论上来说，HPLC–MS 可以实现植物样品中绝大部分代谢物的检测和鉴定，这使其成了植物代谢组学研究中大数据获取最主要、使用最广泛的仪器平台。例如，飞行时间质谱（Q–TOF）一针进样可以获得超过一万种代谢物的定性（质荷比和二级图谱）和定量（相对含量）信息，且重现性好，稳定性高。然而，其缺点在于不同仪器之间的二级图谱不完全相同，导致不能创建全球统一的标准物质谱库，从而大大增加了定性的难度。

由于 HPLC–MS 的适用性更广，通量更高，科研人员对它的利用也相对更深入，开发了多种适合于不同实验需求的代谢组学数据获取方法，主要包括靶向代谢组学研究方法、非靶向代谢组学研究方法和广泛靶向代谢组学研究方法（图 7–1）。而由于 HPLC–MS 的样品制备过程相对简单，在此不再赘述。

靶向代谢组学研究方法的优点是灵敏度高且操作和数据处理简单，但是通量低，特别是对于目标性很明确的代谢物检测方便快捷。一般过程是购买目标代谢物的标准品，溶解后通过直接进样的方式获取目标代谢物母离子和特征碎片离子的质荷比，进一步组成离子对，利用多反应监测模式（MRM）进行准确的定量检测。同时将标准品配制成浓度梯度，制作标准曲线，从而最终对样品中所检测的代谢物进行绝对定量。

非靶向代谢组学研究方法的优点是通量高、覆盖度广，但是灵敏度低且数据处理复杂，适合于从不同的样品中快速找到含量相对较高的目标代谢物（如差异代谢物、受诱导表达代谢物等）。其研究的一般过程是根据实验的需求萃取植物样品代谢物（主要分为脂溶性和水溶性两大类），通过高分辨质谱对萃取物进行质谱全扫描（扫描范围一般是质荷比 50~2 000），然后利用仪器自带数据分析软件或公开发表软件（如 XC–MS、

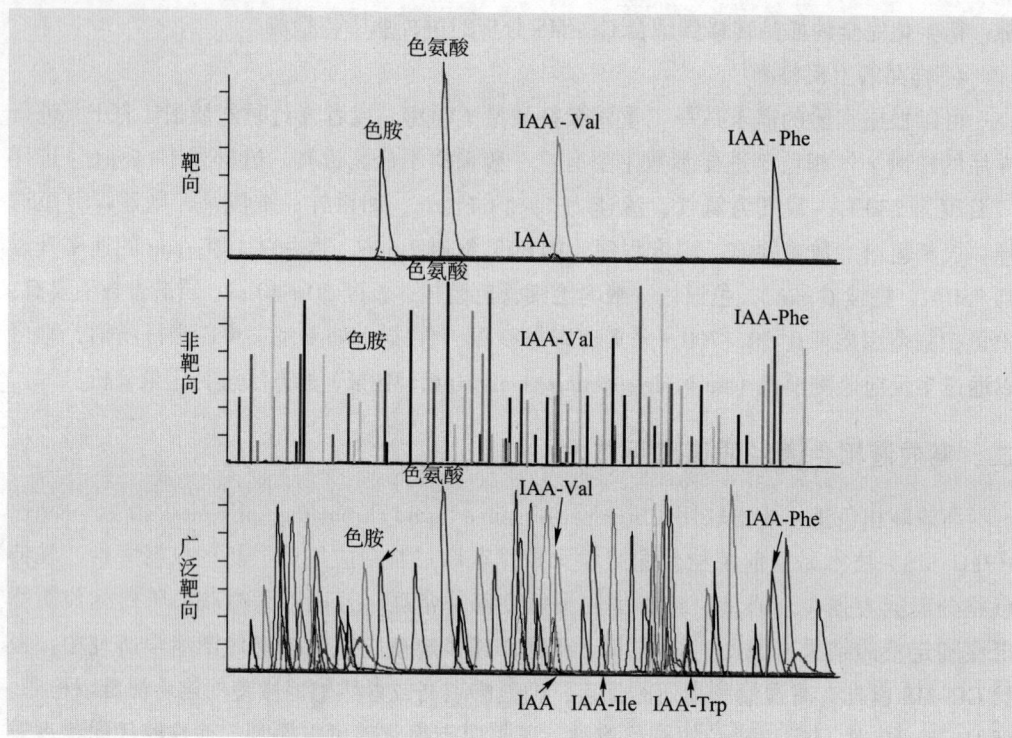

MetaboAnalyst 等）进行原始数据的前处理、去卷积、对齐、去重复、峰提取等，最终获得每一个信号分子的相对定量数据用于后续的深入分析。因此，本研究方法虽然能很容易获得大量的代谢数据，但对于数据处理的要求非常高，特别是去卷积和去重复过程要完成的准确而又彻底，否则所获得的数据可信度低，参考价值小。

广泛靶向代谢组学研究方法兼具了灵敏度高和覆盖度广的优点，但其缺点是需要花费大量时间进行自建库，一旦完成了自建库，则后续的数据处理也都比较简单。其研究的一般过程是首先利用质谱全扫描（EMS，扫描范围一般是质荷比 50 ~ 2 000）或多离子监测 - 增强子离子扫描的模式（multiple ion monitoring-enhanced production，MIM-EPI）获得大量代谢物的二级碎片，初步建立二级质谱标签（MS/MS spectural tags，MS2T）数据库；再进一步利用多反应监测模式（MRM）筛选出峰形符合定量（信噪比 > 10.0，出峰时间稳定）的质谱信号，并对这些质谱信号进行去重处理（主要通过比较保留时间、二级碎片以及它们在不同样品中相对含量的相关性）；最后，对获得的没有重复的质谱信号构成 MS2T 数据库，并且利用特征碎片信息与已发表的代谢数据库（如 MassBank、HMDB、METLIN 等）进行比较并鉴定代谢物。

三、核磁共振技术

核磁共振（nuclear magnetic resonance，NMR）技术是磁距不为零的原子核，在外磁场的作用下自旋能级发生分裂，共振吸收某一特定频率射频辐射的物理过程。其最大的特点是可以直接解析出代谢物的化学结构，对于未知化合物的研究具有重要意义。然而相比于 GC-MS 和 HPLC-MS，灵敏度低是其最大的缺点，所以不适合单独利用 NMR 进行植物代谢组大数据的高效获取，往往需要与前两种技术结合起来。NMR 的主要构成包括磁体、探头、射频发射系统、信号接收系统、采样和数据处理系统等。

NMR 样品的制备与数据获取过程为：植物鲜样液氮速冻，冷冻干燥机干燥后磨粉，准确称取一定量的样品（一般为 20~100 mg），按照一定比例（如 100 mg/mL）加入提取溶剂（一般为 0.1 mol/L 含 100 g/L D_2O 磷酸盐缓冲液，20 g/L 磷酸钠溶液，pH 7.4），利用组织破碎仪进行振荡（一般为 20 Hz，2 min），重复 3 次，低温离心（4℃，12 000 r/min，10 min），取至少 500 μL 上清液用于 NMR 分析。

第二节 植物代谢组大数据的分析

当代谢组大数据获取后，主要需要通过以下步骤进行分析，原始数据的前处理，主要包括原始数据文件格式的转换或者直接提取、平滑处理、去卷积、峰形筛查、对齐处理、定量分析等；多变量分析，其主要目的是找到特征质谱信号或者样品标记物，如主成分分析（principle component analysis，PCA）、分层聚类分析（hierarchical clustering analysis，HCA）、偏最小二乘分析（partial least square analysis，PLS）、正交 - 偏最小二乘分析（orthogonal to partial least square analysis，O-PLS）等；生物学功能的注释，主要包括代谢物鉴定、代谢途径解析、多组学整合解析代谢物的生物学功能和调控网络（图 7-2）。

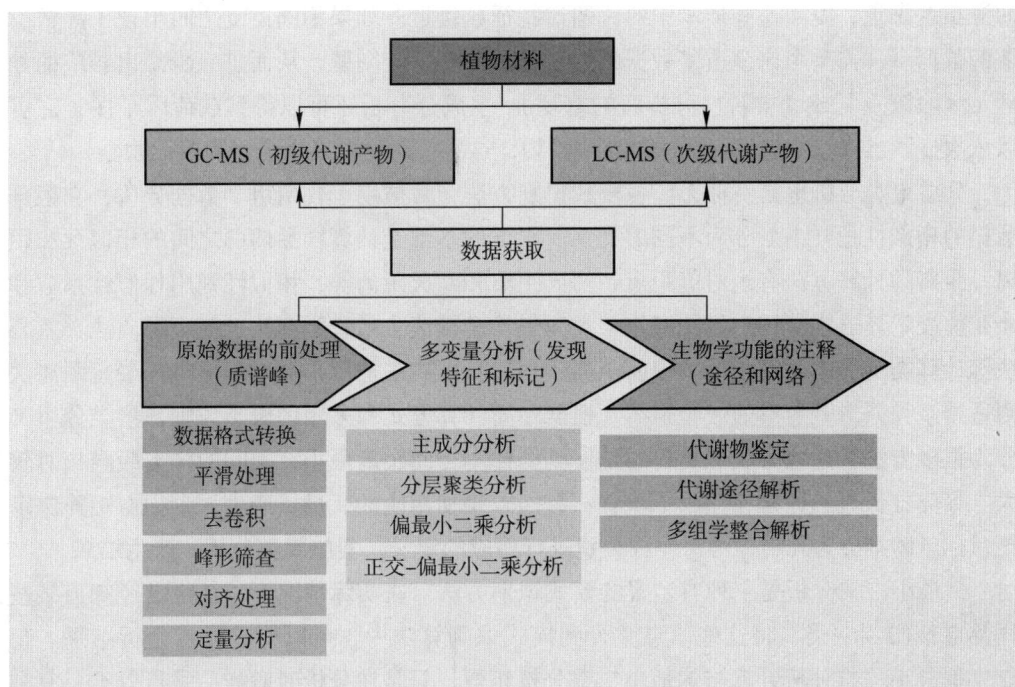

图 7-2 植物代谢组大数据的处理和分析过程（Ma & Qi，2021）

一、原始数据的前处理

数据前处理可以降低背景、消除噪音和减少误差，从而提高后续数据深入分析的准确性。数据前处理主要包括降低噪音、校正基线、归一化和标准化等。仪器在运行的过程中会因环境不稳定而引入随机噪音，所以，首先要对数据去噪并做平滑处理，常用的处理方法包括移动窗平均滤波和匹配滤波。此外，代谢组数据经常会存在缺失的现象，如果不加以处理，必然影响数据分析结果，一般使用组内和全部样本的平均值代替缺失值。

数据标准化（normalization）处理是把有量纲的数据变为无量纲形式，目的是为了不同数量级甚至是不同单位的数据可以相互比较。方法有很多种，最常用的一种是 0-1 标准化（0-1 normalization），即用原始数据减最小值，再除以最大值与最小值的差值。通过这样的变换，把原始数据变为介于 0～1 的小数。另外一种常用的标准化方法是 Z 分数标准化，即用原始数据减去本组样品所有数据的平均值，然后再除以标准差。经过这种方法变换的数据一般都会符合标准正态分布，即均值为 0，标准差为 1。除了这两种方法，实践中还经常使用对数转换和平方根反正弦转换，从而缩小数据的差异，使得数据更适合后续分析和图形化展示。

二、多变量分析

主成分分析是代谢组学数据分析中使用最广泛的一种方法。主成分分析将原始的多个变量通过线性变换为少数几个综合指标（即主成分），从而实现大规模复杂数据的降维和特征提取。主成分分析结果用每个成分的得分展示，每个点代表一个独立样本，点的分布越靠近，说明这些样本中的代谢谱特征越接近。如果不同重复之间出现了异常离散的数据点，需要考虑该重复数据的质量是否存在一定问题，从而进一步做出相应的处理（删除该重复或者重新再分析新的重复）。主成分分析还可以得到载荷因子图，它可以依次显示出样品或组间存在的差异代谢物，这些代谢物可以作为生物标记物。

分层聚类分析也是一种无监督模式识别方法，常被用于代谢组学数据分析，它根据数据的相似性把样本划分为不同的类别。聚类的基础是计算样品两两之间的相似性和距离，距离的计算方法有绝对值距离、明氏距离和欧氏距离等，相似性则用相似性系数和余弦值表示。通常使用中间距离法、类间平均链锁法、最长距离法、最短距离法、重心法等计算类与类之间的距离。中间距离法和最长距离法适用于椭球形聚类，最短距离法则适用于长条形或 S 形的嵌套聚类。根据距离计算方式和采用的聚类原则，聚类分析又分为很多方法，这些方法总的目的是使类内样本之间距离最小，类间的样本距离相对较大。聚类分析过程通常包括以下步骤：数据收集和相应的变量，产生一个相似矩阵决定把目标总体细分为几类，对每一种类别进行相应的定义，实施聚类分析，产生结果。

偏最小二乘分析是一种有监督的模式识别方法。在实际情况下，往往已经知道某些样品应该归为一类，将这些信息整合到模式识别算法中，可以明显改善分析结果。正交 - 偏最小二乘分析计算与偏最小二乘分析相似，只是在分析时对样品强行分组，有利于发现组间的异同。正交 – 偏最小二乘分析是代谢组学数据分析的一种常用方法，集中了多元线性回归分析、主成分分析、典型相关分析等优点。

三、生物学功能的注释

目前已经有大量的基础数据和特定的应用流程用于鉴定和注释未知代谢物，主要有两种类别：数据库搜索和基于生化反应过程与机器学习的注释（表 7–1）。对于数据库搜索来说，NIST 是使用最广泛的标准数据库，特别是对于 GC–MS 所产生的谱图可以快速高效进行鉴定，并且准确度很高。在 NIST 数据库中，所有的物质都整合了不同级别的能量（低、中、高）产生的碎片信息，同时还包含化合物名称、分子式、CAS 号、结构式等相关信息。METLIN 是另外一个可以应用于鉴定物质的数据库，主要是针对 LC–MS 所产生的数据。METLIN 整合了不同的仪器平台、不同的电离模式、不同的能量所产生的质谱信息总共近百万个二级碎片数据。MMCD 包含了 2 000 种小分子物质以及其参与的生物学过程，可以用于同时鉴定 MS 和 NMR 所产生的数据信息，从而解析物质的结构并挖掘其参与的生物学过程。MassBank 同时包含 GC–MS 和 LC–MS 的标准物质谱数据信息，并且整合了不同裂解模式下的二级碎片信息，搜索功能也非常多样化，包含简单搜索如物质名称、分子式、相对分子质量等，以及复杂搜索如结构式、二级碎片和相对强度等，可以根据需求快速搜索用于注释代谢物。

虽然目前已经有多种数据库并且拥有数万种代谢物的质谱信息可以进行物质的搜索注释，然而还远远没有包含植物中所有的物质，因此，对于新物质的注释则需要有新的方法，基于生化反应过程和机器学习是目前最常用的用于注释新物质的方法。MS2LDA 是基于碎片的共同出现或共同丢失而设计的一种注释新物质的方法，该方法可以不依赖已知物质数据库，只需要对已知碎片进行组合，并进一步结合代谢物的生化反应过程，就可以快速注释新的物质。GNPS 是一个天然产物数据库兼具代谢物鉴定的功能，在这个代谢物库里，整合了命名为 NAP（network annotation propagation）的注释代谢物工具，不仅可以通过构建代谢物网络进行注释，还能对注释的结果进行分级，从而增加其注释的参考价值和准确性。MetDNA 发展了一种基于代谢反应网络的代谢物结构鉴定的算法，克服了代谢物结构鉴定对于标准物质谱库的依赖，提高了代谢物结构鉴定的效率和准确度。在植物细胞中，一个代谢物可以通过酶进行催化，转变为另一种代谢物。同一个反应中两个代谢物可定义为反应对邻近代谢物（reaction-paired neighbor metabolite）。反应对邻近代谢物具有结构相似性，因此其二级图谱也具有一定的相似性。利用这个原理，MetDNA 把样本中已经鉴定出的部分物质作为种子代谢物，进一步鉴定代谢网络中对邻近代谢物。新鉴定出的物质则又可作为新的种子，继续鉴定网络中对邻近代谢物，递归运算，直到不再能够鉴定出新的对邻近代谢物。该算法的最大特点是可以通过代谢反应网络去鉴定没有标准二级图谱的新代谢物，使得代谢物的结构鉴定不依赖大规模的标准物质图谱库。

在植物代谢组学研究中，一旦代谢物得到了很好的注释，代谢途径的解析就相对简单，可以结合分子生物学、生物化学、遗传学、多种组学等手段进行，找到与代谢物含量相关的候选基因并进行生物学功能的验证。有多种数据库整合了已经解析的植物代谢途径（如 KEGG、MetaCyc 等，表 7-1），并且具有非常方便的搜索和查阅功能。

表 7-1 常用的代谢物注释和代谢途径解析的数据库列表

数据库名称	适用平台	参考文献
NIST	LC-MS、GC-MS	NA
METLIN	LC-MS	Smith et al.，2005
BinBase	GC-TOF-MS	Fiehn et al.，2005
MMCD	NMR、LC-MS	Cui et al.，2008
SIRIUS	LC-MS	Duhrkop et al.，2019
MassBank	LC-MS、GC-MS	Horai et al.，2010
ReSpect	LC-MS	Sawada et al.，2012
CSI：FingerID	LC-MS/MS	Duhrkop et al.，2015
LC-MS/MS library	LC-MS/MS	Lei el al.，2015
MS2LDA	LC-MS	van der Hooft et al.，2016
GNPS	LC-MS	Wang et al.，2016
NAP	LC-MS	da silva et al.，2018
MetDNA	LC-MS	Shen et al.，2019
MMN	LC-MS	Li et al.，2020
KEGG	NA	Ogata et al.，1999
MetaCyc	NA	Caspi et al.，2020
WikiPathways	NA	Hawkins et al.，2021
PMN15	NA	Martens at al.，2021

第三节 植物代谢组大数据的应用与示例

代谢组学研究中，获取大数据并应用于解决相应的生物学问题是最终目的。本节将以广泛靶向代谢组学研究方法的建立和应用为例，以水稻为研究对象，详细展示代谢组学在解析水稻代谢途径和遗传改良方面的应用价值。

一、水稻叶片代谢组数据的高效获取

在水稻代谢组学研究中，高效进行代谢物检测和鉴定方法的建立是基础，由于 MIM-EPI 的灵敏度很高，且很容易获取大量的二级质谱片段，同时对于 API 4000 Q TRAP 来说，具有可以同时获得 100 个 MIM 跃迁的二级质谱数据的功能，所以利用水稻抽穗期的剑叶开发了一种名为步进 MIM-EPI 的方法来快速大批量获得二级质谱图，并

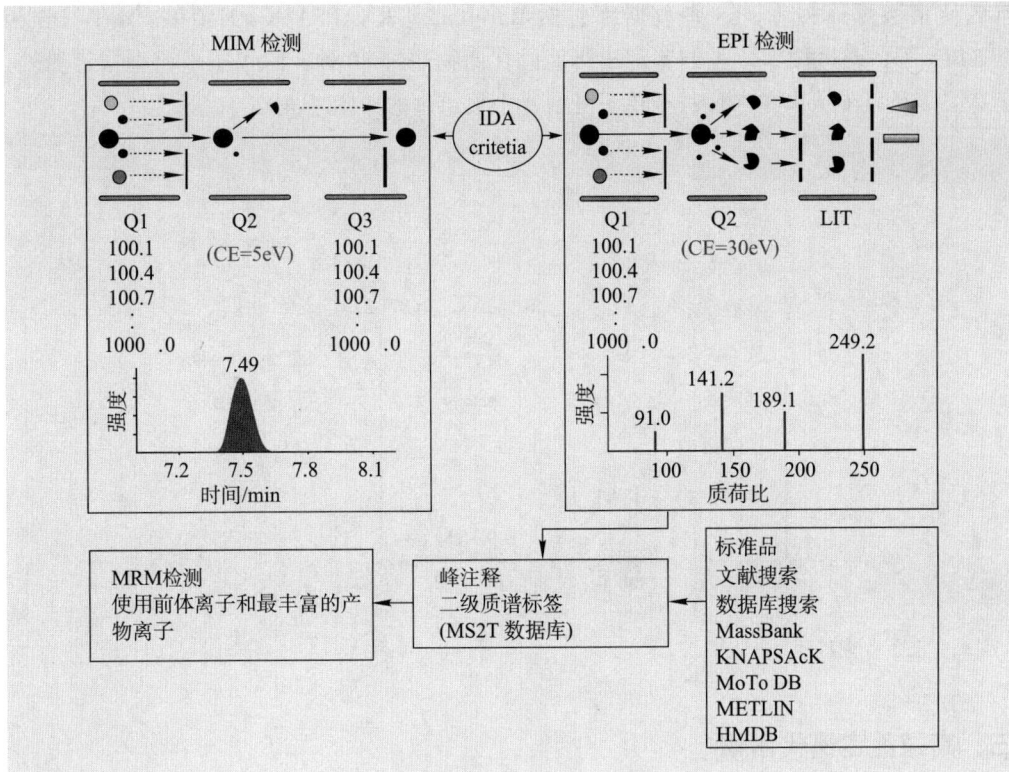

图 7-3　利用步进 MIM- EPI 建立水稻 MS2T 数据库以及 MRM 进行广谱定向代谢谱研究的主要程序

以此获得的二级质谱图来建立水稻 MS2T 数据库（图 7-3）。

　　通过利用步进 MIM-EPI 的方法，总共获得了 20 000 个二级质谱数据，为了获得更准确没有重复结果的数据，选取信噪比大于 10 的信号，并且利用一个基于 Perl 语言的自编软件进行去重。这个软件可以用来去除重复的同位素信号，包括 K^+、Na^+、NH_4^+ 的重复信号，以及本身是其他更大相对分子质量物质碎片离子的重复信号，最终获得了 3 000 多种没有重复的代谢信号，初步完成了水稻叶片 MS2T 数据库的构建。

二、代谢物的鉴定和注释

　　为了对代谢物进行鉴定和注释，通过结合高分辨的 QTOF 质谱结果来获得物质的精确相对分子质量。在同一次进样中，经过 LC 分离后，分别同时进入 ESI-QTRAP-MS 和 ESI-QTOF-MS 两种质谱，对于相同相对分子质量的物质，在同一保留时间产生的二级质谱模式相同即可与认为是同一物质在两种不同的质谱中被检测到。通过这种方法，控制误差在 1×10^{-5} 的条件下，在剑叶中总共获得了 256 个具有高分辨的代谢产物。进一步利用这些精确相对分子质量进行了其分子式的计算，将计算出来的分子式在 chemspider 进行查询，对查询到的可能物质通过购买标准品进行确认，最终通过标准品确定了 51 种代谢产物，这些代谢产物包括氨基酸、黄酮、脂肪酸和少数的植物激素等。

　　对于没有得到精确相对分子质量或得到精确相对分子质量但仍然不能鉴别的代谢物，我们需要通过对其代谢谱的解析来鉴别。首先我们对所获得的代谢物数据库进行已有的质谱数据库搜库，这些数据库包括 MassBank、KNAPSAcK、HMDB、MoTo DB 和 METLIN 等，通过搜库，我们鉴定出可能的代谢物超过 80 种。除了一些已经报道的外，还有很多是以前从未在水稻甚至单子叶植物中报道过的（图 7-4）。

图 7-4 黄酮 C- 戊酰 - 金黄醇 O- 阿魏醇已糖苷的鉴别及其结构

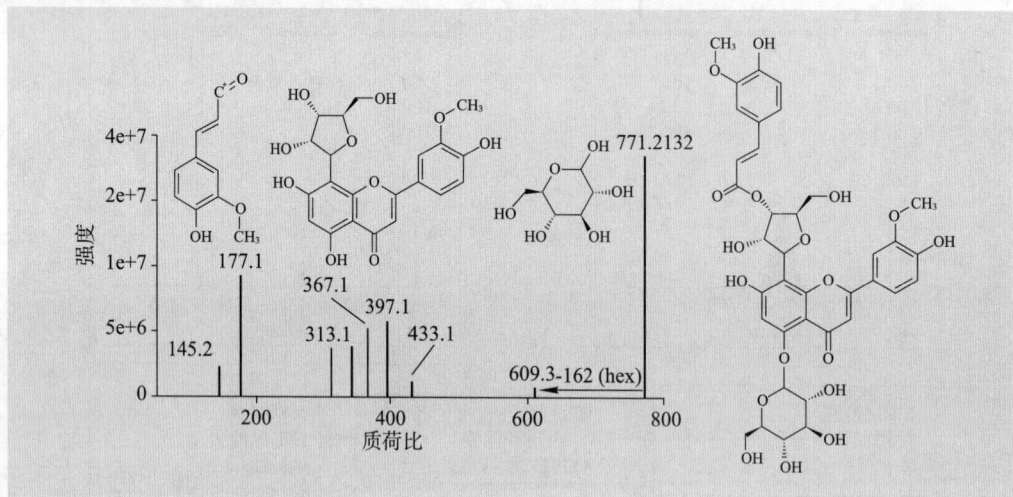

三、高通量定量代谢物

建立好水稻代谢 MS2T 数据库后，接下来需要利用 MRM 对代谢物进行高通量定量，以便获得代谢物的代谢谱数据。为了获取更强的信号，首先需要对这些离子对（Q1/Q3 跃迁）的两个重要参数去簇能量（declustering potential，DP）和碰撞能量（collision energy，CE）进行优化，其中 DP 和 CE 各自选取 10、20、30、40、50 和 60 组合成 36 个文件进行进样分析，再获取强度最高信号对应的参数作为该离子对的最优参数。最终利用编程 MRM（scheduled MRM，sMRM）定量的方法，在水稻叶片中就实现同时定量 840 个代谢产物的目标（图 7-5）。

四、旱胁迫下水稻叶片代谢谱研究

水稻在不同胁迫处理下，不同组织以及不同品种中代谢物的含量都有很大的差异，对水稻代谢谱的研究有助于解析水稻逆境应答的生物学基础。利用耐旱品种 'IRAT109' 和旱敏感品种 'ZS97' 进行旱胁迫下水稻叶片代谢谱研究，包括对照、轻度旱胁迫处理和重度旱胁迫处理，其中 'ZS97' 在重度旱胁迫处理后不能存活，因此没有样品可用于代谢分析。

首先对所检测的代谢物中有显著变化的（$P<0.01$）5 种样品中的结果进行主成分分析（PCA），结果显示，主成分分析可以明显将不同处理和不同品种分开。其中主成分 1（PC1）可以主要将不同的处理分开，其贡献值达到 37.80%；主成分 2（PC2）可以将两个不同的品种分开，其贡献值达到 30.91%（图 7-6）。

进一步对这些显著变化的物质进行了更深入的分析。首先，检查了旱胁迫的标签物

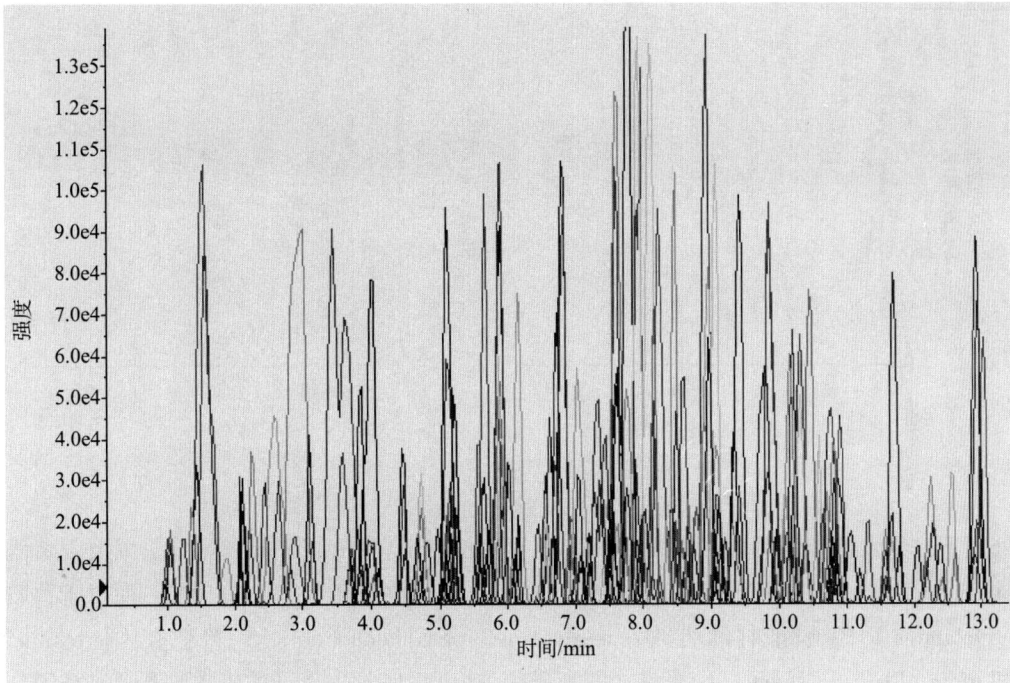

图 7-5　包含 840 种
代谢物的水稻五叶期
代谢数据库

图 7-5 彩色图片

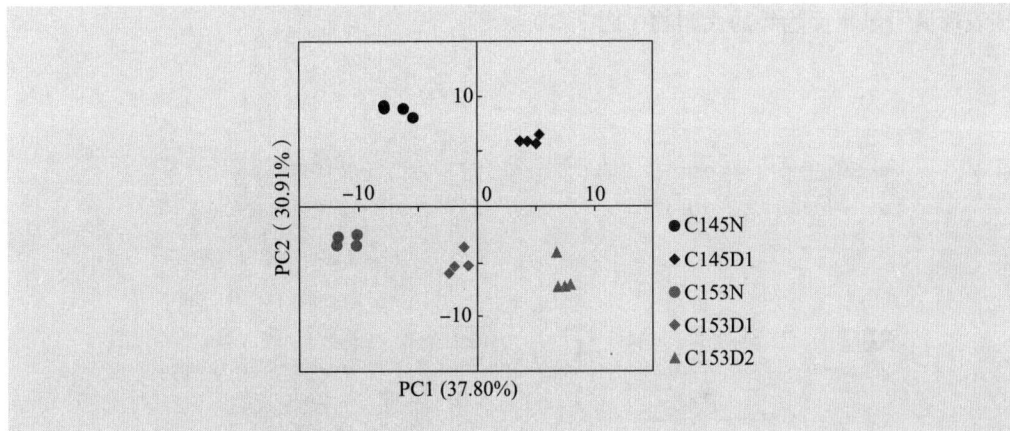

图 7-6　主成分分析
'ZS97'和'IRAT10'
在旱胁迫下显著变化
的物质（P<0.01）

质脱落酸（ABA）和脯氨酸（Pro）是否有显著的变化，结果显示这两种代谢物在旱胁迫处理下其含量上升非常明显。在轻度旱胁迫处理下，ABA 在两个品种中上升的速率几乎是相同的，但 Pro 在'ZS97'中上升的速率明显快于'IRAT10'，并且 Pro 在'ZS97'中的含量明显低于'IRAT10'，这些结果提示 Pro 很有可能是水稻应对旱胁迫时一个极其重要的代谢物。另外，在重度旱胁迫下，ABA 的含量会出现一定程度的下降，而 Pro 则会继续上升（图 7-7）。

　　为了进一步找到这些显著变化的代谢物之间的内在规律，将这些代谢物标记到它们所在的代谢途径中，并对其在旱胁迫处理下的上升或者下降情况进行标记，同时还计算了轻度旱胁迫处理下两个品种代谢物变化倍数的比例。结果显示，在轻度旱胁迫

图 7-7 旱胁迫下脱落酸（左）和脯氨酸（右）在'ZS97'和'IRAT10'叶片中的含量变化

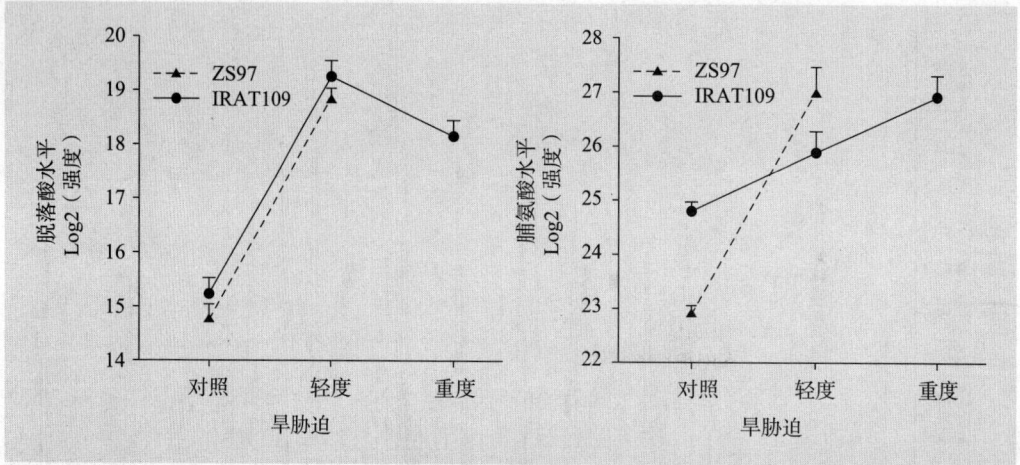

处理下，绝大部分氨基酸（amino acids）、阿魏酰腐胺（feruloyl putrescine）以及麦黄酮（tricin）都是呈上升趋势，且在'ZS97'中上升的倍数要高于'IRAT109'，而对于色胺（tryptamine）、3-磷酸甘油胆碱（sn-glycero-3-phosphocholine）、5-羟色胺（serotonin）和 tricin O-sinapoylpentoside 来说，则表现在'IRAT109'中上升的倍数要高于'ZS97'。对于两个不同的品种来说，虽然大部分的代谢物都表现出相同的变化趋势，但也发现一些表现呈明显相反趋势的代谢物（图 7-8）。

图 7-8 旱胁迫处理下'ZS97'和'IRAT109'中代谢产物的变化比较（P<0.01）

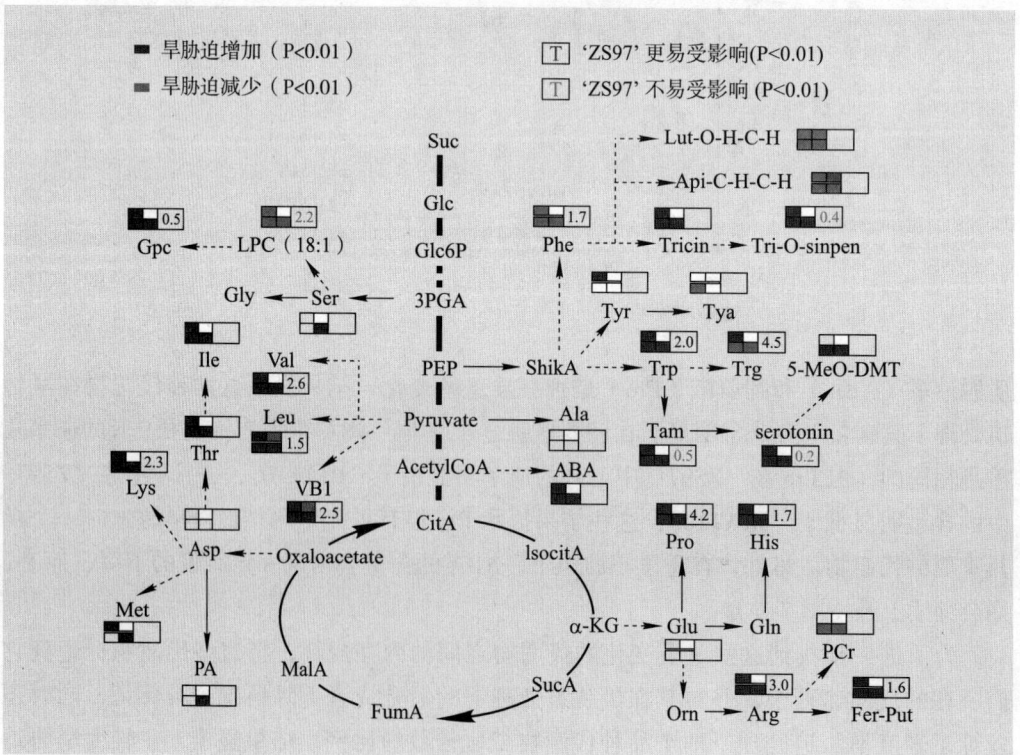

五、利用 mGWAS 定位水稻代谢相关基因

mGWAS 是研究代谢组遗传以及生化基础的有力工具，利用近 500 份自然品种叶片的代谢谱来进行水稻 mGWAS 的研究，可以获得大量控制代谢物变异的位点，从而筛选更多的候选基因并对其生物学功能进行验证。

首先分析代谢物的广义遗传率（broad-sense heritability，H^2）和变异系数（coefficient of variation，CV），结果显示在 840 种所检测的代谢物中，有 58.7% 的代谢物广义遗传率超过 0.5，其中 24.4% 的代谢物广义遗传率超过了 0.7（图 7-9A），同时，绝大部分代谢物的变异系数都大于 50%（图 7-9B）。这些结果表明所得到的代谢谱数据非常适合用于 mGWAS 的分析。

基于已有的基因组数据，利用混合线性模型（LMM）进行 mGWAS 分析，在经过 bonferroni correction 矫正后，三个群体（all，*indica* 和 *japonica*）mGWAS 分析的阈值分别采用 P_{LMM}=6.6e-8，8.7e-8 和 2.0e-7。634 个有效位点（2 947 个 SNPs）至少在一个群体里面被检测到，其中 71.2% 的代谢物定位到至少一个显著位点，对于每个代谢物来说，平均至少定位到 5 个关联位点（图 7-10）。

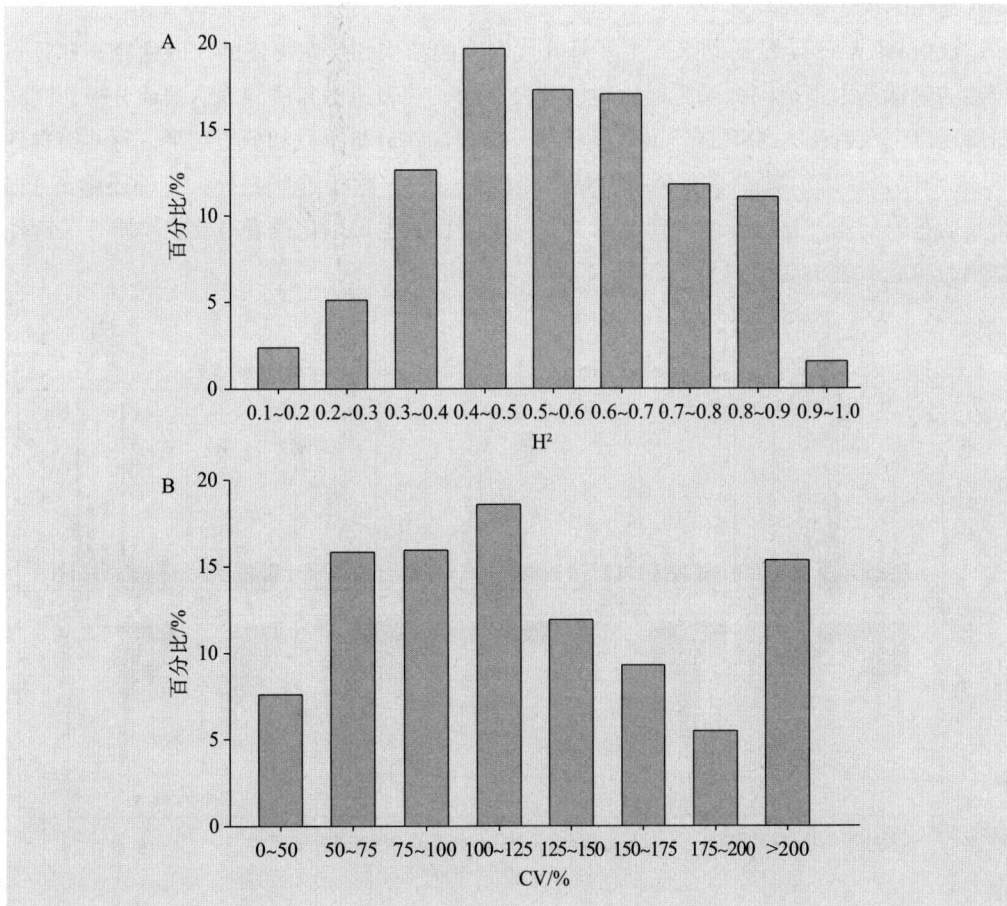

图 7-9　所有代谢物的广义遗传率（A）和变异系数（B）统计结果

图 7-10 mGWAS 显著位点在基因组上的分布

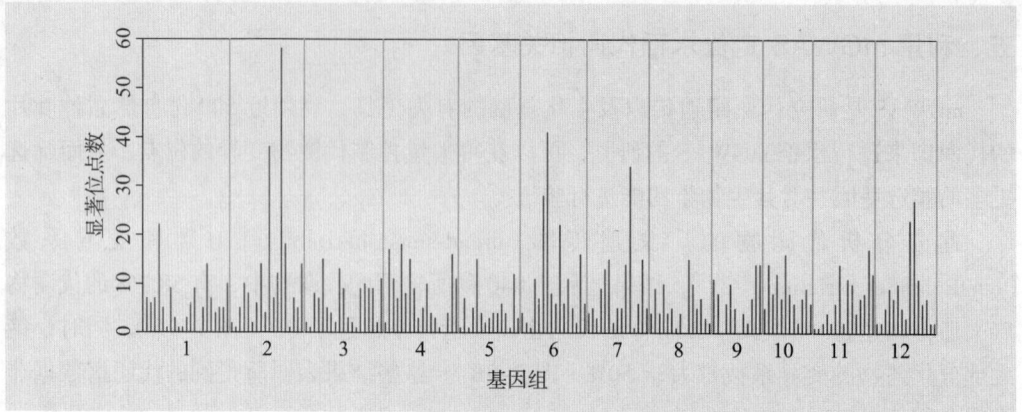

同时，将所有显著位点的曼哈顿图（Manhattan plot）全部整合到一起，其中已知物质（主要包括黄酮类、酚胺类、萜类、氨基酸和核苷酸及其衍生物等）所定位到的显著位点总共有 161 个，未知物质总共定位到 195 个显著的位点（图 7-11）。通过对高精度、大效应定位位点的分析，获得一批控制植物生长发育（如激素、核苷酸等）、逆境生理（如酚胺、萜类、生物碱等）及营养品质形成（如氨基酸、类黄酮和绿原酸等）过程重要代谢物的候选基因。

根据 mGWAS 定位的结果，主要是其代谢物的结构和潜在可能的代谢途径，并且对可能的候选基因进行同源基因的比对以及表达谱、共表达谱和诱导表达谱的分析，同时对所定位位点的所有 SNP 进行显著性检测，结合这些分析手段和分析结果，总共筛选到了 36 个候选基因，其中有 8 个基因是已经报道过的，除了这些之外，另外还验证了 5 个新的基因功能。这些基因大部分都具有一定潜在的生理生化或者对营养物质有关键性作用的功能（表 7-2）。

图 7-11 mGWAS 显著位点的曼哈顿图

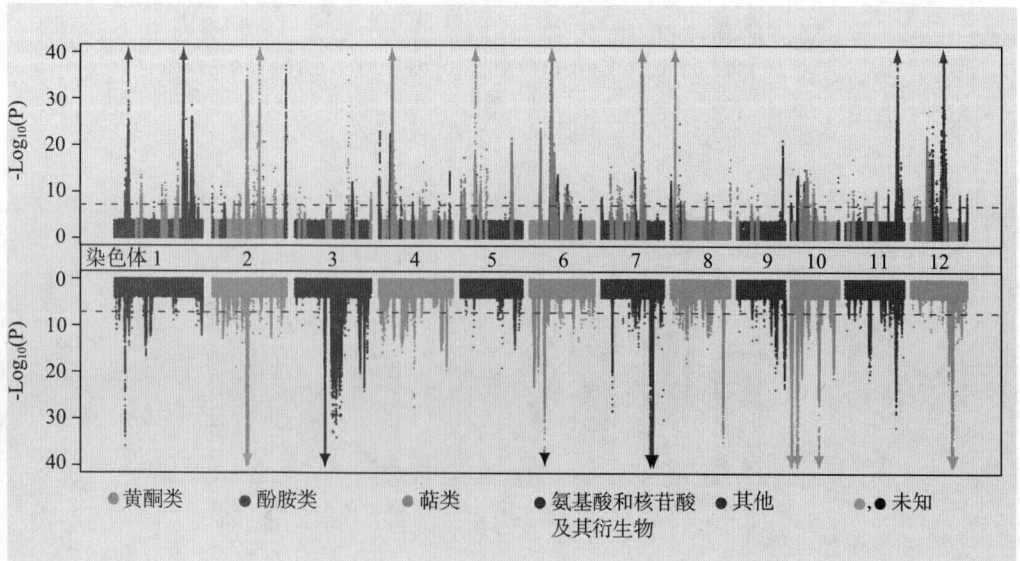

表 7-2 对 mGWAS 得到的 36 个候选基因进行总结

代谢物	P 值	SNP 可能的原因	候选基因	描述	功能鉴定与注释
Smiglaside C	9.2×10^{-47}	sf0106733065[a]	Os01g12330	可表达蛋白	
Apigenin 7–O–glucoside	7.4×10^{-11}	sf0130712131	Os01g53460	UGT	Ko et al., 2008
N–Sinapoylputrescine	2.1×10^{-52}	sf0133590589	Os01g58070	多酚氧化酶	
Threonyl carbamoyl adenosine	1.0×10^{-26}	sf0137865211	Os01g65260	APB 转移酶	
Arabidopyl ketoadipic acid	1.7×10^{-26}	sf0138138908	Os01g65680	DOPA 双加氧酶	
Tricin O–malonylhexoside	2.9×10^{-25}	sf0216673251	Os02g28170	转移酶	Gong et al., 2013
Tricin O–malonylhexoside	2.9×10^{-25}	sf0216745114	Os02g28340	转移酶	Gong et al., 2013
Phytocassane D	1.3×10^{-24}	sf0221734929	Os02g36110	细胞色素 P450	Swaminathan et al., 2009
Luteolin 6–C–glucoside	1.0×10^{-41}	sf0222736277	Os02g37690	UGT	
Trigonelline	2.1×10^{-36}	sf0235364705[b]	Os02g57760	O– 甲基转移酶	体内/体内
unknown	6.9×10^{-89}	sf0314570065[c]	Os03g25500	细胞色素 P450	
L–Alanine	2.3×10^{-7}	sf0314775019	Os03g25820	氨基酸通透酶	
Kynurenic acid	3.6×10^{-21}	sf0405640502	Os04g10410	酰胺酶	
methyl1Apigenin C–hexoside	2.2×10^{-43}	sf0406560429	Os04g11970	O– 甲基化转移酶	
N–Feruloylagmatine	4.1×10^{-15}	sf0433744525	Os04g56910	转移酶	体内
Syringenone	1.0×10^{-90}	sf0506883423	Os05g12040	细胞色素 P450	
trans–zeatin N–glucoside	3.0×10^{-15}	sf0507153510	Os05g12450	氢醌 UGT	
DIMBOA glucoside	1.9×10^{-8}	sf0523814956	Os05g40720	UGT	
Cyanidin 3–O–glucoside	1.0×10^{-25}	vf0605315059[d]	Os06g10350	OsC1	Saitoh et al., 2004

续表

代谢物	P 值	SNP 可能的原因	候选基因	描述	功能鉴定与注释
4-Pyridoxic acid O-hexoside	2.7×10^{-25}	sf0609997194	Os06g17260	UGT	
methylNaringenin C-pentoside	3.5×10^{-65}	sf0610554080	Os06g18140	UGT	
di-C,C-pentosyl-apigenin	1.7×10^{-52}	sf0610587603	Os06g18670	UGT	
Pyridoxine	1.4×10^{-7}	sf0700011045	Os07g01020	SOR/SNZ 蛋白	
Inosine 5'-monophosphate	3.6×10^{-15}	sf0716108195	Os07g27580	HAD 磷酸酶	
Apigenin 5-O-glucoside	4.6×10^{-33}	sf0719060887	Os07g32060	UGT	体内
(−)-trans-Carveol	1.3×10^{-14}	sf0800288026	Os08g01450	细胞色素 P450	
Integrifoside A	3.6×10^{-46}	sf0802210305	Os08g04500	萜类合酶	Cheng et al., 2007
N-Feruloylputrescine	6.3×10^{-22}	sf0921463527	Os09g37200	转移酶	体内/体内
Pyridoxine O-glucoside	4.0×10^{-10}	sf1000079974	Os10g01080	SOR/SNZ 蛋白	
Chlorogenic acid	1.1×10^{-15}	sf1006593981	Os10g11860	MATE 外排泵蛋白	
L-Tyramine	7.8×10^{-8}	sf1012189820	Os10g23900	脱羧酶	
Chrysoeriol 7-O-rutinoside	5.3×10^{-11}	sf1115033398	Os11g26950	UGT	Gong et al., 2013
unknown	3.4×10^{-20}	sf1125035756	Os11g42370	转移酶	体内
p-Coumaroyl-2-hydroxyputrescine	7.0×10^{-59}	sf1125117890	Os11g42480	转移酶	
Sakuranetin	4.6×10^{-28}	sf1207801034	Os12g13800	O-甲基转移酶	Shimizu et al., 2012
N-p-Coumaroylspermidine	6.9×10^{-98}	sf1215967910[a]	Os12g27220	转移酶	

例如，葫芦巴碱是通过烟酸氮甲基化后形成的一种化合物，并且有研究发现其具有多种生物学功能，特别是在非生物逆境方面。然而，烟酸生成葫芦巴碱过程的关键酶一直没有确定。在定位的结果中，葫芦巴碱的含量显著（$P=2.1e-36$）和 2 号染色体上的 SNP sf0235317720 相关联，在这个 SNP 的附近（50 Kb），有一个基因 *Os02g57760* 编码一个 *O*-甲基转移酶，提示这个基因很有可能是葫芦巴碱合成途径的关键基因（图 7–12A ~ E）。通过体外实验，在大肠杆菌（*Escherichia coli* BL-21）中进行了蛋白表达，将正确的表达蛋白和烟酸为底物进行体外反应，产物明确地检测到了葫芦巴碱（图 7–12F）；转基因结果也表明，在'ZH11'中过量表达 *Os02g57760* 后，葫芦巴碱的含量明显上升，且其底物烟酸的含量明显下降（图 7–12G）。这些结果表明 *Os02g57760*

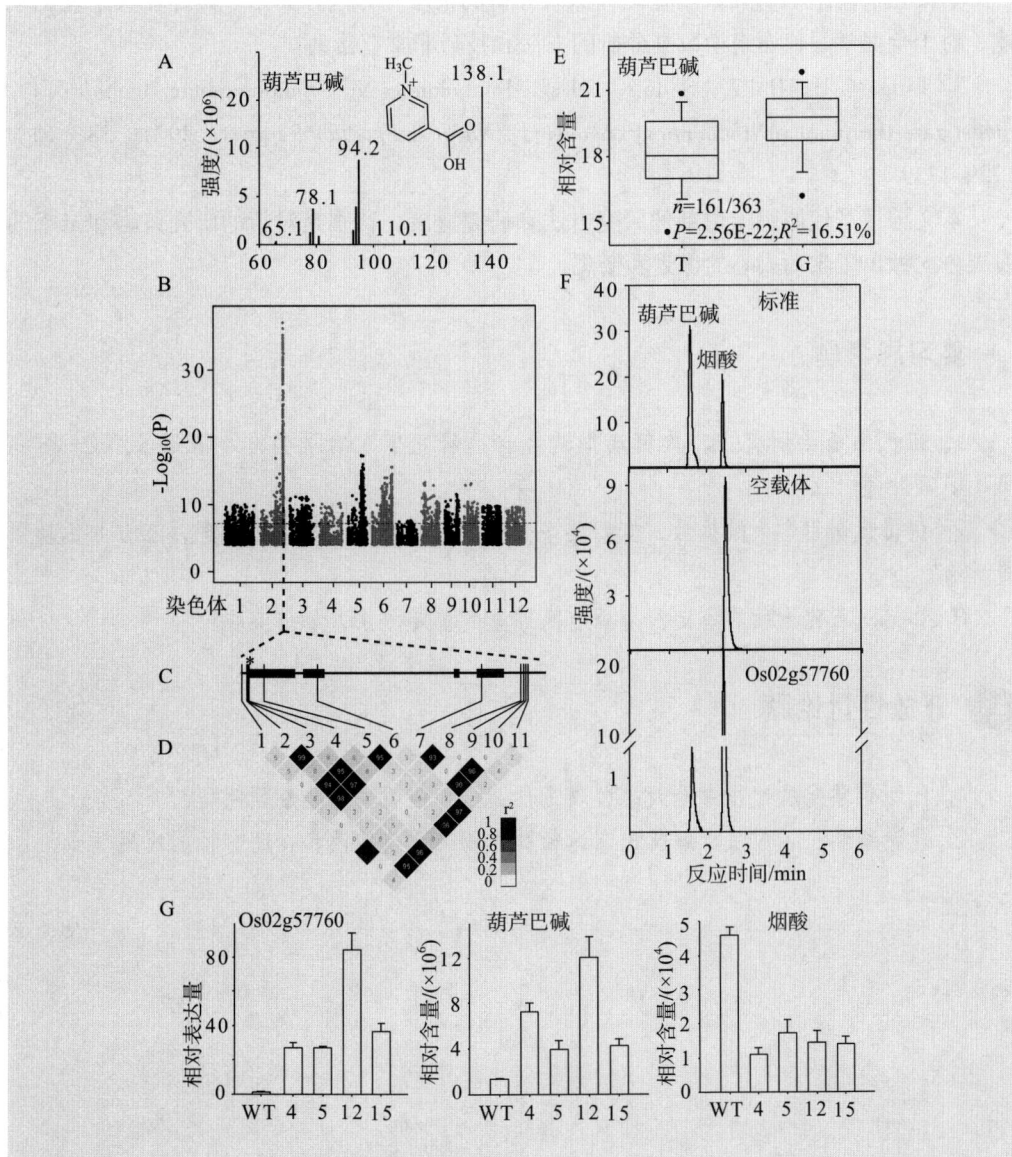

图 7–12 *O*-甲基转移酶 *Os02g57760* 的功能验证及功能位点的确定

的确是葫芦巴碱合成过程的关键基因。

推荐阅读

1. Saito K, Matsuda F. Metabolomics for functional genomics, systems biology, and biotechnology [J]. *Annual Review of Plant Biology*, 2010, 61, 463–489.

本文全面系统地介绍了代谢组学的发展历程、研究方法和研究策略，并从功能基因组、系统生物学和应用等多方面阐述代谢组学研究的价值和意义。

2. Ma A, Qi X. Mining plant metabolomes: methods, applications, and perspectives [J]. *Plant Communications*, 2021, 2（5）, 100238.

本文在代谢组学研究数据处理和深入分析的策略和方法方面做了详尽而又系统的阐述，对于全面学习代谢组学数据分析的方法和技巧非常有帮助。

3. Tsugawa H, Rai A, Saito K, et al. Metabolomics and complementary techniques to investigate the plant phytochemical cosmos [J]. *Natural Product Reports*, 2021, 38（10）, 1729–1759.

本文综述了代谢组学最新的研究方法和研究进展，特别是对新的研究策略和未来的发展方向做出了激动人心的谋划和畅想。

复习思考题

1. 在代谢组学研究中，如何选择适合自己研究需求的平台（如 GC-MS、LC-MS 和 NMR），理由是什么？

2. 获得代谢组学大数据后，有哪些多变量分析可以用于其数据处理，各自的优缺点是什么？

3. 如何进行代谢物的鉴定？是否有高通量的鉴定方法，如何实现？

开放性讨论题

1. 代谢组学发展过程中最大的瓶颈是什么？如何解决这些瓶颈问题？

2. 代谢组学除了应用于解析代谢途径和作物品质遗传改良，还有哪些应用领域？

第八章

植物环境适应性大数据

植物环境适应性衡量的是植物遗传多样性与环境变异的匹配程度。植物的环境适应性可通过同质园实验（common garden experiments）和交互移植实验（reciprocal transplant experiments）进行研究。同质园实验是将不同物种或者相同物种的不同基因型在同一环境考察其环境适应性。交互移植实验则是将生长于不同自然环境下的不同物种或者相同物种的不同基因型进行相互移植，分别考察其在同域分布（sympatry）和异域分布（allopatry）的适应性。进行同质园实验和交互移植实验通常采用多种物种或者多种基因型的相同物种进行，同时考察多个与适应性相关的表型，所有这些与环境适应相关的表型数据称为环境适应性大数据。

本章将主要介绍土壤因子相关大数据中植物离子组大数据以及生物因子相关大数据中的植物根际微生物组大数据，总结植物离子组和根际微生物组的研究进展，并同时实例介绍如何开展植物离子组学和根际微生物组学研究。

第一节 植物环境适应性的离子组大数据

植物在长期的进化过程中，形成了一套复杂而精细的调控机制来适应土壤环境的变化。这种精细的调控机制体现在植物对矿质营养元素的吸收、转运与再分配，以及对有毒有害元素的拒吸、外排和组织或者细胞水平上的区隔化等，最终反映了植物在特定的土壤环境下其整个植株、器官或者细胞水平上各种元素的组成、含量或分布变化。因此，从单株或群体水平上研究植物体内元素的组成、含量与分布，对解析植物如何适应土壤环境具有重要意义。

植物体内所有元素的总和称为植物离子组。长期以来，研究植物离子组的特征及其遗传调控网络和与环境的互作关系是植物学研究的热点。随着高通量元素分析技术的进步，使得植物样品多元素、高通量、同步快速准确地测定成为现实。同时随着分子生物学的发展和组学技术的广泛应用，加上生物信息学发展和大数据分析技术的提升，促进了离子组分析与植物遗传学、基因组学和生物信息学等学科的交叉与融合，逐步发展形成了植物离子组学这门新兴的学科。

植物离子组学被认为是后基因组学时代继转录组学、蛋白质组学和代谢组学之后植物学领域功能基因组研究的重要组成部分，有助于挖掘植物基因的功能和确定基因与表型的对应关系。离子组学的研究方法广泛应用于研究植物营养胁迫、植物生理反应、农产品安全和营养品质等，在基因功能研究、离子吸收代谢基因调控网络分析，甚至植物发育、抗病机制解析等方面也有广泛应用。植物离子组学已成为后基因组时代解析植物功能变化与调控的有效分析手段。随着与分子生态学的不断结合，植物离子组学在解析植物适应环境的机制方面逐渐发挥重要作用。

本节将介绍植物离子组学的的定义和发展历程、植物离子组学的研究方法、植物离子组大数据管理与分析以及植物离子组学最新研究进展等方面，最后介绍以利用植物离子组学大数据研究植物与环境适应性为代表的下一代植物离子组学。

一、植物离子组和离子组学的定义及其发展历程

19 世纪中早期，德国著名化学家李比希（Justus von Liebig，1803—1873 年）建立了植物矿质营养学说，确立了植物生长所需要的矿质营养元素来自土壤的观点。目前普遍认为植物必需营养元素有 17 种，包括必需非矿质元素碳（C）、氢（H）和氧（O），以及 14 种必需矿质营养元素氮（N）、磷（P）、钾（K）、钙（Ca）、镁（Mg）、硫（S）、氯（Cl）、硼（B）、铁（Fe）、锰（Mn）、锌（Zn）、铜（Cu）、钼（Mo）和镍（Ni）。植物体内的必需非矿质元素 C、H 和 O 主要来自大气和水，占植物干重的 90% 以上，而其余 14 种元素主要源自土壤矿质，称为矿质元素。根据植物对必需矿质营养元素需求量的多少，可分为大量矿质元素（包括 N、P、K）、中量矿质元素（包括 Ca、Mg、S）和必需微量矿质元素（包括 Fe、Mn、Zn、Cu 等）。除了上述必需矿质营养元素之外，有些非必需矿质营养元素对特定植物的生长发育具有明显促进作用，这些元素称为有益元

素，包括硅（Si）、钠（Na）、钴（Co）、硒（Se）、铝（Al）等。另外，植物体内还存在其他非必需矿质营养元素，这些元素对植物的生长发育没有明显促进作用，甚至起毒害作用，包括镉（Cd）、砷（As）、铅（Pb）、汞（Hg）、铬（Cr）、锂（Li）、铷（Rb）、锶（Sr）等。因此，植物体内所有离子元素的总和称为植物离子组（ionome），包括了所有的金属元素、类金属元素和非金属元素。

离子组的概念是 21 世纪初由当时在普渡大学的 David Salt 教授提出，指一个有机体内所有矿质营养元素和微量元素的总和。离子组的概念由金属组（metallome）扩展而来。2001 年英国牛津大学 Robert Joseph Paton Williams 教授参照当时蛋白质组的定义提出了金属组的概念，指细胞或组织内全部金属元素的总和。David Salt 教授之后扩展了金属组的内涵，把具有重要生物学意义的非金属元素和类金属元素如 N、P、S、Se、As 等也包括进来，首次定义了离子组的概念。离子组一定程度上可以认为是细胞或有机体内的无机组成部分。因此，离子组与代谢组有一定的交叉，被认为是代谢组学的一个分支。

植物的离子组具有明显的时空特异性，植物在不同的发育时期和不同的生长环境条件下其不同组织或者细胞内离子组均可能存在差异。这些差异同时受遗传与环境的控制，取决于元素从环境到植物体内的多个过程，包括元素在土壤中的有效性、植物根系吸收、体内转运与再分配等一系列相互关联的过程。

顾名思义，研究植物离子组的学科称为植物离子组学（ionomics），主要通过高通量元素分析方法，结合遗传学、基因组学和生物信息学等手段，分析植物体内元素的组成、含量、分布与转运以及这些元素在不同生理状况、发育阶段、环境刺激和遗传变异等条件下的变化，系统地研究植物体内控制离子稳态的遗传网络与分子调控机制的一门学科。植物离子组学研究关注的往往不仅仅是单个元素，而是多个元素。因此植物离子组学核心内容是以整体论方法来研究植物体内元素的组成与含量变化及其不同元素之间相互作用，包括植物与环境间的相互作用网络等，系统解析直接或间接调控离子组的基因和基因网络的功能。

通过近二十年的发展，植物离子组学研究取得了长足的进步，控制不同元素在植物中积累的等位基因已经被鉴定出来，包括控制钠、硫、钴、钼、铜、砷、镉等元素。近年来，植物离子组学与群体遗传学以及生态学等学科相结合，深入研究控制离子组的等位基因在植物适应不同环境尤其是不同土壤环境中的生态学功能，发展成为景观离子组学（landscape ionomics）的交叉学科，是未来植物离子组学的一个研究趋势。

二、植物离子组学的研究方法

植物离子组学的研究方法包括两方面，一是测定植物样品中元素的组成、含量以及分布的分析方法，二是对获得离子组大数据进行数据分析和管理。元素的分析方法主要涉及样品准备、样品收集、样品处理和测试分析，而离子组大数据的数据分析和管理则是对获得的大批样品多种元素的含量进行统计分析，挖掘内在规律，并对大数据进行存储、管理和有效获取等。

对植物整株、组织、单个细胞样品中元素含量或者分布进行测定获取离子组数据，是离子组学研究的基础。植物元素定量分析技术需要满足样品制备较为简便、测定灵敏度高、实现高通量测定等要求，而元素分布的分析技术则要求样品制备过程不改变元素分布，能进行原位、动态和多元素同步分析等。根据其原理不同，目前常用的元素分析方法主要分为两类：一类是利用原子的电子特性差异进行分析，包括发散光谱、吸收光谱以及荧光光谱的差异等，如原子吸收光谱法（atomic absorption spectroscopy，AAS）、电感耦合等离子体发射光谱法（inductively coupled plasma optical emission spectroscopy，ICP-OES）、电感耦合等离子体质谱法（inductively coupled plasma mass spectrometry，ICP-MS）和 X- 射线荧光法（X-ray fluorescence，XRF）等；第二类是利用元素的原子核特性（如放射性或原子序数）进行测定，如中子活化分析（neutron-activation analysis，NAA）。下面分别介绍这几种主要分析方法的原理和应用。

1. 原子吸收光谱法

原子吸收光谱法（AAS）是利用呈气态的原子可以吸收特定波长的光辐射从而使原子中外层的电子从基态跃迁到激发态，根据原子蒸汽吸收特征光谱的特征性和特征光谱因吸收而减弱的程度对待测元素进行定性和定量分析。由于不同元素的原子结构和外层电子的排布不同，原子从基态跃迁至激发态所需要的能量也有差异，因此对辐射光的共振吸收具有选择性，其吸收的辐射光波长与该原子受激发后的发射光谱波长相同。不同元素的共振吸收光谱具有不同的特征，由此可作为元素定性的依据。当光源发射特定波长的光通过原子蒸气时，原子中的外层电子选择性地吸收其同种元素所发射的特征谱线，使光源发射的入射光减弱，其减弱的程度称为吸光度。在一定的线性范围内，吸光度的大小与被测元素的含量成正比，以此作为测定元素含量的定量依据。

将样品中待测元素进行原子化是原子吸收光谱法分析的关键步骤之一。元素的原子化过程由原子化器实现，由其提供能量产生原子蒸气。根据原子化器不同，原子吸收光谱法可以分为火焰原子吸收光谱法（flame atomic absorption spectroscopy，FAAS）和电热原子吸收光谱法（electrothermal atomic absorption spectroscopy，ETAAS）两种类型。前者是利用火焰原子化器对样品进行原子化，而后者则利用电热原子化器（一般是石墨炉）。

原子吸收光谱法具有选择性较强、测定比较快速简便、测定成本较低等优点，但是缺点也很明显，尤其是不能同时测定多个元素，测定元素不同时必须更换不同光源灯，测定的通量通常较低，因此在高通量植物离子组分析中使用较少。

2. 电感耦合等离子体发射光谱法

电感耦合等离子体发射光谱法（ICP-OES）又称为电感耦合等离子体原子发射光谱（inductively coupled plasma-atomic emission spectroscopy，ICP-AES）。ICP-OES 通过高频电感耦合产生等离子体对样品中的各元素进行电离和激发，处于激发态的原子回落到基态时会发出特定波长的光谱，根据检测样品中不同元素的特征谱线存在与否以及特征谱线强度大小对样品的元素进行定性和定量分析。电感耦合等离子体是由高频电流经感应线圈产生的高频电磁场将工作气体形成等离子体，呈火焰状，其对样品的原子化、激发和电离的性能突出。待测样品经载气（如氩气）引入雾化系统进行雾化后，以气溶胶形式进入等离子体中被充分蒸发、原子化、激发和电离，发射出所含元素的特征谱线，由光栅分光系统分解成不同光谱，并由检测器同时接受和检测不同光谱的强度，实现对样品中多种元素的含量测定。

与 AAS 相比，ICP-OES 具有同时测定多种元素、灵敏度高、需要样品量少、检测限低、动态线性范围较宽等优点，完全满足离子组学对高通量多种元素同步分析的要求。因此，在植物离子组分析中广泛使用。

3. 电感耦合等离子体质谱法

电感耦合等离子体质谱法（ICP-MS）是将 ICP 技术与质谱相结合的分析方法。与 ICP-OES 类似，ICP-MS 也是通过电感线圈上施加强大功率的高频射频形成高温等离子体，从而将雾化的样品在等离子体焰气中心区中进行电离。但与 ICP-OES 根据元素的发射光谱进行分离测定不同，ICP-MS 根据离子的质荷比（m/z）差异将不同离子进行分离，并根据离子的强度进行定量。ICP-MS 不仅具有 ICP-OES 方法可以同时测定多种元素的优点，而且其灵敏度比 ICP-OES 方法更高，检测限更低，同时可以测定元素不同同位素和进行离子形态分析等能力，是目前离子组分析中应用最广泛的方法。

ICP-MS 可以与其他技术结合，对元素的化学价态、同位素、元素的空间分布等进行分析。如 ICP-MS 与高效液相色谱（high performance liquid chromatography inductively coupled plasma mass spectrometry，HPLC-ICP-MS）进行结合或者与离子色谱（ion chromatography inductively coupled plasma mass spectrometry，IC-ICP-MS）进行结合，可以对样品中不同化学价态的元素通过 HPLC 或者 IC 进行分离，然后分别通过 ICP-MS 对不同价态元素的含量进行测定，是目前进行元素形态分析常用的方法。

激光剥蚀电感耦合等离子体质谱（laser ablation inductively coupled plasma mass spectrometry，LA-ICP-MS）是将激光剥蚀进样与 ICP-MS 进行结合的分析技术。通过高能激光照射到固体样品上，使局部样品受热气化挥发，随后气化的样品被载到 ICP-MS 进行测定。LA-ICP-MS 具有原位、实时、快速分析的优点，可以分析植物组织水平上元素的空间分布。ICP-MS 本身具有分析测定不同稳定同位素的能力，但对同位素比值进行精确测定可以使用多接收器电感耦合等体子体质谱（multi-collector inductively coupled plasma mass spectrometer，MC-ICP-MS）。

MC-ICP-MS 结合了等离子体的高效电离效率和多接收器磁场质谱仪高精度测量同位素的优点，通过多个法拉第杯，实现对不同同位素同时高精度测量。自然界中同位素比值的变化通常极小，MC-ICP-MS 在测定同位素比值方面具有无以比拟的优势，对农产品污染物溯源、植物对同位素分馏等方面都有广泛的应用前景。

4. X-射线荧光法

X-射线荧光法（XRF）是利用 X 射线或其他微观粒子将待测样品中的原子进行激发并根据产生的次级 X 射线进行元素定性和定量分析的方法。其原理是当原子受到高能 X 射线（初级 X 射线）或其他微观粒子的激发后，原子内层电子被电离而出现空位，具有较高能级的较外层电子跃迁到内层电子空位，同时放射出次级 X 射线（即 X-射线荧光）。不同元素发射出特定能量和波长的 X- 射线荧光，其能量等于较外层电子跃迁到内层电子空位所释放的能量，以此对元素进行定性。样品中元素的含量与发射出的 X- 射线荧光的强度成正比，因此可以根据 X- 射线荧光的强度对样品中的元素进行定量。

X- 射线荧光法具有原位分析元素空间分布和形态的优点，但传统的高压 X- 射线灯管只能对植物样品中大量元素和含量较高的微量元素进行分析。基于同步辐射的 X- 射线荧光法（synchrotron radiation XRF，SRXRF）采用了比传统 X 射线灯管能量更高的高能光子作为激发光源，极大提高了检测灵敏度和原位分布的分辨率，是目前进行植物样品元素空间分布的重要手段。同样基于同步辐射的 X 射线吸收光谱法（synchrotron radiation X-ray absorption spectrometry，SRXAS）则可以对元素的化学形态进行原位分析。

SRXRF 具有高灵敏度和高分辨率、多元素同步分析、非破坏性分析等优点，甚至可以进行植物活体检测，广泛应用于植物组织内元素的空间分布研究。另外，SRXRF 还可以进行大规模的突变体筛选，如对拟南芥整个植株或者种子就那些高通量突变体筛选，获得了大量元素含量发生变化的突变体。但由于 S-XRF 设备昂贵，维护成本高，目前只有少数实验室可以进行高通量样品分析。

5. 中子活化法

与上述四种利用原子的电子特性差异进行分析不同，中子活化法（NAA）利用的是原子核特性进行分析。NNA 的基本原理是利用高能中子对元素进行辐射，使原子核被活化并发生核反应，从而发射出 γ- 射线，通过分析不同元素所发射的 γ- 射线特征谱线及 γ- 射线强弱对样品进行定性和定量分析物质的元素组成。NNA 具有极高的灵敏度，准确度和精确度也很高，可以进行多元素同步分析，所需要的样品量很少且可以进行无损检测。但由于 NAA 是一种放射分析化学方法，需要配备核反应堆加速器或同位素中子源等，同时对测定环境的防护要求很高，很大程度上限制了 NAA 的应用。

因此，目前进行植物离子组分析主要采用 ICP-MS 和 ICP-OES 对多种元素的含量进行高通量同步分析，对元素的空间分布分析主要采用 SRXRF 和 LA-ICP-MS，而对元素的形态分析则采用 SRXAS，对于需要进行细胞水平的元素空间分布分析可以采用具有更高空间分辨率的纳米二次离子质谱技术（nano secondary ion mass spectrometry，NanoSIMS）。

三、植物离子组大数据分析与管理

1. 植物离子组大数据分析方法

随着元素分析技术的快速发展和测定成本不断降低，进行大规模、高通量的离子组分析已经越来越方便。面对产生的海量离子组大数据，需要对数据进行过滤、分析、深度挖掘等。一般大规模的离子组项目需要测定 20 种左右元素的含量，样品数量从数百到上千份，测定时间跨度通常较长，需要分不同批次进行分析测定。测定所获得的离子组原始数据通常具有高噪声（某些元素容易出现异常值）、高维度（通常测定 20 多种元素）、高变异（尤其是微量元素的变异通常很大）等特点，需要采用合理的数据处理和统计分析方法对离子组大数据进行分析，以揭示其复杂的关系并挖掘数据内在的规律。

首先，通过设置相应的内标和进行相应校正减少测样误差。大规模的离子组分析通常跨度时间较长，需要分不同批次进行测样。通常在不同测定批次内设定标准样品，以此对不同批次样品进行校正，保证所有样品的离子组数据具有可比性。另外，如同一测定批次的样品较多，需要在每隔一定数量样品（通常为 24 个）之间重复测定同一样品，以校正由于仪器不稳定造成的数值漂移。在样品制备和元素分析过程中，某些元素如 Pb、Ni、Fe 等容易受到污染而出现极端高的数值，因此需要对所获得的离子组数据进行初步过滤，去掉明显异常的数值。

由于离子组中不同元素的含量差别很大，如大量元素和微量元素存在 1 ~ 2 个数量级差异，原始数据无法很好地显示不同样品或者不同处理对离子组中不同元素的影响，因此需要将原始数据进行转换。通常不同样品（如野生型和不同突变体、不同品种等）的离子组可以采用相对百分比和 Z 分数（Z-score）来显示。相对百分比是计算样品（如突变体、特定品种等）中的每种元素与参考样品（如野生型或者常规品种、对照处理等）的变化百分比，一般分别展示样品中各个元素的变化程度。如需要同时显示所有元素的变化，可以用雷达图进行显示。如图 8-1A 显示了拟南芥高硫高硒突变体 *shm7-1* 中 20 种元素相对于野生型 Col-0 的变化情况。

Z 分数则是某个样品的元素含量与所有样品均值的差值除以所有样品的标准差，反映了某个样品偏离总体均值的程度。由于 Z 分数消除了不同元素的数量级差别，可以在一张图中同时展示样品所有元素的变化规律，有助于了解离子组的总体变化情况（图 8-1B）。相对百分比显示了样品间平均值的具体差异程度，但不能反映同个样品不同重复间的离散程度；而 Z 分数可以反映同个样品不同重复间的变异程度，但是不能显示具体的差异程度。因此，通常将两者进行结合，综合判断离子组的变化规律。

除了用相对百分比和 Z 分数对成对样品或者少量样品单个元素进行分析外，对大量样品的离子组分析和显示一般采用多变量分析方法，对获得的多维原始离子组数据进行降维、归类分析和深度挖掘，从中归纳出有用信息和规律。离子组的多变量分析方法通常采用无监督多变量分析方法，包括主成分分析（PCA）和分层聚类分析（HCA）等。

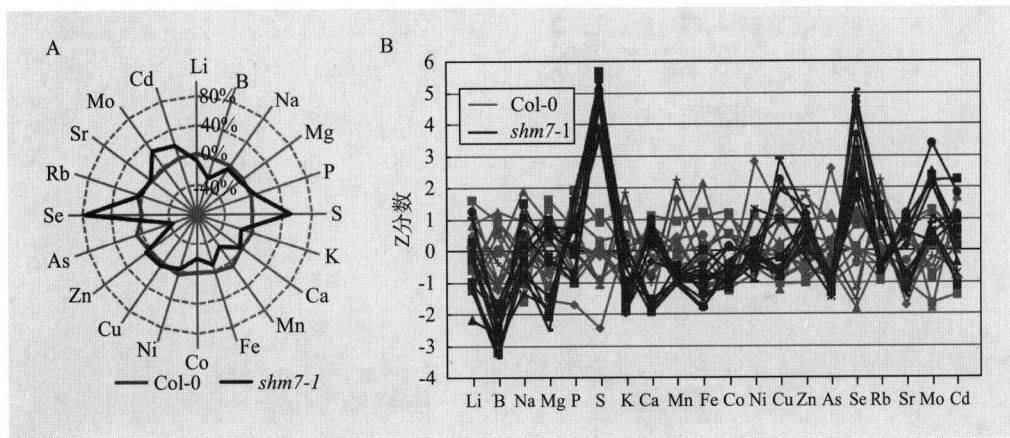

图 8-1　通过相对百分比和 Z 分数显示离子组变化

A. 雷达图显示了拟南芥突变体 *shm7-1* 中 20 种元素含量相对于野生型 Col-0 的变化；B. 拟南芥突变体 *shm7-1* 和野生型 Col-0 中 20 种元素的 Z 分数，不同的折线代表不同的单株。数据来源于 Huang et al., 2016, 并进行了重新整理

PCA 将原始离子组多维数据标准化后（如计算 Z 分数以消除不同元素含量的数量级差异），通过降维消除离子组中的重叠部分进而提取出主成分，并利用互相垂直的主成分来表示数据内部结构，从而获得大量样品的分类信息和以变量特征作为分类依据，最终反映不同样品离子组的系统变化趋势和离子组与分类模型之间的协方差和相关性。如通过对不同年份种植的水稻籽粒、地上部分和根部离子组进行主成分分析，可以将不同组织进行有效分类（图 8-2A）。主成分分析结果表明不同组织的离子组变异程度远大于不同年份种植的相同组织的离子组变异。另外，通过对籽粒离子组进行主成分分析也可以将种植在不同条件下的不同水稻基因型进行有效分组（图 8-2B），说明不同种植条件对水稻籽粒离子组的影响要大于不同年份间的差异。

与 PCA 类似，HCA 也可以根据离子组将不同样品进行分组聚类，同时还可以对离子组中不同元素进行聚类，以揭示不同元素直接的相关性。同样对不同年份种植的水稻籽粒、地上部分和根部离子组进行分层聚类分析，也可以将不同组织进行有效分类（图 8-2C）。对离子组中不同元素的聚类可以揭示元素间的相关性，如具有相似理化

图 8-2 通过主成分分析和分层聚类分析揭示水稻不同组织、不同生长条件下的离子组特性

A. 水稻不同年份籽粒、地上部分和根部离子组的主成分分析；B. 在淹水、旱作和温室条件下种植的水稻籽粒离子组主成分分析；C. 水稻不同年份籽粒、地上部分和根部离子组的分层聚类分析；D. 在淹水、旱作和温室条件下种植的水稻籽粒离子组分层聚类分析。02~15 表示年份（2002-2015）；G，籽粒；F，淹水条件；U，旱作条件；GH，温室条件。数据来源于 Liu et al., 2021

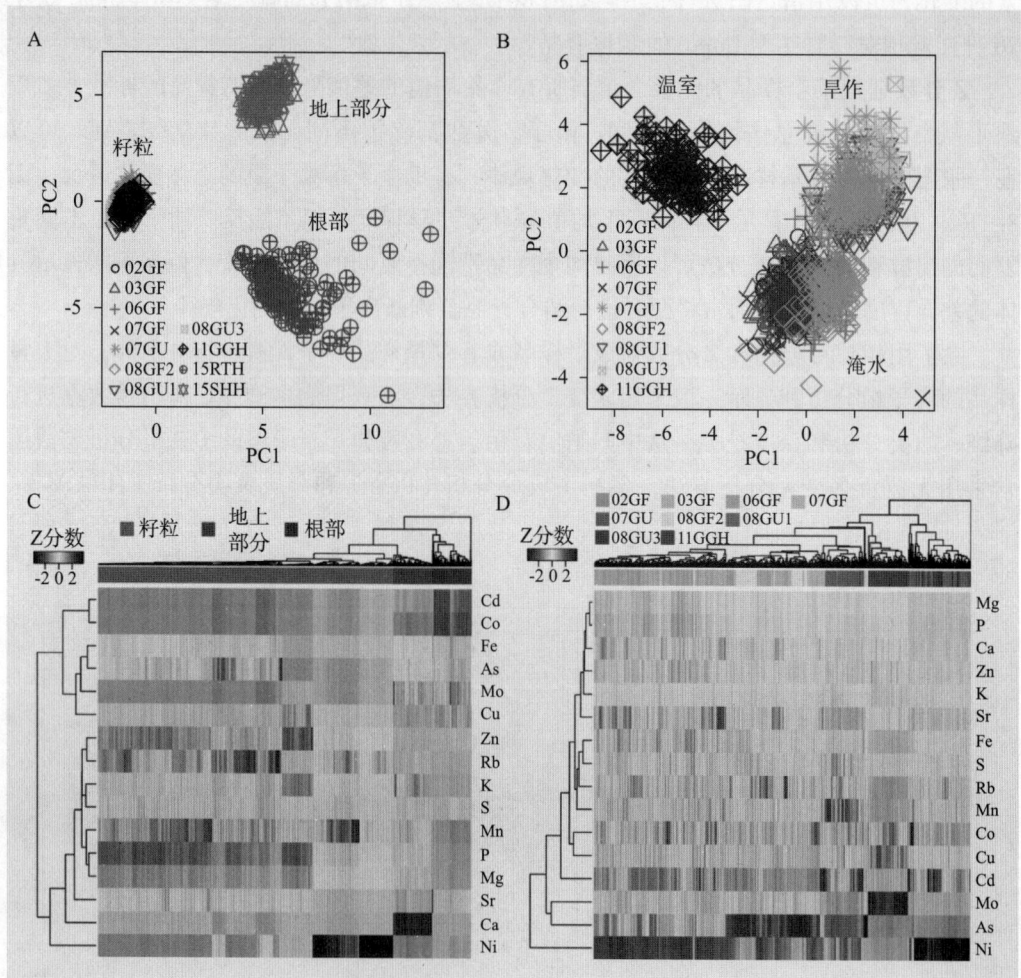

性质的同族元素钙（Ca）和锶（Sr）、钾（K）和铷（Rb）等可以较好地聚类，说明这些元素可能共享相同的吸收和转运途径（图 8-2C）。对种植在不同条件下的水稻籽粒离子组进行分层聚类分析也可以揭示不同元素在不同种植条件下的积累特征。如在淹水条件下，水稻籽粒砷（As）的含量通常较高，而镉（Cd）和镍（Ni）的含量较低（图 8-2D），反映了不同水分条件下这些元素在土壤中生物有效性的差异。

　　通过分层聚类分析也可以对相同生长条件下不同植物基因型、不同品系等进行聚类，以揭示它们之间离子组的相似度。将 44 份拟南芥突变体进行离子组分层聚类分析，可以将不同突变体进行有效分类，具有相同基因突变的突变体通常很好的聚成一类（图 8-3A）。因此，突变基因未知的突变体如果与突变基因已知的突变体很好聚类，那么该突变体很可能也发生相同基因的突变或者在相同通路上的基因发生了突变。在进行耗时费力的基因定位之前，对相关基因进行测序确定是否已知基因或者信号通路上相关基因发生突变，可以快速确定候选突变基因。同样对不同拟南芥品种进行离子组分层聚类分析，可以将不同遗传背景的品种进行聚类（图 8-3B）。目前具有特定离子表型的拟南芥品种中控制相应表型的基因已经被克隆。根据携带已知基因的品系，可以快速确定与之聚类的其他品系是否携带有相同等位基因。

　　尽管无监督多变量分析方法在分析离子组数据中具有直观明了的优势，但主成分选取时通常只选取前 2～3 个主成分聚类和展示，容易遗漏一些相关性较小但有用的变量，可能对分析的结果造成影响。因此，采用监督方法对离子组分析可以有效地降低这方面的影响。监督方法通常包括残差最大似然估计（residual maximum likelihood estimation，RMLE）和偏最小二乘法（partial lest square，PLS）等。监督方法在样本和数据基础上建立多参数模型，同时利用数据信息优化模型并进行归类、识别和预测，进而使数据达到最大程度的分析和挖掘。

　　2. 植物离子组大数据管理

　　离子组分析产生了丰富的多维数据，面对海量的离子组大数据，需要对数据的过滤、分析、展示、存储、管理和获取等各方面进行标准统一，建立可以快速储存、查询和管理的数据库。目前，最大的植物离子组数据库是由英国诺丁汉大学 David Salt 教授负责建立和维护的离子组学中心（ionomics Hub，iHub）。iHub 收录了拟南芥、水稻和大豆等作物大量的离子组信息。截至 2020 年 9 月，iHub 数据库中存储有 209 648 份拟南芥样品、26 268 份水稻样品、6 872 份大豆样品的离子组信息。其中 209 648 份拟南芥样品对应了 15 623 份独立株系，包括拟南芥自然品系、转基因株系和通过甲基磺酸乙酯（EMS）、X- 射线、快中子（FN）、T-DNA 插入、转座子插入等手段创制的突变体材料等。目前，拟南芥基因组中的 3 675 个基因可以在 iHub 数据中均可以查询到相应突变体或者过量表达等转基因株系的离子组信息，为全面解析拟南芥功能基因组奠定了基础。水稻和大豆样品主要包含了种质资源和定位群体材料的离子组信息，对深入挖掘控制水稻和大豆相关离子组优异等位基因提供了极大的便利。目前，iHub 还处在不断完善中，越来越多的植物包括玉米和油菜等的离子组数据将被整合到数据库中。同时，iHub 还包含了酵母全基因组饱和突变体菌株的离子组信息，有助于快速研究植物同源基

图 8-3 不同拟南芥突变体和品系的离子组分层聚类分析

A. 44 份拟南芥突变体的离子组聚类分析，图的顶部为已克隆的突变体中突变的基因；B. 349 份拟南芥品系的离子组聚类分析，图的顶部为每轮分析中都种植的参考品系，图右侧为一克隆的控制相应离子含量的基因。数据来源于 Huang & Salt, 2016

图 8-3 彩色图片

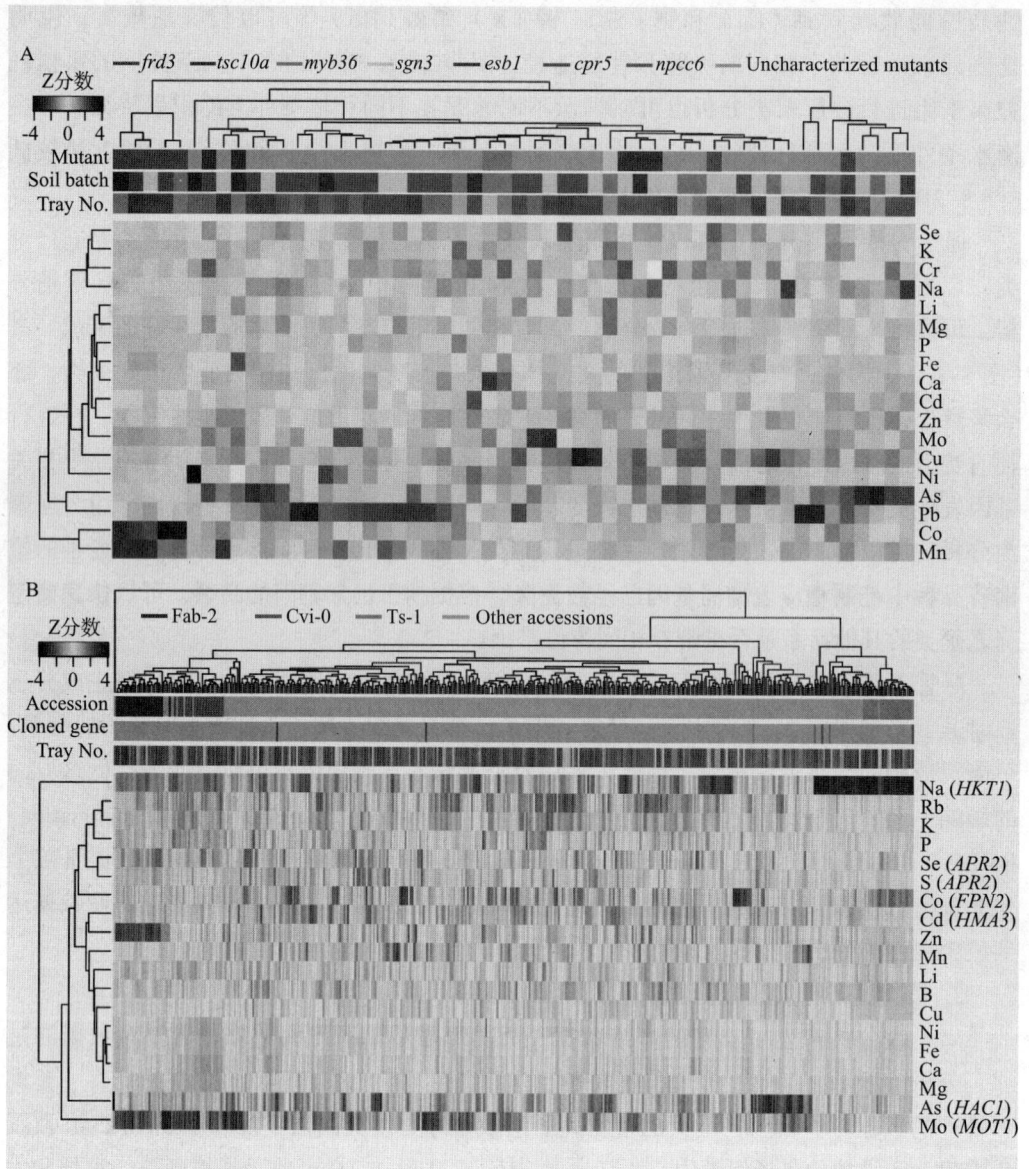

因的离子组表型。

第二节　植物环境适应性的微生物组大数据

微生物组学就是对某一特定环境中全部微生物的总和进行系统性研究。某一特定环境（如植物根际土壤）中全部微生物，包括其 DNA 序列等遗传信息的总和便是微生物组。随着测定技术的发展，微生物组的概念被不断的扩展。

科学技术的发展使研究人员可以通过各种基因测序仪获取大量的微生物基因组的序

列信息。获取微生物遗传信息的过程分为靶标性获取和非靶标性获取。靶标性获取主要是利用特定基因家族的特异性引物进行扩增以获得特定基因群体的靶标 DNA 片段，然后利用测序技术将这些 DNA 片段的序列信息进行测定与读取，再通过生物信息学手段对这些序列信息进行翻译和解读，如微生物扩增子分析。该技术有目的明确、效率高、分析难度低等优点，但由于扩增引物都具有一定的偏好性，因此导致实验结果通常也具有一定的偏好性。非靶标性获取是直接将研究样本中所有的 DNA 进行提取，然后利用测序技术测定所有 DNA 片段的序列以进行分析，如宏基因组技术。非靶标技术无须利用特异性引物进行扩增，大大降低了结果的偏好性，且获得的结果包含所有 DNA 片段的序列，信息量巨大，因此分析难度也直线上升。本节主要针对土壤微生物 DNA 信息介绍微生物多样性分析方法，包括微生物扩增子分析和宏基因组分析技术。

一、微生物扩增子分析

　　微生物扩增子分析指通过检测目的区域序列的变异度和丰度，从而计算环境样本中微生物多样性及其群落组成，是目前土壤微生物生态学研究的主要手段。细菌的多样性分析通常采用 16S 核糖体 RNA 片段的序列信息进行。真菌的多样性分析通常采用核糖体基因内的转录间隔区（internal transcribed spacer，ITS），18S 核糖体 RNA 和 28S 核糖体 RNA 等片段的序列信息进行。研究人员利用这些靶标基因的通用引物进行目的片段的扩增，然后将扩增产物进行测序，就能获得靶标基因的序列信息。

　　1. 扩增子分析流程

　　扩增子序列解析的步骤一般包括：①数据质控；②序列拼接；③序列聚类；④序列注释。

　　数据质控是为了去除测序过程中产生的低质量序列，如低质量值的序列、短序列、错误序列等。质控能够有效提高后续序列分析的准确度。

　　序列拼接是将短序列拼接成长序列，以满足靶基因覆盖或者注释精度的需求。随着高通量测序技术的发展，当前常规的微生物多样性测序选用长度约 400 bp 的靶标基因，通常采用 illumina 测序平台的双端测序技术，获得 2×300 bp（正反向各 300 bp）、2×250 bp 或者 2×150 bp 的序列，分析时需要将正反向的序列进行拼接。序列拼接后能够大大提高序列注释的效率与准确度。

　　序列聚类是将序列进行相似度比较，然后根据设定的相似度阈值生成代表性子集。序列聚类后就可以获取代表性子集的代表序列，通常是根据设定的条件（如丰度最高等）抽取这些代表性子集的代表序列。这个过程一方面完成了序列相似度的比较，获得了用于后续分析的子集数据，另一方面也是进一步简化了数据组，减少了运算量，为下一步序列的注释做准备。

　　序列注释是将抽取的代表序列与数据库中的序列在一定的算法规则条件下进行相似度比较，根据算法中设定的阈值条件返回相应的注释结果。这一步是将序列信息转换成生物学信息的关键，获得的数据将用于后续的生物学分析。

2. 扩增子序列分析工具

目前我们可以使用的扩增子序列分析工具很多，其中最主要的四大扩增子分析工具为 QIIME、Mothur、Usearch、RDP，每个工具都有自己独特的数据分析软件包。Mothur 是最早出现的扩增子高通量数据的分析软件，Usearch 是目前运行效率最快的分析软件，但是免费版本对于运算内存有限制，导致无法对大批量的样本进行分析，因此有团队开发了与 Usearch 比较相似的免费开源的 Vsearch 序列分析软件。RDP 开发的 RDP Classifier 程序是国际上运用最多的扩增子序列注释工具。QIIME 专注于序列分析和结果可视化相结合，同时打包了多种分析软件和方法，是比较全面的分析软件。

二、宏基因组分析

1. 宏基因组的概念

宏基因组（metagenome）也称微生物环境基因组（microbial environmental genome）或元基因组，是由 Handelsman 等在 1998 年提出的，其定义为环境中全部微小生物遗传物质的总和。传统的微生物学、微生物基因组测序和基因组学主要依赖于培养，然而绝大多数的微生物多样性在培养过程中被遗失了。宏基因组学通过直接从环境样本中提取遗传物质进行研究。由于宏基因组学能够揭示先前隐藏的微生物多样性，为研究微生物世界提供了一个强大的视角，彻底改变了人们对整个生命世界的理解与定义。

2. 宏基因组测序

2005 年前，宏基因组测序是将样本基因组 DNA 随机打断成数十 kb 长度大小的片段，然后将这些 DNA 片段通过分子克隆的手段插入载体中建立克隆文库，如 fosmid 和 cosmid 克隆文库，然后通过第一代测序仪进行测序。自高通量测序技术诞生后，科研人员只需要将样本基因组 DNA 随机打断成小片段，长度数百 kb，然后在小片段两端添加接头，利用两端的接头将 DNA 片段绑定到进行测序反应的磁珠或芯片等的表面，然后进行高通量测序。相比传统的宏基因组测序，新一代的宏基因组测序技术省去了克隆文库构建的步骤，测序通量更高，获取单位数据量的成本更低。但是新一代的宏基因组测序技术由于没有克隆文库构建的步骤，因此无法得到基因资源，而传统的宏基因组测序技术能够在获得序列数据的同时还能获取相对应的 DNA 材料。宏基因组测序不仅可以完成群落多样性分析，还可以进行群落功能层面的深入研究。目前第三代测序技术能获得较长的序列，但是通量远不如第二代测序技术，受成本限制，目前第二代测序技术仍然是宏基因组研究的主要手段，然而同时采用第二代与第三代测序技术将获得的数据进行融合分析是当前发展的趋势。

3. 宏基因组测序分析

宏基因组测序分析可分为序列分析和生物学分析，前者是将获得的序列信息转化成生物学数据，后者是基于生物学数据进行进一步的分析。本节主要讨论序列分析。宏基因组数据的分析流程与扩增子的分析流程很相似，只是采用的软件不同。由于宏基因组样本获得的序列数通常很大，单个样本的数据量通常都达到千兆字节的水平，因此宏基因组的序列分析对硬件的要求比扩增子分析高许多，算法也复杂很多。宏基因组数据分析过程中数据存储与运算需要用到高性能服务器，成本较高，因此宏基因组序列分析也是宏基因组技术应用过程中花费最高的部分。

（1）宏基因组数据信息学分析　信息学分析即序列分析，是将测序获得的碱基信息转换成生物学数据的过程，通常包含质量控制、序列组装、基因预测与注释等步骤。

序列质量控制主要包含去除序列接头和低质量序列。可以使用fastqc软件查看序列质量，使用Trimmomatic软件去除测序接头和低质量序列。由于后续的分析都是基于质量控制后的序列进行的，因此数据的质量控制非常重要。

序列组装是宏基因组序列分析的痛点和难点。由于采用高通量测序获得的序列长度比较短，为了提高序列注释的效率，需要对序列进行拼接。目前序列组装策略主要分为从头组装（denovo assembly）、基于参考序列组装、靶标基因拼接。常用的拼接软件有MegaHit、metaSPAdes、Ray-Meta、Meta-IDBA、Meta-Velvet、Trinity、Oases、Xander等。

基因预测与注释是宏基因组序列分析最关键的步骤。在早期，基因预测和注释可能需要用到两个甚至多个生物信息工具来完成，随着生物信息技术的发展，开发出了许多高度集成的生物信息软件，目前宏基因组数据分析技术正朝着一站式解决所有分析问题的方向发展。根据基因注释的策略不同，基因注释的方法也有很多，可以使用基于序列对齐（alignment-based）的软件进行注释，如BLAST、BLAT、Exonerate等；基于模型（model-based）的软件进行注释，如HMMER、Psi-BLAST等；支持自定义数据库的软件进行注释，如Prokka等；基于针对群落多样性的分析软件与平台进行注释，如Phymm、MetaPhlAn、BWA、MG-RAST等；一站式分析平台注释，如MG-RAST等。常用的基因注释数据库主要有：KEGG数据库、COG数据库、GO数据库、NR数据库、EggNOG数据库、Swiss sport数据库、ARDB数据库、CAZY数据库、PHI数据库、VFDB数据库等。

（2）宏基因组数据生物学分析与结果展现　宏基因组数据生物学分析是当序列数据转换为生物学数据后进行的后续分析，其实质是对获得的生物学数据进行统计分析，如物种多样性分析、功能多样性分析，包括差异分析、相关性分析、网络分析、模型构建与预测等。由于宏基因组数据信息量巨大，通常宏基因组数据分析结果展现主要以图为主，以表为辅。宏基因组数据分析结果通常可以包含：①序列质量图；②样本物种组成图；③α-多样性指数聚类图；④β-多样性指数聚类图；⑤物种差异分析图；⑥功能组成分布图等。

第三节　植物与环境互作大数据应用与示例

本节将分别介绍植物与环境互作大数据中的植物离子组大数据和微生物组大数据的应用与示例。

一、植物离子组大数据应用与示例

离子组学通常对大量样品进行分析测定，因此需要建立快速且稳定的高通量检测手段，同时对获得的大量数据进行有效分析和结果展示。由于植物离子组具有较强的时空特异性，容易受生长环境条件的影响。如何控制植物生长环境的均一性，减少环境变异对离子组的影响，也是获得高质量离子组数据的重要方面。

开展植物离子组学分析的基本流程包括材料植株、取样、样品消解、样品高通量测定和数据分析。下面将以水稻重组自交系群体水培的根部、地上部分以及 5 年大田种植的籽粒离子组大数据为例，分别采用主成分分析（PCA）和分层聚类分析（HCA）两种无监督多变量分析方法对离子组大数据进行分析展示。

PCA 和 HCA 均在 R 软件包中进行，所用的程序包可以用命令 install.packages 进行安装。

1. 主成分分析

下面介绍水稻不同组织离子组大数据主成分分析流程。使用的数据集包含水稻营养液培养的根部和地上部分以及大田种植的籽粒离子组大数据，包括了 As、Ca、Cd、Co、Cu、Fe、K、Mg、Mn、Mo、Ni、P、Rb、S、Sr、Zn 等 16 种元素的含量。其中籽粒离子组数据包含了温室种植和分别在淹水和旱作条件下种植的 5 年籽粒离子组数据（Liu et al.，2021）。总共包含 1 830 份样品，以 csv 格式保存，格式如图 8-4。

图 8-4　离子组数据主成分分析的 csv 格式

line_No	Sample_ID	As	Ca	Cd	Co	Cu	Fe	K	Mg	Mn	Mo	Ni	P	Rb	S	Sr	Zn
1	02GF	0.081	134.73	0.02506	0.05	3.878	9.3	2447	1548	41.2	0.38441	0.074	4274	5.208	747.5	0.6634	35.13
2	02GF	0.2693	168.95	0.01486	0.0306	4.18	10.575	2415	1522	27.92	0.30247	0.067	3957	8.925	981.4	1.067	26.32
3	02GF	0.4749	154.61	0.00736	0.0217	3.184	8.509	2504	1692	22.9	0.55219	0.077	4197	14.89	800.9	1.0418	22.89
4	02GF	0.2781	159.46	0.0162	0.0305	3.346	9.815	2555	1542	23.44	0.43055	0.072	4182	15.421	849.7	0.938	26.59
5	02GF	0.1886	106.68	0.0426	0.0722	2.859	9.694	3053	1670	44.38	0.403	0.062	4643	4.488	1336.7	0.7865	22.19
......																	

（1）读取数据　路径和文件名根据实际文件位置和命名修改。

mypca<-read.csv（"D:/path/RIL-PCA-alltissues.csv",sep="，"）

（2）设定样品顺序。

fac<-factor（mypca$Sample_ID,level=c（"02GF","03GF","06GF","07GF","08GF2","08GU1","08GU3","11GGH","15RTH","15SHH"））

mypca$Sample_ID<-fac

（3）运行 PCA。

pc<-prcomp（mypca[,3:ncol（mypca）],cor=TRUE,data=pca,scale=TRUE）

（4）设定图表大小。

par（pin = c（3.5,3.5））

（5）绘制 PCA 图。

plot（pc$x[,1],pc$x[,2],col=as.integer（mypca$Sample_ID）,cex=2,pch=as.integer（mypca$Sample_ID）,xlab="PC1",ylab="PC2"）

（6）设定图注位置、颜色等。

legend（"bottomleft",levels（mypca$Sample_ID）,col=c（1:11）,cex=0.9,pch=c（1:11））

（7）保存图片　保存的 eps 格式的图片为矢量图，可以在 Adobe Illustrator 等软件中根据需要进行调整。

dev.copy2eps（file="mypca.eps"）

2. 分层聚类分析

下面介绍采用分层聚类分析法对上述水稻不同组织和不同生长条件下的离子组大数据进行分析。

（1）数据转换　由于离子组中不同元素的含量存在数量级的差异，如大量元素 P、S、K 等的含量要比微量元素 Sr、Rb、Cd 等的含量高 1 000 ~ 10 000 倍。因此，需要对原始含量值进行转换。一般采用以下公式将每个元素原始含量值转换成百分比：

$$C = \frac{x-\mu}{\mu} \times 100\%$$

其中，C 为每个样品相应元素的百分比，x 为样品的原始含量，μ 为相应元素所有样品的含量平均值。

以 csv 格式保存，格式如图 8-5。

Sample_ID	Grain_HR1	Grain_HR2	Grain_HR3	Grain_HR4	......	Root_HR1	Root_HR2	Root_HR3	Root_HR4	......	Shoot_HR1	Shoot_HR2	Shoot_HR3	Shoot_HR4	......
As	-0.652410803	-0.387040067	-0.641052522	-0.621433674		1.435081927	1.546851217	1.693540947	1.786385004		2.960828284	3.425734478	3.301865876	4.279271834	
Ca	-0.672501777	-0.700298904	-0.690897504	-0.786733622		5.77362345	5.936875084	5.312944274	5.450472851		-0.138035137	1.320454108	-0.018219402	0.57504178	
Cd	-0.995849349	-0.997944227	-0.995475064	-0.997815741		0.192112179	-0.787236278	-0.380955078	-0.574879681		9.577969382	3.34909016	7.499758149	6.420766385	
Co	-0.982438555	-0.987546296	-0.982495946	-0.989153225		-0.891096416	-0.907433831	-0.89301529	-0.925111227		10.34160954	3.774312748	6.855631876	7.42521944	
Cu	-0.667452227	-0.746690883	-0.733802668	-0.665145078		-0.143849746	-0.217746631	-0.317953209	-0.318386568		5.529703176	3.438624454	4.769528694	4.575035102	
Fe	-0.626038412	-0.699097952	-0.652914138	-0.68364441		1.312939403	1.402259609	1.178272749	1.214039629		3.24136859	4.880433081	3.958043767	3.528421137	
K	-0.460580197	-0.440700958	-0.429309483	-0.47286512		2.333353594	3.924953445	2.696968313	2.373015518		0.459873044	0.090300782	0.383764998	0.311018495	
Mg	-0.230727485	-0.144803486	-0.22061878	-0.247912285		2.072328168	2.07733685	2.075845834	1.57436534		-0.154947447	-0.496294668	-0.354800957	-0.385927855	
Mn	-0.223161556	-0.362836663	-0.347811851	-0.341968868		1.904883062	0.289718455	1.757636618	1.270886218		-0.747647466	-0.415104164	-0.636080887	-0.766417494	
Mo	-0.963162225	-0.932748865	-0.947563382	-0.931538274		2.175143323	3.752928725	2.539841284	3.297664715		3.443934421	7.952994799	5.744619845	6.255453683	
Ni	-0.978661126	-0.97547622	-0.977068673	-0.98057207		-0.677072893	-0.656873808	-0.781869559	-0.817679526		-0.197857251	-0.408646379	-0.234670375	-0.292916895	
P	-0.0274811	0.031504125	0.027817548	-0.056482169		0.636580371	1.065470308	0.709302958	0.671174345		-0.5090191	-0.317330109	-0.39395991	-0.409774932	
Rb	-0.21611179	0.307797809	0.354435864	0.199941818		0.588427172	0.884822454	0.414280848	0.56608587		0.505172908	0.49886178	0.261254992	
S	-0.541845063	-0.626109345	-0.603327644	-0.405621698		1.522069443	1.624468483	1.453174223	1.981664318		1.110338664	1.718443389	1.347256529	1.352817963	
Sr	-0.14074289	-0.161036497	-0.244626833	-0.604435714		2.496109283	2.735363536	2.3984681	2.360311526		0.503051529	3.727132951	1.388854044	0.841066076	
Zn	-0.177211198	-0.284436334	-0.168770735	-0.308194673		0.206926709	-0.124160959	0.195699013	0.301825391		0.551200839	1.870000375	0.405050847	1.28098002	

图 8-5　离子组数据分层聚类分析的 csv 格式

（2）程序包安装　如果 R 软件包中没有安装所需要的程序包，需要进行安装。安装完成后进行调用。

```
if（!require（"dplyr"））{
    install.packages（"dplyr",dependencies = TRUE）
    library（dplyr）
    }
if（!require（"NMF"））{
    install.packages（"NMF",dependencies = TRUE）
    library（NMF）
    }
if（!require（"RColorBrewer"））{
    install.packages（"RColorBrewer",dependencies = TRUE）
    library（RColorBrewer）
    }
```

```
if(!require("gplots")){
  install.packages("gplots",dependencies = TRUE)
  library(gplots)
}
if(!require("hexbin")){
  install.packages("hexbin",dependencies = TRUE)
  library(hexbin)
}
if(!require("reshape2")){
  install.packages("reshape2",dependencies = TRUE)
  library(reshape2)
}
```

（3）工作环境设置　根据需要，设置导入数据和输出结果的文件夹。

```
setwd("D:/path/HCA")
```

（4）读取数据。

```
mydata <- read.csv("D:/path/HCA/RIL_by_Tissue.csv",comment.char="#")
rownames(mydata)<- make.names(mydata$Sample_ID,unique = T)
mydata <- mydata %>% select(-Sample_ID)%>% as.matrix()
```

（5）分层聚类分析

```
pal <- brewer.pal(name = "RdBu",n = 11)%>% rev()
pal2 <- colorRampPalette(pal)(50)
heatmap.2(mydata,col = pal2,scale = "column",
          srtCol = 0,keysize = 1,adjCol = c(0.5,1),trace = "none",
          density.info="none",
          Colv=T,                # 同时对元素进行聚类分析
          ColSideColors = c(# grouping row-variables into different
          rep("#4daf4a",1456),# 标注籽粒样品颜色
          rep("#984ea3",187),# 标注根部样品颜色
          rep("#e7298a",187))# 标注地上部分样品颜色
)
```

（6）结果输出。

```
dev.copy2eps(file="RIL_by_Tissue.eps")
```

　　与主成分分析的结果类似，通过对水稻籽粒、根部和地上部离子组进行分层聚类分析，也可以根据离子组将不同样品进行分组聚类。另外，与主成分分析不同的是分层聚类分析在对样品进行聚类的同时还可以对离子组中不同元素进行聚类。

二、微生物组大数据应用与示例

下面介绍基于 QIIME 对扩增子序列进行分析示例以及宏基因组数据的分析示例。

1. 基于 QIIME 的扩增子序列分析示例

QIIME 是一个开源的扩增子序列分析软件，能够让用户轻松实现序列分析和结果可视化。它包含了序列提取与拼接、质量控质、序列聚类、序列分类信息鉴定、发育树构建、多样性分析和作图。MAC 用户可以直接安装 macqiime，Windows 用户建议以 Virtualbox 虚拟机模式安装 QIIME。以下是基于 QIIME 的扩增子序列分析流程。

（1）序列提取与拼接。

multiple_join_paired_ends.py −i input_files −o output_folder −p join.txt −−include_input_dir_path

−i 输入文件目录；−o 输出文件目录；−p 参数文件。

（2）质量控制。

multiple_split_libraries_fastq.py −i dir2joinedfq −o dir2trim_split −−demultiplexing_method sampleid_by_file −q parameter.txt

运行结果输出的文件夹中包含三个文件：

histograms.txt # 所有序列长度分布数据；

seqs.fna # 质控并拆分后的数据；

split_library_log.txt # 日志文件，有基本统计信息和每个样品的数据量。

（3）聚类分析并生成 OTU 表格。

pick_open_reference_otus.py −i seqs.fna −r gg_13_5_otus/rep_set/97_otus.fasta −o otus/ −p pickotu_inputpara.txt

−i 上一步生成的序列文件；−r 参考序列；−o 输出路径；−p 参数文件，主要包含聚类相似度阈值、算法、数据库等信息。

（4）去除嵌合体序列。

identify_chimeric_seqs.py −m usearch61 −i otus/pynast_aligned_seqs/rep_set_aligned.fasta −r db −o chimera

检测嵌合体序列，获得嵌合体序列的 ID。

filter_otus_from_otu_table.py −i otus/otu_table_mc2_w_tax_no_pynast_failures.biom −o otus/raw.otu_table.biom −e chimera/chimeric_seqs_cs.txt

根据嵌合体序列 ID 去除 OTU 表格中对应的 OTU，获得不含嵌合体的 OTU 表格。

（5）查看 OTU 表格基本信息。

biom summarize−table −i otus/ raw.otu_table.biom

通常通过该结果核对样本信息是否正确，明确最小样本序列数，为均一化样本序列数做准备。

（6）样本序列数均一化。

single_rarefaction.py −i otus/raw.otu_table.biom −o otus/otu_table_even.biom −d 10000

将所有样本的序列数进行均一化，本命令将所有样本的序列数随机抽平成 10 000 条，为计算多样性指数做准备。

（7）将 biom 文件转换成 txt 表格。

biom convert –i otus/otu_table_even.biom –o otus/otu_table_even.txt --header–key taxonomy --table–type "OTU table" --to–tsv

biom 文件是 QIIME 特有的 OTU 表格文件格式，将 biom 格式转换成 txt 格式有利于在其他工具中查看，如在 Excel 和 Ultraedit 中查看。

（8）计算 α– 多样性指数。

alpha_diversity.py –i otus/otu_table_even.biom –m ace，chao1，goods_coverage，observed_species，shannon，simpson –o otus/alpha_div.txt

–m 多样性指数；–o 生成的多样性指数表格。

（9）计算 β– 多样性指数。

beta_diversity.py –i otus/otu_table_even.biom –m bray_curtis –o beta_div

principal_coordinates.py –i beta_div/ –o beta_pcoa/

计算 Bray–crutis 距离。

make_emperor.py –i beta_pcoa/pcoa_bray_curtis_otu_table_even.txt –o emperor_output –m map.txt

将 Bray–crutis 距离矩阵作图，生成的 index.html 可以使用浏览器打开查看样品聚类结果。

（10）获取分类信息。

sumarize_taxa.py –i otus/otu_table_even.biom –m map.txt –L 2,3,4,5,6 –o taxa

2~6 对应的是门、纲、目、科、属，该命令将生成不同分类水平的分类信息表格。Map 文件中包含了样品名称、实验设计等重要内容（表 8–1）。

表 8–1　Map 文件对应的表格

样本号	fasta 文件	处理	rep	描述	位置
QIIME 分析软件包的 Map 文件					
CK1	1_16S.fa	CK	1	ZJCK1	ZJ
CK2	2_16S.fa	CK	2	ZJCK2	ZJ
CK3	3_16S.fa	CK	3	ZJCK3	ZJ
F1	4_16S.fa	F	1	JSF1	JS
F2	5_16S.fa	F	2	JSF2	JS
F3	6_16S.fa	F	3	JSF3	JS

2. 宏基因组分析示例

参照 2017 年 Harriet Alexander、Phil Brooks 和 C. Titus Brown 在墨西哥科学研究中心讲解的宏基因组分析流程呈现宏基因组数据分析示例。

（1）序列质量控制　序列质量评估采用 FastQC 软件。

```
# 对所有样品的原始序列进行质量评估
fastqc CR1.sub_1.fq
fastqc *.fq –t 4        # t 启动多线程，线程数一般与文件数量一致；
# 生成的质控结果以 .html 文件呈现，可用浏览器打开查看。
```

使用 Trimmomatic 去除 Illumina 测序接头以及低质量的序列。下载 Illumina 通用的双端接头序列。

```
wget http://dib-training.ucdavis.edu.s3.amazonaws.com/mRNAseq-semi-2015-03-04/
TruSeq2-PE.fa
```

运行 Trimmomatic。

```
# 命令示例如下
java –jar trimmomatic-0.39.jar PE input_forward.fq.gz input_reverse.fq.gz output_
forward_paired.fq.gz output_forward_unpaired.fq.gz output_reverse_paired.fq.gz output_
reverse_unpaired.fq.gz ILLUMINACLIP:TruSeq3-PE.fa:2:30:10:2:keepBothReads
LEADING:3 TRAILING:3 MINLEN:36
```

质控后再次进行质量评估。

```
fastqc *.qc.fq
查看质控结果，与质控前的质量评估结果进行比较。
```

（2）宏基因组序列组装　使用 MEGAHIT 对宏基因组序列进行拼接。

```
# 命令示例如下
rm –rf megahit_temp ## 删除之前运行的旧文件夹，否则命令无法正常运行。
megahit –1 CR1.sub_1.qc.fq –2 CR1.sub_2.qc.fq –o megahit_temp
```

拼接结果被保存到 megahit_temp 路径下，可以使用 less 命令查看拼接结果。

```
less megahit_temp/final.contigs.fa
```

使用 Quast 软件评估组装结果。运行 Quast 评估组装结果。

```
quast.py megahit_temp/final.contigs.fa –o megahit_temp_report
cat megahit_temp_report /report.txt
```

Assembly	final.contigs
# contigs（>= 0 bp）	17382
# contigs（>= 1000 bp）	919

# contigs（>= 5000 bp）	1
# contigs（>= 10000 bp）	0
# contigs（>= 25000 bp）	0
# contigs（>= 50000 bp）	0
Total length（>= 0 bp）	9363361
Total length（>= 1000 bp）	1253868
Total length（>= 5000 bp）	5609
Total length（>= 10000 bp）	0
Total length（>= 25000 bp）	0
Total length（>= 50000 bp）	0
# contigs	7268
Largest contig	5609
Total length	5400740
GC（%）	61.75
N50	719
N75	584
L50	2662
L75	4760
# N's per 100 kbp	0

（3）Prokka 注释基因　使用 Prokka 软件对拼接结果进行注释。运行 Prokka 需要 BLAST 支持。运行 Prokka 注释拼接结果。

```
prokka megahit_temp/final.contigs.fa --outdir megahit_temp/prokka_summary --prefix metagG_res --metagenome
```

查看注释结果，metagG_res.txt 文件包含了注释结果的统计分析，包括拼接后重叠群数量、预测基因（CDS）数量、tmRNA 等信息。

less megahit_temp/ prokka_summary /metagG.txt

organism：Genus species strain

contigs：17382

bases：9363361

CDS：11298

tRNA：116

tmRNA：1

metagG_res.fsa 文件包含了预测基因的序列。

```
# 查看序列的基因序列
head megahit_temp/ prokka_summary / metagG_res.fsa
```

（4）sourmash 比较数据集　sourmash 是一款快速、轻量级核酸搜索和比对软件，可以从 DNA 序列中快速分析 k-mer，并进行样品比较和绘图，目的是快速且准确的比较大数据集并构建聚类。k-mer 指的是人为定义的含有 k 个碱基的核酸序列单元，如 TACT 是 4-mer，CTGAAT 是 6-mer。如一个 10 bp 的序列片段，如果转换成 6-mer 的序列单元，以 1 个碱基的差异进行步增叠加，可以拆分成 7 个 4-mer 单元或者 5 个 6-mer 单元。在序列拼接的时候，可以把序列转换成 k-mer 后进行拼接。

seqtk mergepe CR1.sub_1.qc.fq CR1.sub_2.qc.fq>CR1.sub.PE.qc.fq

创建 sourmash 工作目录并计算过滤序列的 k51 特征。

```
# 计算经过质控后的原始拼接序列的 k51 特征
sourmash compute -k51 --scaled 10000 CR1.sub_1.qc.fq -o sig/CR1.sub_1.qc.10k.k51.sig
sourmash compute -k51 --scaled 10000 CR1.sub.PE.qc.fq -o sig/CR1.sub.PE.qc.10k.k51.sig
```

计算对应的组装结果序列的 k51 特征。

```
sourmash compute -k51 --scaled 10000 megahit_temp/final.contigs.fa -o sig/CR1.sub.megahit.10k.k51.sig
```

评估成功拼接序列占拼接总序列的比例。

```
sourmash search sig/CR1.sub_1.qc.10k.k51.sig sig/CR1.sub.megahit.10k.k51.sig --containment
sourmash search sig/CR1.sub.PE.qc.10k.k51.sig sig/CR1.sub.megahit.10k.k51.sig --containment
```

评估结果：

```
select query k=51 automatically.
loaded query：CR1.sub.PE.qc.fq...（k=51,DNA）
loaded 1 signatures.
1 matches：
similarity    match
----------    -----
 16.0%         megahit_temp/final.contigs.fa
```

只有 16% 的序列成功拼接。

```
# 比较所有 signature 文件
sourmash compare sig/*sig -o metagenomes
# 比较结果绘图
sourmash plot --labels metagenomes
```

（5）基因丰度估计 Salmon 是一款转录组计数软件，它可以不通过 mapping 而获得基因的 counts 值。Salmon 的结果可由 edgeR/DESeq2 等进行 counts 值的下游分析。

链接 Prokka 生成的（*.ffn）文件中预测的蛋白质序列，以及质控后的数据（*.fq）。

```
ln –fs $wd/annotation/prokka_annotation/metagG.ffn .
ln –fs $wd/annotation/prokka_annotation/metagG.gff .
ln –fs $wd/annotation/prokka_annotation/metagG.tsv .
ln –fs $wd/data/*.abundtrim.subset.pe.fq.gz .
```

建立 Salmon 索引。

```
salmon index –t megahit_temp/prokka_annotation/metagG.ffn –i CR1_transcript_index –k 31
```

基于参考序列进行读长定量操作。

```
for file in *.pe.1.fq
do
tail1=.sub_1.qc.fq
tail2=.sub_2.qc.fq
BASE=${file/$tail1/}
salmon quant –i transcript_index --libType IU \
    –1 $BASE$tail1 –2 $BASE$tail2 –o $BASE.quant;
done
# 此步产生大量样品 fastq 文件名为开头的目录和文件
```

下载 gather-counts.py 脚本并运行，此步生成一批 .count 文件，它们来自 quant.sf 文件。合并所有的 counts 文件为丰度矩阵。

```
for file in *counts
do
  # 提取样品名
  name=${file%%.*}
  # 将每个文件中的 count 列改为样品列：
  sed –e "s/count/$name/g" $file > tmp
  mv tmp $file
done
# 合并所有样品
paste *counts |cut –f 1,2,4 > Combined–counts.tab
```

基因丰度矩阵，样式如下：

```
ranscript   SRR1976948  SRR1977249
KPPAALJD_00001  87.5839 39.1367
KPPAALJD_00002  0.0 0.0
KPPAALJD_00003  0.0 59.8578
KPPAALJD_00004  8.74686 4.04313
KPPAALJD_00005  3.82308 11.0243
KPPAALJD_00006  0.0 0.0
KPPAALJD_00007  8.65525 4.0068
KPPAALJD_00008  0.0 4.87729
KPPAALJD_00009  0.0 80.8658
```

结果可视化，此处采用 R 软件包进行绘图。

```
# 读取丰度矩阵
mat = read.table("Combined-counts.tab", header=T, row.names= 1, sep="\t")
# 标准化
rpm = as.data.frame(t(t(mat)/colSums(mat))*1000000)
log2 = log2(rpm+1)
# 相关散点图
plot(log2)
# 箱线图
boxplot(log2)
```

（6）bwa 序列比对，samtools 查看，bedtools 丰度统计。

① bwa 序列比对。

```
# 建立索引
bwa index megahit_temp/final.contigs.fa
bwa mem megahit_temp/final.contigs.fa CR1.sub_1.qc.fq CR1.sub_2.qc.fq > CR1_aln-pe.sam
```

② samtools 操作及可视化比对结果。

```
# 参考序列建索引
samtools faidx megahit_temp/final.contigs.fa
# 压缩 sam 为 bam 用于可视化：
samtools view CR1_aln-pe.sam -T megahit_temp/final.contigs.fa -O bam -o CR1_aln-pe.sam.bam
samtools sort CR1_aln-pe.sam.bam -o CR1_aln-pe.sam.bam.sorted.bam
samtools index CR1_aln-pe.sam.bam.sorted.bam
```

```
# 可视化
# 按 contig 的 reads 数量排序，找高丰度的查看
grep –v ^@ CR1_aln–pe.sam | cut –f 3 | sort | uniq –c | sort –n | tail
152 k141_3784
    158 k141_13786
    173 k141_15862
    180 k141_8787
……
# Pick k141_3784
# 查看 k99_13588 序列 400 bp 开始
samtools tview CR1_aln–pe.sam.bam.sorted.bam megahit_temp/final.contigs.fa –p
k99_13588:400
# 方向可以上下左右移动查看，q 退出
```

③丰度估计。

```
genomeCoverageBed –ibam CR1_aln–pe.sam.bam.sorted.bam > CR1_aln–pe.sam.bam.
sorted.bam.histogram.tab
```

④计算平均深度　产生结果文件。

```
wget https://raw.githubusercontent.com/ngs–docs/2017–cicese–metagenomics/master/
files/calculate–contig–coverage.py
python calculate–contig–coverage.py CR1_aln–pe.sam.bam.sorted.bam.histogram.tab
```

（7）分箱宏基因组　宏基因组拼接以后，就可以进行分箱（binning）分析，即将组装的重叠群（contigs）进行分组，这些组内可能来自相近的分类学单元。此处介绍利用 MaxBin 分箱软件进行分箱，Maxbin 考虑每个重叠群的序列覆盖度和四碱基频率，以记录每个分箱的标志基因数量。

分箱操作前首先要使用 bwa 比对原始序列到拼接结果，估计重叠群的相对丰度。此处分析只为演示，故只用原文 6 个数据集中的 2，降低迭代次数，将默认的 50 次改为 5 次，将降低结果质量，以减少运行时间。实际分析而言，分箱分析是数据越多越好的。

安装分箱工具，将 count 文件传递给 MaxBin。

```
ls *coverage.tab > abundance.list
```

开始分箱。

```
run_MaxBin.pl –contig megahit_temp/final.contigs.fa –abund_list abundance.list –max_
iteration 5 –out mbin
```

将所有的 bin 文件链接起来，并将文件名作为序列名。

```
for file in mbin.*.fasta
do
num=${file//[!0-9]/}
sed -e "/>/ s/$/ ${num}/" mbin.$num.fasta >> maxbin_binned.concat.fasta
done
```

生成一个用于可视化的列表。

```
echo label > maxbin_annotation.list
grep ">" maxbin_binned.concat.fasta |cut -f2 -d ' '>> maxbin_annotation.list
```

（8）使用 Anvi'o 工具箱分析宏基因组 使用 Anvi'o 可视化组装结果，Anvi'o 是一款非常强大，且可扩展的工具箱，主要用于泛基因组分析，也同样适用于宏基因组分析。

安装 Anvi'o 及相关程序。

```
wget https://repo.anaconda.com/archive/Anaconda3-2020.02-Linux-x86_64.sh
bash Anaconda3-2020.02-Linux-x86_64.sh
# 当访问是否添加环境变量 '$PATH' 至 '.bashrc'，需要同意输入 yes
source ~ /.bashrc
```

创建 Anvi'o 工作虚拟环境。

```
conda create -n anvio232 -c bioconda -c conda-forge gsl anvio=2.3.2
conda activate anvio232
# 想要退出工作环境可执行，目前不要执行。
```

检查是否正常工作，运行程序自带测试数据。

```
anvi-self-test --suite mini
```

此程序运行会产生图形界面环境，使用浏览器访问电脑 IP：8080 即可。

安装 bowtie2 软件。

```
wget https://downloads.sourceforge.net/project/bowtie-bio/bowtie2/2.3.2/bowtie2-2.3.2-
linux-x86_64.zip
unzip bowtie2-2.3.2-linux-x86_64.zip
export PATH=$PATH:/home/qiime2/metag/tools/bowtie2-2.4.1
echo 'export PATH=$PATH:/home/qiime2/metag/tools/bowtie2-2.4.1:$PATH' >> ~ /.bashrc
source ~ /.bashrc
sudo apt-get -y install samtools
```

生成 Anvi'o 格式。Anvi'o 输入文件需要原始数据和拼接结果，转换格式。

```
anvi-script-reformat-fasta megahit_temp/final.contigs.fa -o anvio-contigs.fa --min-len 2000 --simplify-names -r name_conversions.txt
```

bowtie2 序列比对，bowtie2 比对序列至拼接结果。

```
source deactivate anvio232
# 建索引：
bowtie2-build anvio-contigs.fa anvio-contigs
bowtie2 --threads 8 -x anvio-contigs -1 CR1.sub_1.qc.fq -2 CR1.sub_2.qc.fq -S CR1.bowtie2.sam
samtools view -U 4 -bS CR1.bowtie2.sam > CR1.bowtie2.bam


source activate anvio232
# 转换 bam 为 anvi 格式：
anvi-init-bam CR1.bowtie2.bam -o CR1.bowtie2.bam.anvio.bam
```

产生重叠群数据库，产生带有注释信息的重叠群数据库，包括物种、功能等信息，需要以下三个步骤：①将大于 20 kb 的重叠群分割统计；②使用 Prodigal 鉴定开放阅读框，并估计单拷贝基因含量；③计算 k-mer 频率。产生数据库，预测开放阅读框。

```
anvi-gen-contigs-database -f anvio-contigs.fa -o anvio-contigs.db
```

hmm 搜索和鉴定单拷贝基因。

```
anvi-run-hmms -c anvio-contigs.db --num-threads 2
```

添加读长覆盖度信息，多线程。

```
anvi-profile -i SRR1976948_1.qc.fq.gz.aln.sam.bam.sorted.bam.anvio.bam -c anvio-contigs.db -T 28
for file in *.anvio.bam
do
anvi-profile -i $file -c anvio-contigs.db -T 28
done
```

CONCOCT 分箱并生成 anvi 可视化文件。

```
anvi-merge *ANVIO_PROFILE/PROFILE.db -o MERGED-SAMPLES -c anvio-contigs.db --enforce-hierarchical-clustering
```

展示可视化结果。

```
anvi-interactive –p MERGED–SAMPLES/PROFILE.db –c anvio–contigs.db
```

筛选分箱，统计分箱结果。

```
anvi-summarize –p MERGED–SAMPLES/PROFILE.db –c anvio–contigs.db –o SAMPLES–
SUMMARY –C CONCOCT
```

网页展示结果。

```
anvi–interactive –p MERGED–SAMPLES/PROFILE.db –c anvio–contigs.db –C CONCOCT
```

人为挑选分箱前，需要备份结果。

```
cp –avr SAMPLES–SUMMARY/ SAMPLES–SUMMARY–ORIGININAL/
```

人为挑选分箱，从 bin4 开始。

```
anvi–refine –p MERGED–SAMPLES/PROFILE.db –c anvio–contigs.db –b Bin_4 –C CONCOCT
```

📺 推荐阅读

1. Salt DE，Baxter I，Lahner B. Ionomics and the study of the plant ionome [J]. *Annual Review of Plant Biology*，2008，59：709–733.
首次提出离子组和离子组学的概念，系统介绍了离子组学的研究方法和内容。
2. Huang XY，Salt DE. Plant ionomics：from elemental profiling to environmental adaptation [J]. *Molecular Plant*，2016，9：787–797.
全面总结了离子组学研究领域近十年的研究进展，展望了离子组学研究的未来方向。
3. Streit WR，Daniel R. Metagenomics：methods and protocols [J]. *Molecular Biology*，2013，53:90–91.
系统介绍了宏基因组的概念和研究方法。

❓ 复习思考题

1. 试述离子组和离子组学的基本概念、研究内容和研究方法。
2. 试述基于扩增子测序技术与宏基因组测序技术获得的序列进行分析的基本步骤。

💬 **开放性讨论题**

1. 如何通过离子组学研究植物的环境适应性?

2. 如何研究植物在生长过程中根际微生物群落组成及其功能对植物根系分泌物的响应?

第九章

植物表型组大数据

　　植物表型组大数据是研究表型组学所获取的所有表型与环境数据的学科，其基本思想是利用多种数据分析方法解析植物不同尺度、不同环境下的遗传和变异，以及植物对生物胁迫和非生物胁迫的响应。因此，对海量表型数据的挖掘、分析与管理是植物表型组大数据的核心。不同植物表型组大数据鉴定技术所获取的表型数据，其数据分析方法略有差异，因此，需要根据数据获取技术的特点选择适当的数据分析方法才能精准挖掘表型–基因型–环境的内在关联，揭示植物结构和功能特征在基因和环境变化下的功能特征和反应机制，从而指导植物遗传育种与栽培管理等工作。

　　本章重点介绍植物表型组大数据鉴定技术与分析方法的基础理论知识。要求掌握植物表型组大数据的概念及其特点，了解植物表型组大数据鉴定技术的原理、特点及其适用范围，掌握植物表型组大数据处理与分析的常用方法，思考提升植物表型组大数据信息挖掘深度及数据分析精度的措施。

第一节　表型组大数据概述

伴随着信息技术飞速发展，人类社会向大数据、智能化时代迈进。测序技术的普及化和规模化带来新的问题：如何使用有效的高通量表型技术来获取对应的表型信息。在这样的背景下，植物表型组学应运而生。然而与飞速发展的基因组技术相比，表型数据采集却是限制作物育种和功能基因组学研究的主要瓶颈。大规模表型数据的获取成了作物育种和组学发展的阻碍，为了快速、高效、高分辨率地分析植物遗传模式、基因功能、植物表型与环境相互作用机制，迫切需要开发高效且合适的高通量自动表型采集技术来获取相应的作物表型信息数据，与基因组信息共同推进对植物产量、质量和抗性的研究。因此对实现大规模表型数据的获取和处理方法的研究具有重要意义。

一、表型组学的定义

表型组学（phenomics）是一门在基因组水平上系统研究生物体或细胞在各种环境条件下所有表型的学科。作为一门跨多门类学科（光电子学、计算机科学、机械制造、自动控制、基因组学、生物信息学等学科，图 9-1），表型组学研究综合了自动化控制、光学成像、图像分析、计算机技术等现代科学技术，利用多尺度、多维度的全方位数据有效追踪基因型、环境与表型的关系。植物表型组学重点研发新仪器（如高通量表型检测平台、农业机器人等）与新技术（如高通量筛选技术、先进成像技术、高效表型分析技术等），以高效、自动、精确地捕获表型数据，是突破作物育种与栽培瓶颈、促进功能基因组学研究进程的关键领域。

图 9-1　表型组学

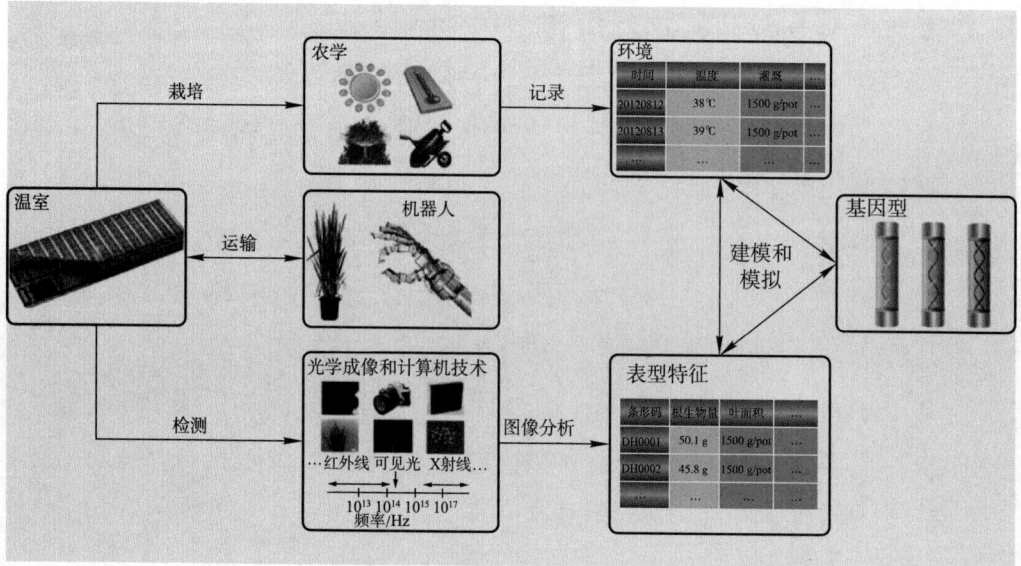

二、表型组学的研究内容

植物表型组学研究主要包括实验设计、数据采集以及数据管理与分析三个方面。实验设计即精心设计与控制实验方案，包括基因操作与组合、植物繁种与栽培、环境设置等；数据采集则为记录植物生理与环境信息、生态、农业、生理学等定量和定性信息的过程，是生态学、农学和生理学等研究中挖掘植株功能多样性、比较物种 / 品种性能及植株对环境的应答等的基础；数据管理与分析是对海量的表型及环境数据进行管理及系统分析，以获取表型性状间的关联、基因和环境与表型之间的关系等。作物表型性状分析对于培育抗旱、抗倒伏、抗毒、抗虫、耐盐碱、营养利用率高等显著优良表型的作物品种具有重要的参考价值。

基于光学成像和图像分析技术，可以实现作物表型的自动测量。无损测量为其最重要的一个优势，可实现对同一植株进行连续测量，以获得与植物生长相关的表型性状。例如，在植物胁迫研究中，可以通过测量植物在一段时间内的连续生长来明晰植物对胁迫的响应模式及其对胁迫的抵抗力。此外，基于光学成像的表型测量能够快速高效地提取植物表型，使得测量大量样品的生长情况成为可能。通过结合基因组分析，如 QTL 分析（包括 GWAS 和连锁分析）等，可以定位到引起植株胁迫响应差异的基因位点。基于图像信息的表型平台具有的重要优势是，在稳定一致的环境条件下，能够以定量化的方式，客观、准确、快速、无损地获得植物表型，不仅能够获得传统人工所能测量的表型（如株高和生物量等），而且还可以提取无法人工测量或测量难度大的新特征（如植物生长的密度、谷粒投影面积等）。

植物表型是基因与环境共同作用的结果，植物基因在不同的环境条件下，其遗传信息被选择性地表达，随着时间的推移形成动态的三维表达。因此，植物表型的复杂性和其所包含的信息量远远超过了研究人员的预估。在这种复杂特征下，植物表型组学旨在整合各种自动化和信息平台技术手段，在不同环境条件下高效获取植物全生育期表型数据，并与获取到的植物基因组学、蛋白质组学等信息结合，利用大数据分析和挖掘技术，深入挖掘从表型到基因，再到基因型和环境互作（基因型 G– 表型 P– 环境 E）的内在关系，揭示植物结构和功能特征在基因和环境变化下的功能特征和反应机制。随着计算机科学、电子信息技术、植物科学的不断发展，通过机器人技术、光谱成像技术、激光雷达技术、生理生化传感等手段，慢慢形成了一种大数据，我们称为植物表型组学大数据，它涵盖了植物从群体到细胞的不同尺度、不同环境条件下的遗传和变异，以及植物对生物和非生物胁迫的响应信息。

植物表型组大数据涵盖了从生理生化、生态、生长等多维尺度的表型原始数据、表型性状元数据到生物学知识的全集数据，这使得它的产生、形成、收集及存储是一项十分巨大的科学系统工程（表 9-1）。以植物栽培和育种作为导向，植物表型组学大数据依赖于采集设备、传感设备、数据通信、数据存储、大数据分析等现代信息技术，同时需要植物学、农学、机械工程学、自动化科学、图形图像学、计算机科学等多学科人员在大数据生成和形成的各环节紧密协作。如图 9-2 所示，在对植物表型大数据进行获取、

图 9-2 植物表型组
学大数据形成过程

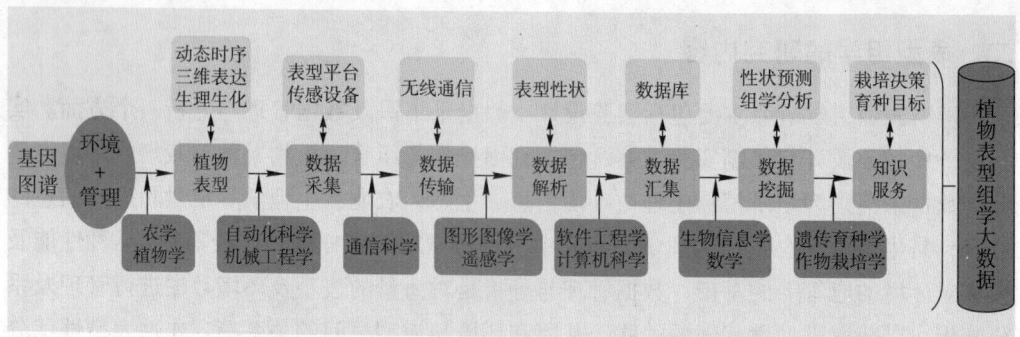

表 9-1 多尺度植物表型数据获取与解析实例

不同尺度分类	数据类型	表型解析方法	表型参数	植物类别
器官尺度	RGB+深度图像	深度卷积神经网络（DCNN）	叶片识别（叶片胁迫的类型）、分类（低、中或高胁迫）及量化（胁迫严重度）	大豆
		支持向量机（SVM）	叶片病毒侵染识别	番茄
	荧光成像	支持向量机（SVM）	叶片黄龙病检测	柑橘
	高光谱成像	支持向量机（SVM）	病害早期检测	大麦、番茄、甜菜
		k-均值聚类	叶片黄褐斑病检测	大麦
	光谱、红外、叶绿素荧光成像	随机森林	小麦黑斑病检测	小麦
植株尺度	RGB+光谱图像	支持向量机（SVM）	植物动态生长表型	大麦
	点云数据	Faster-R-CNN	植株分割、株高检测	玉米
	RGB图像	简单线性迭代聚类（SLIC）+卷积神经网络（CNN）	大田水稻稻穗识别	水稻
		卷积神经网络（CNN）	开花表型性状	小麦
	RGB+高程图像	卷积神经网络（CNN）	出苗率、生物量	小麦
群体尺度	立体相机成像	深度卷积神经网络（DCNN）	茎秆数目、茎宽表型	高粱、甘蔗、谷物、玉米
			冠层覆盖度、植被指数、开花表型检测	棉花
	多光谱成像	支持向量机（SVM）	黄龙病检测	柑橘
	点云数据	人工神经网络（ANN）	绿叶面积指数（GAI）解析	小麦
		浅层卷积神经网络（CNN）	产量性状	莴苣

管理、解析和挖掘等一系列环节之后，最终将植物表型组学大数据转化为可用的植物学相关新知识。

三、植物表型组大数据的特点

植物表型组大数据具备传统大数据的 4V 特征：①数据量大（volume），依靠现代信息与工程技术连续动态监测，使表型数据量迅速增加，每天对植物进行动态监测所生成各类图像数据动辄达到 TB 级别；②数据多样性（variety），植物表型大数据所包含的数据从地下到地上，从室内到室外，从生长到收获后，从群体到细胞以及从单一植物到遥感尺度；③数据时效性（velocity），结合现代信息与工程技术的发展，可以快速、实时地获取实验中的植物表型信息；④数据的价值性（value）：可以从实验获取到的植物表型中挖掘出有价值的信息，通过分析定位基因来指导育种。除此之外，植物表型组大数据还具有以下 3H 特性：①高维度（high dimension），植物表型的各类数据包含文本数据、图像数据、光谱数据、3D 点云数据、视频数据，这些多生理环境、多模态、多尺度数据对植物表型大数据分析带来巨大挑战；②高度复杂性（high complexity），基因型 G– 表型 P– 环境 E 之间的相互作用和影响，使数据之间的差异更加复杂；③高度不确定性（high uncertainty），由环境因素诱发的差异，以及样品来源、处理、采集标准、存储格式等的差异，导致植物表型数据具有低重复性、不确定性等特点。

第二节 植物表型组大数据的鉴定技术

一、可见光成像

随着细胞学、组织学的兴起，涌现出大量应用无损光学成像方法进行表型测量的研究。其中，可见光成像是应用最广泛、最简单的成像技术。可见光成像技术具有操作简单、速度快、成本低、易维护等特点，自 1975 年发明第一台数码相机以来，可见光成像技术已广泛应用于植物科学研究。与人眼所感知的波长范围类似，可见光成像的波长区间为 400 ~ 700 nm。可见光成像技术广泛应用于研究植物结构、形态、颜色、质地、发芽状态、产量特性、尖峰特性、电阻、根系生长发育等参数。如利用图像处理技术自动跟踪和监测拟南芥秧苗根系的生长动态，通过绿叶投影区估算拟南芥的生长速率以及对于干旱胁迫的应答等。对于小麦、大麦、水稻等禾本科多分蘖植物，由于植物器官之间相互遮挡的原因，通常需要通过旋转植物，减少掩蔽所产生的影响，从而能够获取植株多角度下的图像进行分析。图 9-3 展示了玉米可见光图像处理过程。单个可见光传感器可以获取二维成像相关参数，但会缺失部分立体空间信息；在此基础上，可以利用可见光传感器阵列，通过机器视觉算法获得样本的三维空间结构，获取三维参数，这同时会增加要素的采集时间。无论是目前还是将来，充分结合 2D 和 3D 成像技术都是植物表型综合检测方面的首选成像技术。

图 9-3　玉米可见光
图像处理
A. 自然生长状态;
B. 可见光成像;
C. 图像处理后

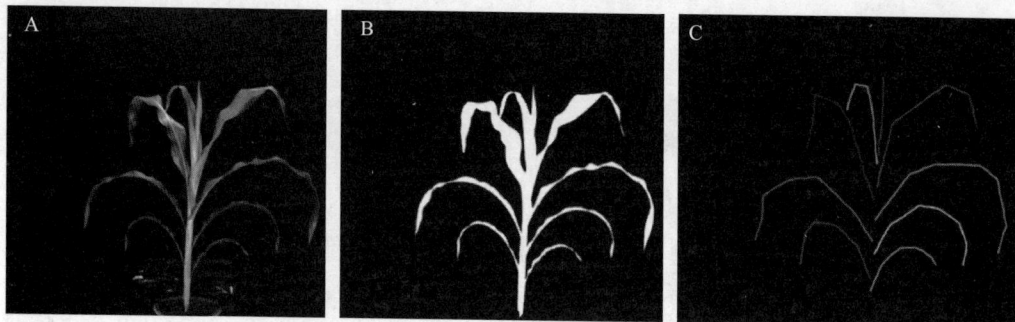

图 9-3 彩色图片

二、高光谱成像

高光谱成像能够连续捕获空间和生物化学信息,这使得精确预测色素含量的可能性更大。研究表明,在叶片内色素分析上高光谱成像具有提供高质量光谱信息的潜力。因此,可见光和近红外波段的高光谱成像技术常被用来预测色素含量(如叶绿素和类胡萝卜素)、水分含量、生物量、逆境胁迫情况等。

三、红外成像

红外成像技术是利用物体自身各部分对红外热辐射的差异把红外辐射图像转换为可视图像的技术,其原理是基于自然界中一切温度高于绝对零度的物体每时每刻都辐射出红外线,同时这种红外线辐射都载有物体的特征信息。常见的红外成像技术有远红外(far infrared, FIR)成像(波长范围为 7.5 ~ 13.5 μm)和近红外(near infrared, NIR)成像(波长范围为 0.9 ~ 1.7 μm)。

远红外成像也称为远红外热成像,常使用红外热成像仪采集远红外图像。通过探测物体发出的红外辐射,红外热成像仪可以产生实时的物体热图像,从而将看不见的辐射图像转变为人眼可见的、清晰的图像,并通过红外热图像分析软件或其他红外热分析软件得到温度直方图、感兴趣区域平均温度等信息进一步理解被测对象。对于单个植物水平的数据可用于定点分析温度、区域温度最高值、区域温度最低值、等温分析、温度趋势等,对于群体水平的数据可用于检测植物对干旱、盐、病虫害等胁迫的响应情况。

近红外成像设备的波长范围是介于可见区和中红外区间的电磁波。随着计算机技术的发展和化学计量学(chemometrics)诞生,近红外成像和化学计量学结合产生了现代近红外光谱学,近红外成像最先应用于农业领域。与传统分析技术相比,近红外光谱分析技术具有诸多优点,它能在数分钟内,仅通过对被测样品完成一次近红外光谱的采集测量,即可完成其多项性能指标的测定(最多可达十余项指标);光谱测量时不需要对分析样品进行前处理;分析过程中不消耗其他材料或破坏样品;分析重现性好、成本低。近红外成像主要用于观测分析植物的水分状态及其在不同组织间的分布变异,通过研究植物体对近红外区间的光吸收和反射情况,可以分析出植物体内的含水量及其健康状况(图 9-4)。处于良好浇灌状态的植物表现出对近红外光谱的高吸收性,而处于干旱状态的植物则表现出对近红外光谱的高反射性,通过分析软件可以监测分析从干旱胁迫

拓展阅读 9-1

水稻的红外成像图

图 9-4　不同含水量
的植物对比
左边为同样外观的玻
璃瓶，其中一瓶空
置，一瓶装满纯净
水。不同玻璃瓶在近
红外区可反映出不同
光吸收和反射的情况

到再浇灌过程中的整个过程动态及植物对干旱胁迫的响应和水分利用效率，并形成假彩图像，可以与植物的形态指数及叶绿素荧光指数进行相关分析研究。因此，近红外成像检测技术被广泛用在植物含水量、水分动力学、胁迫生理学等方面的研究。

四、荧光成像

植物表型检测中最常用到的荧光成像技术是基于叶绿素荧光进行检测的。叶绿素荧光成像系统克服了传统荧光仪有限点测量的不足，从而逐步得到广泛应用。该系统一般包括激发光源、滤光片、探测器、计算机和控制模块等，通过获得植物叶或树冠的荧光信号，并结合数字图像处理技术，可以分析得到空间荧光强度的分布（图 9-5）。不同的测量方案可以获得不同的荧光诱导消灭曲线，其中光源和光源模式的设置是方案选择的关键。光源的主要类型是测量光、光化光和饱和光。测量光可以在暗适应后用于激发最小荧光灯，通常选择蓝光或红光；光化光是接近自然光的光源，光化光的光照强度与自然光非常相近，因此，研究人员通常选择蓝光或红光让植物的光合系统产生实质性的光化学反应；饱和光的光照强度超过植物光化学系统的光捕获能力，会导致叶绿素荧光强度达到最高，所以研究人员通常选择白光。不同的光照模式可以获取不同的光合作用信息。例如，微秒或更小的闪光可以观测光系统 Ⅱ 供体和受体侧电子传递反应，毫秒级的饱和光脉冲（pulse）能够得到光合电子传递链（electron transport chain，ETC）的信息；5~10 min 的光照可以获得稳定的光合活性信息。

五、激光雷达成像

成像激光雷达分为扫描成像激光雷达和非扫描成像激光雷达，可以直接获得目标的轮廓和位置信息（即强度像和距离像），同样可以很容易地识别目标。在国防、航空、工业、医学、农业等领域有广泛的应用。选择直接探测的成像激光雷达系统一般可采用三种技术。

（1）单元探测器　每次只探测一个像素。由于探测器技术和激光器技术都比较成

图 9-5 烟叶荧光变化
a1～f5 荧光颜色逐渐
增加

图 9-5 彩色图片

图 9-5 烟叶荧光变化
a1～f5 荧光颜色逐渐增加

熟，因此大部分成像激光雷达的研究都是采用这种技术。由激光器发出一个脉宽很窄的脉冲，通过测量光波的往返时间，从而确定目标距离。扫描器将发射脉冲指向目标，获取的回波强度能够反映出目标的反射率特性。扫描器按照所选的扫描图样将光束指向目标上的不同位置。通过这样一系列的环节，就可以在接收系统中得到目标的角度－角度－强度图像和角度－角度－距离图像（angle-angle-range，AAR，又称三维图像）。该成像技术的要求为：激光的重复频率高、脉冲宽度窄、单脉冲能量大。

（2）面阵列探测器 每次探测所有像素。通常来说，成像激光雷达是不可能实现同时具备高成像速率和高分辨率的，而这两者的矛盾在采用单元探测器的激光雷达使用过程中尤为突出。因此，在成像分辨率要求较高而成像速率不高的情况下，可采用面阵列探测器技术。通过控制发射激光让其能够同时覆盖整个目标，然后用二维阵列探测器接收回波信号。这种方法需要在对发射光和接收信号进行调制之后，才能测量出距离信息。面阵列探测器技术的优点是不需要扫描器，缺点是所要求的激光器发射功率要足够大而不能采用高灵敏度的探测器。

（3）阵列探测器 每次探测数个像素。将发射光分成 n 束，同时照射目标上 n 点。从 n 点接收到反射的信号，然后投射到对应的 n 元探测器上，通过处理可得到 n 个像素的距离信息和强度信息。通过扫描器扫描目标的各个位置，直到探测到所要求的像素时，成像显示。阵列探测器技术对扫描器的要求较高。作为前两种技术的一个折中，这一项技术是比较具有发展潜力的。

目前，基于激光雷达点云所提取的植物表型参数主要包括植物单株水平的叶长、叶宽、叶倾角和叶面积，以及群体水平的冠层高度模型（CHM）、冠层覆盖度、数字化表面模型（DSM）、单位面积植物密度（PAD）等（图9-6）。目标植物点云中所伴随着大量不相关或位置有偏移的杂点称为噪声。这些噪声的来源可以分为三类：①由扫描系统自身误差而引起的偏差；②由目标植物的物理属性而引起的偏差，如目标植物表面过亮导致的镜面反射等；③偶然不可控因素，如风、雾等引起的偏差和遮挡等。由于特征参数提取的精度和质量会收到噪声点带来的较大影响，因此，为了提高参数提取精度和植物建模的精度，首先需要做的就是对噪声点进行去除和平滑处理。通过对目标植物扫描数据进行多种算法结果对比之后，最终选取了效果最优的基于统计学的去噪算法，即首先计算每个点与周围 k 邻域之间的平均距离，假设结果服从高斯分布，高斯分布的形状由均值和标准差确定，如果平均距离在给定的标准偏差范围内，则点将归于目标点，如果超过阈值范围，则将该点判定为噪点并将其去除。为了更清楚地显示算法的效果，以多行扫描后高粱数据为例，在基于统计学上的去噪后，茎与叶之间的噪声显著降低，作物形态特征更加清晰。随后，使用建模软件修复点云漏洞和缺失部分，在完整点云的基础上完成植物精细建模。

使用激光雷达进行株高测算（图9-7），该算法通过识别点云数据中植物最高点和基部最低点进行差值运算，获取的植物株高可达毫米级，在速度与精度上都具有极大的优势。传统的图像方法只能获取平面信息，在获取冠层的复杂垂直结构的能力有限，而激光雷达独特的 3D 点云获取能力使它成为研究树冠结构的有效工具（图9-8），因此尝试利用点云提取实验冠层（叶倾角，PAD）的相关参数。叶倾角，即叶片腹面的法线和天

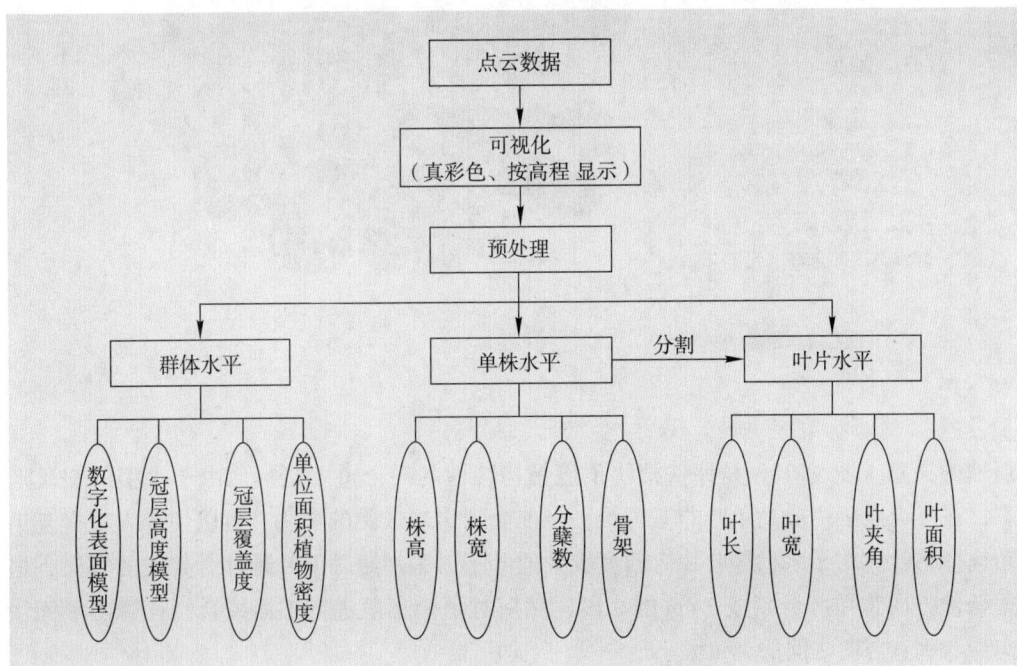

图 9-6　点云数据处理流程

图 9-7 激光雷达点云图

图 9-8 显示植物株高信息的点云图

图 9-8 彩色图片

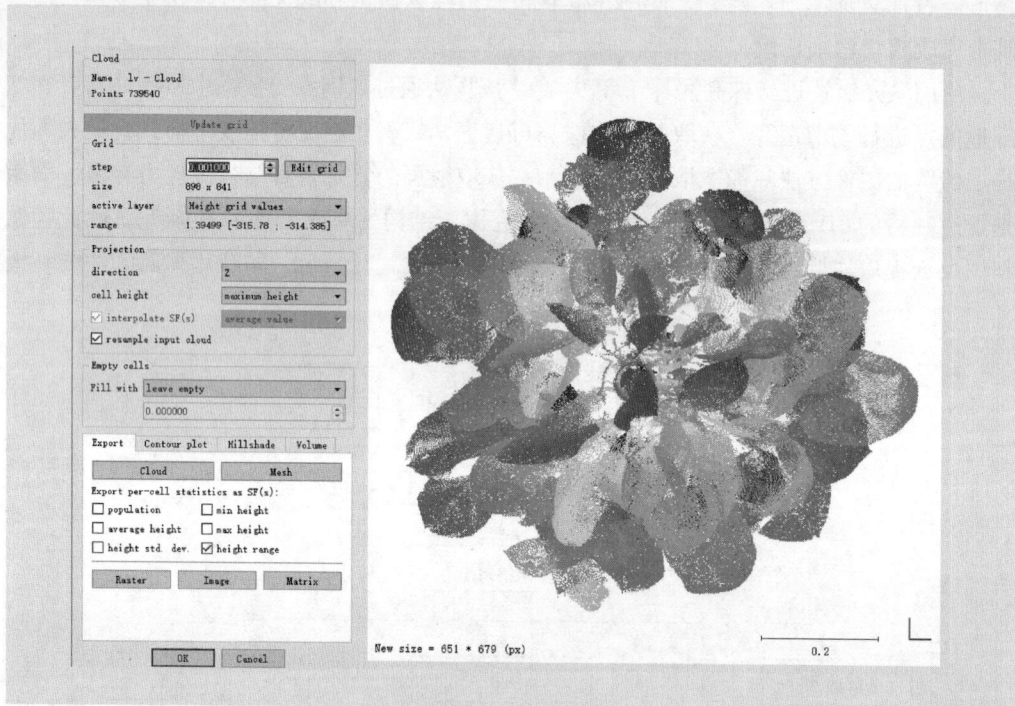

顶轴的夹角（图 9-9），是评估植物顶篷结构特性的一个重要指标。由于水稻的交叉形态，在三维点云中分离单叶非常困难，目前尚未出现成熟的算法。可以使用人工交互手动选择单叶。对于水稻等叶片弯曲度较大的叶子，采用跟踪叶片延伸骨架线的方法，根据延伸方向将单叶分割成 2 cm 的小段，然后对每个小段进行平面拟合，计算出平面法向量与垂直方向之间的夹角大小。

图 9-9　叶倾角示意图

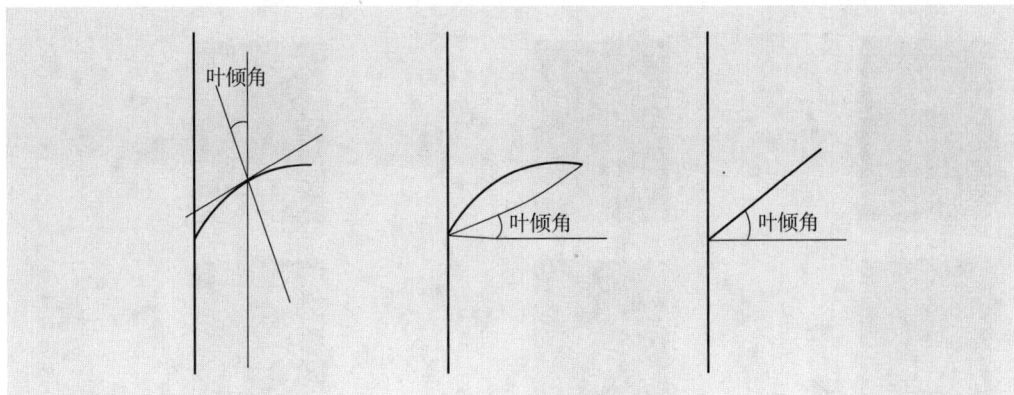

六、CT 成像

CT 成像是利用 X 射线对物体进行扫描，从而得到物体内部断层图像的过程。X 射线是一种波长为 0.01～10 nm 且肉眼不可见的电磁波，其能量范围是 0.12～124 keV（千电子伏）。X 射线具有以下四个特性：①穿透作用。由于具有波长短、能量高、能够轻易穿透物体的特点，在穿透物体的过程中会有部分 X 射线被吸收，即为衰减。X 射线的穿透能力与管电压、物体厚度、物体密度相关。当管电压增加时，X 射线的穿透能力会随之增加；当物体厚度增大，密度增大时，X 射线的穿透能力会随之减小。②荧光效应。当硫化锌镉或钨酸钙等荧光材料被 X 射线照射后，能转化成肉眼可见的荧光。③电离效应。当 X 射线照射物体时，能够使核外电子脱离原子轨道的作用称为电离作用。X 射线通过任何物体都可产生电离效应，X 射线测量仪器就是通过测量空气中的电离电荷量来测量辐射量。④生物效应。X 射线的电离辐射对生物细胞会造成损伤甚至坏死，因此在进行 X 射线检查或 CT 检查时要特别注意减少辐射剂量。

近年来，CT 成像在植物领域的研究逐渐增多。一般而言，CT 系统由计算机、PCL 控制器、微焦斑射线源、旋转平台、平板探测器等 5 个功能模块组成。CT 主要用于获取结构相关性状，以水稻分蘖为例，可获取分蘖直径、厚度、数量、面积、形态相关的参数。由于 CT 成像获得的是断层图像，所以在图像处理过程中涉及重建过程。CT 重建算法可主要分为两大类：解析重建算法和迭代重建算法。解析重建算法是以 Radon 变换和"傅立叶中心切片定理"为理论基础，如滤波反投影法（filtered back projection，FBP），FDK 算法（L. A. Feldkamp，L. C. Davis 和 J. W. Kress 三人在 1984 年提出的锥束 CT 重建算法）等。解析重建算法重建速度较快，可进一步细分为精确重建算法和近似重建算法。在采集到的投影数据是完整均一的理想情况下适宜采用精确重建算法。迭代重建算法是以解线性方程组求解的优化理论为基础，如代数重建技术（algebraic reconstruction technique，ART），有序子集最大期望值法（ordered subset expectation maximazation，OSEM）等。迭代重建算法可以很方便加入一些限制条件优化目标，尤其是同样可以应用到 CT 的迭代重建算法中的压缩传感（compressed sensing）新技术，可以明显地减少扫描时间和改善重建的图像质量，但求解线性方程组需要不断重复迭代，计算过程非常

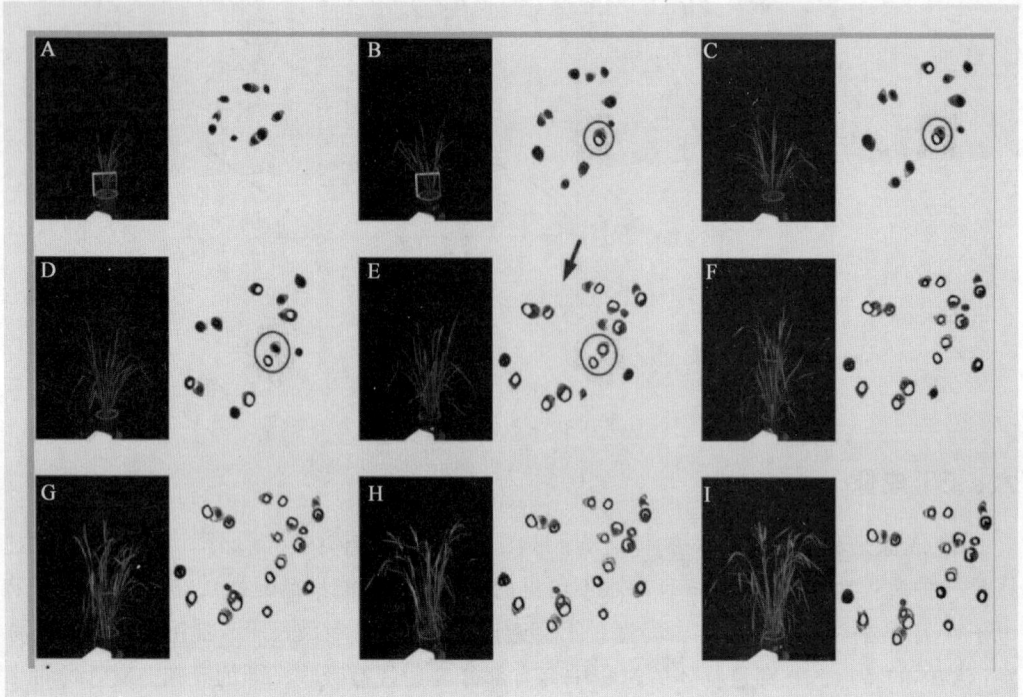

耗时。以水稻分蘖测量为例（图9-10），不关注分蘖内部细节而只需要对水稻分蘖计数，对重建图像质量要求并不高，则更适宜使用滤波反投影算法（FBP）。

除上述常见的可见光、高光谱、近红外、红外、荧光、激光成像、CT成像技术外，其他一些基于光学和电子学的成像技术也被应用到植物表型检测中。目前，结构光成像、核磁共振成像（MRI）、正电子发射断层成像技术（PET）、太赫兹已经广泛用于植物结构、生理和胁迫相应机制等方向的研究。

第三节 表型组大数据分析方法

表型组数据分析方法主要包括数据预处理方法和建模方法等，本节将简单介绍常用的分析方法。

通常在数据处理前先进行对照校正，如高光谱数据需要对原始数据进行白板和暗电流校正，并使用校正后的数据进行后续的数据分析。具体的对照校正方法依据成像技术而定。

一、光谱数据预处理方法

（1）导数算法 导数预处理常用于高光谱或近红外光谱数据预处理，用于消除基线偏移和漂移。导数算法中常使用直接差分法求解光谱数据的一阶导（1ˢᵗ der，公式9-1）

与二阶导（2nd der，公式 9–2）。

$$\frac{dx}{d\lambda} = \frac{x_{i+1} - x_{i-1}}{2\Delta\lambda} \tag{9–1}$$

$$\frac{d^2x}{d\lambda^2} = \frac{x_{i+1} - 2x_i + x_{i-1}}{\Delta\lambda^2} \tag{9–2}$$

式中，x_i 表示光谱值，λ 表示波长，$\Delta\lambda$ 即为公式中对应光谱值的波长差。

（2）多元散射校正（multiple scatter correction，MSC）　常用于非均匀样品的近红外漫反射光谱，分离散射介质光谱中物理光散射信息和化学光吸收信息，研究的是样品中的化学成分含量。样品的散射作用可使得原始光谱中含有大量的、与化学成分含量吸收无关的干扰信息。在实际测量过程中，由于光的散射受固体颗粒尺度、形状、分布等物理因素影响，不同样品、同一样品不同次测量得到的光谱所包含的散射信息可能会存在差异，最终会对定标模型的稳定性产生影响。因此，需要对散射信息进行校正。MSC 的具体算法如下。

计算所有样品光谱数据的平均光谱作为标准光谱：

$$\overline{A}_{i,j} = \frac{\sum\limits_{i=1}^{n} A_{i,j}}{n} \tag{9–3}$$

每个样品的光谱值与标准光谱进行一元线性回归运算，求得各光谱相对于标准光谱的线性平移量（回归常数 b_i）和倾斜偏移量（回归系数 m_i）：

$$A_i = m_i \overline{A} + b_i \tag{9–4}$$

多元散射校正：

$$A_i(MSC) = \frac{A_i - b_i}{m_i} \tag{9–5}$$

式中，A_i 为第 i 个样本的原始光谱，$\overline{A}_{i,j}$ 为所有样品的平均光谱。

（3）标准正态变量变换（standard normal variable transformation，SNV）　SNV 用于校正样品间因散射而引起的光谱误差，只适用于光谱与样品浓度/含量呈线性关系的情况。SNV 的具体算法如下。

对每一条光谱进行处理，以样品（列）× 光谱（行）为例，即基于"行"对需要 SNV 变换的光谱 $X_{i,k}$ 按下式计算：

$$X_{i,SNV} = \frac{X_{i,k} - \overline{X}_i}{\sqrt{\dfrac{\sum\limits_{k=1}^{m} (X_{i,k} - \overline{X}_i)^2}{m-1}}} \tag{9–6}$$

式中，$\overline{X}_i$ 为第 i 样品光谱的平均值（标量）；$k = 1, 2, \cdots, m$，m 为波长点数；$i = 1, 2, \cdots, n$，n 为校正集样品数。

（4）去趋势化（de-trending）　去趋势化通常用于 SNV 处理后的光谱，用来消除漫反射光谱的基线漂移，也可以单独使用。其原理是：首先按多项式将光谱 x_i 的吸光度和波长拟合出一条趋势线 d_i，然后把 d_i 从 x_i 减掉即可，即（$x_i - d_i$）。需要注意的是，当结合 SNV 使用时，在使用 SNV 前需要将反射光谱单位转换成 $\log \dfrac{1}{R}$ 的形式。

（5）Savitzky–Golay 卷积平滑法　当光谱含有的噪声为零均随机白噪声，且多次测量取平均值可降低噪声而提高信噪比时，常使用 Savitzky–Golay 卷积平滑法进行数据预处理，其原理是：把光谱区间的 $2m+1$ 个连续点作为一个窗口，用多项式（自变量为点的编号 i，$i=0$，± 1，± 2，$\cdots$，$\pm m$）对窗口内的光谱数据做最小二乘拟合，得到相应的多项式系数；再根据得到的多项式系数计算出该窗口中心波长点（$i=0$）的平滑值和各阶导数值；使窗口在全谱范围内移动，计算原光谱的 SG 平滑光谱和 SG 导数光谱。窗口中心点的平滑值和各阶导数值可以表示为窗口内各点实测数据的线性组合。

应用此方法时，窗口宽度的选择非常重要：窗口数据点多，造成的光谱失真严重；窗口数据点少，则去噪效果不佳。因此，应用时应移动窗口宽度的优化选择。

除以上 5 种预处理方法外，常用的预处理方法还有小波变换（wavelet transform，WT）、正交信号校正（orthogonal signal correction，OSC）、傅立叶变换（Fourier transform，FT）和净分析信号算法（net analytical signal，NAS）等。预处理方法的效果如何需要结合后续的建模分析判断。

二、建模方法

（1）逐步回归分析（stepwise regression analysis，SRA）　SRA 是海量数据处理、分析和信息提取中最常用的统计分析方法，其基本思想是在建立多元回归方程的过程中，逐步引入自变量，检验偏回归平方和或是偏相关系数是否显著作为引入的标准。与此同时，每当引入一个新自变量之后，将会对已引入的自变量全部进行统计假设检验，将检验结果显著的自变量留在回归方程内，不显著的自变量将会被剔除，确保最后留下来的所有自变量都是符合显著性检验的。计算过程中，每一步都只有一个自变量在当前的回归模型被引入或被剔除。重复上述步骤直至不再有变量被引入或是剔除，这样最终就能得到最优化自变量子集。

（2）主成分分析（principle component analysis，PCA）　PCA 是一种多统计分析方法，它通过将多个变量进行线性变换，选择出少量且相互无关的重要变量，更适合变量个数与变量之间有较多相关性的情况。它综合所有原始变量，尽量去除重复信息，并尽可能包含原始信息，建立少量彼此无关的新变量。

（3）偏最小二乘分析（partial least squares analysis，PLSA）　PLSA 能较好地解决多元线性回归中存在的样本数少于变量数等问题，是光谱分析中使用最多的一种建模方法。其原理为：

同时分解 $X(n\times m)$ 和 $Y(n\times l)$ 矩阵，见公式 9-7 和 9-8：

$$X(n\times m)=T(n\times u)\cdot P(u\times m)+E(n\times m) \tag{9-7}$$

$$Y(n\times l)=U(n\times u)\cdot Q(u\times l)+F(n\times l) \tag{9-8}$$

式中，$T(n\times u)$ 和 $U(n\times u)$ 分别是 X 和 Y 的得分矩阵，$P(u\times m)$ 和 $Q(u\times l)$

分别是 X 和 Y 的载荷矩阵，$E(n \times m)$ 和 $F(n \times l)$ 是 X 和 Y 的误差矩阵。随后，$T(n \times u)$ 和 $U(n \times u)$ 建立线性关系，见公式 9-9：

$$U(n \times u) = T(n \times u) \cdot B(u \times u) \qquad (9-9)$$

式中，$B(u \times u)$ 是回归系数矩阵。

模型建立后，即可对未知样本 $X_{未知}(n \times m)$ 的待测量进行预测，先根据 $P_{未知}(u \times m)$ 矩阵求解出 $X_{未知}(n \times m)$ 的得分矩阵 $T_{未知}(n \times u)$，然后计算 $Y_{未知}(n \times l)$，公式见 9-10：

$$Y_{未知}(n \times l) = T_{未知}(n \times u) \cdot B(u \times u) \cdot Q(u \times 1) + F(n \times l) \qquad (9-10)$$

式中，要求误差矩阵 $\| F(n \times l) \|$ 达到最小，由此即可得到未知样本 $X_{未知}(n \times m)$ 的 PLSA 预测值。

（4）随机森林（random forest，RF） 随机森林可以看成是 Bagging 和随机子空间的结合，是由多个分类回归树组成的分类器，这些分类器组合在一起进行决策，以期得到最"公平"的集成学习方法。构造每一个分类器需要从原始数据中随机抽取出一部分样本作为样本子空间，然后再从样本子空间中随机选取一个新的特征子空间，在这个新空间中建立决策树作为分类器，最后通过投票的方法得到最终决策。RF 建模的步骤为：

a. 应用引导程序（bootstrap）从 n 个原始样本中有放回地抽取 m 个自助样本集，用于构建 m 棵回归树，未被抽到的样本组成了 m 个袋外数据集；

b. 在每棵树的节点处，从所有的 p 个解释变量中随机抽取 k 个分割变量（$k < p$），在其中根据分枝优度准则选取最优分枝；

c. 每棵回归树开始自顶向下的递归分枝，直到满足分割终止条件。

随机森林适用于数据集中存在大量未知特征的情况，不必担心过拟合，能够估计哪个特征在分类中更重要，具有很好的抗噪声能力，并且能够并行处理，因此在表型数据处理中的应用逐渐增多。随机森林评价的重要指标主要包括泛化误差、强度和相关度。泛化能力是指经过训练后的模型对未在训练集中出现的（但来自同一分布的）样本作出正确反映的能力，泛化误差越小，则该学习性能越好，反之则越差。强度是评价森林中分类器总体分类能力的量，对森林中的每棵树而言，每棵树的分类强度越大，则随机森林的分类性能越好。而相关度是评价森林分类器总体相关度的量，树之间的相关度越大，则随机森林的分类性能越差。

除上述 4 种建模方法外，常用的方法还有岭回归、Lasso 回归、支持向量机（SVM）、人工神经网络（ANN）以及卷积神经网络（CNN）等方法。评价模型的常用指标有决定系数（R^2）、均方根误差（root mean square error，RMSE，计算见公式 9-11）和平均绝对百分误差（mean absolute percentage error，MAPE，计算见公式 9-12）：

$$\text{RMSE} = \sqrt{\frac{\sum_{i=1}^{n}(y_i - \hat{y}_i)^2}{n-1}} \qquad (9-11)$$

$$\text{MAPE} = \frac{1}{n} \times \sum_{i=1}^{n} \times |(y_i - \hat{y}_i)/Y_i| \times 100\% \qquad (9-12)$$

式中，y_i 表示样本在 i 点的实际值，$\hat{y}_i$ 表示样本在 i 点的预测值。

三、表型大数据分析方法应用与示例

（1）2017 年，有研究者使用 the Unscrambler 10.3 软件对马铃薯样本的原始高光谱进行各种预处理（包括平滑 13 点、一阶导数、二阶导数、标准正态变量变换（SNV）和去趋势变换、多元散射校正（MSC）、归一化、正交信号校正及其组合），并对预处理后的光谱数据分别建立马铃薯 4 种组分含量的主成分分析（PCA）、偏最小二乘分析（PLSA）及支持向量机（SVM）预测模型。结果表明最优马铃薯水分、淀粉、蛋白质和还原糖含量的检测模型均为 PLSA 模型，但对于不同品质含量其最优预处理方法不同（表 9-2）。由表 9-2 可知，对于马铃薯水分、淀粉、蛋白质和还原糖含量检测的 PLSA 最优模型的最优预处理方法分别为正交信号校正（OSC）、平滑 13 点（smooth 13）、多元散射校正（MSC）和平滑 13 点（smooth 13）。此外，这 4 个模型校正集和验证集的 R^2 均大于0.75，且 RMSE 均低于 1%，说明模型具有较好的预测。

表 9-2 马铃薯 4 种组分含量 PLSA 最优模型及其最优预处理方法

组分含量	建模方法	因子数	校正集		验证集	
			R_c^2	RMSEC/%	R_p^2	RMSEP/%
水分含量	OSC-PLSA	8	0.7524	0.4882	0.7870	0.4735
淀粉含量	smooth 13-PLSA	12	0.8312	0.4498	0.8286	0.3986
蛋白质含量	MSC-PLSA	15	0.7919	0.0456	0.7904	0.0414
还原糖含量	smooth 13-PLSA	16	0.8516	0.0729	0.8464	0.0758

（2）2015 年，有研究者采用随机森林（RF）、支持向量机（SVM）和反向传播（BP）神经网络 3 种机器学习算法从遥感数据反演小麦叶片拔节期、孕穗期和开花期的土壤与作物分析开发（soil and plant analyzer development，SPAD）值，各时期模型实测值与预测值关系图分别如图 9-11、图 9-12 和图 9-13，而各模型比较情况如表 9-3。

图 9-11 小麦叶片拔节期 SPAD 实测值与模型预测值关系

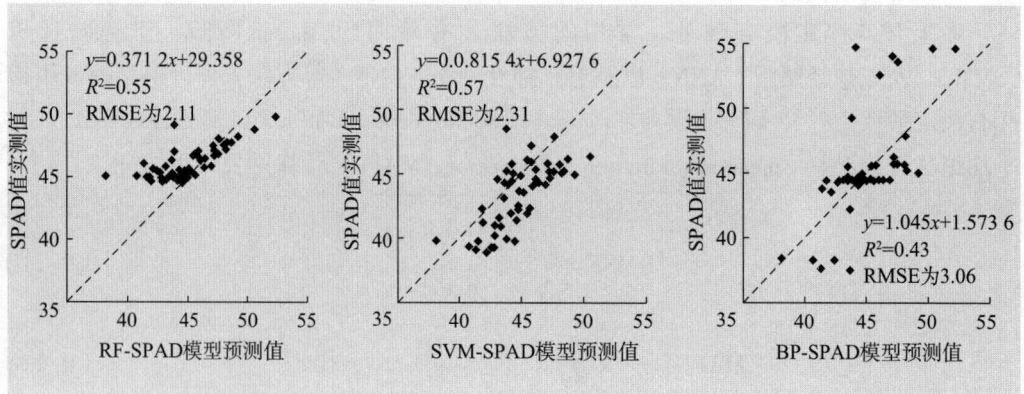

RF-SPAD模型预测值

$y=0.371\,2x+29.358$
$R^2=0.55$
RMSE为2.11

SVM-SPAD模型预测值

$y=0.0.815\,4x+6.927\,6$
$R^2=0.57$
RMSE为2.31

BP-SPAD模型预测值

$y=1.045x+1.573\,6$
$R^2=0.43$
RMSE为3.06

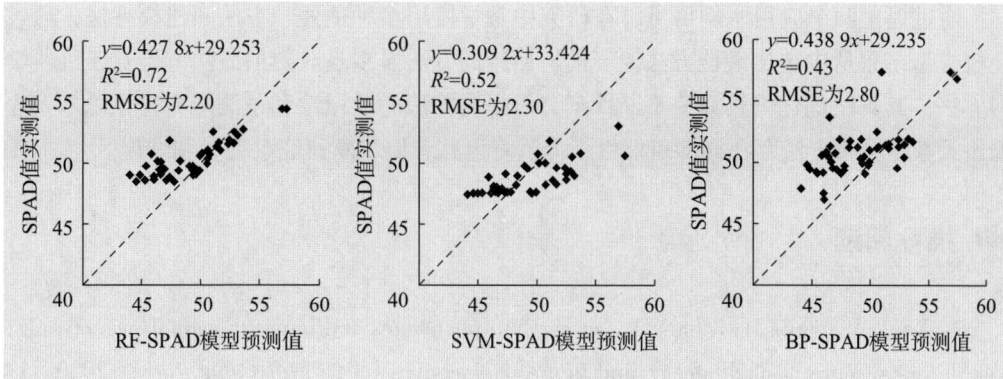

图9-12 小麦叶片孕穗期SPAD实测值与模型预测值关系

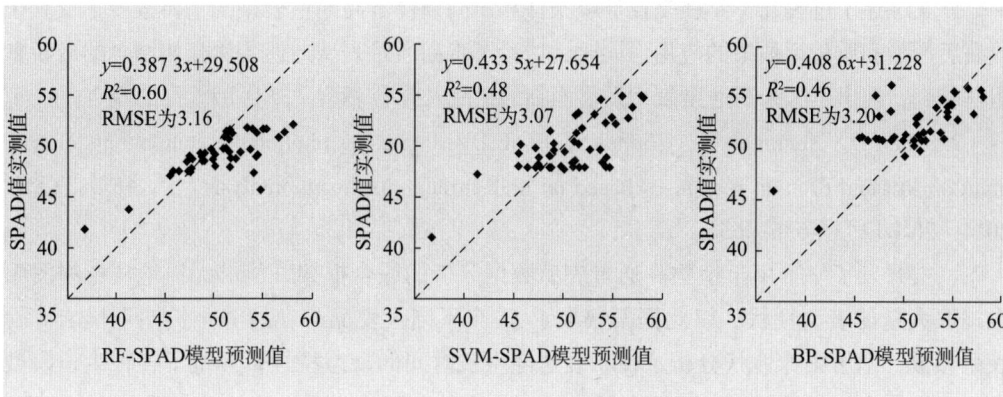

图9-13 小麦叶片开花期SPAD实测值与模型预测值关系

表 9-3 小麦叶片 SPAD 值估算模型比较

生育期	模型	实测集			预测集		
		R^2	RMSE	样本数	R^2	RMSE	样本数
拔节期	RF–SPAD	0.89	1.54	93	0.55	2.11	55
	SVM–SPAD	0.51	3.06	93	0.57	2.31	55
	BP–SPAD	0.80	1.75	93	0.43	3.06	55
孕穗期	RF–SPAD	0.85	1.49	118	0.72	2.20	53
	SVM–SPAD	0.38	3.25	118	0.52	2.30	53
	BP–SPAD	0.75	1.81	118	0.43	2.80	53
开花期	RF–SPAD	0.83	1.71	97	0.60	3.16	51
	SVM–SPAD	0.57	2.85	97	0.48	3.07	51
	BP–SPAD	0.81	2.05	97	0.46	3.20	51

由表9-3可见，在预测集中，RF算法与SVM算法和BP算法相比，RF算法构建的模型具有较高的预测精度，可为小麦叶片SPAD值的无损、快速监测提供新方法。

通过以上两个应用实例可见，在研究中常常使用多种预处理方法和建模方法，通过比较模型结果从中选出最佳方法。当前所使用的方法大多是成熟的方法，但对于机器学习方法，其算法优化仍然需要不断探索，以提高算法的适用性和预测能力等。总之，表型组大数据分析方法存在许多可能性，等待着研究者们不断研究、完善和发展。

推荐阅读

1. Yang W，Feng H，Zhang X，et al. Crop phenomics and high-throughput phenotyping：past decades，current challenges，and future perspectives［J］. *Molecular Plant*，2020，13（2）：187–214.

该文综述了过去几十年在受控环境条件和田间条件下高通量表型的主要进展，及其在收获后产量和质量评估中的应用。同时，讨论了将高通量表型与遗传研究相结合的最新多组学研究，提出了未来高通量表型发展面临的挑战及弥合表型–基因型差距的观点。

2. Chen D，Neumann K，Friedel S，et al. Dissecting the phenotypic components of crop plant growth and drought responses based on high-throughput image analysis［J］. *Plant Cell*，2014，26（12）：4636–4655.

该文开发了一个用于植物高通量表型数据分析的综合框架，能够无损地从植物图像中提取大量的表型性状。以此框架获取了18个不同大麦品种在营养生长期干旱响应的表型参数，基于图像性状分析了性状表达随生长时间的动态特性，测试了各种生长模型来预测植物生物量的积累，并确定了一些植物生长和胁迫耐受性相关的参数。

复习思考题

1. 试述植物表型组学大数据的特点。
2. 试述植物表型组学大数据的主要提取手段。
3. 以光谱为例，阐述表型组学大数据的处理方法。

开放性讨论

1. 医学上还有哪些成像技术可以应用在植物表型检测中？
2. 试述人工智能在植物大数据提取方面的应用。

第十章

植物互作组网络大数据

在大数据时代，我们认识生命从一维逐步拓展到多维，可以从基因组、转录组、翻译组、蛋白质组、代谢组、表观修饰组，最终到达表型组，进行全方位解析基因的功能。对于多维组学的大数据收集，不仅仅是对基因丰度进行量化，更重要的是探究基因是如何行使功能的。而基因行使功能的主要方式就是基因网络，所以，提取多维组学大数据构建基因调控网络是挖掘生物学含义的主要手段。同时，无论从细胞、组织、器官、个体水平，还是群体水平，生命功能元件都不是孤立的，而是相互作用来完成生命活动。基于多维组学的互作组网络大数据是表征生命活动最有效的方式之一。

本章将对基因组互作、转录组互作、翻译组互作、蛋白质组互作、代谢组互作等不同组水平内以及组学之间的互作组大数据会依次进行详细介绍，全面阐述基于网络大数据的挖掘手段，并用示例展现挖掘过程。

第一节 三维基因组互作

一、三维基因组介绍

真核生物的基因组在细胞核内高度折叠浓缩成染色质，染色质在空间上的高级结构对基因的转录、调控等过程有重要的影响。这些在一维基因组序列上与靶标基因相距很远的调控元件，可以通过空间上的交互作用与靶标基因聚在一起，从而起到调控靶标基因的作用。因此，要想研究这些调控元件的作用，就必须深入了解染色质的三维空间结构。三维基因组学是结合一维基因组序列信息，研究基因组在细胞核内的染色质相互作用和三维空间结构，及其对基因转录、复制、修复等生物功能的影响。

目前，三维基因组研究方法主要有两类，一类是基于显微镜成像的技术，包括利用荧光原位杂交（fluorescence *in situ* hybridization，FISH）的 3D-FISH 技术，另一类是利用成簇的、规律间隔的短回文重复序列（clustered regularly interspaced short palindromic repeats，CRISPR）技术标记活体细胞的染色体区段。但是这些方法的主要缺点是其分辨率不足以观察到 DNA 调控元件（包括启动子、增强子和绝缘子等）的相互作用。近些年来，定制的寡核苷酸阵列（如 Oligopaint）和超高分辨率显微技术（如 STORM、PALM 和 ChromEMT 断层扫描电镜成像）的最新进展使人们能够以前所未有的分辨率直接可视化基因组的精细结构，但不足之处是通量较低。

伴随着高通量测序技术的快速发展，另外一类基于染色体构象捕获（chromosome conformation capture，3C）技术的一系列研究方法被发展改进，并广泛应用于三维基因组研究。3C、4C 和 5C 只能检测少数位点间交互，有一定的局限性。基于 3C 的 Hi-C（高通量染色体构象捕获）和 ChIA-PET（基于配对末端标签测序的染色质交互作用分析）技术目前广泛用于三维基因组学的研究。Hi-C 技术可以在全基因组水平上鉴定不同 DNA 片段的空间相邻性（图 10-1），来揭示基因组的三维空间结构。Hi-C 方法的主要原理是通过蛋白质 -DNA 交联剂甲醛将细胞核固定，使得在空间上相互靠近的 DNA 片段或位点之间的空间关系得以保留，通过限制性内切酶将染色质消化成碎片后，进一步通过连接酶将空间上邻近的不同 DNA 片段重新连接起来，形成的分子间连接产物反映了两个 DNA 片段在原始细胞核中的空间相邻性。通过高通量测序，在全基因组水平上鉴定不同 DNA 片段的空间相邻性，来揭示基因组的三维空间结构。如果测序深度足够，Hi-C 可以无偏好地检测全基因组大尺度的染色质相互作用；但是由于技术本身的限制，Hi-C 方法的分辨率很难用于系统地鉴定 DNA 元件之间的互作。ChIA-PET 技术能够在全基因组的范围内捕获特定的转录因子参与的远程交互（图 10-1）。其与 Hi-C 的主要区别是，ChIA-PET 首先应用某种特异的抗体，通过染色质免疫共沉淀（ChIP），将目标蛋白及其直接或间接相互作用的 DNA 片段捕获，然后通过连接酶将在一个蛋白质 -DNA 复合体内的不同 DNA 分子连接在一起，通过高通量测序，可以鉴定所有该目的蛋白介导的 DNA 片段间的相互作用。近些年，基于 3C 的衍生技术发展更为迅速，相继有单细

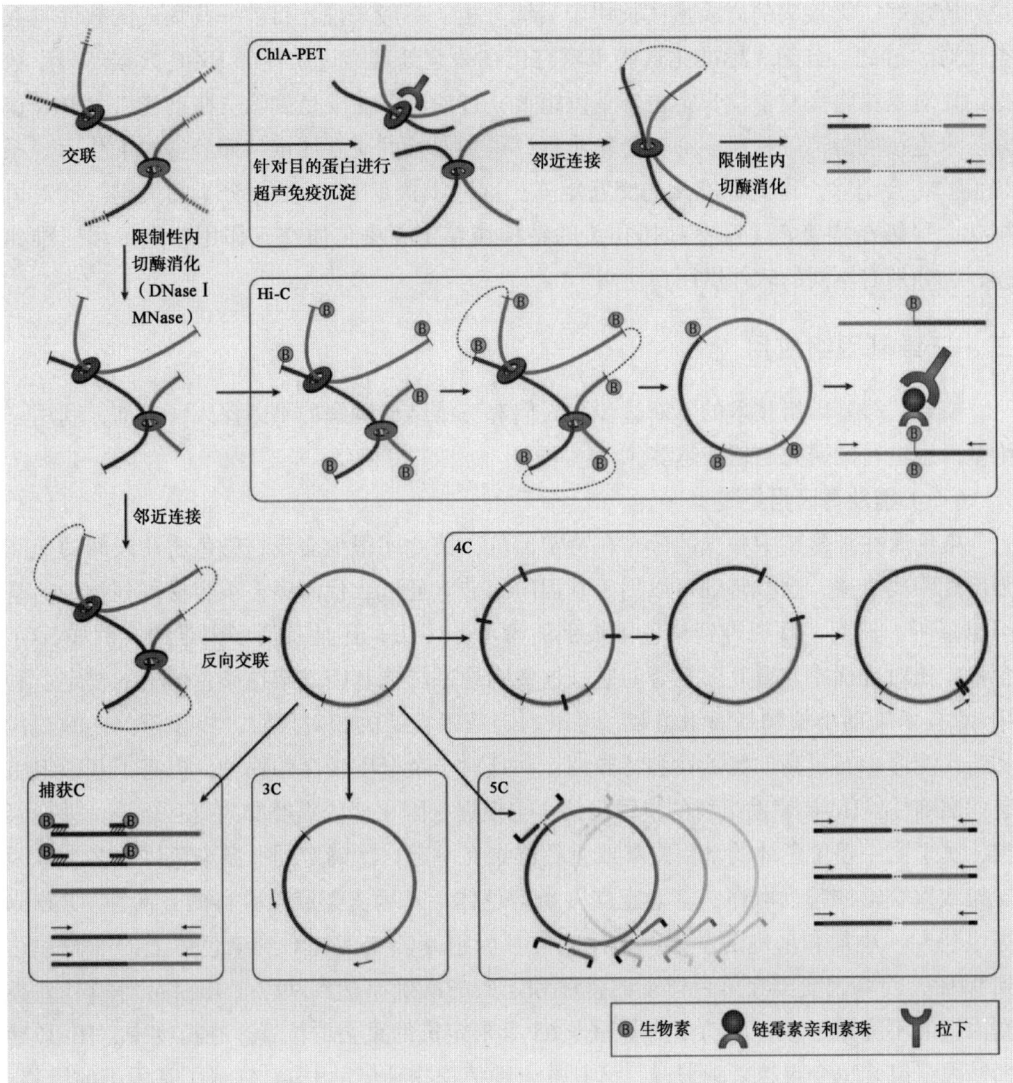

图 10-1 鉴定三维基因组的技术方法

胞 Hi-C、原位 Hi-C、Dnase Hi-C、HiChIP、SPRITE、ChIA-Drop、DLO Hi-C 等技术出现，使 3C 技术的应用范围更加广泛。

近些年，强大的技术包括超分辨率显微镜和染色体构象捕获技术，为我们提供了一个详细的、多层次的染色质结构，让我们了解真核生物基因组是如何在细胞核中组织的。此外，这种多层次的结构可以被转录因子、结构蛋白和非编码 RNA 等多种成分调节和利用，来调控基因表达和决定细胞命运。

二、三维基因组数据分析软件

目前，对 Hi-C 数据的分析步骤主要分为质控、比对、过滤、分箱、标准化、可视化、层级结构鉴定、三维建模等。拿到数据的第一步是进行质控。测序数据质量的好坏会影响下游的一系列分析，通过质控步骤过滤掉质量较差的读长和去除接头序列，从而得到质量好、无接头的高质量读长用于后续分析。一般来说，目前一些集成的软件将数据比对、过滤、分箱、标准化这些步骤打包在一起处理经过质控的 Hi-C 数据。测序数据的比对是指将高质量读长定位于基因组上，过滤步骤主要是去除一些自连接、PCR 重复、未连接的游离等片段。通过分箱步骤，得到原始的交互图谱，而经过标准化后，系统偏差将会消除，得到标准化的交互矩阵。这些步骤是 Hi-C 数据分析的关键。针对可视化、层级结构鉴定（区室和拓扑关联结构域鉴定、染色质交互作用鉴别）和三维建模，也分别有不同的软件供用户使用。

🅔 拓展资源10-1

Hi-C 数据处理过程及软件

三、三维基因组应用

随着三维基因组技术的不断进步和人们对三维结构理解的不断深入，目前，利用三维基因组进行的研究也越来越多。

（一）辅助基因组组装

染色质在细胞核中独立的分布在特定部位，彼此间很少交流，染色质片段间的交互强度随距离衰减，这些特征可以用于基因组组装。通过二代测序，很容易得到物种的基因组草图，然而，要想得到染色体级别的参考基因组，还是有诸多困难的。例如，GC含量、比对准确率、重复序列等问题，这些问题都影响基因支架在染色体上的锚定。利用 3C 技术辅助动植物基因组组装，可以判定基因支架的相对位置，相较于单一的二代和三代测序，有更高的覆盖性和特异性；并且对于杂合度较高的物种，提高了基因组组装的准确性。Hi-C 辅助组装的步骤包括：①根据基因支架或重叠群的交互矩阵，进行聚类，属于同一条染色体的基因支架或重叠群聚在一起；②确定同一条染色体上多个基因支架或重叠群的排列顺序；③确定同一条染色体上基因支架或重叠群的方向性。Burton等组装人、小鼠和果蝇的基因组，使人类基因组基因支架比对到染色体上的准确率达到 98%，使基因支架在染色体上的排序和定向的准确率达到 99%。Kaplan 等填补人类基因组的不完整区域，成功预测了原来 65 个未定位的重叠群位置。在植物中，Hi-C 辅助基因组组装也变得越来越普遍，已有数十种植物物种借助 Hi-C 完成了基因组的组装。Wang 等通过整合单分子实时测序、生物纳米（BioNano）光学定位和高通量染色体构象捕获技术，报告了陆地棉 'TM-1' 和海岛棉 '3-79' 的参考基因组组装和注释，与以前组装的基因组相比，这些基因组序列对重复序列含量较高区域（如着丝粒）的连续性和完整性有了很大的改善。Zhang 等在同源四倍体和同源八倍体甘蔗基因组上使用 Hi-C技术，应用了 ALLHiC 算法，成功地构建了分相的染色体水平组装，揭示了存在于这两个基因组中等位基因变异，克服了复杂基因组组装中的障碍。

（二）构建染色质交互图谱，分析基因表达调控

染色质致密性的改变可能影响其对转录因子和染色质重构因子的可及性，最终可能导致基因表达的改变。染色质构象与基因的表达及调控具有密切关联，染色质交互频率强的区域一般都是功能性交互。在人类红细胞中，在 γ- 珠蛋白启动子和基因座控制区（locus control region，LCR）人工创造一个染色质环，导致了胎儿 γ- 珠蛋白转录上调到总珠蛋白水平的约 85%，但牺牲了成人 β- 珠蛋白的转录，这说明了染色质交互在基

因表达中的重要影响。在玉米中的研究发现，具有启动子近端相互作用的基因是共表达的。在棉花中，通过构建长距离转录调控图谱，发现大多数基因的转录受到多种长距离染色质相互作用的调控，染色质交互水平相对较高的基因比没有交互的基因表现出更高的表达水平；拓扑关联结构域边界显示出活性基因的明显富集，这表明拓扑关联结构域的形成与基因转录有关。

增强子是非编码 DNA 元件，其发挥功能独立于转录方向和与靶标启动子的相对位置，并通过远距离染色质相互作用（染色质环）参与基因转录调控。利用组蛋白修饰、DNA 甲基化、染色质可及性和三维基因组数据，研究人员能够识别可能的增强子元件。在癌症和肿瘤发育过程中，研究人员发现，雄激素受体及其共转录因子能够触发长染色质环的形成，导致前列腺癌相关基因的增强子和启动子区域的接近，从而调节这些基因的表达。在拟南芥中，茉莉酸（JA）触发的转录程序是由关键的转录因子 *MYC2* 协调的，*MYC2* 的功能取决于它与 *MED25* 的物理相互作用。对 *MYC2* 和 *MED25* 进行分析发现，茉莉酸以 *MED25* 依赖的方式调节增强子和启动子之间的动态染色质环，而 *MYC2* 位点（命名为 *ME2*）的茉莉酸增强子在短期茉莉酸反应中正调控 *MYC2* 基因的表达。

（三）构建基因组单倍型图谱

单倍型是指一条染色体上一组相互关联、可以从亲本传递给子代的单核苷酸多态性（SNP）的组合。利用单倍型信息可以区分来自不同亲本染色体的遗传信息，深入了解单条染色体或特定染色体区域的生物学机制，有助于研究遗传疾病发病机制以及植物杂种优势等科学问题。研究人员发现同源染色体在空间上占据着相对独立的空间，具体表现为单倍型内部的互作频率显著高于单倍型之间的互作频率。Selvaraj 等在 2013 年提出了使用 Hi-C 数据辅助组装基因组单倍型。该方法先以传统方法得到染色质互作片段，再通过染色质互作上的杂合 SNP 特征来对 SNP 进行定向，组装基因组单倍型。同时，依据定向 SNP 将染色质互作片段分类为母本来源或父本来源，最后按传统方法得到单倍型互作矩阵。相较于传统的重测序，3D 基因组辅助构建单倍型图谱，不需要亲本的信息，同时图谱的完整性也比较好。2013 年，Bing Ren 教授团队首次利用 Hi-C 技术对人细胞进行了全基因组单倍型组装，构建了准确率达 98% 的人单倍型群体。Selvaraj 通过利用染色质域的存在开发了一种组装染色体单倍型的新方法，为杂交小鼠细胞中约 95% 的等位基因精确地重建了跨越染色体的单倍型，并发现了单倍型内部的交互作用要高于单倍型之间的交互作用。

（四）鉴定大片段结构变异

遗传变异的范围从单核苷酸多态性（SNP）到大规模结构变异（SVs）。结构变异包括插入（insertion）、缺失（deletion）、重复（duplication）、倒位（inversion）和易位（translocation）。结构变异的发现及其对基因结构和表达的影响大大促进了对真核生物基因组的了解。传统研究结构变异的方法有荧光原位杂交、PCR 扩增、核型分析技术、光学图谱等，但每种方法都存在各自的局限性，因此目前仍缺乏广泛认可的结构变异检测方法。Hi-C 数据可以检测到非常规的染色体间互作，并显示出很多来自结构变异的信号，从而识别各物种中全基因组范围内的各类结构变异。染色体的两段区域 C1 和 C2 发生倒位后，该区域在 Hi-C 相互作用矩阵中呈现"蝶形"的异常 Hi-C 信号。而当染色体发生缺失或重复时，缺失区域两侧的基因组区域之间会有异常增强的 Hi-C 信号。Dixon 等综合全基因组测序、光学图谱以及 Hi-C 数据检测到了高可信度的结构变异，包括数千个插入和缺失、数百个串联重复和染色体间易位以及数十个染色体的倒位。在基于 Hi-C 的相互作用信号识别结构变异的过程中，最重要的是区分增强的相互作用信号是由于染色体重排，还是由于染色体组织自身的生物学特征造成的。Hi-C 技术得到的读段分布于限制性内切酶，如 *Hind*Ⅲ 的酶切位点附近。这种分布偏差影响了 Hi-C 数据中拷贝数变异及其确切拷贝数的检测。基于 Hi-C 数据的算法很难区分小片段结构变异引起的增强相互作用信号和同一拓扑相关结构域内的强局部相互作用信号。

（五）三维基因组与进化

物种的进化过程中，在一维结构上研究基因的扩张和缺失，以及对基因表达的变异和保守性的研究有很多。然而，在三维结构上，基因的拓扑关联结构域和环等结构如何变化，以及这些变化是如何影响基因的表达，从而影响物种进化的研究才刚开始。通过结合 Hi-C、组蛋白修饰、DNA 甲基化和基因表达数据，可以深入了解染色质结构及其对不同物种的功能和进化的影响。为了了解真核生物三维结构的进化，研究人员研究了斑马鱼的三维结构，并与其他的脊椎动物进行了对比。在鸟类和哺乳动物中，α 和 β 珠蛋白基因被分离成位于不同染色体上的单独簇，并组织成不同类型的染色质结构域，而在冷血脊椎动物中，α 和 β 珠蛋白基因被组织在相同的簇内。在棉花中，通过对四倍体亚基因组与其现存二倍体祖先的比较，可以发现基因组异源多倍体有助于 A/B 区室的转换和拓扑关联结构域在这两个亚基因组中的重组，在多倍体化过程中，拓扑关联结构域边界的形成优先发生在开放染色质中，与活性染色质修饰的沉积相一致。在对芸薹属植物油菜和甘蓝进行分析时，鉴定到一系列强烈的染色体内和染色体间交互，这些交互可能形成 KNOT 结构，KNOT 结构在芸薹属基因组分化中有着完全不同的命运，在油菜中有扩展，在甘蓝中有收缩，可能对芸薹属基因组进化产生非常大的作用。

第二节 转录组共表达大数据网络

一、转录组共表达网络

转录组共表达网络是一种基于基因表达数据的动态变化，通过一定的算法来计算基因间的协同表达关系，以建立基因转录表达模型，并且大规模预测基因间的表达调控关系及调控方向，从而寻找物种在不同发育阶段或者不同组织在不同条件下的关键基因及其调控关系，从而系统研究生物体复杂的生命现象。转录组共表达网络属于基因调控网络中的一种，它的每个节点代表单个基因，边代表基因之间表达相关关系的存在和强度，对同一种表型起作用的基因，往往在表达模式上具有某种相关性。

根据相关度量值和原始数据的来源等方面可将共表达网络分为加权共表达网络和非

加权共表达网络，微阵列序列共表达网络和 RNA 序列共表达网络。加权共表达网络中的所有基因都是连接的，并且这些连接的相关度量值为 0 ~ 1，代表基因之间的共表达强度。非加权共表达网络中基因对的相关度量值是 0 或 1，所有基因对或者连接或者未连接。前人的研究表明加权共表达网络的结果比非加权共表达网络的可靠性更强。共表达网络可以根据从微阵列或 RNA-seq 技术中获得的基因表达数据谱来构建。相较于微阵列序列共表达网络，RNA 序列共表达网络可以量化非编码 RNA 的表达，包括 lncRNA、small RNA、circRNA 等；它提高了低表达丰度转录本的准确性，拥有更高的分辨率，能更好地识别、区分组织特异性表达以及紧密相关的旁系同源物的表达谱。

随着二代测序技术在转录组中的应用和发展，我们可以利用 RNA-seq 来测量基因表达值，得到数字化的基因表达谱。然而，单个 SNP 或者基因与表型的相关性分析并不能很好地解释复杂表型发生的原因。由于复杂表型往往是由多个基因相互作用引起的，所以利用数千或近万个变化最大的基因或全部基因的信息识别感兴趣的基因集，并与表型进行显著性关联分析，从而从"系统的角度"去解析基因与基因之间的相互作用。

转录组共表达网络的研究关注点是基因模块，而不是单一基因。基因模块是具有高度相关表达模式的一类基因，而模块活性的差异可能代表了在不同组织时期条件下重要的表型异质性。对共表达网络的功能注释可以为基因模块分配推定功能，可以将研究不足的基因座关联起来，并能更好地理解潜在的调控网络。在复杂表型的遗传研究中，研究人员越来越关注大型网络（也称为族、模块或者子网络）中高度连接的基因模块，以阐明可能代表功能性表型机制和途径的特定细胞和分子过程。

二、转录组共表达网络的构建

转录组共表达网络构建的基本流程：首先，根据每对基因之间的相关性度量或基于互作信息定义基因之间的个体关系。然后，使用聚类分析定义网络中的模块，共表达分析中的聚类用于对多个样品中具有相似表达模式的基因进行分组，以产生共表达基因的组。

其次，计算基因间的相关性。如何评估两个基因的表达模式相关性，从生物学上来看，两个基 因在外显子或者基因组位置水平上表达值线性组合间直接相关和间接相关的相关系数，利用它们组分间的相关性来构建共表达网络。从统计学上来看，不同模型中有不同代表两个基因间相关性的变量。在加权网络模型构建中，相关性就是两两基因间的 TOM 值。$TOM_{ij} = \dfrac{\sum_u a_{iu} a_{uj} + a_{ij}}{\min\ (k_i, k_j) + 1 - a_{ij}}$ 整合了 i，j 和第三个基因 u 的相关性，即间接相关。在稀疏回归模型构建中，它用两个变量间的偏相关系数来表示网络中两个基因的相关性大小。偏相关系数是一种条件依赖性相关系数，它的定义是：在固定其他所有变量的条件下，两个变量之间的相关性。还有一种经典相关性分析方法，皮尔逊相关系数表示两个变量间的线性相关程度，因此它是一种线性相关系数。它的绝对值被用来定义网络中相关边的权重值。$cor\ (X, Y) = \dfrac{1}{n-1} \sum_{i=1}^{n} \left(\dfrac{X_i - \overline{X}}{S_X} \right) \left(\dfrac{Y_i - \overline{Y}}{S_Y} \right)$ 整合了表达量为 X 的基因 i 和表达量为 Y 的基因 j 的相关性。

最后，共识模块。从基因功能研究的角度来看，模块是一组高度互连的基因，可以形成一条生物途径；从系统生物学角度来看，功能模块具有连接着各个基因和全局的属性；从网络角度来看，模块是最基本系统组件，即网络的节点。有多种网络方法可用于检测两个或多个网络共享的模块。聚类可用于对在多个样品中具有相似表达模式的基因进行分组，用于共表达分析最广泛使用的软件是加权基因相关网络分析（WGCNA）。WGCNA 根据表达式数据创建的相关网络使用分层聚类来构建共表达模块，分层集群将每个集群迭代地划分为多个子集群，以创建带有代表共表达模块的分支树，然后通过在一定高度处切割分支来定义模块。共表达网络模块的相关检测软件见表 10-1。共表达网络相关数据库见表 10-2。

表 10-1　共表达网络模块检测软件

WGCNA	使用皮尔逊相关系数或自定义距离量度构建共表达网络的工具；使用分层聚类，并具有各种"切树"选项来标识模块；使用最广泛的工具，有大量数据和网络的支持
DiffCoEx	一种使用类似于 WGCNA 的方法来识别和分组差异共表达基因，而不是识别共表达模块的方法；识别不同样品之间具有相同差异伴侣的基因模块
DICER	识别样品组之间相关性不同模块的方法，如与另一组中的数个较小模块相比，一组中的模块构成一个较大的互连模块
CoXpress	用于识别每个样品组中的共表达模块的工具，并测试这些模块中的基因是否也在其他组中同样存在共表达
DINGO	可根据基因在特定样本子集（特定条件）中的行为与从所有样本中确定基线共表达的差异程度进行分组
GSCNA	可用于测试两个样本组之间是否预定义了基因集
GSVD	识别基因组的方法，可以解释为代表来自多个基因的部分共表达信号的模块。然后，将这些信号在两组之间进行比较，以识别样品独有的种质和两组之间共享的种质
HO–GSVD	与 GSVD 相似的工具，但可用于多个样本组而不是两个
Biclustering	可以识别样品亚群所特有的模块，而无须事先对样品进行分组

表 10-2　共表达网络数据库

COXPRESdb	包含 12 个共表达网络的网络资源，这些网络是由约 15.7 万个微阵列和 10 000 个 RNA-seq 样本创建的，专注于蛋白质编码 RNA
GeneFriends	人与小鼠基因和转录本的共表达网络；每个网络由约 4 000 个 RNA-seq 样本构成；包括许多非编码 RNA（小鼠约为 10 000，人类约为 25 000）
GeneMANIA	包括物理遗传相互作用、共定位、通路和共享对蛋白质域信息数据集；9 种物种的网络
GENEVESTIGATOR	使用约 14.5 万个样本构建的数据库，包括了 18 种物种的网络，包含多种数据类型
GIANT	组织特定的交互网络数据库；包括 987 个数据集，涵盖 3.8 万种情况，描述了 144 种组织类型；整合了物理相互作用、共表达、miRNA 结合基序和转录因子结合位点数据

三、转录组共表达大数据网络应用

转录组共表达大数据网络可用于多种目的。用于对具有相似表达模式的基因进行分组，所得模块通常为生物过程或表型特征；鉴定共表达模块中影响表型的核心基因；还包括一些表型候选基因优先级的划分，功能基因注释和调节基因的鉴定。

应用一：根据非编码 RNA 及 mRNA 的实测值，通过共表达计算方法构建网络，根据非编码 RNA 周边与其共表达的 mRNA 来预测未知非编码 RNA 的功能。

研究构建了一个全面的玉米转录组共表达网络，包括蛋白质编码基因（Pro）、保守的 lncRNA 基因（Con）和非保守的 lncRNA 基因（Non）。模块展示了保守的 lncRNA、非保守的 lncRNA 和蛋白质编码转录本间的复杂共表达关系。具体来说，确定了三个共表达模块，它们仅包含非保守的 lncRNA 和蛋白质编码 RNA。这些与非保守的 lncRNA 相关的蛋白质编码基因在转移酶活性和营养库活性方面显示出强烈的功能富集。此外，在一些共表达模块中鉴定了枢纽基因，即潜在的超级调节因子。这类显性共表达模块的存在以及蛋白质编码基因和非编码基因之间潜在的超调控因子的存在表明了转录组中复杂的调控关系（图 10-2）。

应用二：从目的基因或基因注释入手，关注特定模块内特定类型的基因及其相关的局部调控网络，挖掘出重要生物学过程中可能起重要调控功能的基因。

受选择影响的基因组区域中的基因更有可能成为驯化和改良目标，并且在玉米进化中可能具有重要意义。正如预期的那样，选择性信号与蛋白质编码和 lncRNA 基因的共定位显示，在选定的基因组区域中，蛋白质编码基因富集，lncRNA 基因消耗。有趣的是，位于选定基因组区域中保守的 lncRNA 基因是非保守的 lncRNA 基因的两倍多，这

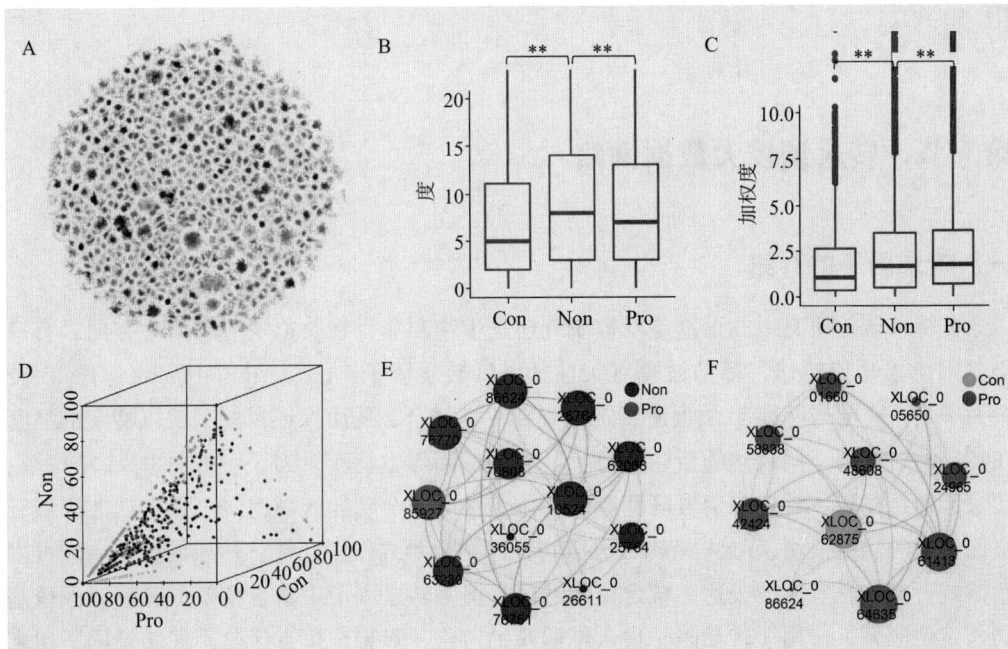

图 10-2　玉米转录组基因间共表达网络 A. 基因间共表达网络，包括 700 多个模块；B~C. Pro、Con 和 Non 的度（B）和加权度（C）的分化；**，差异在 P<0.01 显著性水平，箱形图中的水平线是共表达度数的中值；D. 所有共表达模块的 Pro、Con 和 Non 的比例；E. 具有高比例非保守 RNA 基因的共表达模块示例；F. 具有高比例蛋白质编码基因的共表达模块示例

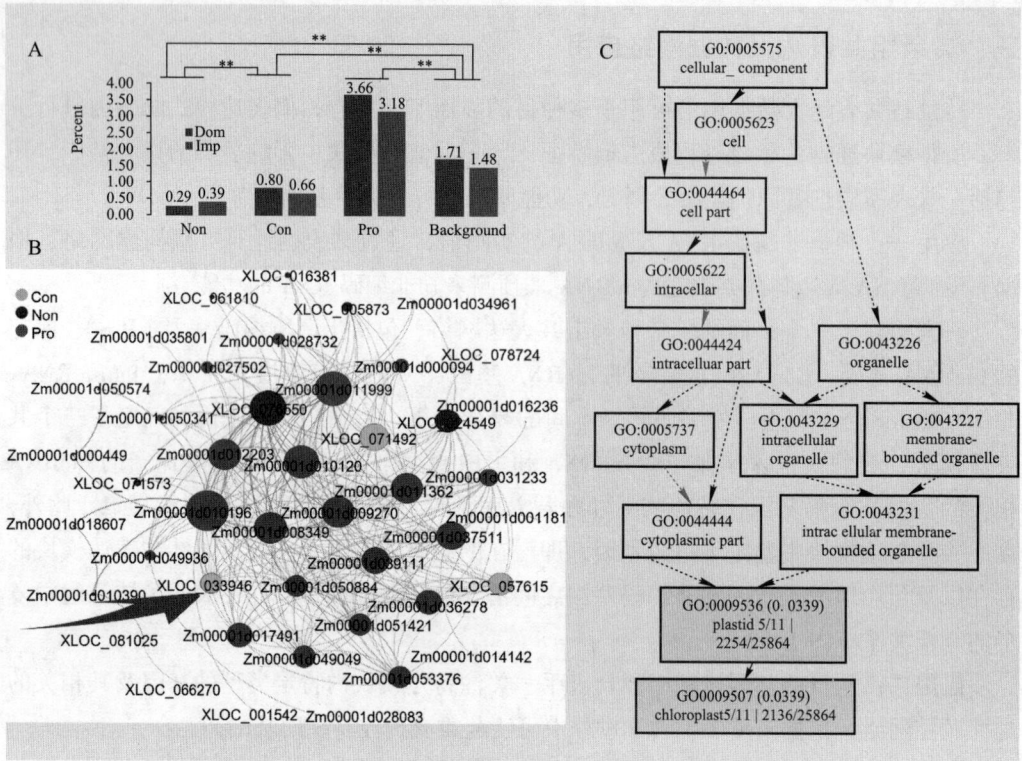

图 10-3 玉米基因组选择性区域相关基因间共表达网络

A. 位于驯化和改良基因组区域的蛋白质编码（Pro）、保守（Con）和非保守（Non）的 RNA 基因的百分比；**，差异在 P<0.01 显著性水平；B. 位于驯化和改良基因组区域保守的 lncRNA 基因的例子，该基因也是共表达网络中的枢纽基因；C. 与位于驯化和改良基因组区域保守的 lncRNA 基因共表达基因的功能富集

表明保守的 lncRNA 具有更大的进化重要性。此外，位于选定基因组区域的一些保守的 lncRNA 基因是与共表达网络中许多其他蛋白质编码基因相关的枢纽基因。这些蛋白质编码基因根据基因注释分析显示出相关功能。这些结果表明玉米转录组表现出进化分化（图 10-3）。

第三节 转录调控大数据网络

一、转录因子的介绍

在转录调控研究中，无论是发育研究还是生物和非生物胁迫响应等研究方向，有一类基因由于功能特殊，都是被重点关注的，即转录因子（transcription factor，TF）。转录因子是一类能与基因 5′ 端上游特定序列专一性结合，从而保证目的基因以特定的强度在特定的时间与空间表达的蛋白质分子。典型的高等生物转录因子一般由 DNA 结构域、转录调控结构域、核定位信号区和寡聚化位点区等四个功能区域组成。每个功能区域有自己负责的功能模块，DNA 结构域可以特异性结合顺式作用元件，转录调控结构域可以激活或者抑制靶基因的表达，核定位信号区一般为转录因子中富含精氨酸和赖氨酸残基的核定位区域，作用于转录因子进入细胞核的过程，寡聚化位点区是不同转录因子用来发生相互作用的功能区域。转录因子通过这些功能区域来调控基因的表达。

　　转录因子的核心功能就是能调控其他基因的表达，因此在各种基因表达调控网络和信号转导通路中都处于重要调控位置。转录因子主要通过绑定识别某些特定的调控 DNA 序列和模块行使功能，因而这些转录因子与特定结合位点之间的相互作用构成了基本的基因调控网络，随着转录组测序等高通量测序技术发展，在构建基因调控网络时通常需要对数据进行批量的转录因子分析，主要包括转录因子的预测和注释、DNA 结合基序（motif）的分析、转录因子和靶基因的调控关系等，研究这些调控网络的细节有助于深入理解细胞生物学功能。

二、转录因子的特性

　　（1）转录因子具有偏好性　转录因子对特异性结合序列具有 1 000 倍甚至更高的偏好，因为转录因子可以通过阻断其他蛋白质的 DNA 结合位点进而发挥作用。转录因子与特异性 DNA 结合通常概括为基序（motif）。确定 DNA 结合基序通常是研究转录因子功能的第一步，以此对潜在结合位点的鉴定提供了进一步分析的途径。转录因子的序列偏好和结合位点可以通过多种体外和体内技术进行评估。

　　（2）转录因子具有协同性　转录因子有多种结合方式，如相互帮助结合 DNA（协同结合）或通过不同机制影响染色质状态或转录（协同调节）；蛋白质的不同物理构型导致不同的基序。转录因子还可以作为同二聚体（如 bZIP 和 bHLH）、三聚体（如热休克因子）或更高级结构协同结合。协同结合常常影响复合物中转录因子的序列偏好，并且还可能对两个结合位点之间的间隔序列产生限制。

　　（3）转录因子具有序列特异性　转录因子家族序列相似性高，但转录因子识别并结合顺式元件的氨基酸序列具有保守性；在长期演化过程中，尽管同类型转录因子的功能可能不完全相同，但是它们的 DNA 结合域或者与其他蛋白质相互作用的结构域是高度保守的。相同类型转录因子家族中这段氨基酸序列较为保守，序列相似性高，但 DNA 结合结构域的氨基酸序列也决定了转录因子序列的特异性。

　　（4）转录因子具有功能多样性　转录因子含量、序列和结构的差异还伴随着功能多样性。相同或相似的生物学功能可以由每个谱系中不同的转录因子家族控制。在所有真核生物中发现的 DNA 结合结构域通常控制着不同的功能。

　　（5）植物转录因子的特异性　真核生物中 DNA 结合结构域改组产生具有植物特异性模块组合的新型转录因子。植物中存在大约 58 个转录因子家族，其中已报道的转录因子家族参与了生物和非生物胁迫反应，如 AP2/ERF（APETALA2/ 乙烯响应因子）、bHLH（基础螺旋 – 环 – 螺旋）、MYB（与成髓细胞相关）、NAC（无顶端分生组织），ATAF1/2（拟南芥转录激活因子）、CUC2（杯状子叶）、WRKY 和 bZIP（碱性亮氨酸拉链）。

三、转录因子功能

　　转录因子介导基础转录调控，在植物的生长发育、形态建成等生物过程中起着重要的调控基因表达的作用。转录因子可通过直接或者间接调控多个生长发育相关基因的表达，使植物适应环境；转录因子可以参与环境应答，也能参与环境刺激的信号级联反应；转录因子参与细胞周期的调控。例如，MYB 家族是植物最大转录因子家族之一，广泛存在于植物中，参与调节细胞分化、细胞周期、光合作用等过程，MYB 转录因子可通过直接或者间接调控多个生长发育相关基因的表达，使植物适应环境。ERF 是植物所特有的一类转录因子家族，其转录因子能结合 GCC 框，调控乙烯相关基因 *PR* 的启动子，影响乙烯反应。还能结合 CRT/DRE 基序，来调控与干旱、低温等非生物胁迫诱导的基因表达。E2F 基因家族是一类由 *E2F* 基因转录编码得到的转录因子，与调控细胞周期的其他信号系统有密切联系。*E2F* 基因家族成员通过招募与细胞增殖相关的基因，来调控细胞周期过程中与周期依赖性增殖相关基因的高表达。

四、转录因子的调控机制

转录因子可以招募共激活子或共抑制子蛋白质，也可以直接招募 RNA 聚合酶，还有一些转录因子可以招募促进特定转录阶段的辅因子。转录因子效应子活性的介质共激活因子和辅助阻遏物，一般为大的多亚基蛋白质复合物，或者通过数种机制调节转录的多结构域蛋白质。它们通常涉及染色质结合、核小体重塑、组蛋白或其他蛋白质结构域的共价修饰等。特异性的效应结构域通常可以介导转录因子特异性辅因子的招募。同样，核激素受体的配体结合结构域以配体和背景依赖的方式促进与共激活因子、辅助阻遏物和其他转录因子的相互作用。蛋白质中存在的经典转录激活因子序列，通常是非结构化的低复杂性序列，具有短线性基序的功能区域。许多转录因子传统上被分为激活物和阻遏物，但根据其所在序列的位置和辅因子的作用，转录因子可以招募具有相反作用的多种辅因子，如 MAX 与 MNT 或 MXD1 作为二聚体与 DNA 结合时起抑制剂作用，当作为异二聚体与 MYC 结合时起激活作用。

组蛋白的乙酰化或脱乙酰化作用参与了真核生物基因组整体表达水平的调控；转录因子可以直接招募其他带有这一催化活性的蛋白质来完成作用。许多转录因子使用两种对立机制的一种来调控转录。一种机制是利用组蛋白乙酰转移酶可以使组蛋白乙酰化，削弱 DNA 与组蛋白的结合，导致染色质的伸展甚至核小体局部结构的暂时缺失，促进 RNA 聚合酶的转录起始和链的延伸，起到转录上调的作用。另一种机制是利用组蛋白去乙酰化酶作用使组蛋白去乙酰化，从而增强 DNA 与组蛋白的结合，使得更少的 DNA 暴露，达到下调转录的目的。

五、基于技术构建转录因子调控网络

转录水平的调控是由转录因子、目标序列以及共调控因子所组成的高度互作的基因调控网络。鉴定转录因子 DNA 结合位点是构建转录因子调控网络的第一步，鉴别方式主要分为传统实验鉴别以及通过计算机进行的生物信息学鉴别。染色质免疫沉淀（chromatin immunoprecipitation，ChIP）、DNaseI 足迹法、DamID 等体内实验以及 DIP、SELEX、PBM 等体外实验是用于研究转录因子结合位点的实验技术。为了满足高通量分析的需求，将实验与高通量手段结合，可以在全基因组水平上标定转录因子和基因上游序列的结合关系，从而构建转录调控网络。

预测转录因子结合位点的算法，一般分为三类：第一类是 *de novo* 的预测算法，不需要转录因子以及结合位点的信息，完全依靠计算方法从基因上游序列中搜索基序。如基于 EM 算法的 MEME，基于吉布斯抽样的 AlignACE、MotifSample、BioProspector，基于贪婪算法的 Consensus 等，各种软件之间没有绝对的优劣，检测效果都不是太高。第二类是结合高通量实验数据的预测算法，如 MeDiChI 利用与转录因子位点结合的 DNA 片段信号强度对探针强度进行建模，并结合回归模型来预测 TFBS 的位置。第三类系统发育足迹分析法，通过比较不同物种之间 DNA 序列来搜索在多个物种中保守基序，如 PhyloCon 考虑了多物种的同源基因，PhyME 加入了物种间的同源基因和进化树结构信息，ReAlignerV 加入了多个转座子插入的情况。基因调控是一个复杂的网络体系，体内和体外实验都可能有不同的结果，不同生物细胞生理状态和环境因素都可能导致不同的实验结果，最后只能通过各种数据的融合和相互矫正，才能找到可靠的转录因子结合位点和转录调控关系。

转录因子与目的基因之间的调控联系共同形成了转录调控网络，可用于了解植物过程的动力学，如多种细胞功能、对外部刺激的反应以及器官发育。随着高通量技术的发展，大量基因表达数据、基因序列数据的获取，使构建基因转录调控网络成为可能。现有构建基因转录调控网络的算法主要分为以下四类：第一类是基于布尔网络模型构建调控网络，来预测蛋白质和基因活性的序列模式，该方法要求调控模块的网络构架知识必须完整。第二类是使用贝叶斯网络模型构建转录调控网络，利用表达数据与已知的信息集成，量化已知信息提高网络构建的准确性，但计算过程较为复杂。第三类基于机器学习算法构建基因转录调控网络，如 GENIE3、Jump3 模型，引入基因表达数据和启动子状态，提升了精度，但运行时间非常长。第四类利用神经网络对转录调控网络建模，基于神经网络池，利用基因表达图谱的时间动态推断基础基因调控网络。

六、转录调控大数据网络应用

真核细胞内的转录调控大数据网络是由转录因子（TFs）的组合作用所决定的。但是，植物中转录因子结合研究的数量太少，无法给出这个复杂网络的全貌。以玉米为模型，利用推断算法，基于多组学数据进行全基因组水平转录调控网络的构建。

基于玉米全生育期 33 个组织基因的转录组及翻译组图谱，利用 GENIE3 软件中的随机森林模型，构建全局的转录调控网络，包括转录水平的调控网络、翻译水平的调控网络以及转录因子翻译 – 靶基因转录的调控网络。根据权重大小，分别从每种网络中取前 100 万的调控对，进行网络属性分析，包括传输性（transitivity）、平均路径长度（average path length）和模块数量（module number）的分析。其中，转录水平调控网络最多（1 824 个），其次是翻译水平调控网络（1 813 个），数量最少的是两种组学结合的调控网络（1 780 个）。而两种组学结合的调控网络拥有最大的平均路径长度（2.532），翻译水平调控网络的平均路径长度是最小的（2.455）（图 10–4）。

图 10-4 玉米多组织转录组和翻译组的转录调控大数据网络图谱

图 10-4 彩色图片

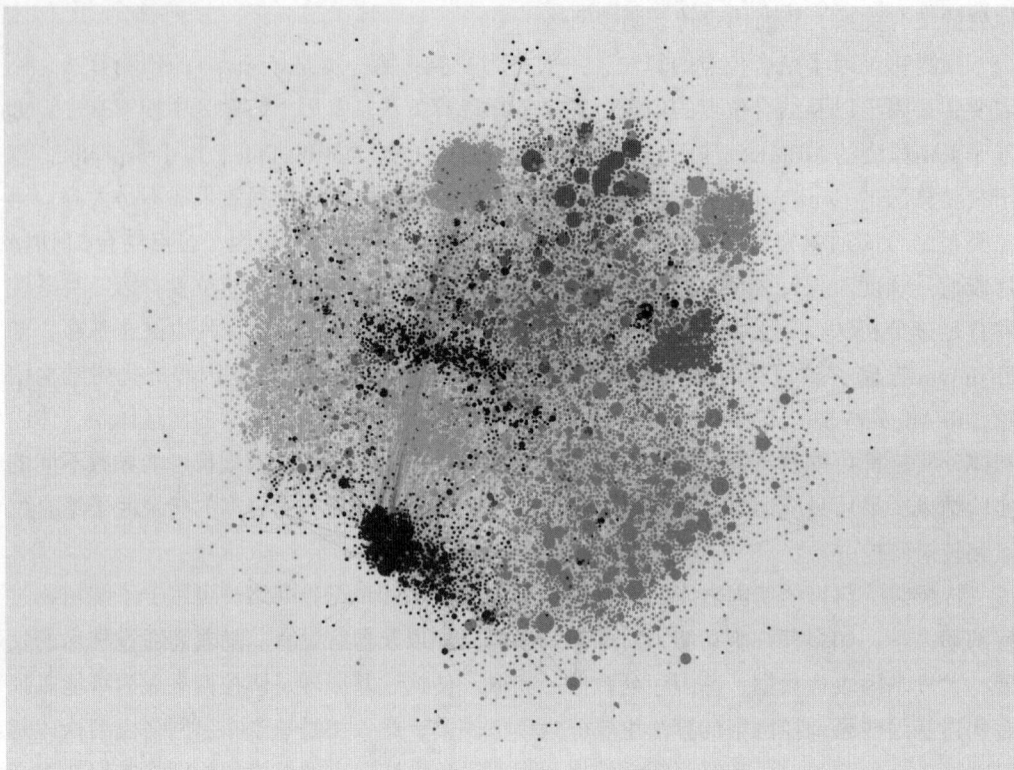

第四节 蛋白互作大数据网络

在一个生物细胞中通常有成千上万的蛋白质和其他大分子表达，介导可能多达数十万的物理相互作用，在任何给定的时刻要么形成分子结构，要么参与各种调控过程。蛋白质 – 蛋白质、蛋白质 –DNA、蛋白质 –RNA 等生物大分子之间的相互作用在大多数生物过程中起着至关重要的作用。其中，蛋白质间相互作用在许多生理、病理和发育过程中发挥着至关重要的作用，如信号传导、胁迫应答、植物防御和器官建成等。阐明蛋白质 – 蛋白质相互作用网络有望回答细胞组织物质、信息和能量的生化机制的基本问题。

在过去的 30 年里，通过一次一个基因或者一次一个蛋白质的研究方法，仅为所有预测蛋白质的 5%～10% 提供了一些功能指标。随着测序技术的迅速发展，广泛测序数据的获得，全面、系统地阐明复杂的生物学现象成为生物学研究的重点之一。事实上，已有几种主要技术在多个物种中应用于蛋白质间相互作用网络的研究，如酵母双杂交（yeast two-hybrid，Y2H）、亲和纯化质谱（affinity purification mass spectrometry，AP-MS）等。

一、酵母双杂交系统的原理和步骤

（一）酵母双杂交原理

酵母双杂交系统（yeast two-hybrid system）由 Fields 和 Song 等首先在研究真核基因转录调控中建立。他们以与 *SUC2* 基因表达调控有关的两个蛋白质 Snf1 和 Snf2 为模型，将 Snf1 与 Gal4 的结合域融合，建立诱饵（bait）蛋白，将 Snf2 与 Gal4 的激活域的酸性区域融合形成猎物或靶蛋白（prey or target protein）。如果在 Snf1 和 Snf2 之间存在相互作用，那么分别位于这两个融合蛋白上的结合域和激活域就能重新形成有活性的转录激活因子，从而激活相应基因的转录与表达。这个被激活的、能显示"诱饵"和"猎物"相互作用的基因称为报道基因（reporter gene）。通过对报道基因表达产物的检测，可以判别两个蛋白质之间是否存在相互作用。

经典的酵母双杂交系统常用的转录因子有 *GAL4*、*GCN4* 等。以 *GAL4* 为例，酵母双杂交系统的作用原理如图 10-5 所示。

仅存在 DNA 结合域（BD），可以识别启动子上游识别区域，但是无法激活下游基因表达。仅存在转录激活域（AD），具有激活基因表达的能力，但是不能识别基因启动子上游区域，无法激活下游基因表达。通过外源基因对（诱饵基因与猎物基因）的互作形成完整的转录因子结构，识别基因启动子上游识别区域，并激活下游基因表达。

转录因子 *GAL4* 在结构上可以分别形成功能上相互独立的结构域（domain），其中有 DNA 结合域（DNA binding domain，DNA-BD）和 DNA 激活域（DNA activation domain，DNA-AD）。这两个结构域将它们分开时仍分别具有功能，但不能激活转录，只有当被分开的两者通过适当的途径在空间上较为接近时，才能重新呈现完整的 *GAL4* 转录因子活性，并可激活下游启动子，使下游基因得到转录。

在目前使用的酵母双杂交系统中编码 β- 半乳糖苷酶的 *LacZ* 通常作为报道基因，并且在该基因的上游调控区引入受 GAL4 蛋白调控的 GAL1 序列。而酵母的 *GAL4* 基因和 *GAL80* 基因（*Gal80* 是 *Gal4* 的负调控因子）被缺失，从而排除了细胞内源调控因子的影响。诱饵蛋白 X 克隆至 DNA-BD 载体中，表达 DNA-BD/X 融合蛋白；待测试蛋白Y 克隆至 DNA-AD 载体中，表达 DNA-AD/Y 融合蛋白。单独转化其中任何一个载体都不能检测出 β- 半乳糖苷酶活性，一旦 X 蛋白与 Y 蛋白间有相互作用，则 DNA-BD 和

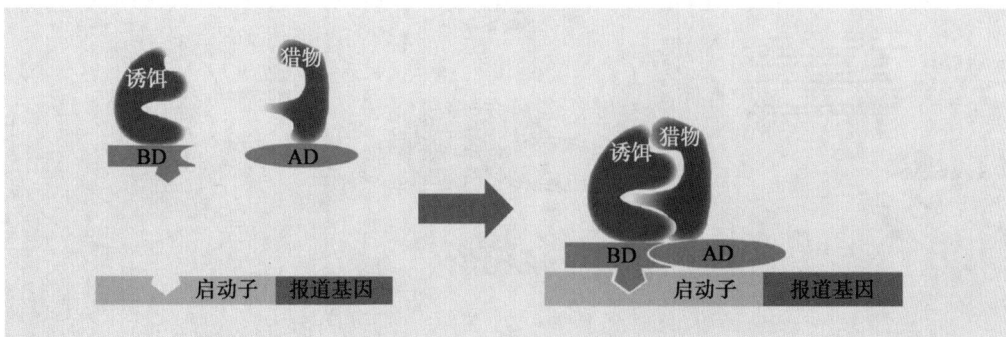

图 10-5 酵母双杂交系统原理

DNA-AD 也随之被牵拉靠近，恢复行使功能，激活报告重组体中 *LacZ* 和 *HIS3* 基因的表达。在缺素培养基上就可以筛选得到阳性克隆。

（二）酵母双杂交步骤

酵母双杂交一般分为初级文库构建、互作蛋白对的筛选和鉴定。具体实验步骤如下（图 10-6）。

1. 初级文库构建

第一天：分别挑取捕获文库和诱饵文库的酵母菌株单菌落，接种于 100 mL 1 × YPDA 培养基，在 30℃恒温摇床中按照 200 r/min 摇菌。

第二天：使用 Trizol 法提取新鲜植物组织 RNA，根据载体上酶切位点附近序列设计接头引物，使用 SMARTTM 反转试剂盒，结合接头引物将高质量 RNA 反转录得到基因 cDNA 文库。随后使用双链特异性核酸酶选择性降解双链 DNA 和 DNA-RNA 杂合体中的 DNA，通过各来源的 cDNA 的复性速率不同进行均一化。使用限制性内切酶线性化处理捕获文库和诱饵文库载体。

第三天：待酵母菌液 OD 值达到 0.4~0.6 时，使用 LiAc 法制备酵母感受态细胞。将带有接头的 cDNA 和线性化载体使用 LiAc-PEG 法重组转化至酵母菌株，分别在缺素培养基 SD^{-Leu}（捕获文库）和缺素培养基 SD^{-Trp}（诱饵文库）上涂板，30℃暗培养 3~5 d。收集阳性克隆，使用甘油保存于超低温冰箱。构建完成捕获文库和诱饵文库。

2. 互作蛋白对的筛选和鉴定

第一天：分别取 1 mL 诱饵文库和 1 mL 捕获文库菌液，接种于 50 mL 2 × YPDA 液体培养基，使用 2 000 mL 的三角瓶，在 30℃培养条件下，50 r/min 培养 20 h。

第二天：收集菌体，使用 9 g/L NaCl 溶液重悬菌体，在四缺的缺素培养基上涂板，置于 30℃培养箱暗培养 7~10 d。

第十天：收集阳性克隆菌体，提取酵母菌株质粒 DNA，添加测序接头进行测序分

图 10-6 酵母双杂交实验流程

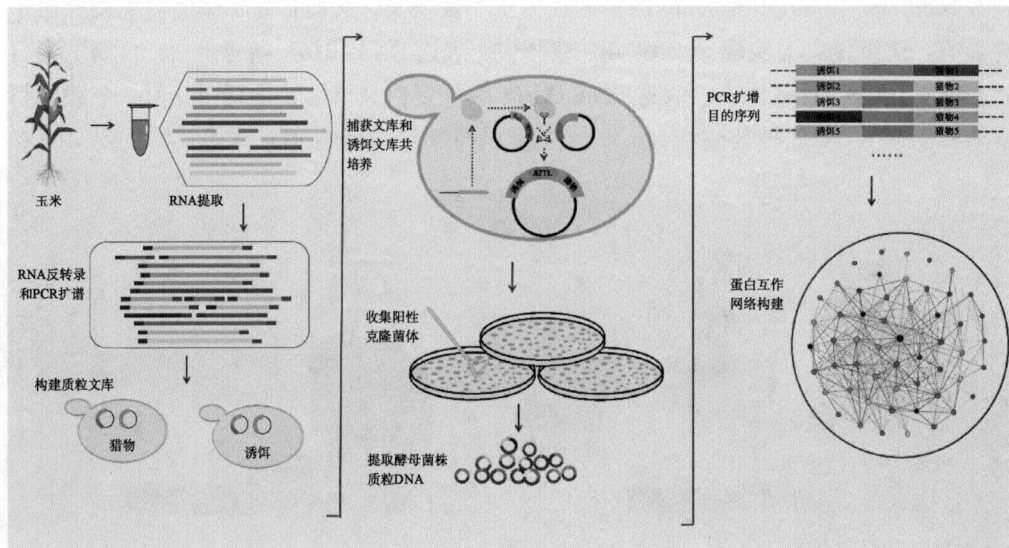

析，获得蛋白互作信息。

二、酵母双杂交技术的改进

Vidal 等利用噬菌体基因组 DNA 进行的诱饵文库和捕获文库筛选的尝试，首次获得生物学上可解释的蛋白质相互作用图谱。随后研究者提出了一系列需要改进的方向。首先，需要一个更干净、更严格的酵母双杂交系统来降低假阳性率。其次，需要制定一种稳健的交配策略来混合大量的文库。第三，需要建立新的体系对膜蛋白互作信息进行鉴定。

（一）引入新型报告基因提高准确率

以 Fields 等建立的系统为基础，逐步发展起来的各种双杂交系统。这些新系统主要对报道基因、"诱饵"表达载体以及"猎物"表达载体等做了一些改进。其中一个重要改进是引入额外的报道基因，如广泛采用的 *HIS3* 基因。经过改造带有 *HIS3* 报道基因的酵母细胞，只有当 *HIS3* 被启动表达才能在缺乏组氨酸的选择性培养基上生长。*HIS3* 报道基因的转录表达是由"诱饵"和"猎物"的相互作用所启动的。大多数双杂交系统往往同时使用两个甚至三个报道基因，其中之一是 *LacZ*。这些改造后的基因在启动子区有相同的转录激活因子结合位点，因此可以被相同的转录激活因子（如上述的 GAL4 蛋白）激活。通过这种双重或多重选择既提高了检测灵敏度又减少了假阳性现象。

（二）高通量酵母双杂交体系

Fields 等开发的酵母双杂交鉴定过程中要经过两次转化，这个工作量是相当大的，特别是寻找新的作用蛋白质的时候尤其如此。而且，酵母细胞的转化效率比细菌要低约 4 个数量级。因此转化步骤就成为双杂交技术的瓶颈。Bendixen 等通过酵母接合型的引用，避免了两次转化操作，同时又提高了双杂交的效率。在酵母的有性生殖过程中涉及两种配合类型：a 接合型和 α 接合型，这两种单倍体之间接合（mating）能形成二倍体，但 a 接合型细胞之间或 α 接合型细胞之间不能接合形成二倍体。根据酵母有性生殖的这一特点，他们将文库质粒转化 α 接合型酵母细胞，"诱饵"表达载体转化 a 接合型细胞。然后分别铺筛选平板使细胞长成菌落，再将两种菌落结合后接种于三重筛选平板上，原则上只有诱饵蛋白和猎物蛋白发生了相互作用的二倍体细胞才能在此平板上生长。单倍体细胞或虽然是二倍体细胞但 BD 融合蛋白和 AD 融合蛋白不相互作用的都被淘汰。长出来的克隆进一步通过 β- 半乳糖苷酶活性进行鉴定。这项改进不仅简化了实验操作，而且也提高了双杂交的筛选效率。

考虑现有技术在成本、时间和敏感性方面的限制，蛋白质与蛋白质之间的广泛相互作用图谱是一个重大挑战。近年来，为了提高库的筛选效率，开发了 eY2H、Smart-pooling Y2H、Y2H- seq、Stitch-Seq Y2H、BFG-Y2H 等高通量酵母双杂交系统。虽然这些系统极大地提高了酵母双杂交的筛选效率，但仍需要耗费时间和昂贵的个体化处理，如单个阳性菌落的质粒分离和 PCR 扩增、文库制备的个体化阵列或单个基因。2017年 Shelly 等报道了利用基因重组系统 Cre/lox 进行高通量酵母双杂交系统的优化，建立了一个拟南芥转录因子互作网络，成功实现了利用下一代测序来识别相互作用进行大规模酵母双杂交的筛选。Cr-Y2H 体系的应用为建立高通量的酵母双杂交提供了有力的方向，随后 Yang 等利用重组酶 Phi31 识别的 ATTP/ATTL 重组系统也实现了大规模的酵母互作文库筛选和高通量的测序分离，进行全基因组高深度的蛋白互作网络建设逐步成为可能。

（三）膜蛋白互作体系

基因组研究表明，膜蛋白占生物体预测蛋白的 25% ~ 33%，膜蛋白相互作用体是整个相互作用体的重要组成部分。然而，绘制膜蛋白相互作用体的图谱是困难的，因为许多在全基因组范围内直接测定蛋白质 - 蛋白质相互作用的实验技术被认为对膜蛋白有偏见。常规的酵母双杂交系统很难进行完整的膜蛋白研究，主要原因是完整的膜蛋白固定在膜上，不能被运输到细胞核中。此外，膜蛋白作为不可溶性蛋白质，与可溶性蛋白质的生物物理环境有很大不同和更低的互作频率。

目前用于膜蛋白互作鉴定的主要是利用基于断裂泛素（split-ubiquitin）重组的酵母双杂交方法。这一方法是基于细胞内连接有泛素（ubiquitin）的蛋白质都能够被泛素特异性蛋白酶（UBPS）快速和高效地识别并切割。而泛素则如同传统酵母双杂交中使用的转录蛋白 GAL4 一样，可以被稳定地分割为独立的 C 端（Cub）和 N 端（Nub）两半。正常情况下两半可以互相结合，重组出完整的泛素。但当 Nub 的第 13 个氨基酸异亮氨酸（isoleucine）被人为变异成甘氨酸（glycine）后，泛素的 Cub 和 Nub 两半就不能再结合。而在膜蛋白酵母双杂交系统中，Cub 相当于传统酵母双杂交中使用的转录蛋白 GAL4 的 DNA 结合域，可以连接上一个诱饵蛋白（bait）和一个转录激活蛋白（transcription activator）LexA-VP16。而 Nub（具有 I13G 变异，NubG）相当于传统酵母双杂交中使用的 GAL4 的转录激活域，则可以连上猎物蛋白（prey）或者一个文库（library）。当诱饵蛋白和猎物蛋白不发生蛋白质相互作用（结合）时，转录激活蛋白 LexA-VP16 被诱饵膜蛋白固定于细胞膜区域，不会激活细胞核内的报告基因。而当诱饵蛋白和猎物蛋白发生蛋白质相互作用（结合）时，Cub 被带到 Nub 附近，从而组成了一个完整的泛素。这个泛素会被细胞内的去泛素化酶识别而切断，从而释放出游离的转录激活蛋白（Lex）进入细胞核内激活染色体上的报道基因。因此通过将阳性反应的酵母菌株中的捕获文库载体提取分离出来，从而对载体中插入的文库基因进行测序和分析工作。利用泛素断裂重组的系统可以进行膜蛋白互作分析，同时也可以进行研究膜蛋白 - 膜蛋白、膜蛋白 - 可溶性蛋白之间的相互作用，大大扩展了酵母双杂交系统在蛋白互作研究中的应用范围。

三、酵母双杂交系统的应用

自首次描述双杂交体系以来，该方法主要用于寻找单分子相互作用子。在这段时间内，数百种新的蛋白伴侣被鉴定出来。目前，酵母双杂交系统在蛋白质组学探究，重点在以下几个领域使用：其一，检测一对功能已知蛋白质间的相互作用。在大豆内 P34 Syringolide 受体调节 *avrDRpg 4* 基因，但是结合后 P34 信号传递的机制较为模糊。经过酵母双杂交挑选大豆互补脱氧核糖核酸文库。获取两个拥有 97% 同源性的蛋白质 P42-1 与 P42-2，同时证明 P42-2 属于 P34 Syringolide 受体的第二信使内的第一个主要成员。其二，确立互作蛋白对产生相互作用的主要结构域，或者活性位点。AKT3 属于介入脱落酸信号转导的植物蛋白磷酸酶 AtPP2CA 的一个搭档蛋白，假如去除 AtPP2CA 催化结构域的最后 180 个氨基酸，这时 AtPP2CA 就不能和 AKT3 形成蛋白质间的相互作用，进而验证了这个区域中蕴含了 AKT3 结合位点。其三，运用已经知道的功能蛋白质基因挑选杂交互补脱氧核糖核酸文库，获取与已知蛋白质存在特异相互作用的蛋白质。把较短的 HsfA1 作为诱饵，在番茄互补脱氧核糖核酸文库内挑选出 Hsf 中的新构 HsfA3。同时运用酵母双杂交筛选文库法和亲和纯化质谱等方式在大麦幼苗内挑选 150 多个和 14-3-3 同工型产生相互作用的靶蛋白，在这里酵母双杂交法辨别出 132 种相互作用，同时亲和纯化质谱法仅仅辨别出了 30 种相互作用，两者间有近 30% 的数据是重合的。

　　细胞信号转导是蛋白质间或者蛋白质和其他分子间相互作用的主要信号传播方法。Kiston 等在进行研究时，运用酵母双杂交系统探究了 TNF2R 内的家族细胞表面受体，了解到它们生存在一个 70～80 个氨基酸组成的保守域中，其属于导致细胞死亡的一个区域，与此同时还发现一个新的拥有死亡区域的 WSL21 蛋白质。Dortay 等运用较大规模酵母双杂交技术发现了拟南芥细胞分裂素信号途径内的大部分蛋白质成员间的 40 种以上的相互作用，验证出这个途径内蛋白质种类间有着显著的相互作用，并且相同类别的蛋白质间极少产生相互作用，不仅如此，在探究中还发现了在相互作用时，其核心是磷酸转运蛋白，它和全部其他蛋白质都产生相互作用。

　　经过酵母双杂交等技术，许多病毒蛋白和宿主蛋白间的相互作用被发现。Shi 等经过对 HepG2 与人肝的互补脱氧核糖核酸文库的酵母双杂交挑选获得 apoAl，其属于一个极高密度脂蛋白成分，和 NS5A 相互作用，帮助 NS5A 参加脂代谢紊乱的病理中，初步发现了丙型肝炎病毒 HCV 感染后通常存在的肝脂肪变性的机制。

第五节　互作组网络大数据应用与示例

　　通过对数据的清洗、蛋白互作鉴定、内在生物学含义的挖掘等过程，加深对互作组大数据的理解。

一、数据来源

（一）高通量酵母杂交系统

　　Gal4 转录因子结合在基因启动子上开启基因的转录过程，其包含两个主要的蛋白结构域：结合域（BD）负责与基因的启动子结合，激活域（AD）负责招募 RNA 聚合酶 II，启动转录。酵母双杂交系统通过基因工程的手段在酵母体内表达 BD-X 融合蛋白和 AD-Y 融合蛋白。如果 X、Y 之间产生物理互作，那么 BD-X 和 AD-Y 会形成蛋白质复

图 10-7 高通量酵母双杂原理

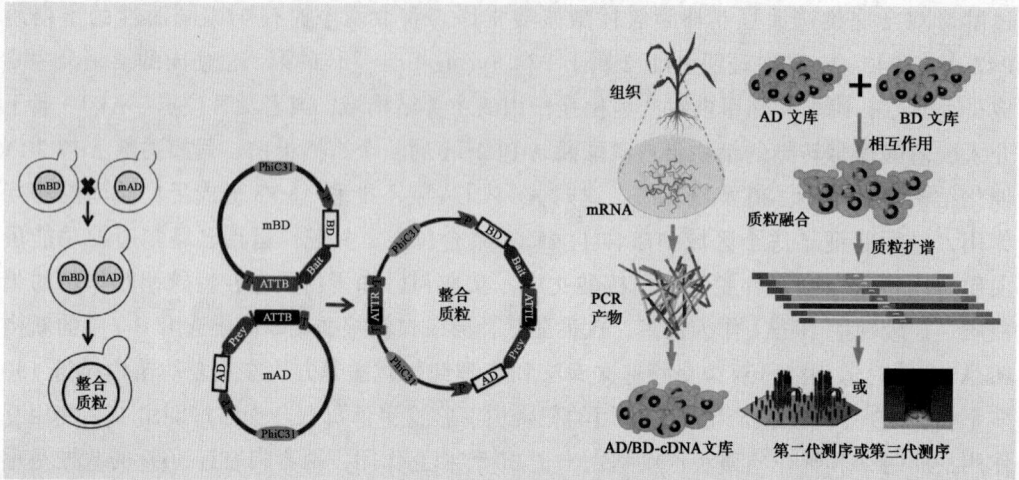

合物，该蛋白质复合物由于包含 AD 和 BD 结构域，能够启动报道基因的表达，从而可以检测互作蛋白。

本实验从玉米 B73、Mo17 自交系，及其杂种一代 F_1 的 V_4 时期叶片中提取 mRNA 反转录为 cDNA。将 cDNA 序列分别导入两种质粒中，使 cDNA 序列分别与编码结合域、激活域的 DNA 序列相连接（图 10-7 中 Prey 和 Bait 代表被检测的玉米蛋白质编码序列）。将质粒分别转化进入两种可以相互杂交的酵母中，构建酵母 AD、BD 文库。混合两种酵母，并给予适宜的环境，两个包含不同质粒的酵母杂交形成一个酵母，该酵母包含两个不同的质粒。由于质粒中 PhiC31 重组酶的表达和 ATTB、ATTP 重组位点的存在，两个质粒会重组环化形成一个大质粒。如果两种蛋白质发生互作，下游报告基因表达，那么该菌株就能够在四种氨基酸缺乏的培养基上正常生长。最后，将培养基上的菌落刮下，提取质粒并通过 PCR 扩增，克隆包含 Prey、ATTL 和 Bait 的目标片段，经过高通量测序可以大规模鉴定蛋白质相互作用。

（二）数据总览

通过对酵母 AD、BD 文库进行 10 次杂交筛选、测序。从玉米 B73、Mo17 自交系的杂交一代 F_1 中，通过 illumina 测序平台 10 次测序共获得数据 191.6 GB，PacBio 测序平台 3 次测序共获得数据 786.8 GB。对数据进行质控后，净数据中包含 474 585 053 条 illumina 二代测序读长和 4 822 763 条 PacBio 三代测序读长。将读长比对到玉米 B73 自交系 cDNA 参考基因组上，由于不同测序技术的特性，二代测序数据中，5 615 204（1.18%）条读长可以比对到两个不同的基因，而三代数据有 1 752 683（36.34%）条能比对到两个基因上去。

二、分析流程

（一）二代测序分析流程

接下来开始处理二代数据，如果拿到的是原始数据，一定要对数据进行质控和预处理。Fastp 是一款高效的质控软件，可对 FASTQ 格式的数据进行质控和剪切。从测序公司拿到的是净数据则可略过这一步。

首先从 gramene 数据库下载 B73 自交系 cDNA 的参考基因组序列。

wget ftp://ftp.gramene.org/pub/gramene/release-62/fasta/zea_mays/cdna/Zea_mays.B73_RefGen_v4.cdna.all.fa.gz

解压并且创建 cDNA 序列的 blast 比对索引文件，这一步是 blast 序列比对的前提。

gunzip Zea_mays.B73_RefGen_v4.cdna.all.fa.gz

makeblastdb –in Zea_mays.B73_RefGen_v4.cdna.all.fa –dbtype nucl –out B73–cDNA –parse_seqids

通过 blast 将 10 次测序数据比对到参考基因组上。

vi alignment.sh

for i in F–*.fa；do

blastn –db B73–cDNA –query ${i}–out ${i%.fa}.txt –evalue 1.0e–4 –num_threads 10 –outfmt 7

done

批量比对

sh alignment.sh

利用该高通量酵母双杂交系统提供的 Python 程序，检测蛋白互作。

wget https://github.com/yannnnLi/Highthrough–put–Y2H–analysis/raw/master/y2h_2nd.py

vi identify_PPIs.sh

for I in F–*R1.txt；do

python3 y2h_2nd.py ${i} ${i%R1*}R2.txt ${i%R1*}result.txt

done

批量处理

sh identify_PPIs.sh

至此，结果文件 F–i_result.txt（i=1，2，3…10）分别包含了 10 次测序中检测到的蛋白互作。该文件中前两列代表编码互作蛋白的两个基因，第三列表示该互作被检测到的次数。整合 10 个结果文件，一共在玉米 B73×Mo17 的 F_1 材料中检测到 60 790 对独立的蛋白质相互作用。

（二）三代测序分析流程

相对于二代 illumina 测序，最大的优势是读长较长，PacBio Iso–seq 平台的一条读长可以将基因转录出的整条 mRNA 覆盖。利用该特性，用三代测序来鉴定该酵母双杂交系统检测的蛋白互作，就可以考虑扩增引物序列、重组位点序列和比对上的两个基因在读长上相对位置，从而设置更加严格的标准来检测蛋白互作。

首先，需要将三代测序下机数据（后缀为 .subreads.bam）进行代码调试器（code composer stadio，CCS）分析并且利用 SAMtools 工具转换成熟悉的 FASTA 序列格式。因为三代测序是将 DNA 连接成环状再测序，因此如果 DNA 较短，待测序列可能会被多次测到，那么测得的序列中就会有重复序列。简单地说，CCS 分析就是将带有重复的序列转化为我们想要的无重复序列。

ccs m64061_191223_194645.subreads.bam ccs.bam

m64061_191223_194645.subreads.bam 是测序数据，该命令依赖于 SMRTLinks 软件。

samtools view ccs.bam | awk '{OFS="\t"; print ">"$1"\n"$10}' – > ccs.fasta

将 CCS 分析的结果文件转化为 FASTA 序列，然后将序列比对到 cDNA 参考基因组序列上去，得到比对基因的信息及该基因在读长上的位置信息。

blastn –db B73–cDNA –query ccs.fasta –out ccs.txt –evalue 1.0e–4 –num_threads 4 –outfmt 7

B73–cDNA 为前文中 cDNA 参考基因组序列的索引文件头。

最后，通过酵母双杂交系统提供的 Python 程序鉴定蛋白互作。注意：该程序基于 blast，请确保已经安装 blast 软件；前后引物、重组位点的序列应当存在于程序运行的目录下。

wget https://github.com/yannnnLi/Highthrough–put–Y2H–analysis/raw/master/y2h_3rd.py

module load BLAST/2.2.26–Linux_x86_64

BLAST/2.2.26（ftp://ftp.ncbi.nlm.nih.gov/blast/executables/blast+/2.2.26/ncbi–blast–2.2.26+–x64–linux.tar.gz）

python3 y2h_3rd.py ccs.txt ccs.fasta PPTs.txt

至此，从三代测序数据鉴定到了 44 320 对蛋白互作，其结果文件 PPIs.txt 格式与二代数据的结果相同，前两列为互作蛋白的编码基因，第三列为检测次数。

（三）去除自激活基因

许多蛋白质没有发生相互作用也能够启动报告基因（称为自激活，self-activation），从而造成了假阳性。为此，该系统利用一个已知不与玉米中任何蛋白质发生相互作用的 T 蛋白，筛选存在自激活的基因。即将 T 蛋白的编码序列（coding sequence）导入酵母的 AD 文库中，然后进行结合，如果酵母存活，说明存在于酵母 BD 文库的玉米基因发生了自激活。提取存活酵母中的质粒，利用二代测序，即可鉴定存在自激活的基因。该分析的流程类似于鉴定二代测序数据中的蛋白互作。

blastn –db B73–cDNA –query TF_R1.fa –out TF_R1.txt –evalue 1.0e–4 –num_threads 10 –outfmt 7

blastn –db B73–cDNA –query TF_R2.fa –out TF_R2.txt –evalue 1.0e–4 –num_threads 10 –outfmt 7

python3 y2h_2nd.py TF_R1.txt TF_R2.txt TF_result.txt

通过此方法一共鉴定了 693 个自激活基因，将二代测序和三代测序检测到的蛋白互作中包含自激活的基因去掉，分别从中得到 7 708 和 4 674 个高质量蛋白互作。

三、蛋白互作网络的功能挖掘

利用二代测序数据，得到了 7 708 个高质量蛋白质相互作用，其中包含 5 754 个蛋白质编码基因，由此建立了一个高质量蛋白互作网络（图 10-8）。

将该蛋白互作网络利用启发式的聚类方法将网络进行模块化（fast unfolding of

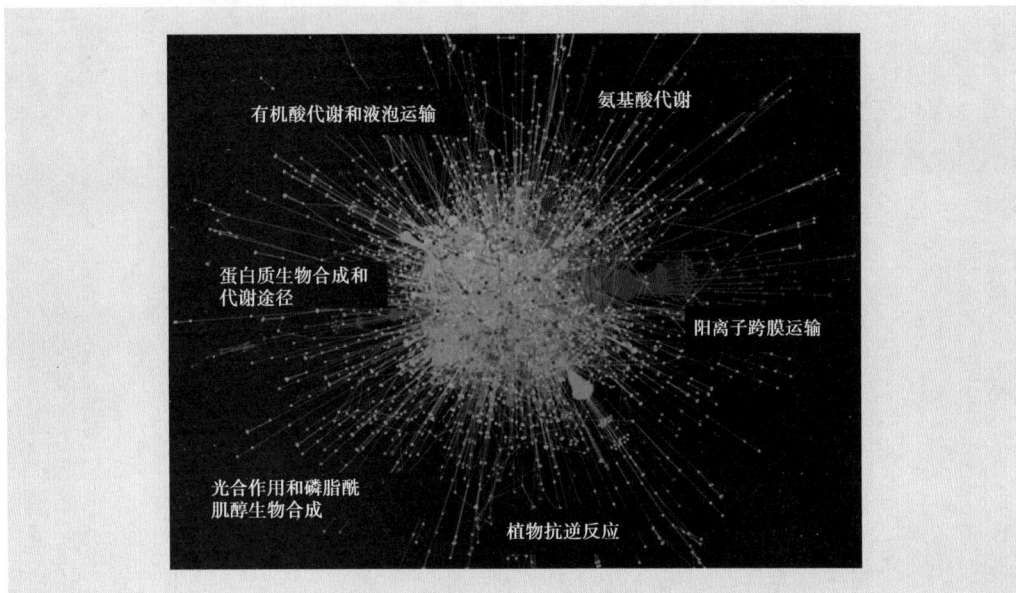

图 10-8 高质量蛋白互作网络

communities in large networks），并且对其中包含超过 30 个基因的 27 个模块进行功能富集，其中 10 个模块被显著富集在蛋白质生物合成和代谢途径、植物抗逆反应、氨基酸代谢、阳离子跨膜运输等功能途径（agriGO v2.0）。最后利用 Gephi 软件对网络进行可视化。以上结果表明，蛋白互作网络具有普遍的生物学意义。

📺 推荐阅读

赵蕴杰.生物分子大数据分析［M］.北京：科学出版社，2019.
本书从生物分子中几种典型的大数据类型出发，结合分子动力学模拟、复杂网络分析、多序列比对、机器学习和深度学习等理论模型，对生物分子的结构特征和结合靶点预测等进行阐述。

❓ 复习思考题

1. 什么是互作组大数据，其有何特征，有哪些类型？
2. 互作组大数据与全生物周期的功能图谱关系是什么？

💬 开放性讨论题

生物大数据时代下，如何重新认识生命的本质这一基本科学问题？

第十一章

植物大数据存储与管理

数据存储描述了数据以某种格式记录在存储介质上的过程，而数据管理则是运用计算机软硬件技术对数据进行收集、存储、处理和应用的过程。大数据被德尔菲共识定义为需要额外计算能力的数字化变量，具有大容量、多样性或高速性的特征。与传统的植物数据相比，植物大数据在数据的深度、广度和密度等方面发生了显著变化，测序深度和测序读长大幅增加；新的数据类型不断涌现，包括结构化数据、半结构化数据、非结构化数据等；数据产生的速度不断加快。这对科学、高效地利用大数据存储与管理技术开展植物科学前沿问题的探索提出了更高要求。

本章重点介绍用于植物大数据科学管理与高效存储的技术。要求掌握植物大数据存储的常用方法，并能运用这些技术协助开展植物科学研究。

第一节 植物大数据的采集与传输

提到植物大数据的采集，就必须提到植物大数据的产生方式。结合了感应设备和计算机分析平台的数据采集系统（如测序仪、质谱仪等），可以产生大量不同研究目的，不同格式的组学数据。随着生物学、物理学、计算机科学等相关学科领域的快速发展与交叉融合，越来越先进的技术被应用到生命科学研究领域，这也大大增加了植物大数据产生的规模与速度。与传统的数据采集不同，大数据的采集来源更加多样，不仅包括仪器设备的感应、识别与采集，还包括互联网采集的网页、文件等静态数据，以及由于用户的访问、操作等行为而产生的实时数据。接下来将重点介绍植物领域大数据的采集与传输。

一、植物大数据的采集

以基因组测序数据的采集为例。利用第一代 Sanger 法测序原理，DNA 片段在凝胶电泳的作用下形成有规律间隔的条带，产生了凝胶放射自显影的图片数据。第一代测序数据的准确性高，测序读长较长，但这种采集方式缺少自动化识别与分析，因此通量较低，与大数据的采集还存在差距。第二代测序技术沿用了第一代 Sanger 法中边合成边测序的理论，并创造性地加入了 4 种带有荧光标记并在 3' 端进行了特殊处理的 dNTP 碱基。碱基上的荧光素经过激光扫描后被激发，仪器记录下 4 种荧光素的荧光信号，通过计算机分析将光信号转换成 DNA 的序列信息。二代测序虽然读长较第一代更短，但数据实现了自动化采集，在保证精确度的同时实现了高通量，是植物基因组大数据发展的重要里程碑。第三代测序主要以 PacBio 的单分子实时（single molecule real time，SMRT）测序技术和 ONT 的纳米单分子测序技术为代表。PacBio 公司发明了只有几十纳米的纳米微孔，并利用共聚焦显微镜对纳米微孔发出的光信号进行实时快速地记录。纳米单分子测序技术与其他技术不同：当 DNA 通过一种特殊的纳米微孔时，会对纳米微孔中离子的流动造成阻碍，不同碱基所造成电流大小的波动会被自动记录下来，利用计算机分析对碱基进行判读。三代测序技术基于电信号的差异，设计更加巧妙，测序仪更加便携，且测序读长很长，大大缩短了数据采集的时间。

采用与基因组测序相同的信号采集与数据转换原理，改变实验对象为特定区域的 RNA 或 DNA 片段，并改变实验方法，可以获取大规模的转录组、表观遗传组等组学数据。采用 iTRAQ、DIGE、PRM 等方法，可以对植物特定组织或细胞中的所有蛋白质进行定性及定量分析，并利用蛋白质组学数据进行蛋白质功能及分子调控网络的研究。利用核磁共振（NMR）、液质联用（LC-MS）或气质联用（GC-MS）技术，可以获得一个细胞、组织或器官中包括糖类、核苷、萜类、类固醇等所有小分子代谢物的谱图数据。通过对这些图谱数据进行生物信息学分析，能定性及定量代谢物，并结合代谢通路、相关性网络等功能分析结果，探究代谢物与机体生理病理变化之间的关系。除此以外，单细胞组学在植物领域越来越多地被应用，如单细胞 RNA-seq、单细胞 ATAC-seq、单细胞 ChIP-seq、单细胞 Hi-C 等，它们不仅扩充了植物大数据的容量，同时能帮助植物学家发现植物从细胞水平进行生长、免疫、抗病等生物学过程的微妙变化。

植物的表型是基因与环境互作之后在时空中的三维表达，植物表型组学旨在集成自动化平台装备和信息化技术，结合基因组学、生物信息学和大数据分析技术，深入挖掘"基因型 – 表型 – 环境型"三者的内在关联，最终揭示植物多尺度结构和功能特征对遗传物质及环境改变的响应机制。植物表型大数据目前主要以新型物理、化学及生物传感器、图形图像技术、人工智能技术和物联网技术为核心数据获取技术体系，可采集从细胞 – 组织 – 器官 – 植株 – 群体的多尺度表型数据，形成多生境、大规模、多类型的植物表型数据。

二、植物大数据的传输

说到大数据的传输，我们首先要介绍一下植物大数据主要的格式和类型。按数据保存于文件中的编排格式划分，植物大数据分为字符形式的文本格式，以及透明度较低但容量大幅压缩的二进制格式。按大数据的功能属性划分，植物的测序数据最常用的是 GenBank、FASTA 和 FASTQ 格式，其中 GenBank 是最早的生物信息数据，它作为人类可读信息和机器高效利用之间的桥梁，主要存放已注释的 DNA 序列信息；FASTA 格式存放序列数据；而 FASTQ 格式通常存放测序仪器计算转换后得到的实验数据。除此以外，通常用 SRA 格式的文件存放高通量的短读长测序数据，用 SAM/BAM 格式存放序列比对信息，用 PDB 格式存放蛋白质三维结构信息。还有一些数据格式与具体的分析软件匹配，如与 Bionano access 软件匹配的 CMAP 格式等。

植物大数据的数据量较大，如果利用传统的存储设备进行线下传输，耗时太长影响效率，现在均倾向于利用网络设备进行传输。如果是单个文件的传输，可以利用邮件服务器的文件中转站或者网盘（如百度网盘、腾讯微云等）；如果是批量的大容量数据，可以利用支持 FTP、FTPS、SFTP 等多种文件传输协议的传输工具进行数据传输。其中 FTPS 是加密版的 FTP 协议，而 SFTP 和 FTPS 类似，均使用私有及安全的数据流，保证数据传输时的安全性。常用的 FTP 传输工具有 FileZilla（图 11-1）、WinSCP、Xftp 等。考虑到传输的组学大数据需要在服务器上进行分析运算，因此最方便的数据传输方式是利用 Linux 系统自带的数据传输服务，进行服务器点对点之间的传输。Linux 系统中常用的几种文件传输命令有 scp、rz/sz 和 rsync。其中 rz 和 sz 命令用于 Linux 系统和 Windows 系统之间的文件传输，且需要 Windows 安装 Xshell 或 SecureCRT 远程连接工具。scp 和 rsync 命令主要用于 Linux 服务器之间的数据传输，其中 scp 是一个远程拷贝文件的命令，系统开销小，操作简单（图 11-2）。rsync 是系统内的数据镜像及备份工具，它在同步两台主机文件的同时，可以保持原有文件的权限、时间、软硬链接等信息，实现数据的实时、快速同步。

图 11-1 FileZilla 软件的基本界面

图 11-2 Linux 系统中使用 scp 命令的截图

```
[root@genome ~]scp test.txt root@192.168.70.165:/root
root@192.168.70.165's password:
test.txt                                100%     0     0.0KB/s   00:00
```

第二节 基于植物大数据的存储

高速发展的科学技术离不开数据的存储与计算。自从文明开始诞生，人类就在追求更加高效的信息存储方式，从距今至少 4 万年前的洞穴壁画，到 6 000 年前苏美尔人写下的楔形文字，再到如今以闪存、相变存储器（phase change memory，PCM）为代表的存储器件，以及利用量子存储、DNA 序列存储进行的探索尝试，人类从未停下创新的脚步。如今大数据的快速发展，给存储技术带来了巨大挑战，也带来了前所未有的发展机遇。

　　与图像、音视频文件、表格、日志等经典的互联网大数据不同，生命科学大数据的数据来源广泛，其数据类型也多种多样，主要包括文本文件、图像文件和二进制文件的非结构化数据。而植物大数据则由于庞大的植物物种，涵盖了不同仪器产生的、不同研究层面（如基因组、转录组、蛋白质组等）、不同物种或不同组织、响应不同环境胁迫的多样化的数据信息。接下来将介绍用于植物大数据主要的存储方式和常见的存储架构。

一、大数据的存储方式

　　传统的数据存储主要采用了关系模型来组织数据。关系模型是一个二维的表格模型，不同的二维表及其之间的联系组成了一个结构化的数据组织，也就是关系型数据系统。二维表结构非常贴近真实的逻辑世界，因此比较容易理解。但当面对大数据时，关系型数据系统所能承受的数据量十分有限，尤其当数据规模达到一定的数量级之后，数据检索速度会急剧下降，严重影响后续的数据处理。为了解决这一难题，MySQL 提供了 MySQL proxy 组件，实现了对请求的拦截，并结合分布式存储的技术，将数据中大表的记录拆分到不同计算节点进行查询。

　　鉴于关系型数据库可以存储结构化数据，常利用 MySQL 数据库系统存储大量植物组学数据，如包含基因结构及功能注释的基因组学数据，包含不同植物组织的差异基因表达图谱的转录组学数据，包含 microRNA 序列、microRNA 表达谱数据和 miRNA– 靶基因互作信息的表观组学数据等。通过简单的 SQL 查询语言，可以关联多张二维表数据，快速找出感兴趣基因的所有相关信息。如图 11-3 所示，PMRD 是一个在线的植物领域 microRNA 信息查询检索系统。PMRD 数据库的核心数据主要存储于 "miRNA" "probe" 和 "miRU" 三张二维表中，三张二维表可以通过 "mature_name" 和 "mature_sequ" 这两个关键词进行关联，用户通过检索可以获得感兴趣的 miRNA 及其表达谱数据和靶基

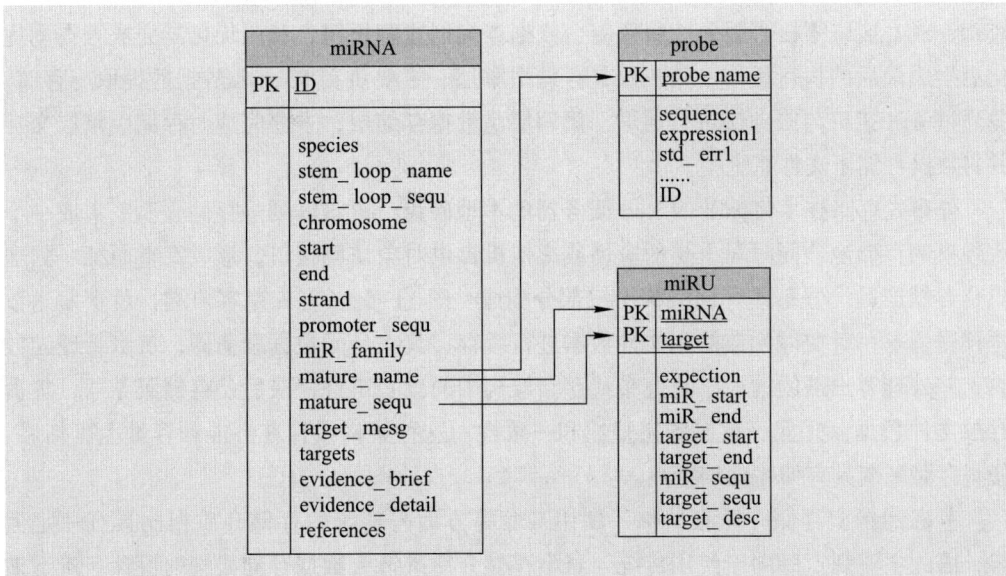

图 11-3　PMRD 数据库的 MySQL 数据结构

因信息。随着测序物种及组学数据类型的增多，MySQL 可以高效地进行数据更新与拓展，并保证数据的高度一致性和完整性。基于 MySQL 等关系型数据库系统进行植物大数据的存储已被广泛应用在植物二级数据库系统的构建中。

与关系型数据系统对应的是非关系型数据系统，即分布式的、不保证遵循 ACID 原则的数据存储系统。与关系型数据系统依赖表结构不同的是，非关系型数据系统以键值对进行存储，且每一个存储的元组可以根据需要自行添加键值对，完全没有了固定的存储结构。这种将一份大容量数据分散到不同机器上进行存储的分布式存储模式降低了单个节点存取数据的压力，有效解决了大数据存储和处理过程中遇到的痛点问题。

SensorDB 是一种新型的基于 Web 的虚拟实验室工具，用于管理大量生物时间序列传感器数据，同时支持快速数据查询和实时用户交互。SensorDB 包含三种不同的数据类型，包括① 用户及密码、实验名称、数据流名称等结构化信息；② 原始和累积的生物传感器数据；③ 队列、缓存和用户会话信息。SensorDB 使用 NoSQL 数据存储系统来管理用户数据、传感器数据、聚合数据和常用信息的缓存。利用该工具，农业领域科学家可以观察作物的实时表型数据，以此衡量基因的功能及其对环境的响应。

二、大数据的存储架构

大数据存储与管理的方法有很多，目前比较主流的存储技术，依据存储介质的不同大致可以分为两种，一是基于传统的磁盘存储或内存存储进行的大数据存储，二是引入闪存、脉冲编码调制等新型存储介质而产生的大数据存储架构。下面首先介绍基于传统存储介质构建的存储架构。

关系型数据库的代表是 MySQL 数据库系统的存储架构。MySQL 的架构设计主要分为四个层（图 11-4）：第一层是连接层，包含本地通信及类似 TCP/IP 的客户端与服务端之间的通信协议。本层引入了线程池及 SSL 安全链接的概念，为所有安全接入的客户端提供线程服务及操作权限的验证。第二层是服务层，提供如 SQL 分析及优化、缓存查询、SQL 接口等核心服务。服务器会依据查询创建解析树，利用优化器完成表查询优化后生成最后的执行操作。第三层是存储引擎层，主要负责 MySQL 数据的提取与存储，并通过 API 接口与服务层进行通信。第四层是数据存储层，主要完成与存储引擎层交互并将数据存储于文件系统中。

分布式存储技术将标准的 X86 服务器的本地硬盘、磁盘阵列等存储介质汇集成一个大规模的存储池，同时对上层的应用或虚拟机提供对象访问接口，形成完整而统一的虚拟化存储产品。分布式存储架构由三部分构成（图 11-5）：首先是客户端，负责发送数据读写请求，对文件元数据和文件数据进行缓存；其次是元数据服务器，负责管理元数据，并处理客户端的请求，是分布式存储架构中的核心组件；最后是存储服务器，负责存放文件数据，并保证数据的完整性和一致性。这种架构设计在性能和容量上可拓展，使得存储系统具有伸缩性的特点。

考虑到新型存储介质在价格、使用寿命等方面与传统的存储介质相比具有一定劣势，因此主流观点倾向于使用传统 + 新型存储介质进行大数据存储架构的设计。接下来

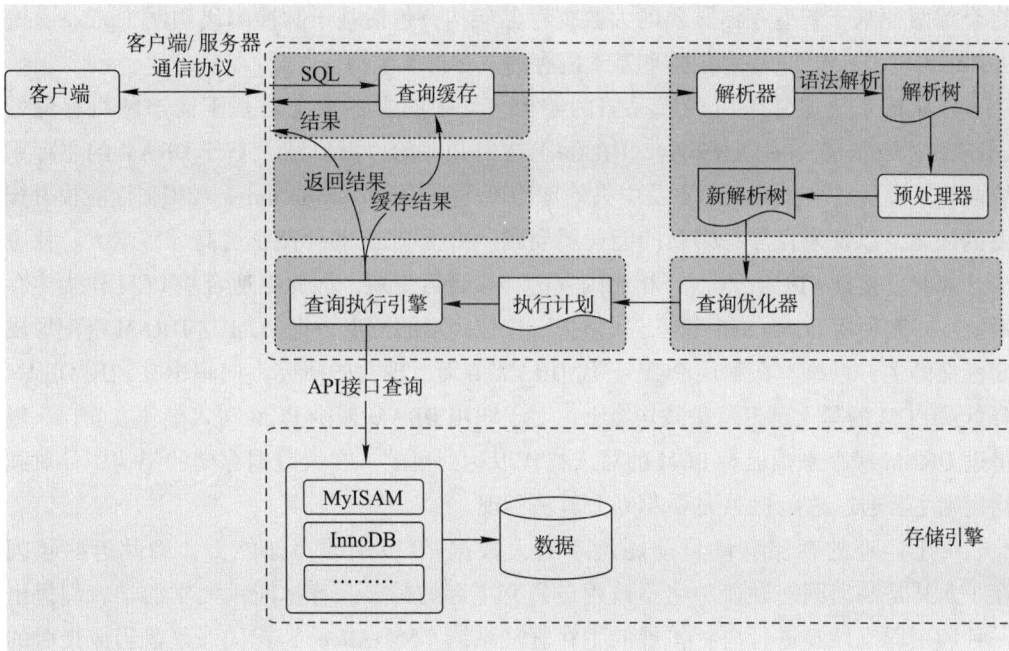

图 11-4　MySQL 的架构设计

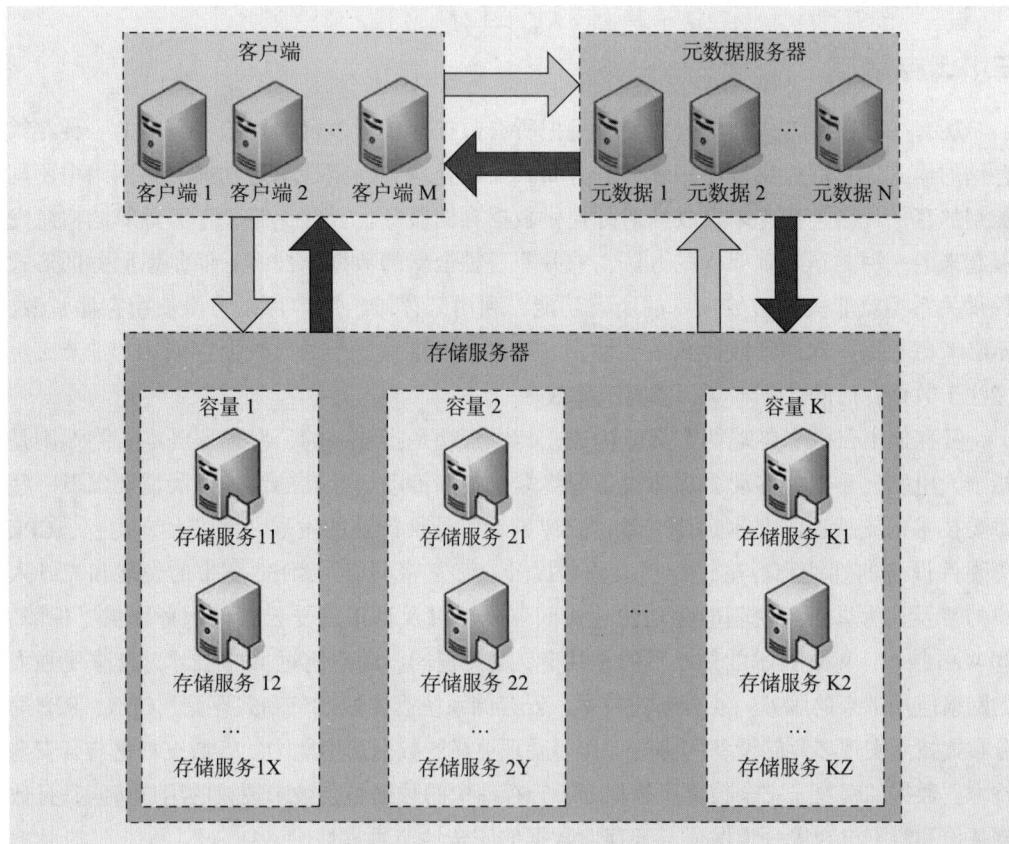

图 11-5　分布式存储架构的三个组成部分

将介绍两种基于新型存储介质的大数据存储架构，包括基于脉冲编码调制（pulse code modulation，PCM）的主存架构和基于闪存的主存扩展架构。

计算机系统通常采用多层存储的架构，其中的主存系统是基于动态随机存储器（dynamic random access memory，DRAM）技术开发的。而目前，基于 DRAM 的主存系统面临其容量的增长速度远不及中央处理器（central processing unit，CPU）性能提升速度的问题，以及来自静态刷新的能耗墙问题。由于 PCM 的存储密度高、容量大、耗电少，能够直接被 CPU 存取，且相比闪存的存取延迟更短，因此更适合将 PCM 作为主存系统。一般利用 PCM 的高性能、非易失、按位存取的特点，将 PCM 与 DRAM 搭配形成高性能的主存系统。在利用 PCM 替代 DRAM 方面，现在的研究方向集中在利用 DRAM 降低对 PCM 的写入延迟及负载均衡上。对于利用 DRAM 减少 PCM 写入操作方面，一般借助 DRAM 缓存来延迟对 PCM 的写入操作以达到目的。在大数据存储的架构中，负载均衡则主要通过适合 PCM 的数据划分算法实现。

由于闪存的存储容量目前还达不到大数据 PB 级别的存储能力，因此近些年闪存（尤其是高端固态硬盘）主要被用于研究主存的拓展。普林斯顿大学的学者们提出一种利用固态硬盘进行内存扩展的主存管理系统“SSDAlloc”，把固态硬盘当成慢版的 DRAM，大幅度提升了固态硬盘的层次。其他研究者还引入 Redis 数据库系统，用固态硬盘替代磁盘作为虚拟内存的交换设备，扩大了虚拟内存的同时还帮助数据库减少了数据读取的延迟。

三、云存储

还有一种存储方式称为云存储，是把所有数据存放于多台虚拟服务器上的一种在线存储的模式。它通过集群应用软件、分布式文件处理和网格计算等功能，将网络中不同类型的存储设备连接起来，共同对外提供数据存储服务。云存储是基于云计算的概念发展起来的一种共享基础架构的方法，它并非一种全新的数据库技术，而是以服务的形式提供关系型或非关系型数据库的所有功能。利用云存储，用户可以自由使用存储资源，不必考虑数据存储的区域性或拓展性，以及自动容错等复杂的大数据存储技术细节，更专注于数据背后的业务本身，提高工作效率。

云存储由云端和终端两个部分构成，其中云端是指统一的云存储服务端，终端则是指个人电脑、手机、移动多媒体设备等终端设备。推动云存储的快速发展需要以下一些重要技术的支持：①摩尔定律。摩尔定律推动了硬件产业的发展，将芯片、内存、CPU 等硬件设备的性能和容量进行了大幅的提升。②宽带网络。ADSL 宽带的发展和光纤入户的普及，为真正实现随时随地快速访问互联网以及真正享受云存储服务提供了保障。③ Web 技术。Web 技术的核心目的是共享，毫无疑问，用户通过 Web 技术才能享受强大的网络应用带来的服务。④分布式技术。云存储系统需要通过分布式存储、CDN、P2P 等分布式技术实现多存储设备的协同工作，展现更好的数据访达能力。⑤数据加密与云安全技术。数据加密及云安全技术严格保证了云存储中的数据不会被未授权的用户访问，且数据备份和容灾机制进一步保证了云存储数据的安全性与可靠性。

云存储系统服务端的技术体系主要分为四层结构：硬件层、单机存储层、分布式存储层和存储访问层。第一层硬件层包括 CPU、网络和存储。其中存储设备除了 SATA 或 SAS 磁盘阵列外，SSD 也越来越成为主流。网络方面，千兆网卡已经普及，而现在最快的网卡已经达到十万兆级别，如 Intel 公司的 Ethernet 800，Mellanox 公司的 MCX516A-CCAT 等。CPU 方面，低功耗成为该领域的研究热点。第二层单机存储层，其存储系统大致分为两类，即关系数据库系统和 NoSQL 存储系统。第三层分布式存储层是云存储技术的核心部分，也是技术体系中最难实现的部分。分布式存储层包含分布式缓存及服务总线，既需要实现将数据均匀分散在多个存储节点上，又需要复制的数据保持高度一致性，当存储节点出现故障时，系统能够自动检测故障并将服务迁移到非故障节点以保障服务的正常运行。第四层是存储访问层，用户的终端设备或者云平台的应用程序均通过该层直接访问数据。存储访问层的功能主要有负载均衡、安全服务、Web 服务及计费。

第三节　基于植物大数据的分析处理

在数据迅猛增长的年代，仅仅将数据存储起来是远远不够的，甚至有些"呆板"，因为海量的数据中，必然有一些是噪音，是无价值的"垃圾"数据。这就需要对这些数据进行甄别，并采取科学有效的管理方法，从中挖掘出有价值的信息。植物大数据相比互联网、金融等类型的大数据，对实时性要求没那么高，但对数据的准确性和一致性有极高的要求。针对植物的基因组学、转录组学等组学数据，通常采用经典的数据分析技术，实现数据的挖掘与分析；针对如植物表型图、植物所处生态环境的实时监控数据等动态流数据，倾向于将其存储于非关系型数据库中，并进行分布式计算与分析。接下来将重点介绍目前应用于植物组学数据中比较常见的大数据分析技术，以及如何将数据分析的结果呈现出来。

一、植物大数据的分析技术

植物大数据的分析技术通常来源于统计学及计算机科学领域。利用合适的方法，可以分析大量来自实验室产生的（一手的）组学数据，以及已发表文献的（二手的）公共数据，从中挖掘出有生物学意义的信息。下面介绍几种比较具有代表性的数据分析方法。

（1）聚类分析　这种统计学方法可以根据一定的特征将对象进行分类，同一类中的对象往往具有很高的同质性。在植物大数据中应用最广泛的是利用转录组数据进行共表达聚类分析，待聚类的数据可以是同一个体不同组织，或同一个体不同生长时期，或是不同倍性的个体的转录组数据。根据不同基因的表达量特征，可以获得具有共表达趋势的若干个基因，这些基因组成了一个共表达网络。

（2）相关性分析　这是一种利用观察的现象对事物进行相关性规律的解读、预测和控制的分析方法。事物中往往存在丰富的关系，如相互促进、相互制约，这些关系可以分为两种类型：一是反映了现象之间严格依赖的函数关系。在此关系中，其中一个变量发生变化，会对其他变量产生量的影响，并可以通过函数来预测，如植物细胞光合作用的能力与细胞间隙二氧化碳的浓度之间就存在特定的函数关系。二是反映了变量之间的不确定或不精确的依赖关系，如正相关和负相关关系。其中一个经典的例子是植物中表观组学与转录组学之间的相关性，如拟南芥中 H3K4me3 这一组蛋白修饰被发现常富集在基因的启动子区，并参与了基因的转录激活过程，因此 H3K4me3 组蛋白修饰的水平通常与基因的表达呈现正相关的关系。

（3）统计分析　这是一种基于应用数学中的统计学原理的方法。统计分析通常运用数学公式，建立数学模型，并对大量获取的数据资料进行统计计算、推理和描述，形成定量的科学结论，是一种比较精确和客观的评判方法。在植物大数据的分析中，运用最为广泛的统计分析方法之一就是 GO 富集分析。利用转录组数据差异表达分析所获得的一组基因作为研究对象，以该物种的所有 GO 注释作为背景，可以分析得出这些基因富集的 GO 功能词条，且富集的概率（P 值）可以被精确计算。另外一个运用场景是基于似然比检验（likelihood ratio test，LRT）的卡平方分析推断蛋白质序列的进化速率，并以此判断物种的受选择压力及环境适应性。受自然选择压力更大的物种，其基因序列通常表现出更高的 dN/dS 值，而卡平方检验可以统计表现出更高选择压力的氨基酸序列及其作用位点。

（4）数据挖掘方法　这是一个能从大量的、随机的数据中提取未知的、隐藏的、有价值的信息与知识的方法。这些原始数据常被当作知识的来源，通过分类、估计、预测、关联、聚类和可视化，人们可以发现新的知识与规律。常见的数据挖掘方法有机器学习、神经网络和数据库法。其中机器学习被视为人工智能（AI）的子集，可进一步分为监督式学习、非监督式学习和强化学习。而神经网络算法则可以分为前馈神经网络、反馈神经网络、卷积神经网络、深度神经网络、自组织神经网络、递归神经网络等。数据库法则主要包括联机分析处理（online analytical processing，OLAP）和面向属性的归纳处理。

有许多关于数据挖掘方法在植物大数据分析中的应用，其中深度神经网络可被用于蛋白质结构的预测及分类，以及基于基因调控动力学所进行的基因表达调控网络的预测；而卷积神经网络擅长识别与处理大的图像，可以利用它进行单分子测序的异常检测（包括单核苷酸多态、插入和缺失三种变异类型），将结构变异序列和参考序列生成的多维图像作为卷积神经网络的输入，经过不同的网络模型分析，不仅可以确定变异的类型，还可以找到变异位点及变异序列的长度；卷积神经网络的关键思想不仅可以应用于一维网格中，如发现转录因子结合位点等具有微小差异但有生物学意义的重复模式，也可以应用于二维网格中，如组学数据或生物医学信号的时频矩阵内的相互作用。表 11-1 对深度学习算法在生物信息学研究中的应用进行了细致分类，近年深度学习主要运用在组学数据的分类与结构预测、生物医学影像处理以及生物医学信号处理这些方面。

深度学习在植物领域同样运用广泛，包括植物基因组学研究及分子遗传育种的改良。卷积神经网络在植物生物学中也被用于与蛋白质结合的保守 DNA 序列的鉴定、植

表 11-1　不同类型的深度学习算法在生物信息领域的应用（Min 等，2017）

研究方向	组学数据	生物医学影像处理	生物医学信号处理
深度神经网络	蛋白质结构	异常分类	大脑解码
	基因表达调控	分割	异常分类
	蛋白质分类	识别	
	异常分类	大脑解码	
卷积神经网络	基因表达调控	异常分类	大脑解码
		分割	异常分类
		识别	
循环神经网络	蛋白质结构		大脑解码
	基因表达调控		异常分类
	蛋白质分类		
层创式架构	蛋白质结构	分割	大脑解码

物长链非编码 RNA 序列的预测以及利用植物表型二维图像进行早期干旱胁迫的检测等。在植物群体遗传学的研究中，当一个重要基因座的多个突变位点发生连锁不平衡时，可以通过计算机模拟突变的方法将这些突变从一个单倍型引入另一个单倍型中，并逐个评估它们对分子表型的影响，从而确定变异碱基的功能优先级。未来将深度学习算法与基因编辑技术相结合，可以基于模型对感兴趣基因生物学过程的"理解"创造全新的、有益的等位基因，并将其通过基因编辑技术在植物体内实现，筛选出理想的农作物品种。计算机模型预测新的基因组功能元件的另一个应用前景是在植物合成生物学领域。目前已有利用生成对抗网络（generative adversarial network，GAN）产生编码抗菌肽合成 DNA 序列的例子，而利用生成模型创造新的 DNA 元件、基因，甚至拥有理想功能的全新调控网络，并运用于作物的遗传改良，在未来是非常有希望实现的。

　　当运用人类和动物领域已经成熟的数据挖掘算法模型进行植物生物学研究时，必须更加谨慎，因为植物基因组的多倍化和广泛的串联重复都可能导致量化基因表达时出现偏差，从而导致训练和测试数据集的质量下降。此外，由于基因组元件的长度（如内含子、外显子或增强子与启动子之间的距离）在动物和植物物种之间通常存在显著差异，因此在动物模型可以重新适配植物物种之前，模型结构和超参数的再优化是至关重要的。

二、植物大数据的可视化

　　数据可视化是数据的出口。一切数据都会经历产生、传输、存储、分析等一系列过程，最终将数据分析得到的信息、知识以可视化的方式呈现出来，才能实现数据从 0 到 1 的闭环。数据可视化涵盖了三个主要的分支：①科学可视化。它是一个跨学科研究与应用的领域，主要利用图表的形式说明科学数据，使研究人员从图表中获取数据规律。

科学可视化主要面向自然科学领域，如医学、生物学、物理、化学、气象学、航空航天等学科。②信息可视化。它处理的对象通常是抽象的，非结构化的数据，如图表、文本、层次结构、地理信息等。信息可视化尝试将这些抽象的数据以交互式视觉表示的形式呈现，以期达到加强人类认知的目的。③可视分析学。它是随着科学可视化和信息可视化发展而产生的新领域，是一门通过交互式可视界面进行分析推理的科学。可视分析学可以将人的认知能力以可视的形式融入数据处理的过程中，实现人机信息交流与优势互补，最终共同完成数据的推理。

对于植物领域而言，依据数据在可视化之前是否需要进行计算，可分为静态数据和动态数据。植物数据中的静态数据通常包括特定物种的基因组序列数据、特定基因的表达谱数据、特定蛋白质的结构数据、系统发育树结构信息等，这些数据经过软件的分析与处理，可直接进行可视化展示；而动态数据则包括原始的测序数据、满足特定差异条件的一组基因列表、不同条件下一组基因的表达谱数据、实时的植物表型图像数据等。不难看出，动态数据已经开始具备大数据的属性。接下来，将重点介绍动态的植物组学数据可视化展示与分析的方法。

首先，介绍几款经典的软件进行大规模数据的可视化。①当希望展示一个植物物种的基因组上多个类型的数据分布，或者相同类型的数据在多个植物个体上的分布时，常使用 Circos 软件进行可视化展示。它可以对基因组相同位置的不同特征（如基因密度、TE 密度等）进行比较，或者对不同个体之间同一维度的数据（如分布密度或者表达量的高低）进行差异比较。因此，Circos 可广泛用于植物比较基因组学大数据的可视化。②如果想通过软件查看测序片段在基因组或基因上的匹配情况时，JBrowse 基因组浏览器可以满足大规模本地数据的可视化。JBrowse 基于 AJAX 动态获取数据，可快速进行数据加载，对本地大规模数据的展示可以较好适配。可以先上传 FASTA 格式的基因组序列，然后自定义添加 GFF3 格式的基因注释、Wiggle/BigWig 格式的芯片或转录组表达谱数据、BAM 格式的读长比对结果、VCF 格式的单核苷酸多态信息等，直观展示这些大数据所代表的特征在基因组特定区域的表现情况。③还有一些利用特定编程语言书写的开源函数库，也是大数据可视化常用的工具。如 R 语言的 R base graphs 函数库、Lattice 图形函数库、ggplot2 函数库以及 PHP 语言的开源 GD 图形函数库、sparkline 库。而 Python 语言相比其他语言更擅长处理大批量的数据，因此在大数据可视化方面应用也更为广泛。Python 的主流图形函数库有五个：Matplotlib、Seaborn、Bokeh、Plotly、Pyecharts。Matplotlib 已成为 Python 中公认的数据可视化工具，可方便输出二维或三维数据。而 Bokeh 和 Plotly 都是基于 Web 浏览器的交互式可视化开源函数库，可与 NumPy、Pandas、Blaze 等数据结构完美结合，常用于高性能交互的数据集或数据流的可视化。

接着介绍利用互联网服务进行实时交互的大数据可视化方法。通过互联网服务，数据可以流动起来，在全世界进行实时共享与动态分析。互联网服务可以通过多种方式提供，主要有两种：①以 Web 浏览器访问数据库网站的方式；②以访问移动设备中 APP 应用软件的方式，而第一种方式在大数据可视化中应用更为广泛。搭建网站所使用的环境有很多，主流的有：以 Linux 操作系统为基础的 LAMP 环境（Linux+Apache+MySQL+PHP/Python/Perl）、LNMP 环境（Linux+Nginx+MariaDB/MySQL+PHP/Python/Perl）、Java Web 环境（Linux+Apache Tomcat+JDK）、Node.js 环境（Linux+Node.js+npm），以及以 Windows 操作系统为基础的 WIPM 环境（Windows Server+IIS+PHP+ MySQL）。

以本地化 UCSC 基因组浏览器展示植物基因组大数据为例。植物大数据的可视化，通常以 LAMP 环境为首选，因为相比 Nginx 服务器，Apache 服务器重写功能更强，更侧重动态服务的稳定性。将 LAMP 环境搭建完成后，可以在 /var/www/html 文件夹下建立一个 UCSC_FOR_PLANTS 的文件夹，按照 UCSC 基因组浏览器本地化的安装步骤，将本地化的网页代码放入上述文件夹内，并将本地的植物组学数据导入 MySQL 中，这样就初步完成了植物 UCSC 基因组浏览器的本地化搭建。由于 UCSC 基因组浏览器可支持多种数据格式，因此方便对特定个体或物种进行多维组学数据的整合查询与分析。借助 Apache 的网络服务，浏览器可以实现在任何一个地方对植物组学数据分析结果的实时查询。

第四节　常用的植物数据库介绍

前几个小节介绍了植物大数据的运算分析与可视化的方法。将这些方法进行整合，并加入合适的植物数据，便构成了一个植物数据库平台。多样化的植物数据库平台的不断涌现，为植物的功能、进化及遗传育种等方面的研究提供了丰富的分析与查询资源。植物数据库可以按照其数据类型和用途分为三个大的类别，第一类是综合性的植物数据库，整合了不仅限于植物的大范围生物学数据；第二类是特定物种的功能数据库，包括模式植物和重要农作物；第三类是专门进行植物大数据分析的生物信息学工具。接下来将对这三类数据库逐一进行介绍。

综合性的植物数据库通常专注于植物的某一类或几类数据，如基因组序列、表型与性状数据、蛋白质序列及功能、表观遗传信息、器官与细胞器信息等，旨在提供多角度、多物种的比较分析或资源共享。这一类型的数据库功能丰富，不仅可以进行用户自定义的数据实时检索与可视化，还整合了相关生物信息学分析流程，实现动态的数据解析，帮助相关领域的科学家更加深入地探索科学问题。需要注意的是，有的团队实力雄厚，搭建了多个数据库平台，因此这种综合性平台只是充当了一个平台枢纽的作用，通过网上资料的搜集，汇总了一些常用的植物综合性功能研究平台。

🌐 **拓展资源11-1**

综合性的植物数据库

特定物种的功能数据库是为研究特定植物的科研人员设计的，属于二级数据库。拟南芥是经典的模式植物，也是最早测序的植物物种，围绕拟南芥构建的数据库种类较多，涵盖的研究内容较广，数据库创建的时间也较早。随着两年后水稻基因组测序完成，以水稻为代表的农作物功能数据库发展迅速，目前已有包括水稻、玉米、小麦、大豆在内的大量重要农作物的功能数据库在线发表。这一类数据库相比综合性的植物数据

🌐 **拓展资源11-2**

特定植物功能数据库

库，其关注的植物通常只有一种或一族，因此专一性更强。

拓展资源11-3
植物领域常用的生
物信息学工具平台

还有一些生物信息学工具，有的是一个独立运行在计算机上的应用程序，有的兼顾了在线分析与可视化平台的功能。利用这些工具的研究人员，不局限于某一个特定的研究对象或某一个特定的数据类型，大大提高了植物大数据的利用率。

第五节　大数据存储与管理技术的应用

本节采用示例讲解的方式，介绍植物大数据存储与管理技术的应用。以数据从 0 到 1 再到无限多的时间轴顺序，依次介绍植物测序数据的产生（下载已测序完成的数据）、传输、存储、分析与计算及交互可视化。

一、数据的生产

下机后的 Illumina 原始测序数据一般为 BCL 格式，需要通过 bcl2fastq 软件转换成 FASTQ 格式。而示例使用的数据来自公共数据库 NCBI，因此将介绍如何对 NCBI 中常见的 SRA 格式测序数据进行处理。通过 NCBI 下的 SRA 版块，搜索查询到一个利用拟南芥生长 14 天的幼苗作为材料的 miRNA-seq 数据，以期对小 RNA 介导的抑制蛋白质翻译的作用机制进行研究（SRR11539100）。找到原始测序的 SRA 数据的下载链接后，可以通过以下命令，将原始数据下载到 Linux 服务器中：

```
[root@example ~ ]# wget [ 文件下载地址 ]
[root@example ~ ]# ls
SRR11539100
```

下载的 SRA 文件是一个二进制文件，无法进行查看，因此使用 SRA Toolkit 软件包里的 fastq-dump 工具，将 SRA 文件转换成 FASTQ 格式的文件：

```
[root@example ~ ]# sratoolkit.2.10.8/bin/fastq-dump  SRR11539100
[root@example ~ ]# ls
SRR11539100  SRR11539100.fastq
```

FASTQ 是一种存储核酸序列及其测序质量评价的文本格式。该格式的文件一般包含四行，第一行由 "@" 开始，是测序序列的描述信息。第二行是具体的序列信息。第三行由 "+" 开始，作为质量评价的标识行，有时只有一个 "+" 符号。第四行是第二行序列的测序质量评价，由数字化质量分数经过 ASCII 编码后的字符表示。

```
[root@example ~ ]# head –4 SRR11539100.fastq
@SRR11539100.1 1 length=150
GACGGATCACAGCTCGACGAGATCGGAAGAGCACACGTCTGAACTCCAGTCACGAT
```

```
CAGAT ……
    +SRR11539100.1 1 length=150
    FFFFFFFFFFFFFFFFFFFFFFFFFFFFFFFFFFFFFFFFFFFFFFFFFFFFFFFFFFFFFFF:F
……
```

二、数据的传输

数据传输的方式有很多，而由于传输目的不同（不同服务器之间传输或者本地计算机与服务器之间传输），会选取不同的传输工具。首先介绍利用 SHELL 命令进行 Linux 服务器之间的文件传输。Linux 服务器自带了 SCP 远程拷贝命令和 rsync 远程数据同步工具，可以进行服务器之间的远程文件传输。

SCP 是一个基于 SSH 协议进行安全远程文件拷贝的命令。利用下面的命令，我们将上述 FASTQ 文件从一个服务器拷贝到另一个服务器中：

```
[root@example ~ ]# scp SRR11539100.fastq root@[ 目标服务器 IP]:[ 目标服务器存放文件的绝对路径 ]

root@[ 目标服务器 IP]'s password：
SRR11539100.fastq                          100% 2077MB  90.1MB/s  00：23
```

另一个是 Linux 服务器中的 rsync 同步工具，它与 SCP 类似但也存在差异。最主要的差异在于，rsync 工具支持全量备份和增量备份，因此 rsync 会比 SCP 速度更快。下面是通过 rsync 工具推送文件至目标服务器的一个例子：

```
[root@example ~ ]# rsync –avz SRR11539100.fastq root@[ 目标服务器 IP]:[ 目标服务器存放文件的绝对路径 ]
root@[ 目标服务器 IP]' s password：
sending incremental file list
SRR11539100.fastq

sent 194,879,558 bytes    received 35 bytes    2,129,831.62 bytes/sec
total size is 2,177,962,458    speedup is 11.18
```

除了在服务器之间进行文件传输，有时也需要进行本地计算机与服务器之间的文件传输。而本地计算机的操作系统通常与服务器的系统不一致，以 Windows 和 MAC OS 系统最常见。此时，可以使用操作系统支持的文件传输软件，进行数据的传输。其中图形化文件传输软件 FileZilla 使用方便，可以快速上手。

从 FileZilla 官网上可以了解到，现在最新的 FileZilla 已经更新到 3.49.1 版。以 Windows 版本的 FileZilla 为例，讲解如何使用它进行数据的传输。当 FileZilla 安装完成后，可以看到如图 11-6 所示的界面。图中一共有六个区域，分别代表软件的六个功能模块。①区：菜单栏区域，包括菜单选项、FTP 服务器的快速输入区、消息栏等；②区：本机的文件系统目录区域，属于③区内容的父级目录；③区：②区所选的系统目录对应的磁盘数据展示区域；④区：远程 FTP 服务器的文件系统目录区域，属于⑤区内容的父级目录；⑤区：④区所选的系统目录对应的服务器数据展示区域；⑥区：传输时的队列信息展示区域。

为了连接目标服务器，还需要配置站点管理器中的内容。图 11-7 展示的是 FileZilla 站点管理器操作界面。将主机 IP 地址、用户名和密码输入进去，就可以登录到 FTP 服务器上。利用鼠标拖拽功能，或者从图 11-7 所示的③区点击鼠标右键的"上传"功能，可以将指定文件或文件夹上传至 FTP 服务器中，反之亦然。

三、数据的存储

之前提到植物大数据的存储方式，主要分为关系型数据和非关系型数据的存储。为了保持数据的一致性，继续以前文的 miRNA-seq 的数据为背景，介绍如何将小 RNA 的信息存储到服务器中。由于 microRNA 的 ID、序列及其基因组位置等信息都是一一对应的，所以这种类型的数据属于典型的关系型数据，我们将利用 MySQL 数据库系统进

图 11-6 FileZilla 操作界面示意图

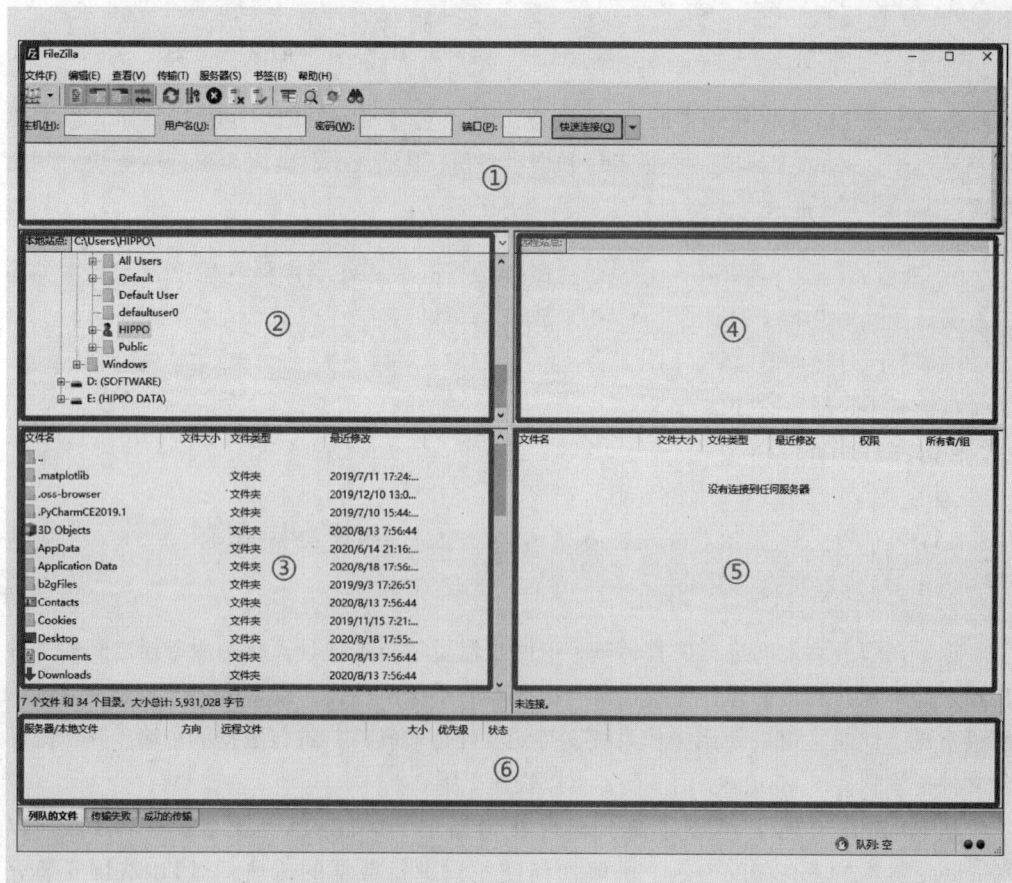

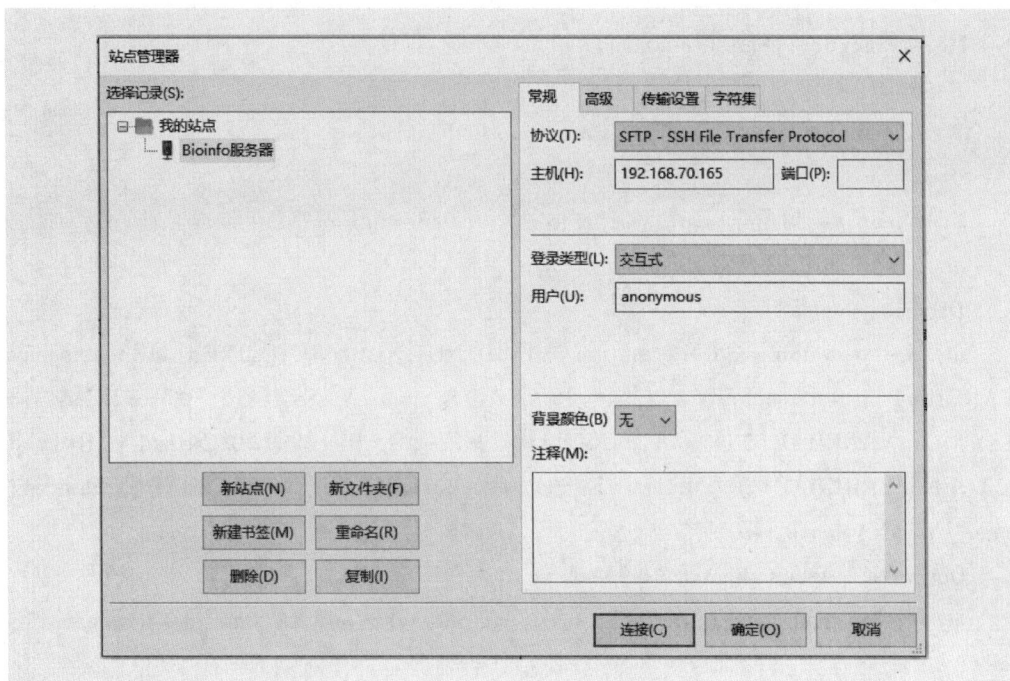

图 11–7 FileZilla 站点管理器操作界面示意图

行存储。

在确保 MySQL 软件安装并启动之后，从服务器终端以 root 身份进入 MySQL 数据库系统，创建一个名为"miRNA_db"的数据库，并将其赋权给指定 MySQL 用户：

```
[root@example ~ ]# mysql –u root –p
Enter password：
Welcome to the MySQL monitor.  Commands end with；or \g.
Your MySQL connection id is 496
Server version：8.0.15 MySQL Community Server – GPL
Copyright（c）2000, 2019, Oracle and/or its affiliates. All rights reserved.
Oracle is a registered trademark of Oracle Corporation and/or its
affiliates. Other names may be trademarks of their respective
owners.
Type 'help；' or '\h' for help. Type '\c' to clear the current input statement.
mysql> create database miRNA_db；
Query OK, 1 row affected（0.41 sec）
mysql> GRANT ALL ON miRNA_db.* TO 'user1'@'localhost'；
Query OK, 0 rows affected（3.03 sec）
```

此时 user1 用户已经拥有了操作 miRNA_db 数据库的权限。我们切换为 user1 用户，重新登录 MySQL 系统，并进行数据表的创建及数据导入，完成数据存储的操作：

```
[root@example ~ ]# mysql –u user1 –p
Enter password：
Welcome to the MySQL monitor.  Commands end with；or \g.
……
Type 'help；' or '\h' for help. Type '\c' to clear the current input statement.
mysql> use miRNA_db；
Database changed
mysql> create table miRNA_info（id INT（10）NOT NULL AUTO_INCREMENT，Species
VARCHAR（100），Assembly Varchar（30），miRNA_name VARCHAR（100），miRNA_seq
TEXT，Chr VARCHAR（20），Start VARCHAR（20），End VARCHAR（20），Strand VARCHAR
（20），Rfam VARCHAR（20），Method TEXT，PRIMARY KEY（'id'），UNIQUE INDEX 'miRNA_
name'（'miRNA_name'））；
Query OK,  0 rows affected（0.33 sec）
mysql> load data local infile "siRNA_info.txt" into table miRNA_info lines terminated by
'\n'；
Query OK,7 rows affected（0.01 sec）
Records：7   Deleted：0   Skipped：0   Warnings：0
```

当看到上述显示时，说明已经成功将文件中的数据导入 MySQL 数据表中。可以执行简单的 MySQL 语句进行查询检索：

```
mysql> select * from miRNA_info limit 1；
+----+--------------------+----------+----------------+--------------------+------+----------+--
--------+--------+--------+----------------------+
| id | Species            | Assembly | miRNA_name     | miRNA_seq          | Chr  | Start    |
End     | Strand | Rfam   | Method               |
+----+--------------------+----------+----------------+--------------------+------+----------+--
--------+--------+--------+----------------------+
|  1 | Arabidopsis thaliana | TAIR10   | ath-miR156a-5p | UGACAGAAGAGAGUGAGCAC
| chr2 | 10676451 | 10676573 | –      | MIR156 | Experimental confirmed |
+----+--------------------+----------+----------------+--------------------+------+----------+--
--------+--------+--------+----------------------+
1 row in set（0.00 sec）
```

四、数据的分析与计算

本部分介绍如何利用 R 语言里的 GO 富集软件包 clusterProfiler 进行 GO 富集分析。首先，要在 Linux 系统中安装 R 语言（一般系统会自带 R 语言包，在此不再赘述）。之后，在 clusterProfiler 官方软件包的介绍下，进行 clusterProfiler 软件包的安装。

clusterProfiler 安装完成之后，开始准备进行 GO 富集分析的三个文件：物种基因与 GO ID 对应关系文件；GO ID 与 GO term 注释信息对应关系文件；以及待分析的一组基因列表。我们以拟南芥作为研究对象，前两个文件可以通过 TAIR 网站下载后处理得到，格式如下：

```
[root@example ~ ]# head -3 Atha_term2gene.txt
GO:0006355,AT1G01010
GO:0005634,AT1G01010
GO:0003700,AT1G01010
[root@example ~ ]# head -3 Atha_term2name.txt
GO:0006355      regulation of transcription,DNA-templated
GO:0005634      nucleus
GO:0003700      DNA-binding transcription factor activity
```

接下来选择一组感兴趣的基因进行 GO 富集。从之前的研究中了解到，miR156 家族参与了植物多个重要生物学过程，包括控制开花时间、调控植物幼年向成年阶段转型、调控种子发育等。通过 PNRD 网站预测了拟南芥 miR156 家族的靶基因，共 13 个蛋白质编码基因。这些基因作为 GO 富集分析的输入文件，依据以下代码，进行 GO 富集分析：

```
[root@example ~ ]# vi Example_Ath_GO.R
1 library("clusterProfiler")
2 gene <- read.csv("miR156_targets.txt",header = F,sep="")
3 gene <- as.factor(gene$V1)
4 term2gene <- read.csv("Atha_term2gene.txt",header=F,sep=",")
5 term2name <- read.csv("Atha_term2name.txt",header=F,sep="\t")
6 go <- enricher(gene,TERM2GENE=term2gene,TERM2NAME=term2name,
pvalueCutoff = 0.05,pAdjustMethod = "BH",qval    ueCutoff = 0.05)
7 output <- paste("miR156_targets_GO_output.txt",sep ="\t")
8 write.csv(go,output)
9 dotplot(go,orderBy="p.adjust",font.size=7)
[root@example ~ ]# Rscript Example_Ath_GO.R
[root@example ~ ]# ls
Atha_term2gene.txt      Example_Ath_GO.R    miR156_targets.txt
Atha_term2name.txt    miR156_targets_GO_output.txt      Rplots.pdf
```

图 11-8 是 GO 富集分析的结果，统计学上显著富集（FDR<0.05）的词条按照显著性由低到高依次显示。从图 11-8 中发现，前 5 个显著富集的 GO 词条包含了花药发育、花发育以及营养生长向生殖生长转变的词条，这与先前报道的 miR156 家族在拟南芥等

图 11–8 GO 富集分析结果

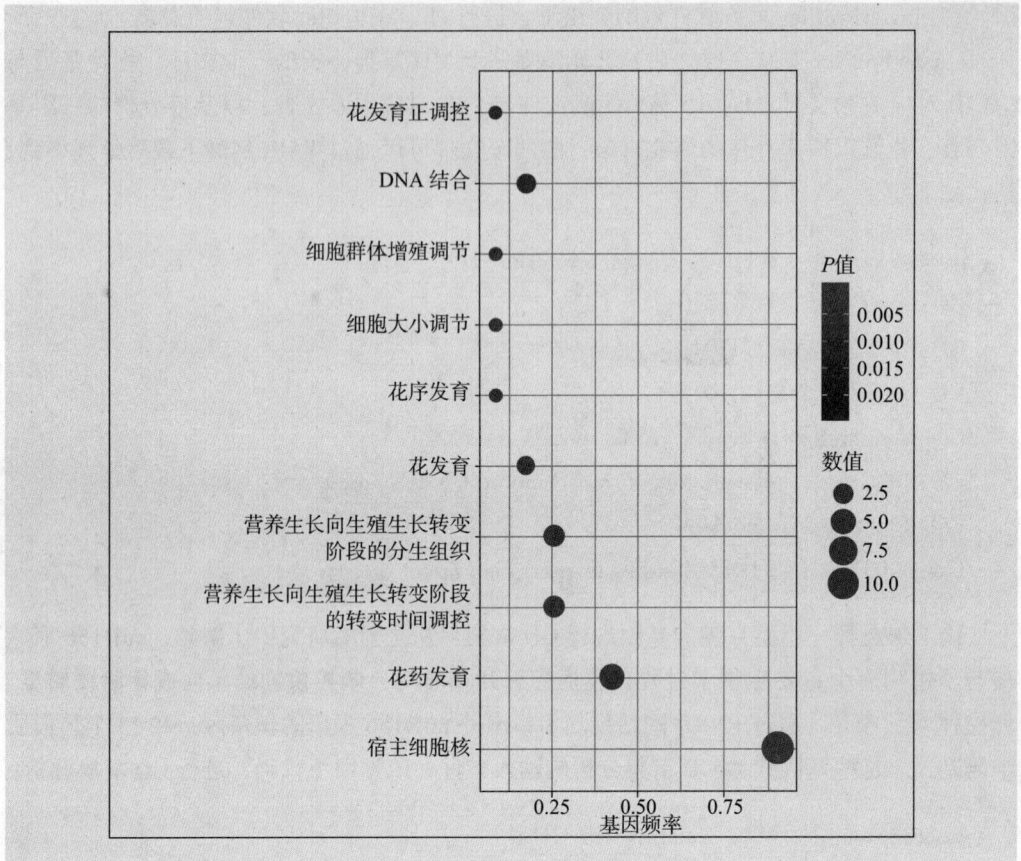

植物中发挥的功能是高度一致的，说明该分析的可靠性。如果将其放入更复杂的分析流程中，可以批量、高效地分析不同基因列表的 GO 富集情况，从而预测不同条件下基因可能参与的生物学过程及发挥的调控作用。

五、数据的交互可视化

本部分介绍如何在搭建的 LAMP 系统中实现分析数据的交互式可视化展示。在前文提到了 LAMP 环境是由 Linux 系统、Apache 服务、MySQL 数据库系统以及 PHP 脚本四部分组成。我们搭建 LAMP 环境所使用的 Linux 操作系统是可以完全兼容 Red Hat Enterprise Linux 的 CentOS V7.6 版本。接下来，需要安装以下软件来配置 LAMP 环境：

- httpd，作为 Apache 服务的主程序。
- mysql，作为 MySQL 客户端程序。
- mysql-server，作为 MySQL 服务器程序。
- php，作为 PHP 语言环境的主程序。
- php-devel，作为 PHP 的开发工具包。
- php-mysql，作为 PHP 调用 MySQL 数据库的模块。

如果服务器处于联网状态，可以直接利用系统自带的 yum 命令，自动下载系统适配的软件包并直接安装：

```
[root@example ~ ]# yum install httpd mysql mysql-server php php-devel php-mysql
```

如果服务器无法联网，则只能利用原版光盘里的 RPM 包进行安装，或者从官方网站下载可编译的压缩文件，分别进行手动编译安装。安装成功后，需要分别对 Apache 环境、MySQL 系统以及 PHP 语言进行相关配置。

- Apache 环境的配置

Apache 服务的正常启动，需要依赖 httpd.conf 文件的正确配置。我们找到这个文件，先进行备份，然后确定以下几个地方配置正确：

```
[root@example ~ ]# cp /etc/httpd/conf/httpd.conf /etc/httpd/conf/ httpd.conf.bak
[root@example ~ ]# vi /etc/httpd/conf/httpd.conf
Listen 192.168.70.165:80
# 添加监听端口，监听的 IP 为本机 IP。
Include conf.modules.d/*.conf
LoadModule php5_module modules/libphp5.so
# 加载 PHP5 的共享库文件，起到连接 Apache 服务与 PHP 脚本的作用。
ServerName localhost:80
# 主机名，必须要定义该字段。
DocumentRoot "/var/www/html"
# Apache 文件主目录，可以修改。
<IfModule dir_module>
    DirectoryIndex index.html index.php
</IfModule>
AddType text/html .shtml .html .htm .php
# 增加 .php 后缀的文件让 apache 去解析。
修改了上述配置信息之后，开启 Apache 服务：
[root@example ~ ]# apachectl start
```

- MySQL 数据库系统的配置

安装了 MySQL 主程序后，开始修改数据库的配置文件。一般配置文件 my.cnf 默认存放在 /etc 目录下：

```
[root@example ~ ]# vi /etc/my.cnf
[mysqld]
local-infile=1
datadir=/var/lib/mysql/
socket=/var/lib/mysql/mysql.sock
```

```
log-error=/var/lib/mysql/mysqld.log
pid-file=/var/lib/mysql/mysqld.pid
```

按照上述配置之后，先启动 mysqld 服务，随后获取初始密码。依据初始密码登录 MySQL 之后，需要将初始密码修改为符合 MySQL 复杂密码策略（大写字母 + 小写字母 + 符号 + 数字）的 root 密码。注意，首次登录 MySQL 一定要修改密码。

```
[root@example ~ ]# systemctl start mysqld
[root@example ~ ]# cat /var/log/mysqld.log | grep password
2020-08-23T13:44:01.668288Z 5 [Note] [MY-010454] [Server] A temporary password is generated for root@localhost: )5zyo.FYNo6l
[root@example ~ ]# mysql -u root -p
Enter password:
mysql> ALTER USER 'root'@'localhost' IDENTIFIED BY 'NewPassword#';
Query OK，0 rows affected（0.02 sec）
```

● PHP 语言环境的配置

PHP 安装完成之后，会在源代码包中产生 2 个配置文件，分别是开发环境的 php.ini-development 和生产环境的 php.ini-production。把开发环境的配置文件拷贝到 /etc 目录下，同时确保与 MySQL 连接的共享文件配置正确：

```
[root@example ~ ]# cp /usr/share/doc/php-common-5.4.16/php.ini-development /etc/php.ini
[root@example ~ ]# cat /etc/php.d/mysql.ini
; Enable mysql extension module
extension=mysql.so
```

配置完成后，需要测试 LAMP 环境是否搭建成功。首先，将 Apache 服务重启：

```
[root@example ~ ]# apachectl restart
```

随后，开始测试 PHP 语言的功能模块能否正常使用。在 httpd.conf 配置文件中指定的网页目录（本例子所在目录为 /var/www/html）下编辑一个 test.php 测试文件：

```
[root@example ~ ]# vi /var/www/html/test.php
<?php
phpinfo（）;
?>
```

如果从浏览器中输入"http:// 服务器 IP 地址 /test.php"后可以显示如图 11-9 的信息，说明 LAMP 环境搭建成功。

最后开始进行交互式网页设计，利用之前 MySQL 存储 miRNA 信息，实现 miRNA

图 11-9　网址在浏览器中展示的结果

System	Linux bioinfo 3.10.0-957.el7.x86_64 #1 SMP Thu Nov 8 23:39:32 UTC 2018 x86_64
Build Date	Oct 30 2018 19:31:42
Server API	Apache 2.0 Handler
Virtual Directory Support	disabled
Configuration File (php.ini) Path	/etc
Loaded Configuration File	/etc/php.ini
Scan this dir for additional .ini files	/etc/php.d
Additional .ini files parsed	/etc/php.d/curl.ini, /etc/php.d/fileinfo.ini, /etc/php.d/json.ini, /etc/php.d/mysql.ini, /etc/php.d/mysqli.ini, /etc/php.d/pdo.ini, /etc/php.d/pdo_mysql.ini, /etc/php.d/pdo_sqlite.ini, /etc/php.d/phar.ini, /etc/php.d/sqlite3.ini, /etc/php.d/zip.ini
PHP API	20100412
PHP Extension	20100525
Zend Extension	220100525
Zend Extension Build	API220100525,NTS
PHP Extension Build	API20100525,NTS
Debug Build	no
Thread Safety	disabled

数据的实时查询。我们一共设计两个 PHP 网页，一个负责查询，另一个负责将查询的结果在网页中展示。第一个 PHP 网页命名为 miRNA_search.php，放入 /var/www/html/miRNA_db 文件夹内。其代码如下：

```html
<html lang="en-US">
<head><title>miRNA search</title></head>
<body>
 <table height="680px" style="border:0;"><tr><td style="border:0;" valign="top">
   <form name=miRNA method=post action="miRNA_search_result.php" encType=multipart/form-data>
     <select name=search style="height:33px;">
       <option selected value="miRNA_ID">mature miRNA ID</option>
     </select>
     <input type=text name=content size=60 maxlength=80 value='E,g. ath-miR172a' style="height:33px;">
     <input type=submit value=Submit>
   </form>
 </td></tr></table>
</body>
</html>
```

图 11–10 miRNA 搜索页面

将"http:// 本机 IP 地址 /miRNA_db/miRNA_search.php"网址输入浏览器中，就可以显示如图 11–10 的 miRNA 搜索页面了。

接下来，还要设计一个应答搜索并显示查询结果的 PHP 脚本。我们将该文件命名为 miRNA_search_result.php 文件，放入与 miRNA_search.php 相同的目录下。miRNA_search_result.php 的代码如下：

```
<html lang="en-US">
<head><title>miRNA search result</title></head>
<body>
<?php
$connection = @mysql_connect('localhost','user1','password');
$db_select = mysql_select_db('miRNA_db');
if(isset($_GET['content'])){
        $content = trim($_GET['content']);
} else {
        $content = trim($_POST['content']);}
$query = mysql_query("SELECT * FROM 'miRNA_info' where 'miRNA_name' = '$content' ");
while($records = mysql_fetch_row($query)){
        $miRNA_id[] = $records[3];
        $miRNA_seq[] = $records[4];
        $chr[] = $records[5];
        $chr_s[] = $records[6];
        $chr_e[] = $records[7];
        $strand[] = $records[8];
        $method[] = $records[10];}
?>
<table height="680px" style="border:0;"><tr><td style="border:0;" valign="top">
<div align="left"><h4>The detailed information of gene <font color="#FFA54F"><?php echo $content ?></font></h                                   4></div>
    <table border="1" style="border-collapse:collapse;border:1px solid #333;">
```

```
<tr><td><b>miRNA name</b></td><td><?php echo $miRNA_id[0] ?></td></tr>
<tr><td><b>Chromosome</b></td><td><?php echo $chr[0]?></td></tr>
<tr><td><b>Start</b></td><td><?php echo $chr_s[0]?></td></tr>
<tr><td><b>End</b></td><td><?php echo $chr_e[0]?></td></tr>
<tr><td><b>Strand</b></td><td><?php echo $strand[0]?></td></tr>
<tr><td><b>Method</b></td><td><?php echo $method[0]?></td></tr>   </table>
</td></tr></table>
</body>
</html>
```

当在图 11-10 的搜索框中输入 "ath-miR172a"，并点击搜索按钮，浏览器会自动跳转，显示如图 11-11 的结果。这就实现了交互式数据可视化的功能。

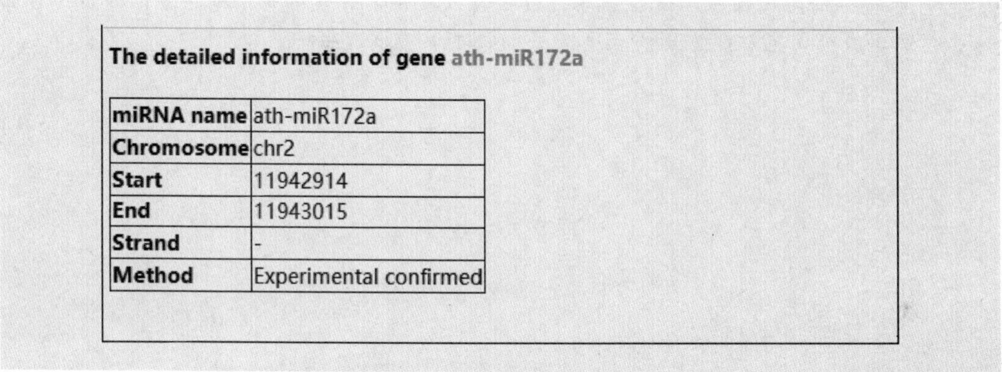

The detailed information of gene ath-miR172a

miRNA name	ath-miR172a
Chromosome	chr2
Start	11942914
End	11943015
Strand	-
Method	Experimental confirmed

图 11-11 查询拟南芥的 ath-miR172a 成熟小 RNA 序列得到的基因组相关网页信息

推荐阅读

1. 维克托·迈尔-舍恩伯格，肯尼思·库克耶. 大数据时代 [M]. 盛杨燕，周涛，译. 杭州：浙江人民出版社，2013.

本书是国外大数据系统研究的先河之作，作者维克托·迈尔-舍恩伯格被誉为"大数据商业应用第一人"，拥有在哈佛大学、牛津大学、耶鲁大学和新加坡国立大学等多个互联网研究重镇任教的经历，早在 2010 年就在《经济学人》上发布了长达 14 页对大数据应用的前瞻性研究。

2. 黑马程序员. 大数据项目实战 [M]. 北京：清华大学出版社，2020.

本书旨在令读者具备 Hadoop 生态系统的分析能力，并能够构建强大的解决方案来执行大数据分析，同时毫不费力地从大数据分析结果中获得敏锐的洞察力。

？ 复习思考题

1. 分布式存储架构由哪些部分组成？这种存储架构的优势有哪些？

2. 植物大数据的分析方法有哪些？分别适用于哪些数据类型的研究？

3. 不同网站搭建时所用到的环境各不相同，请分列举 2 个以 LAMP 环境和 LNMP 环境为后台搭建的植物领域的数据库平台。

开放性讨论题

1. 分布式数据库存储系统，如 Hadoop 项目的 HDFS 文件系统、Ceph 分布式文件系统等在互联网公司已经广泛应用，但在植物领域还未得到普及。试讨论运用分布式存储系统进行植物大数据研究的必要性、可行性及应用场景。

2. 调研现有的运用人工智能算法进行植物大数据分析的研究领域，尝试分析为什么这些领域会成为人工智能算法的主战场，它们都有哪些特点？

第十二章

植物大数据技术在遗传解析中的应用

　　随着基因组数据和数字化生物数据的不断增长，利用植物大数据分析加速育种进程呈现出新的发展特点。大数据分析在从基因型到表型的机制解析中逐渐得到广泛应用。利用高精度、非破坏性的技术方法提高植物功能与结构的研究能力已成为农业生物育种和精准农业的主要目标。除为农业生物基因的功能解析提供了高效的解决方案之外，高通量表型组信息也已经被用于全基因组选择（genomic selection，GS）育种，并显著提升了育种效率。近年来，应用基因组学大数据分析方法，全面解析了多个农业生物物种野生近缘种、地方品种、现代品种这些种质资源的遗传基础，清楚地了解不同阶段产生的种质资源的遗传变异和人工选择区段及其与表型性状的关系，并广泛应用于种质创新和育种实践。

　　在本章中，将通过植物进化与作物驯化的大数据解析、功能基因挖掘、全基因组选择育种等几个方面，简明阐述大数据驱动遗传解析的基本原理和发展概况。

第一节 植物进化与作物驯化的大数据解析

一、植物基因组的进化

基因组进化是基因组的序列、结构和大小随时间变化的过程，是物种进化的分子基础。随着基因组研究技术的迅猛发展，我们已经积累了海量的植物基因组数据。研究植物基因和基因组的进化特征，对于理解植物的进化规律、发掘优异的基因资源以及培育优良作物品种有着重要的理论和应用价值。

（一）植物基因组进化的特征

1. 植物基因的保守性

基因在物种的进化过程中会发生缓慢的碱基突变，因此，DNA 序列的相似性与物种的亲缘关系远近直接相关。基因的保守性是指不同生物体的基因组中具有序列相同或高度相似的基因。通常认为越保守的序列在细胞中的功能越重要，其突变会导致生命体无法存活或被自然选择所淘汰。保守基因集 BUSCO（benchmarking universal single-copy orthologs）的植物数据集中，从植物类群中根据系统进化关系，选取了 30 多种代表性植物，鉴定到 1 440 个非常保守的基因，也称为核心基因（core gene）。这些保守基因可以应用于评价基因组测序的完整程度，理论上所有的植物物种都应该包含这些保守基因。

2. 植物基因组的共线性

在植物进化过程中，基因组大小变化是一种相对频繁的事件，但这些变化并不与基因多少及顺序变化相关联。例如，玉米的基因组大小为 2.3 Gb，水稻的基因组大小为 430 Mb，两者的基因组大小差异约为 5 倍，然而功能基因数目相差不大。由同一祖先型分化而来的不同物种间基因的类型以及相对顺序的保守性（即基因的同源性 + 基因的排列顺序）称为共线性（colinearity）。共线性片段的大小与物种之间的分化时间有很大关系：物种之间亲缘关系越近，共线性片段所覆盖的基因组范围就越大，每个共线性片段的长度就越长，随之包含的基因数目就越多；反之，物种之间亲缘关系越远，大片段的共线性片段会由于基因组的复制、融合、重排和缺失等情况发生减少，形成数量较多的短共线性片段，其中包含的基因数目也较少。

基因组的共线性信息目前主要应用于以下三个方面：①直系同源基因的鉴定，由于在真核生物中基因复制事件较多，仅通过蛋白质序列的同源性不能很好地区分直系同源和旁系同源基因，因此可以通过筛选基因组的共线性片段，或分析同源基因对的上下游基因的同源性来帮助推断直系同源基因；②用于近缘物种的基因组注释，在大片段的共线性区域中比较各基因组注释出来的蛋白质编码基因，如果发现物种间的同源片段对上的注释不一致情况，则可能为潜在的注释异常区域，需要借助其他信息或算法来修正错误的基因模型；③用于发掘进化事件，通过比较包含几个基因的共线性区域，可以分析出是否有基因发生了转座、重排或者丢失、复制，在研究物种分化方面有着重要的应用。

3. 基因重复

植物基因组中包含大量重复基因，它们与生物体基因组大小的进化、新基因的产生、物种的分化等有着密切的联系。产生重复基因的主要机制有三种：①不等交换（unequal crossover），即基因通过非同源位点的重组在染色体上产生串联重复（tandem duplication）基因，它们的位置在基因组中非常接近。根据重组位点的不同，重组产生的区域可能包含一个完整的基因、基因的一部分或比原基因更长。②反转录转座，即 mRNA 通过反转录得到的 cDNA 随机地插入到基因组的任意位点，这种方式产生的重复基因不包含内含子，并含有 ployA 序列和短的侧翼重复序列。并且由于上游调控序列的缺失，反转录转座产生的重复基因通常都形成假基因（pseudogene）。③基因组重复（genome duplication），也称为基因组多倍化（polyploidization），是一种大规模精确的染色体倍增过程。大部分开花植物在进化过程中均经历了多倍体化过程，基因组加倍后，通过基因丢失和重排等方式重新二倍化，使基因组中存在大量重复片段（图 12-1）。

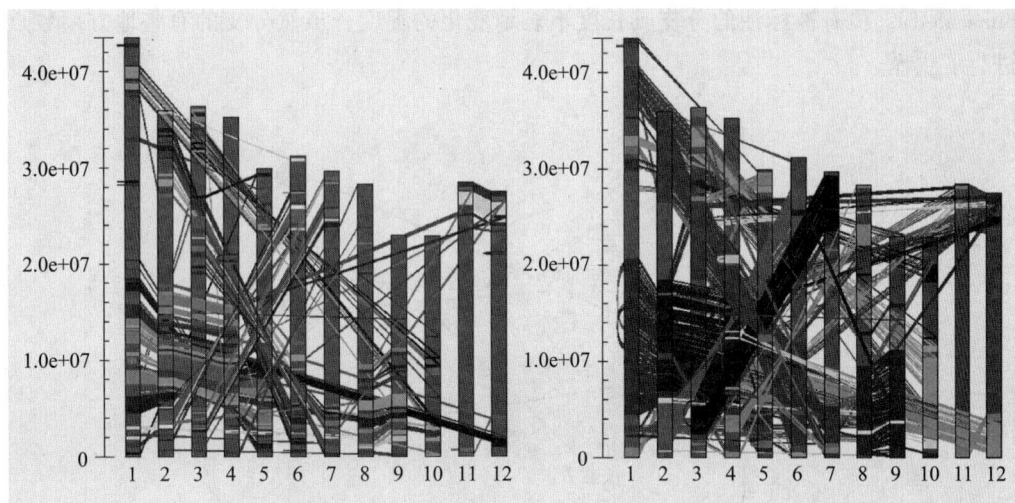

图 12-1 水稻基因组中的重复片段

利用 100 kb（左）和 500 kb（右）两种参数确定水稻各染色体之间的重复片段

基因重复是一种非常普遍的生物学过程，在生物的适应和进化中具有重要的生物学意义：①重复基因为生物的进化提供了最原始的遗传物质基础，重复基因通过突变和选择作用，可以产生新基因或亚功能化的基因，促使物种的分化和多样性；②与单拷贝基因的表达相比较，重复基因的不同拷贝可以在特定的时间和空间表达，促使基因表达水平多样性的提高；③重复基因可以通过补偿效应增强生物本身的抗突变能力。2019 年，Wang 通过大规模收集整合国内外植物基因组数据资源，构建了世界首个植物重复基因数据库（PlantDGD），已收录 141 种完成基因组测序的植物，包含大豆、水稻、小麦、玉米等大宗粮食作物，以及梨、桃、葡萄、蔬菜、花卉等园艺作物。该数据库将为深入研究重复基因的进化机制提供宝贵的数据资源。

（二）系统发育树

系统发育树（phylogenetic tree）也称为系统进化树，是用来表示物种间、基因间、群体间乃至个体间系谱关系的一种树状图。基于一个物种或群体进化历史的系统发育树称为物种树或种群树，而基于一个同源基因差异构建的系统发育树称为基因树。因为基因和物种往往是共同演化的，通常具有相同的演化模式，因此可以用基因树来推测物种树。然而，由于在基因组进化的过程中存在基因丢失、基因水平转移、基因重复等现象，并不是所有基因树都与物种树一致。系统发育树对于阐明多基因家族的进化方式以及理解分子水平上的适应性进化十分重要。

1. 系统发育树的基本概念

系统发育树由结点（node）和进化分支（branch）组成（图 12-2），每一结点表示一个分类单元（属、种群、个体、基因等），进化分支定义了分类单元（祖先与后代）之间的关系，一个分支只能连接两个相邻的结点。进化树分支的图像称为进化的拓扑结构，其中分支长度表示该分枝进化过程中变化的程度，标有分枝长度的进化分支称为标度枝（scaled branch）。校正后的标度树（scaled tree）常常用年代表示，这样的树通常根据某一基因或部分基因的理论分析而得出。进化分支可以没有分支长度的标注（unscaled），没有被标注的分支其长度不表示变化的程度，虽然分支的有些地方用数点进行了注释。

图 12-2 系统发育树
的基本结构

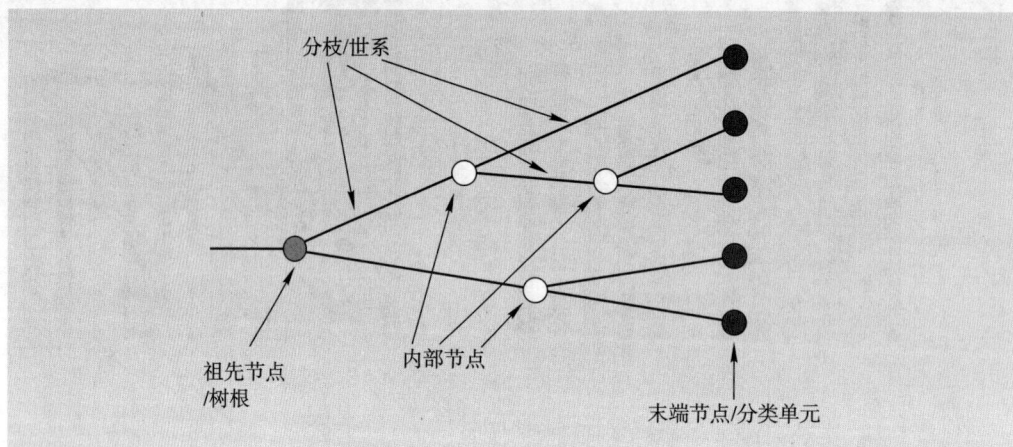

系统发育树可以是有根的（rooted），也可以是无根的（unrooted），分为有根树和无根树两类。在有根树中，有一个称为根（root）的特殊结点，用来表示共同的祖先，由该点通过唯一途径可产生其他结点，有根树是具有方向的树。最常用的确定树根的方法是使用一个或多个无可争议的同源物种作为外类群（outgroup），这个外类群要足够近，以提供足够的信息，但又不能太近以致不能与树中的种类相混。把有根树去掉根即成为无根树。一棵无根树在没有其他信息（外类群）或假设（如假设最大枝长为根）时不能确定其树根。无根树只是指明了种属的相互关系，没有确认共同祖先或进化途径。并且无根树是没有方向的，其中线段的两个演化方向都有可能。

2. 构建系统发育树的步骤

利用生物大分子数据进行系统发育树的构建，一般分为以下 6 个步骤。

（1）选择合适的分子序列　选择合适的 DNA 或蛋白质序列对系统发育关系重建至关重要。如果所选基因的进化速率太慢，提供的系统发育信息不足，系统发育关系可能得不到很好的解决；如果所选基因的进化速率太快，正确的系统发育信息常常会被大量的非同源相似信号淹没。

（2）序列比对　为了保证序列的同源性和所得系统发育关系的可靠性，需要对原始序列进行比对。自动比对序列的软件包括 Clustal（ClustalW、ClustalX、ClustalO）、MAFFT、MUSCLE 等。值得注意的是保守区选择是系统发育分析过程中一个重要的步骤，对于信息位点足够多的建树序列，该步骤更是必不可少。常用的校正有争议位点软件为 Gblock，此外还有一些可以用于手工校对序列的软件，包括 BioEdit、Se-Al、Geneious 等。

（3）替换模型选择　在建树之前，通常要对矩阵的最佳模型进行评估。常用的软件有 ModelTest、MrModelTest、jModelTest 等。ModelTest 包含 56 种 DNA 替代模型，MrModelTest 包含 24 种 MrBayes 中可用的模型，而 jModelTest 包含 88 种模型。熟悉各建树模型的优点与不足，根据数据特点有针对性地利用不同的模型，可以减少建树过程中出现的偏差。现在一些系统发育树的构建软件中，如 IQ-Tree 等，将自动选择最优的替换模型。

（4）选择建树方法　常见的构建系统发育树的方法包括两大类，一类是基于距离的系统发育树构建方法，包括非加权组平均法（unweighted pair-group method with arithmetic means，UPGMA）和邻接法（neighbor joining，NJ）等；另一类是基于最优原则的系统发育树构建方法，包括最大简约法（maximum parsimony，MP）、最大似然法（maximum likelihood，ML）和基于后验概率的贝叶斯推断法（Bayesian inference）等。目前有很多软件包可以进行系统发育树推断及可靠性检验，表 12-1 列出了一些常用的系统发育树构建软件。

（5）系统发育树的评估　为评估分析结果的可靠性，必须要进行系统发育树的检验。对于贝叶斯推断法构建的系统发育树，通常用每一分枝的后验概率来评价其可靠

表 12-1　常用的系统发育树构建软件

软件	基本特征
PHYLIP	经典的系统发育树构建软件
MEGA	系统的进化分析软件，集成多种系统进化树构建方法，界面美观，操作简便
PAUP	商业软件，是用最大简约法建立系统发育树最重要的软件，也可以进行如最大似然法建树及其他分析
MrBayes	使用贝叶斯推断法构建系统发育树
PhyML	基于最大似然法构建系统发育树
RAxML	能使用多线程或并行化使用最大似然法构建系统发育树，可以处理超大规模的序列数据
IQ-TREE	超快速最大似然法构建系统发育树，包含替换模型的自动选择

性；对于邻接法、最大简约法和最大似然法构建的系统发育树，通常利用自展检验（bootstrap）来检验系统发育树的可靠性。自展检验是一种现代统计技术，该方法利用计算机随机地进行抽样，以确定抽样误差和一些参数估计的置信区间。通常某一分枝的支持率在 50% 以上则具有可靠性，而 70% 以上则具有较高的可靠性。

（6）树的显示与美化　为了更好地展示信息，需要对构建好的系统发育树进行编辑和美化，如添加背景、修改分支长度、更改颜色和字体、添加注释等。常用的编辑和显示树图的软件和网站有 MEGA、TreeView、FigTree、ITOL、R 包（ggtree、APE）等。

3. 实例：利用 IQ-TREE 构建系统发育树

IQ-TREE 是一款基于最大似然法进行系统发育推断的建树软件，具有准确、快速、灵活等特点。IQ-TREE 软件除了支持核苷酸、氨基酸数据类型外，还能支持二进制、形态数据（如 SNP 数据）等多种数据类型。快速高效的随机算法、超快的自展检验近似评估、最佳替换模型的自动选择和超快的树拓扑结构近似无偏测试等特点，使 IQ-TREE 成为适用于大数据系统发育推断的热门分析软件。

IQ-TREE 软件可以在其官方网站上获取，具有适用于 Windows、macOS 和 Linux 系统的版本。IQ-TREE 软件通过命令行的方式运行，其一般使用方法如下：

```
iqtree2 –s alignment.fasta –m MODEL –st –bb –alrt –nt...
```

–s：序列比对文件（支持多个文件逗号隔开，或者包含比对文件的文件夹），可选格式有 PHYLIP、FASTA、NEXUS、CLUSTAL、MSF；

–m：模型选择，设置 MFP 自动检测最佳模型并建树，此外还可以设置具体的模型，或者多个可选模型；

–st：序列类型，可选 BIN、DNA、AA、NT2AA、CODON、MORPH，默认为自动检测；

–bb：指定使用 ultrafast bootstrap approximation 重复抽样的次数；

–alrt：指定使用 SH-aLRT 检验的重复抽样次数；

–nt：指定运行时使用的 cpu 核心数。

本实例将以 48 个（包含 22 个植物物种和 26 个细菌物种）类转醛醇酶 TAL 蛋白序列信息为数据集，详细介绍利用 IQ-TREE 软件构建 TAL 蛋白系统发育树的操作步骤。

TAL 蛋白序列下载自 NCBI non-redundant（nr）数据库以及其他植物基因组数据库。利用 Custal X 或 MUSCLE 等软件对 48 个 TAL 蛋白序列进行多序列比对，输出格式为 fasta 的多序列比对文件（TAL.fasta）。将序列比对文件 TAL.fasta 复制至 iqtree 运行目录下。

运行 IQ-TREE 程序。使用的具体代码如下：

```
iqtree2 –s TAL.fasta –st AA –m MFP –bb 1000 –alrt 1000 –nt 8
```

本例中，输入文件为经过比对的 fasta 文件，序列类型 AA 表示蛋白质序列，使用 MFP 自动选择最佳模型，自展检验和 SH-aLRT 检验的重复抽样次数为 1 000，使用核心数为 8。

IQ-TREE 程序运行结束后，会在运行目录下生成包括 .log、.iqtree、.treefile、

.contree 为后缀的多个文件。由 TAL.fasta.log 和 TAL.fasta.iqtree 文件输出的信息可知，ModelFinder 对 TAL 蛋白序列在 LG、WAG、JTT、DCMut、VT、PMB、Dayhoff 等 546 个蛋白质替换模型下进行了检测，并根据贝叶斯信息准则（Bayesian information criterion，BIC）选择了最佳替换模型 WAG+F+R5。输出的树文件为 TAL.fasta.treefile 和 TAL.fasta.contree，两种系统发育树文件均为 NEWICK 格式。其中，ML 树文件（TAL.fasta.treefile）包含 SH-aLRT 和 ultrafast bootstrap 两种检验的分支支持率（%），可使用 iTOL 和 FigTree 等查看树的结构。一致树文件（TAL.fasta.contree）是由 1 000 个自展检验树，分支长度经最大似然法优化后构建的一致树，将 .contree 后缀修改为 .nwk 后，可使用 MEGA 软件查看树的结构（图 12-3）。

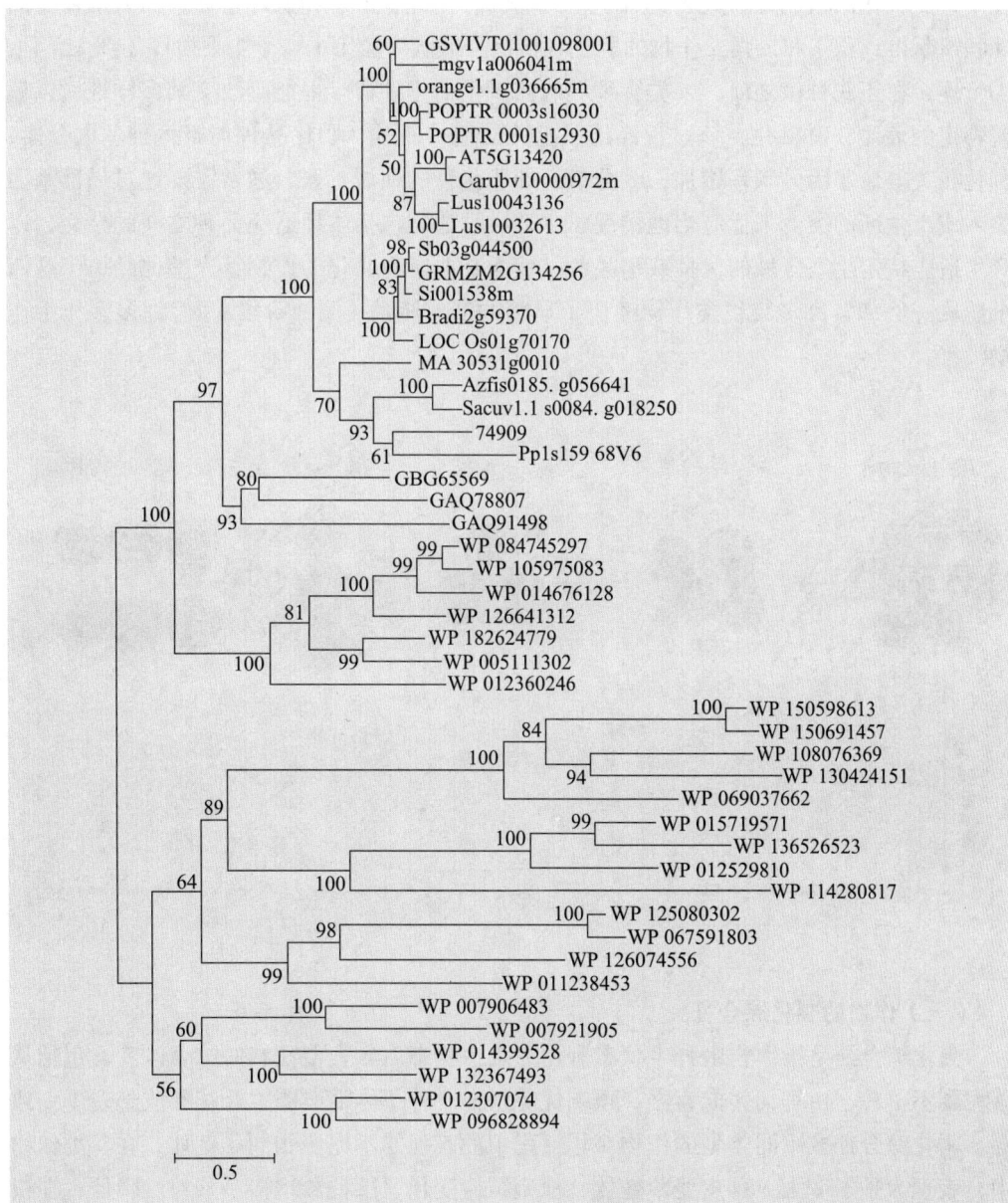

图 12-3 IQ-TREE 软件构建的 TAL 蛋白的系统发育树

从构建好的分子系统发育树中，可以初步观察 TAL 蛋白的演化规律。所有绿色植物的 TAL 蛋白形成了一个支持率很高的分支，表明其具有一个共同的祖先。绿色植物的 TAL 蛋白与部分来自细菌同源蛋白聚在一起，且具有很高的支持率，暗示绿色植物中的 TAL 蛋白可能通过水平基因转移起源于细菌。需要注意的是，本例中只根据系统发育树结果作出初步的推断，基因起源方式的具体信息还需要结合序列相似性和保守结构域进行详细的评估。

二、作物起源与驯化

作物驯化是人类通过人工选择将野生植物变成作物的过程。在人类有目标的选择过程中，受驯化的植物逐渐失去其野生祖先的部分生理、形态和遗传特性，而人们需要的性状不断得到积累和加强。作物的驯化和传播一般认为经历了 4 个主要阶段（图 12-4）：①管理，在正式种植之前，人类管理和收获野生植物种群，可能会改变其多样性，以偏向特定的表型；②驯化，该过程经历了显著的遗传瓶颈，驯化品种与野生种基因分离，驯化相关等位基因的频率增加；③分散，即驯化种的地域扩张，通常需要通过局部基因渗入或产生新的突变来适应当地情况；④育种，通常包括本地适应品种之间的杂交，以产生适应特定生态区域的优良栽培品种。然而并非所有驯化的作物都完整地经历了这四个阶段。例如，大多数谷类作物经历了显著的遗传瓶颈（第 2 阶段），但许多多年生作物没有。

图 12-4 作物驯化的四个阶段示意图及群体规模的变化趋势

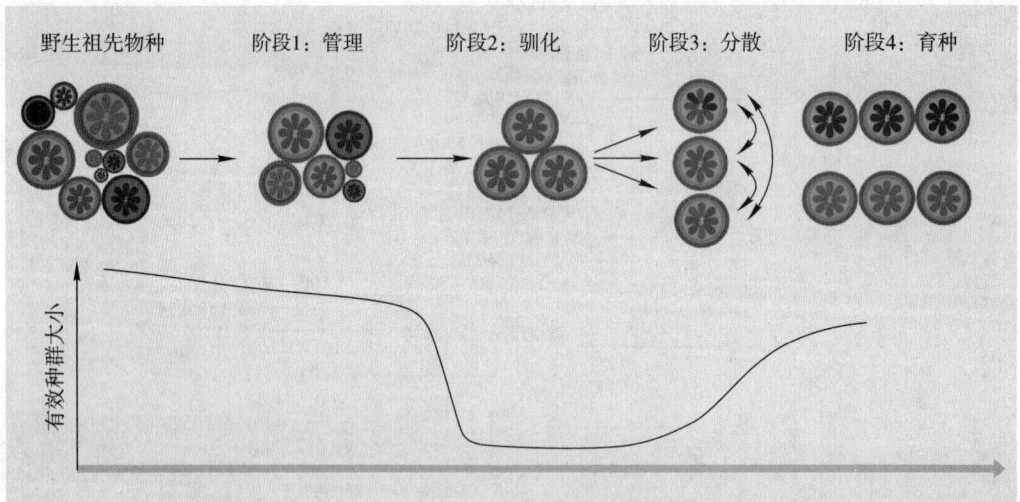

（一）作物的驯化综合征

驯化综合征是指作物由野生状态驯化为栽培状态后，表型性状的综合改变，包括从落粒到不落粒、由匍匐转向直立、顶端优势增强、种子休眠减弱、开花和成熟趋于一致等。驯化综合征在不同类型的作物驯化过程中的表现并不完全相同。例如，在谷类作物中，表现为种子变大、种皮变薄变软、穗型结构变化、穗粒数增多、落粒性降低；在根类、块茎作物中，表现为淀粉含量增加、风味改变、分支数量增多；而在果实作物中，表现为果实变大，芳香物质和糖类含量提高、苦味物质降低等。

目前，对作物驯化相关的基因或基因组区段的解析主要通过两种方式：①基于基因组重测序的群体遗传学分析途径，包括全基因组关联分析（genome-wide association study，GWAS）和候选基因关联分析；②基于连锁遗传理论的数量性状位点研究方法，即 QTL 克隆。近年来在水稻、玉米、大豆等作物中已经鉴定到了大量与驯化相关的基因（表 12-2）。

表 12-2　重要作物中已克隆的驯化相关基因

作物	驯化性状	基因名称
水稻	落粒性	*SHAT1*、*GL4*
	花期	*LHD1*
	株型	*PROG1*、*PROG7*
	休眠	*Sdr4*
	耐低温	*COLD1*
	穗粒数	*GS3*、*GS5*
	粒重	*GW5*、*GW8*、*GIF1*
玉米	灌浆	*ZmSWEET4C*
	种子裸露	*tga1*
	株型	*tb1*
	花期	*ZmCCT*
小麦	春化	*Vrn1*、*Vrn2*
	耐盐	*HKT1*
大豆	休眠	*G*
	裂荚	*SHAT1-5*
	株型	*Dt1*、*Dt2*
番茄	果实大小	*fw1.1*、*fw5.2*、*fw7.2*、*fw12.1*、*icn12.1*
黄瓜	果实苦味	*Bt*、*Bl*

（二）人工选择对作物遗传多样性的影响

选择（selection）是在人类和自然界的干预下，某一群体的基因在世代传递过程中，某种基因型个体的比例所发生变化的群体遗传学现象。按照选择的主体，可分为自然选择和人工选择。按照选择的结果可以分为三类：①单向选择（定向选择），包括正向选择和负向选择，是群体变异曲线的一个尾部被选中，另一尾部被排斥，其结果是曲线的均值稳定增高，使种群朝某一变异方向逐步改变；②稳定选择，种群中中间类型的个体被保留下来，使生物类型保持相对稳定；③歧化选择（分裂选择），把一个物种种群中极端变异的个体按不同方向保留下来，而中间常态型个体则大为减少，这样一个物种种群就可能分裂为不同的亚种。人工选择是指人为地保存具有有利变异的个体和淘汰具有不利变异的个体，以改良生物的性状和培育新品种的过程，作物的人工选择通常是一种正向选择。作物在长期进化过程中，除自然选择外，还经历了两次大的人工选择，即驯化选择和育种选择，使栽培种与野生种之间、现代品种与古老的地方品种之间在群体遗传结构及性状上形成了很大的差异。

1. 遗传瓶颈效应

瓶颈效应（bottleneck effect）指的是由于环境骤变或人类活动（如人工选择、驯化），使得某一生物种群的规模迅速减少，仅有一少部分个体能够顺利通过瓶颈事件，在之后的恢复期内产生大量后代。作物在驯化过程中经历瓶颈效应，在其全基因组上的重要表现是遗传多样性大幅度降低。例如，对446份世界各地来源的野生稻（*Oryza rufipogon*）和1 083份栽培稻进行基因组重测序分析显示，栽培稻的核苷酸多样性相比于野生稻下降了20%。而黄瓜和番茄在驯化过程中，核苷酸多样性分别下降了60%和70%。人工选择的遗传瓶颈效应还会导致连锁不平衡的增加。连锁不平衡（linkage disequilibrium，LD）是指不同座位的两个等位基因出现在一条染色体上的频率与随机组合出现的频率不一致的情况。如大豆的野生种、地方种和现在栽培品种的连锁不平衡水平呈现明显的递增趋势。

在基因组中，一些承受强选择作用的基因在群体中的多样性显著降低，同时这些基因附近区域的遗传多样性也明显下降。群体遗传学中，将这种由选择作用造成的部分染色体片段的多样性降低现象称为选择清除（selection sweep）。选择位点周围的中性位点得益于选择作用而出现的基因频率迅速增加的现象，称为搭车效应（hitchhiking effect）。通过在基因组中扫描发生选择清除的基因组区段，利用标记–性状关联分析（marker-trait association analysis），就可发现这些区段所控制的重要性状。对这些区段进行精细扫描和分析，可能发现一些决定重要农艺性状的基因，及其优异等位变异，从而为重要基因的克隆和作物品种的分子设计奠定基础。

2. 平行选择

平行选择（parallel selection）是指同物种群体的不同亚群或不同物种间，影响某些性状的潜在遗传位点向着同样的方向被选择的现象。例如，在落粒性性状的选择过程中，发现高粱的落粒性控制基因*Sh1*（*Shattering 1*）与水稻中的同源基因*OsSh1*以及玉米中的同源基因*ZmSh1-1*和*ZmSh1-5.1*+*ZmSh1-5.2*具有相同的功能，暗示了高粱、水稻和玉米中存在落粒基因位点的平行选择；对主要作物糯性基因*Waxy*的功能的分析发现，在水稻、小麦、玉米、谷子、大麦、高粱和糜子等作物中，糯性的产生都与*Waxy*基因的变异有关，证实了作物糯性基因的平行选择现象；大豆中控制种子休眠的驯化基因*G*基因在驯化过程中受到了选择，其同源基因在水稻、番茄和拟南芥中也存在平行选择的现象。然而并非所有的驯化现象都可以用平行选择理论来解释，如大麦落粒性驯化相关基因*Btr1*和*Btr2*并非高粱*Sh1*的同源基因，其控制落粒的机制也与水稻、高粱中完全不同。这也从侧面揭示了在不同的作物中，相同性状的驯化机制可能是完全不同的。因此，作物驯化整体上是一个平行选择和个性选择交织互动的过程，两者共同构成了作物驯化的全貌。

3. 平衡选择

平衡选择（balancing selection）是指一些等位基因的纯合子仅在正常的杂交群体的少数个体中存在，并且在适合度上低于杂合子，从而使群体中的某些性状的潜在作用位点始终在选择的作用下保持较高的遗传多样性，并一直保持平衡。在作物驯化研究中也发现了平衡选择的例子，如对甘蔗的野生近缘种和栽培种的测序分析发现，栽培甘蔗的基因多样性高于野生甘蔗，且栽培甘蔗具有与野生甘蔗近似的基因杂合度，进一步的研究表明平衡选择的基因主要集中在蔗糖和淀粉代谢途径中。因此，平衡选择效应在作物的驯化过程中也发挥着重要作用。

（三）人工选择效应的大数据分析

选择清除和搭车效应属于从不同角度表述的同一群体遗传学现象，都是选择作用在基因组上留下的明显特征，也称为选择信号（selection signature）。近年来，各大作物高密度分子标记连锁图谱的绘制完成以及高通量基因型分析技术体系的建立，为利用选择清除分析、通过标记－性状之间的关联寻找和定位一些驯化相关的重要基因奠定了基础。本节主要介绍三种常用的基于高密度 SNP 标记的选择信号检测方法：核苷酸多样性（π）、群体分化系数（F_{ST}）以及跨群体复合似然比（XP–CLR）检验。

获得群体的高密度 SNP 标记信息，是进行选择信号检测的基础。在介绍具体算法之前，需要先认识存储 SNP 信息的常用文件格式 vcf（variant call format）。vcf 文件主要可以分为两部分内容：以"#"开头的注释部分，以及最后一行"#"开头及其以下的主体部分（图 12–5）。

vcf 文件的注释部分包含软件的版本信息、参考基因组信息、染色体的长度、过滤方式信息等；文件的主体部分包含每个位点的核苷酸变异情况，具体每一列所包含的信息如下。

CHROM：变异位点所在染色体；

POS：变异位点相对于参考基因组所在位置；

ID：变异位点的身份标识号；

REF：该位点下参考基因组的碱基；

```
##fileformat=VCFv4.3
##reference=file:///seq/references/1000GenomesPilot-NCBI36.fasta
##contig=<ID=20,length=62435964,assembly=B36,md5=f126cdf8a6e0c7f379d618ff66beb2da,species="Homo sapiens",taxonomy=x>
##INFO=<ID=DP,Number=1,Type=Integer,Description="Total Depth">
##INFO=<ID=AF,Number=A,Type=Float,Description="Allele Frequency">
##INFO=<ID=DB,Number=0,Type=Flag,Description="dbSNP membership, build 129">
##FILTER=<ID=q10,Description="Quality below 10">
##FILTER=<ID=s50,Description="Less than 50% of samples have data">
##FORMAT=<ID=GT,Number=1,Type=String,Description="Genotype">
##FORMAT=<ID=DP,Number=1,Type=Integer,Description="Read Depth">
#CHROM  POS      ID       REF   ALT     QUAL   FILTER   INFO              FORMAT  NA00001  NA00002  NA00003
20      14370    rs6054257 G    A       29     PASS     DP=14;AF=0.5;DB   GT:DP   0/0:1    0/1:8    1/1:5
20      17330    .         T    A       3      q10      DP=11;AF=0.017    GT:DP   0/0:3    0/1:5    0/0:41
20      1110696  rs6040355 A    G,T     67     PASS     DP=10;AF=0.333,0.667;DB GT:DP 0/2:6  1/2:0    2/2:4
20      1230237  .         T    .       47     PASS     DP=13             GT:DP   0/0:7    0/0:4    ./.:.
20      1234567  microsat1 GTC  G,GTCT  50     PASS     DP=9              GT:DP   0/1:4    0/2:2    1/1:3
```

图 12–5　vcf 文件的基本格式

ALT：研究对象中所对应的碱基；

QUAL：序列的质量评分；

FILTER：对该位点的过滤记录信息；

INFO：关于变异的其他附加信息；

FORMAT：基因型信息的格式，其中 GT 表示基因型，DP 表示位点的深度；

最后是每个样本的基因型信息，每个样本一列，其基因型表示为 0/1、1/1、0/0，其中 0 代表与参考基因组一致，1 代表第一个 ALT allele，2 代表第二个 ALT allele。

1. 核苷酸多样性

核苷酸多样性（π）是衡量特定群体多样性高低的参数，是指在同一群体中任意两条序列间单个核苷酸位点分离数目总和的平均值。假设随机样本中含有 m 条由 n 个核苷酸组成的 DNA 序列，则有：$\pi = \dfrac{\sum\limits_{i=1,j=1}^{m} S_{i,j,n}}{C_m^2} = \dfrac{\sum\limits_{i=1,j=1}^{m} S_{i,j}}{nC_m^2}$。其中，$S_{j,j,n}$ 为两条序列的单个核苷酸位点分离数目，$S_{i,j}$ 为两条序列的分离位点数。

利用 vcftools 软件，可以快速地从 vcf 文件中获得核苷酸多样性信息，通过 vcftools 软件计算核苷酸多样性的基本方法如下：

```
vcftools --gzvcf input.vcf.gz --keep list.txt --window-pi --window-pi-step --out
```

--gzvcf：压缩的 vcf 文件；

--keep：文本文件，包含需要计算的群体身份标识号信息，每个身份标识号一行，若有多个群体需要分别运行程序；

--window-pi：设置滑窗长度；

--window-pi-step：设置滑窗步长；

--out：输出文件名称。

以水稻 3K 基因组数据中的 1 号染色体为例，计算籼稻（indica）和粳稻（japonica）群体的核苷酸多样性，本例中使用的具体代码如下：

```
vcftools --gzvcf rice_snp.vcf.gz --keep ind.txt --window-pi 20000 --window-pi-step 2000 --out result_of_ind_Pi.txt

vcftools --gzvcf rice_snp.vcf.gz --keep jap.txt --window-pi 20000 --window-pi-step 2000 --out result_of_jap_Pi.txt
```

其中 ind.txt 和 jap.txt 分别包含籼稻群体和粳稻群体的身份标识号信息，滑窗长度为 20 kb，步长 2 kb。运行 vcftools 软件后，获得输出文件包含如下内容。

CHROM：染色体编号；

BIN_START、BIN_END：区间（滑窗）的起始位置和结束位置；

N_VARIANTS：区间中包含的 SNP 位点数目；

PI：核苷酸多样性数值。

为了直观地显示核苷酸多样性在染色体上的分布情况，以基因组坐标为横轴，核苷酸多样性（π）为纵轴，分别绘制籼稻和粳稻两个群体的核苷酸多样性（π）在1号染色体上的分布散点图（图12-6）。结果显示，在粳稻群体中，1号染色体上的核苷酸多样性在10 M、20 M和35 M附近呈现较低的水平，表明染色体上的这些区段可能经历了强烈的人工选择。并且，籼稻的核苷酸多样性整体高于粳稻，表明粳稻品种在驯化过程中相比于籼稻可能经历过更强的人工选择。

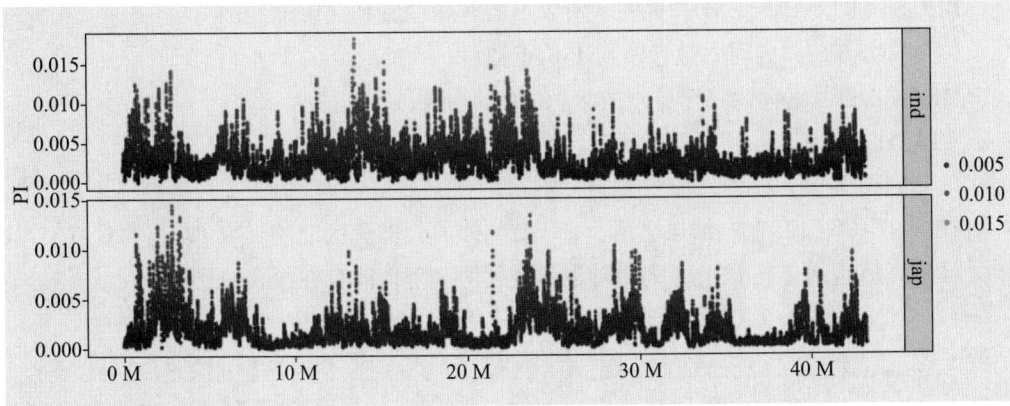

图12-6 水稻3K基因组中籼稻、粳稻两个群体的核苷酸多样性（以1号染色体为例）

横轴表示染色体相对位置，纵轴表示核苷酸多样性数值，每个点代表一个大小为20 kb的滑窗；ind表示籼稻群体，jap表示粳稻群体

2. 群体分化指数

群体分化指数（F_{ST}）是衡量群体中等位基因频率是否偏离遗传平衡比例的指标，用来研究不同群体间的分化程度。F_{ST}是一个群体中亚群杂合度的平均值H_S相对于总群体的杂合度H_T减少量的比值，其取值范围是[0，1]，0代表不同亚群遗传结构完全一致，群体间未分化，其成员间是完全随机交配的；1代表不同亚群完全分化，形成物种隔离，且无共同的多样性存在。实际研究中，F_{ST}为0~0.05时，认为群体间遗传分化很小，可以不考虑；F_{ST}为0.05~0.15，群体间存在中等程度的遗传分化；F_{ST}为0.15~0.25，群体间遗传分化较大；F_{ST}为0.25以上，认为群体间有很大的遗传分化。

使用vcftools软件计算群体分化指数的基本命令如下：

```
vcftools --gzvcf input.vcf.gz --weir-fst-pop list1.txt --weir-fst-pop list2.txt --fst-window-size --fst-window-step --out output.txt
```

--gzvcf：压缩的vcf文件；

--weir-fst-pop：两个单独的文本文件，包含需要计算的群体身份标识号信息，每个身份标识号一行；

--fst-window-size：设置滑窗长度；

--fst-window-step：设置滑窗步长；

--out：输出文件名称。

以水稻3K基因组数据中的1号染色体为例，计算籼稻和粳稻群体的群体分化指数

F_{ST}，使用滑窗长度为 20 kb，步长 2 kb，具体代码如下：

```
vcftools --gzvcf rice_snp.vcf.gz --weir-fst-pop ind.txt --weir-fst-pop jap.txt --fst-window-size 20000 --fst-window-step 2000 --out results_of_FST.txt
```

其中 ind.txt 和 jap.txt 分别包含籼稻群体和粳稻群体的身份标识号信息。运行 vcftools 软件后，获得输出文件包含以下内容。

CHROM：染色体编号；

BIN_START、BIN_END：区间（滑窗）的起始位置和结束位置；

N_VARIANTS：区间中包含的 SNP 位点数目；

MEAN_FST：区间内每个位点的 F_{ST} 值的平均值；

WEIGHTED_FST：利用整个区间计算的加权 F_{ST} 值。

以基因组坐标为横轴，加权 F_{ST} 值为纵轴，绘制籼稻和粳稻在 1 号染色体上的加权 F_{ST} 值散点图（图 12-7）。结果显示，1 号染色体的大部分区间的加权 F_{ST} 值均在 0.25 以上，且最高值达到 0.75 以上，表明籼稻和粳稻两个群体间存在很大的遗传分化。

图 12-7 水稻 3K 基因组中籼稻、粳稻两个群体的群体分化指数（以 1 号染色体为例）
横轴表示染色体相对位置，纵轴表示加权 F_{ST} 值，每个点代表一个大小为 20 kb 的滑窗

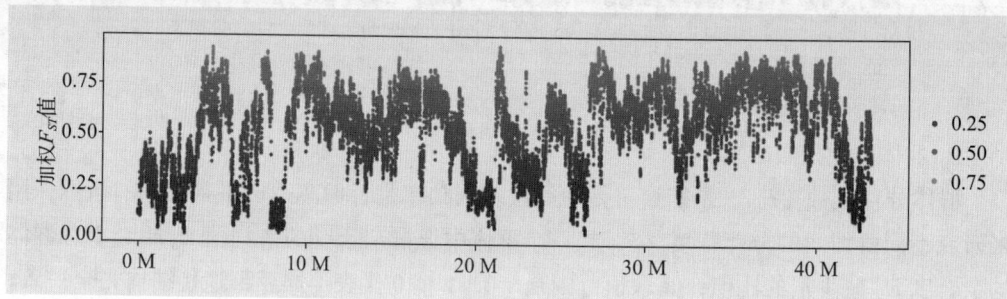

3. 跨群体复合似然比

跨群体复合似然比（cross-population composite likelihood ratio），简称 XP-CLR，是一种基于选择清除的似然方法。选择清除可以增加群体之间的遗传分化，导致等位基因频率偏离中性条件下的预期值。XP-CLR 利用两个种群之间的多基因座等位基因频率的差异建立模型，使用布朗运动来模拟中性学说下的遗传漂移，并使用确定性模型来近似地对附近的单核苷酸多样性（SNPs）进行选择性扫描。

XP-CLR 可以在 Windows、macOS 以及 Linux 终端下安装和运行，xpclr 软件可以从 Github 下载并通过 python 安装，或通过 anaconda 直接安装，安装命令如下：

```
conda install xpclr -c bioconda
```

xpclr 软件的基本使用方法和运行参数如下：

```
xpclr --format --input --samplesA --samplesB --chr - --start --stop -size --step --out
```

—format：输入文件的格式，通常为 vcf；

—input：输入文件名，注意所计算的两个群体必须包含在同一个 vcf 文件中；

—samplesA、—samplesB：测试的两个群体 A、B 所包含的个体身份标识号信息；

—chr：限定计算的染色体；

—start、—stop：限定计算染色体上一段长度的开始位置和结束位置；

—size：设置计算时使用的滑窗大小；

—step：设置计算时使用的滑窗步长；

—out：指定输出文件名称。

以水稻 3K 基因组数据中的 1 号染色体为例，分析籼稻、粳稻两个群体间发生选择清除的区域。运行 XP-CLR，设置滑窗长度为 20 kb 大小，步长 2 kb，本例中使用的具体代码如下：

```
xpclr --format vcf --input rice_snp.vcf.gz --samplesA jap.txt --samplesB ind.txt --chr 1 --size 20000 --step 2000 --out result.txt
```

运行 XP-CLR 软件后，获得输出文件包含以下主要输出内容。

modelL：最佳拟合选择系数的可能性；

nullL：无效模型的可能性；

sel_coef：最佳拟合选择系数；

nSNPs：滑窗中 SNP 的数量，建议忽略 nSNP 很小的滑窗；

nSNPs avail：单个滑窗中的 SNP 数量大于指定的最大值，如果该数值始终大于 nSNPs，表明滑窗设置过大；

start，stop：滑窗的起止位置；

pos_start，pos_stop：使用 SNP 的实际位置；

xpclr：最佳拟合模型与无效模型的对数似然比；

xpclr_norm：标准化的 xpclr 值。

以基因组坐标为横轴，XP-CLR 值为纵轴，在 R 中绘制散点图（图 12-8），并计算 XP-CLR 值的 95% 分位数，图中 XP-CLR 值高于虚线（95% 分位数）的区间是可能受到人工选择的候选区间。

在实际分析过程中，为了排除可能的假阳性结果，获得更加精确可靠的选择区间，通常会将上述三种方法相互结合，并根据所分析的物种群体的特点，制定合适的筛选标准，来判断基因组中可能的选择区间和候选基因。例如，2019 年 Guo 等通过对 414 份西瓜种质资源进行重测序和人工选择分析，以 XP-CLR 值的前 10% 以及核苷酸多样性比值（π wild/π cultivar）的前 50% 为筛选标准，在全基因组中鉴定到 151 个受到驯化选择的区域，其中包含 771 个候选基因。2020 年，Hao 等在对于 145 个小麦品种的选择区间分析中，利用 XP-CLR、F_{ST} 以及核苷酸多样性比值（π wild/π cultivar）最高的前 5% 的交集作为候选区间，发现小麦基因组中约有 6.2% 的区间受到了驯化选择，并在这些区间中鉴定到大量可能受到驯化选择的基因。

图 12-8 水稻 3K 基因组中籼稻、粳稻两个群体间的 XP-CLR（以 1 号染色体为例）

横轴表示染色体相对位置，纵轴表示 XP-CLR 值，每个点代表一个大小为 20 kb 的滑窗，虚线表示 XP-CLR 值的 95% 分位数

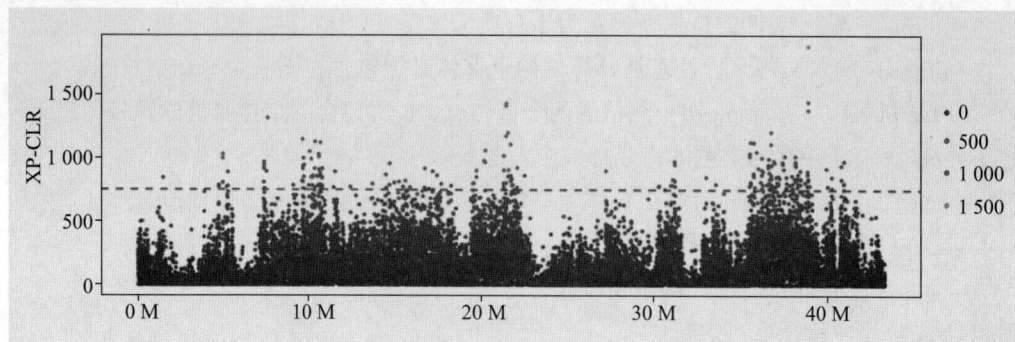

第二节 功能基因挖掘

作物遗传改良依赖于作物性状的遗传与分子机制的解析，作物重要的性状多为数量性状，并受复杂的遗传网络调控。挖掘数量性状的功能基因对于作物改良极为重要。QTL 定位和关联分析是挖掘功能基因的重要手段。本节主要介绍 QTL 定位和关联分析的相关概念、方法及其应用。

一、QTL 定位

（一）连锁分析

作物中大多数重要的性状如产量、品质、生长发育等多为数量性状，它们受多基因控制，易受环境影响。数量性状基因座（quantitative trait loci，QTL），是指基因组中引起数量性状变异的基因。寻找 QTL 在染色体上的位置并估计其遗传效应的过程，称为 QTL 定位或连锁分析。

为了绘制连锁图谱和定位 QTL 通常需要构建作图群体。作图群体包括双亲或多亲本杂交产生的各种分离后代，也包括具有一定亲缘关系的家系群体。主要包括 F_2、回交群体、重组自交系（recombinant inbred lines，RIL）、双单倍体（dihaploid，DH）和染色体片段置换系（chromosomal segment substitution lines，CSSL）等。

在过去的数十年中，QTL 定位研究得到了长足的进展。最初遗传学家采用 t 测验、方差分析、似然比测验、回归分析等方法检测单个分子标记的基因型与表型平均值的差异显著性，判断该标记附近是否存在控制性状的 QTL，即单标记方法。Lander 和 Botstein（1989）提出了最初的区间作图方法，建立了 QTL 定位的基本框架，首次实现了在全基因组水平上搜索 QTL，并估计其效应与位置。Zeng（1993，1994）和 Jansen（1993）独立地提出了复合区间作图法，将连锁群上其他标记作为协变量控制其对目标标记区间 QTL 扫描的干扰，其关键在于怎样选择作为控制遗传背景的协变量分子标记。Kao 和 Zeng（1999）提出了多区间作图法，其模型中同时包含了多个 QTL 及其两两互作，这是真正意义上的多 QTL 模型。此外，还有贝叶斯压缩估计方法、惩罚最大似然

法、自适应惩罚最大似然法等，这些方法提高了微小效应 QTL 和紧密连锁 QTL 的检测能力，并且假阳性很低。

利用连锁分析在水稻、玉米、小麦等作物中已克隆了一批控制重要数量性状的 QTL，连锁分析逐渐成为数量性状基因定位的经典方法。但连锁分析耗时长、分辨率低，且不能利用自然群体中存在的广泛变异。随着高通量测序技术的发展，海量高精度基因组数据的产生，传统的分子标记已不能满足高密度的需求，使得 SNP 成为研究性状遗传结构的主流遗传标记。利用混池分离分析、全基因组关联分析来发掘功能基因、分析功能变异已成为当前研究的热点。

（二）混池分离分析

混池分离分析（Bulked segregant analysis，BSA）又称混合群体分离分析，是利用极端性状进行功能基因挖掘的一种方法。主要思想是将两个具有极端性状的群体进行混池测序，比较两个群体在多态位点的等位基因频率是否具有显著差异。前期的 BSA 定位方法主要集中在发生突变的质量性状上，如 MutMap、MMAPPR。2013 年，Hiroki Takagi 等提出 QTL-seq 方法进行数量性状的 QTL 定位。实施 QTL-seq，首先需要构建 F_2 或 RIL 分离群体，在群体中选择性状表型具有极端差异的各 20～50 个个体进行混池测序。根据混池数据计算出 SNP 指数。SNP 指数指的是在特定位点上，携带有不同于参考亲本的 SNP 的读长数占比对到同一位点的所有读长总数的比值。SNP 指数为 0，说明比对到这一位点的所有读长都来源于参考亲本；SNP 指数为 1，说明这些读长都来源于非参考亲本。在每个混池都得到一组 SNP 指数数据之后，两个混池相减得到了 SNP 指数的结果，代表的是两个混池之间 SNP 基因型频率的差异。理论上讲，不与性状相关的位点，ΔSNP 指数的值应当在 0 附近，代表混池之间不存在差异；而 QTL 及其相连锁位置的 SNP，ΔSNP 指数值应当呈现较高的数值，经过统计分析可以在基因组上定位到目标性状相关的 QTL。

近年来，基于 BSA 的 QTL 定位新方法相继被提出。Zhang 等（2019）提出了一种整合 BSA 以及高通量测序的新方法 QTG-seq，用于 QTL 的快速精细定位与克隆。该研究从两个优良的玉米自交系（'黄早四'与'1462'）组配分离群体出发，初步定位 4 个影响株高变异的 QTL，在 BC_1F_1 群体中筛选出只在 QTL-qPH7 杂合而其他 3 个 QTL 都纯合的单株自交，获得大量 BC_1F_2 家系，进一步对 BC_1F_2 家系种植，获得极端株高表型的近 1 200 个单株混池，进行全基因组高低混池测序，最终利用新发展的基于最大似然算法的似然比平滑统计量 smoothLOD 直接鉴定出目标候选基因 *qPH7*，从双亲构建群体开始，仅用 4 代即可完成 QTG 精细定位。Wang 等（2019）提出了 GradedPool-Seq（GPS）方法，该方法通过将两个特定性状差异显著的亲本创制的 F_2 群体分成若干个性状表现各不相同的组，并对其产生的混池全基因组测序数据进行混池分离分析，并最终定位 QTL 位置。研究人员利用 GPS 的方法成功从水稻高产杂交种'广两优 676'（'广占 63-4S'דWkH恢 676'）F_2 群体中克隆并解析了杂种优势基因 *GW3p6*（*OsMADS1*），并确认该基因是造成水稻杂交种'广两优 676'高千粒重性状的主要原因。

二、全基因组关联分析

（一）关联分析概述

关联分析是分析某一群体内观测性状与分子标记或候选基因关系的遗传学方法。与传统的连锁分析相比，关联分析能够充分利用自然群体在长期进化中所积累的重组信息，解析精度较高，可实现对 QTL 的精细定位，甚至可直接定位到基因本身，是解析数量性状的强有力工具。关联分析根据扫描范围可分为候选基因关联分析和全基因组关联分析。候选基因关联分析需要预先选择与目标性状相关的候选基因，从而在基因水平上挖掘出对目标性状有影响的基因变异。候选基因的选择可借助前人的 QTL 定位结果、表达谱、突变体、生理生化或者比较基因组学的研究结果。全基因组关联分析（genome-wide association study，GWAS）是利用高密度分子标记，在全基因组水平上鉴定影响表型性状的变异位点的研究方法。由于其具有高通量、不涉及候选基因预测和无须构建任何假设的优点，从而被大量地应用，许多 GWAS 研究已经发现了以前未知的与性状相关的 QTL，随着测序技术的不断发展以及测序成本的急剧下降，应用 GWAS 发掘植物复杂性状基因已成为目前植物基因组学研究的主流方法。

目前，GWAS 研究已经成功地运用在多种作物中，尤其在水稻和玉米中的应用最为广泛。在水稻中，Huang 等（2010）对 950 份世界范围内收集的水稻品种资源进行基因组重测序，构建了一张高密度的水稻单体型图谱，研究者对水稻的多个农艺性状进行了 GWAS 分析，鉴定到多个新的关联位点，并且通过整合水稻基因注释、芯片表达谱信息等，使得性状相关的候选基因得以确定，该研究为水稻育种研究提供了相当重要的基础数据。Tian 等（2011）和 Kump 等（2011）通过 GWAS 首次在玉米基因组中鉴定了与玉米性状相关的遗传变异。研究者采用玉米巢氏关联作图（nested association mapping，NAM）群体，该群体包含来自 25 个家系的 5 000 个重组自交系（RIL）。通过 GWAS 研究，鉴定了与玉米茎叶夹角及南方叶枯病相关的关键基因，并发现这些数量性状都是由微效多基因控制。玉米油是重要的食物及能量来源，Li 等（2012）使用包括高油玉米在内的 368 份玉米自交系和上百万个 SNP 标记，通过 GWAS 检测到 74 个玉米籽粒油分含量及脂肪酸含量显著关联的位点。这些研究表明关联分析是解析复杂数量性状的有效途径，为作物品种的改良提供了重要的理论支撑。

（二）影响 GWAS 的因素

关联分析以连锁不平衡（linkage disequilibrium，LD）为基础，LD 描述了不同座位上等位基因的非随机关联程度。关联分析的功效取决于标记与功能变异之间的 LD 程度。LD 程度受到许多因素的影响，其中突变和重组是重要影响因素，此外还有交配系统、遗传隔离、遗传漂变、基因组重排、群体结构和选择作用等。LD 的度量方法有许多，其中 D' 和 r^2 最为常用，范围都是从 0 到 1，通常 D' 和 r^2 越大，LD 程度越强，r^2 等于 1 时表示处于完全的连锁不平衡没有发生重组，但两者意义不同，D' 仅反映了重组的影响，r^2 全面反映了重组和突变的影响。通常，描述 LD 衰减距离时采用 r^2 为 0.1 或 0.2 为标准。

在关联分析研究中，群体结构能够导致无关基因与目标性状之间的伪关联。为此，

Zhang（2015）和 Yu 等（2006）提出了混合线性模型，将群体结构（Q 矩阵）视为固定效应，能够有效的控制群体结构，Q 矩阵可以通过结构分析（structure analysis，SA）和主成分分析（principle component analysis，PCA）获得。SA 首先根据样本基因型推算可能的亚群数目，然后计算个体归于每类亚群的概率。该方法的缺点是运行时间较长，不适用于样本量较大的分析。目前，PCA 被大量应用于群体结构矫正中，PCA 通过对基因型矩阵进行特征值分解，从而得到特征值和特征向量，原始基因型信息可以选用特征值较大的特征向量代替。与 SA 相比，PCA 无须推断亚群数目，是一种更加高效稳健的群体结构分析方法。除了群体结构，两两个体之间的亲缘关系也会造成一定程度的伪关联。亲缘关系可以用 K 矩阵表示，许多研究发现与仅考虑群体结构相比，同时考虑群体结构和亲缘关系能够得到更高的检验功效。然而，也有研究表明同时考虑群体结构和亲缘关系会造成过度拟合。

此外，关联分析很难识别稀有变异（最小等位基因频率 <0.05），即使这些位点能够解释较大的表型变异。然而在许多物种中，稀有变异占了很大比例，在水稻中，约有44% 的标记位点是属于稀有变异的。为了提高稀有变异的检验功效，可以增加样本量或者构建多亲本群体，如 NAM 群体、MAGIC 群体、CUBIC 群体等。

（三）GWAS 的方法

一般通过以下步骤来实现目标性状与分子标记的关联分析（图 12-9）：第一步，收集种质材料，应选择遗传变异丰富的种质资源；第二步，选择和鉴定目标性状并估计其遗传率，选择目标性状时应考虑生物学重要性、评价的准确性、相关数据采集的简易性及可重复性；第三步，根据全基因组或候选基因获得遗传标记；第四步，测量所选群体

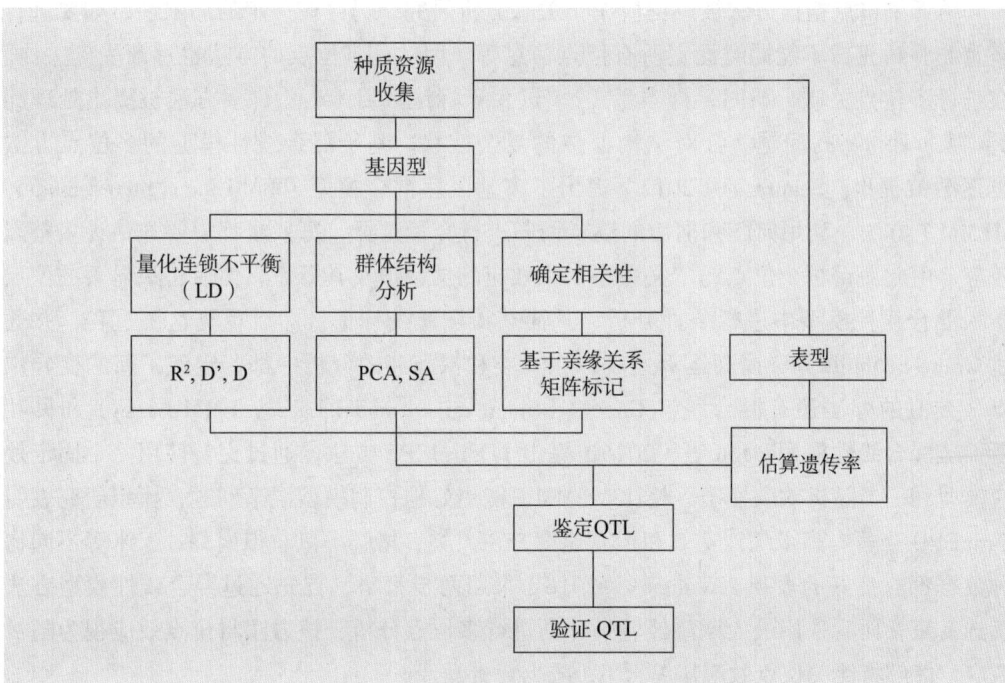

图 12-9 关联分析的一般流程（徐扬等，2017）

的 LD 程度，以及群体结构及亲缘关系；最后通过统计方法鉴定变异位点，并通过后续实验对此进行验证。

混合线性模型方法是进行关联分析研究的常规方法，最早是由 Zhang 等（2005）和 Yu 等（2006）提出，在混合线性模型中，标记效应可以视为固定效应或随机效应。在求解混合线性模型时，涉及大量矩阵运算，过程非常耗时，其运算复杂度随着样本数呈几何倍数增加。为了处理较大样本并且提高运算效率，一系列基于混合线性模型的改进方法相继被提出。Kang 等（2008）提出高效混合模型关联（efficient mixed model association，EMMA）方法，该方法通过矩阵谱分解，极大地简化了矩阵的求逆和行列式运算。在 EMMA 的基础上，Zhou 等（2012）提出了全基因组高效混合模型关联（genome-wide EMMA，GEMMA）方法，用 C 语言编写，并对矩阵运算做进一步改进，计算速度比 EMMA 快 n 倍（n 代表了样品大小）。针对大样本的分析，Lippert 等（2011）提出了 FaST-LMM，采用奇异值分解的方法，用少数标记代替全部标记获得亲缘关系矩阵，从而优化运算速度。以上这些方法都属于精确算法，因为多基因效应的方差随每个位点效应估计都重新估计，为了获得更快的运算速度，一些近似算法也被提出，比如 EMMAX、P3D、CMLM 方法以及 FaST-LMM-Select。这些近似算法以牺牲一些精确度为代价，获得较高的运算效率。Wang 等（2014）提出了 SUPER 方法，整合了 CMLM 和 FaST-LMM 算法的优势。Loh 等（2015）提出了基于贝叶斯的混合线性模型 BOLT-LMM，该方法假设每个位点服从两个高斯分布的混合先验分布，在提高运算速度的同时也保持了较高的功效。此外，非参数方法在关联分析中也得以应用，Yang 等（2014）将非参数 Anderson-Darling 检验应用于处理数量性状表型分布不对称、检验稀有变异等情况，有利于发现一些参数方法不易发现的显著位点。

尽管单位点扫描方法被广泛应用于关联分析研究，仍存在一定的局限性，如要进行多重测验矫正，不能同时涵盖所有位点信息等。因此，多位点的方法也逐渐受到关注。在进行多位点关联分析时，样本量（p）远大于标记数目（n），许多方法被提出处理此类"大 p 小 n"的问题。针对结构群体的复杂性状，基于混合线性模型的多位点方法也逐渐被提出。Segura 等（2012）提出了多基因座混合模型（multi-locus mixed-model，MLMM）方法，利用向前和向后的逐步回归进行变量选择，每一步都需要先估计多基因效应，由此获得每个位点的广义最小二乘效应的估计值及其概率，然后将最显著的位点纳入混合线性模型中进行条件分析，从而获得测验统计量，然后重复这一过程，并通过 Gram-Schmidt 算法提高运算速度，在人类和拟南芥的分析中都鉴定到了新的变异位点。类似的方法还有混合线性 LASSO（linear mixed model-Lasso，LMM-Lasso）和贝叶斯稀疏混合线性模型。Liu 等（2016）提出了 FarmCPU 方法，通过交替使用一个固定效应模型和一个随机效应模型，相比 MLMM，能更好地控制模型混杂问题，模拟研究表明 FarmCPU 显著提高了统计功效和运算速度，在人类、猪、小鼠、拟南芥、玉米等不同物种数据都有良好的表现。Wang 等（2016）采用两步策略，首先通过混合线性模型方法筛选变量，而后采用最大期望经验贝叶斯进行多位点分析，该方法将位点效应视为随机效应，能够将无关位点效应压缩至 0，减少背景噪音。

此外，生物性状间往往具有相关性，多性状关联分析可有效利用性状之间的相关关系，可有效提高分析的功效和精度。一些基于混合线性模型的多性状分析被提出。Korte 等（2012）首次将混合线性模型扩展到多个相关性状，能够在校正群体结构的同时检测到互作效应及多效基因。Lippert 等（2014）开发 LIMIX，同样也基于多性状的混合模型框架，结合了多性状模型以及逐步回归，能够高效地分析多个性状。Zhou 等（2014）将 GEMMA 方法也扩展到多性状联合分析中，提高了多性状分析的运算效率。Casale 等（2015）提出的 meSet 方法也是一种高效的多性状关联分析方法，能够处理高达 50 万个体的样本。这些研究均表明，多性状关联分析比单性状关联分析更加有效。

目前，GWAS 在遗传学研究中得到广泛应用，大量的方法与软件涌现。分析时可根据需要，选择不同的软件，也可以用多种方法分析同一数据，进行结果的比较。

🅔 拓展资源 12-1

关联分析常用的软件

（四）关联分析软件 mrMLM.GUI 介绍

mrMLM.GUI 软件由华中农业大学章元明教授团队开发，基于多位点混合线性模型框架进行全基因组关联分析，含有 mrMLM、FASTmrMLM、FASTmrEMMA、ISIS EM-BLASSO、pLARmEB 和 pKWmEB 六种算法。此软件可以在 Windows、Linux 和 macOS 系统下进行操作。具体操作说明如下。

1. 软件安装

启动 R 或者 Rstudio，安装 mrMLM.GUI 包。输入以下命令。

```
install.packages（"mrMLM.GUI"）
library（mrMLM.GUI）
mrMLM.GUI（）
```

2. GWAS 数据输入

（1）表型数据输入格式　表型文件类型为 *.csv 和 *.txt 文件，第一列的第一个单元格为："<Phenotype>"或"<Trait>"，第一列第二个单元格开始为样本的名称，相对应的第二列为样本的表型值，格式如表 12-3 所示。

表 12-3　表型数据集格式

<Phenotype>	trait1	trait2	trait3
B46	42	43.02	44.32
B52	72.5	71.88	72.8
B57	41	41.7	41.42
B64	74.5	74.43	74.5

（2）基因型输入格式　基因型文件输入格式可以有三种：数值型格式、字符型格式和 Hapmap 格式。

① 数值型格式　纯合子用 1 和 -1 来表示，杂合子和缺失用 0 来表示，格式如表 12-4 所示。

表 12-4 数值型格式

rs#	chrom	pos	genotype	33-16	Nov-38	A4226	A4722
PZB00859.1	1	157104	C	1	1	1	1
PZA01271.1	1	1947984	C	1	-1	1	-1
PZA03613.2	1	2914066	G	1	1	1	1
PZA03613.1	1	2914171	T	1	1	1	1

② 字符型格式 字符型格式如表 12-5 所示。

表 12-5 字符型格式

rs#	chrom	pos	33-16	Nov-38	A4226	A4722
PZB00859.1	1	157104	C	C	C	C
PZA01271.1	1	1947984	C	G	C	G
PZA03613.2	1	2914066	G	G	G	G
PZA03613.1	1	2914171	T	T	T	T

③ Hapmap 格式 前 11 列为 "rs#" "alleles" "chrom" "pos" "strand" "assembly#" "center" "protLSID" "assayLSID" "panel" 和 "QCcode"，未知信息用 "NA" 表示，基因型可以如 AA、TT、CC、GG、NN、AC 和 AG 的形式，缺失和未知基因型用 "NN" 表示，格式如表 12-6 所示。

表 12-6 Hapmap 格式

rs#	alleles	chrom	pos	strand	assembly#	center	protLSID	assayLSID	panelLSID	QCcode	33-16
PZB00859.1	A/C	1	157104	+	AGPv1	Panzea	NA	NA	maize282	NA	CC
PZA01271.1	C/G	1	1947984	+	AGPv1	Panzea	NA	NA	maize282	NA	CC
PZA03613.2	G/T	1	2914066	+	AGPv1	Panzea	NA	NA	maize282	NA	GG
PZA03613.1	A/T	1	2914171	+	AGPv1	Panzea	NA	NA	maize282	NA	TT

（3）Kinship 矩阵文件输入格式 Kinship 文件为 *.csv 格式，第一列第一个单元格为有效样本的个数，第一列从第二个单元格开始到第一列最后一个单元格为样本的名称，从第二列第二行开始为 Kinship 数值方阵，格式如表 12-7 所示。

表 12-7 Kinship 矩阵格式

263					
33-16	1.00809	0.45954	0.50677	0.42503	0.45591
Nov-38	0.45954	1.03352	0.43048	0.47044	0.39597
A4226	0.50677	0.43048	1.01717	0.45409	0.43775

续表

263					
A4722	0.42503	0.47044	0.45409	0.89002	0.34874
A188	0.45591	0.39597	0.43775	0.34874	1.0099

（4）群体结构矩阵输入格式　第一列的第一个和第二个单元格分别为 "<Covariate>" 和 "<Trait>"；如果群体结构有 k 列，输入所有 k 列数值，那么从第二行第二个单元格开始，表头为 "Q_1" "Q_2"，…，"Q_k"，格式如表 12-8 所示。

表 12-8　群体结构矩阵格式

<Covariate>			
<Trait>	Q_1	Q_2	Q_3
33-16	0.014	0.972	0.014
Nov-38	0.003	0.993	0.004
A4226	0.071	0.917	0.012
A4722	0.035	0.854	0.111

3. mrMLM.GUI 运行

（1）基因型数据输入　在 Genotypic file 对话框中输入准备好的基因型数据，支持三种格式。

（2）表型数据输入　在 Phenotypic file 对话框中输入表型数据。

（3）Kinship 数据输入　在 Kinship 对话框中输入 Kinship 数据，也可由软件直接计算。

（4）群体结构数据输入　不考虑群体结构时，选择"Not included in the model"对话框，直接计算。考虑群体结构时，则选择"Included"对话框，在"Population strucutre"对话框中输入群体结构数据。

（5）mrMLM.GUI 参数设置及运行　设置分析方法、阈值、保存路径、分析性状个数、是否绘图等，可采用默认值，点击"Run"，开始运行。

（6）结果解释　结果文件为 *_Final result.csv，如表 12-9 所示。其中 QTN effect 表示检测到 QTN 的效应；LOD score 表示检测到 QTN 的 LOD 值；$-\log 10$（P）表示 P 值取负的以 10 为底的对数；$r2$（%）表示检测到 QTN 的贡献率；MAF 表示稀有等位基因频率；Genotype for code 1 表示参考基因组序列；Var_error 表示误差方差；Var_phen 表示表型方差。

表 12-9　结果数据格式

Trait ID	Trait name	Method	RS#	Chrom osome	Marker position (bp)	QTN effect	LOD score	'-log10 (P)'	r2 (%)	MAF	Genotype for code 1	Var_ error	Var_ phen (total)
1	trait1	mrMLM	PZA03188.4	1	280719882	8.18	6.2751	7.1173	10.2037	0.2865	C	325.3693	415.3457
1	trait1	mrMLM	PZA03559.1	2	15810363	5.4532	4.1668	4.9265	6.7331	0.4077	C		
1	trait1	mrMLM	PZA00112.5	5	13664679	-8.2016	4.8453	5.6351	7.2558	0.125	A		
1	trait1	FASTmrMLM	PZA03188.4	1	280719882	6.9241	6.2751	7.1173	7.5549	0.2882	C	327.5847	415.3457
1	trait1	FASTmrMLM	PZA03559.1	2	15810363	4.2297	4.1668	4.9265	4.1859	0.4084	C		
1	trait1	FASTmrMLM	PZA00112.5	5	13664679	-6.5767	4.8453	5.6351	4.8212	0.124	A		

第三节　全基因组选择育种

一、全基因组选择育种概述

全基因组选择（genomic selection，GS）育种，是根据训练群体基因组上的分子标记基因型和表型信息，建立标记基因型和表型之间的关联，在全基因组范围内同时估计出所有标记的遗传效应，进而对表型未知的候选群体做出合理的预测。与分子标记辅助选择（marker-assisted selection，MAS）育种技术相比，GS 育种技术无须鉴定与目标性状显著相关的位点，即使单个位点的效应很小，导致表型变异的全部遗传效应也都能够被高密度的遗传标记捕获，并且能够在得到个体基因型时即对其育种值进行评估，可大大缩短育种周期，提高育种效率，实现从经验育种到基因组精准育种的飞跃，已成为动植物育种的一项重要技术。

GS 在奶牛育种中的应用效果尤为突出，自 2009 年开始奶牛的选育已完全由全基因组选择主导，相比于后裔测定，全基因组选择可以显著地缩短世代间隔，极大地降低奶牛选育成本，并且已取得较大遗传进展。近年来随着高通量测序技术的发展和测序成本的下降，在植物育种中利用 GS 已成为可能，特别是植物的杂种育种中，杂交种的基因型可以由亲本基因型进行推断，GS 的优势更加突出。国内外已开展了多种植物的基因组选择模拟验证研究。玉米中，在群体结构较为一致、亲本材料较为固定的前提下，对玉米开花期的预测准确性可以达到 0.75 左右，对株高的预测准确性可以达到 0.85 左右，对穗重和穗重中亲优势的预测准确性分别可以达到 0.65 和 0.80 左右。Xu 等（2014）从210 份水稻重组自交系亲本中产生的 21 945 份杂交后代中随机选择 278 份材料进行表型鉴定，并利用这 278 份材料作为训练样本来预测所有可能杂交种的产量相关性状，并发现预测产量最高的 100 个潜在杂交种的产量比平均产量提高 16%。目前，GS 已经成为跨国种业公司的重要技术，如杜邦先锋、先正达公司利用标记辅助选择技术和全基因组选择技术培育了玉米抗旱品种 'AQUAmax' 和 'Artesian'，在北美玉米市场获得较好的市场份额。

二、影响全基因组选择准确性的主要因素

影响全基因组选择准确性的因素有很多，如样本大小、亲缘关系、标记密度、遗传率以及标记和 QTL 间 LD 的大小。通常，训练群体的扩大能够提高基因组选择的准确性，因为训练群体越大，具有表型和基因型信息的样本就越多，可供利用的信息就越丰富，从而能够提高等位基因效应估计的准确性，全基因组选择的准确性也会相应得到提高。此外，扩大训练群体还可以提高对低遗传率性状选择的准确性。

训练群体和测试群体的遗传关系对全基因组选择的准确性也有一定影响，一些研究表明，对于遗传上相似的群体能够获得较高的预测准确性，相反，对于一些遗传不相似的亚群，预测准确性则较低。在玉米双亲杂交群体中，与随机增加其他材料相比，在训

练群体中增加来自双亲的半同胞家系材料，预测的准确性更高。

全基因组选择假设基因组上总有标记和影响性状的 QTL 之间存在连锁不平衡，增加标记的密度能增加标记和 QTL 间 LD 的大小，从而可能获得更高的准确度。虽然理论上来说，标记密度越大越好，但是当密度达到一定程度后基因组预测的准确性难以显著提高。Su 等的研究表明，标记密度从 54K 增加到 777K，预测的准确性仅增加 0.5% ~ 1%。在小麦群体中应用 485 个标记进行全基因组选择时，在最少使用 128 ~ 256 个标记时就达到了准确性增加的稳定期，而在玉米中则需要 800 个标记。其他研究中也有类似的趋势，在标记密度达到一定水平后增加标记对全基因组选择不再有益处。总之，随着标记密度的提高，预测准确性提高的比例与成本投入不成比例，因此利用适当数量的标记是全基因组选择研究中相对合理的策略。

标记和 QTL 间 LD 的大小也会影响全基因组选择的准确性，随着世代的增加，标记和 QTL 间 LD 的大小会逐渐降低。Meuwissen 等（2001）发现在基因型测定后的前两个世代全基因组选择的准确性下降较快，其他世代下降速度则相对减慢。随着世代的增加，遗传率较高性状的全基因组选择准确性降低较慢。要想保证全基因组选择有较高的准确性，最好每隔 2 ~ 3 个世代对标记或单倍型效应进行重新分析。不同交配设计也会对标记与 QTL 间 LD 的大小在每个世代的下降程度产生影响，从而对预测的准确性产生影响。此外，全基因组选择的准确性还受到性状的影响，这主要是由遗传率不同导致的，遗传率与预测准确性成正比，低遗传率的性状（如产量的预测）准确性往往低于千粒重等性状。

三、基因组预测的统计方法

进行基因组预测时主要面临的是"大 p，小 n"问题，即标记数目远大于样本量，这种情况容易导致多重共线性和过度参数化，为了解决这些问题，已发展出了很多基因组预测方法，包括基因组最佳线性无偏估计（genomic best linear unbiased prediction，GBLUP）、贝叶斯方法、支持向量机、再生核希尔伯特空间（reproducing kernel Hilbert space，RKHS）、随机森林等。其中 GBLUP 从整体上分析样本间的遗传关系，将所有的位点赋予相同的遗传方差，因此在实际数据的分析中有较强的稳健性，对微效多基因控制的数量性状分析更具优势。BayesA、BayesB 和 Bayesian LASSO 等选择压缩算法则对大部分位点的效应进行压缩，因此擅长捕获基因组上的显著效应。各种贝叶斯方法的主要区别在于它们选择了不同的先验分布，继而产生不同的压缩程度。模拟研究表明，选择压缩算法对 QTL 的数目较为敏感，当性状由较少数目的 QTL 控制时，预测准确性较高，当影响数量性状的 QTL 数目很多时，预测准确性会下降，随机森林和 RKHS 方法更擅于捕获数据中的复杂非线性关系。RKHS 利用高斯核函数拟合模型，模型可通过贝叶斯框架下的抽样方法求解，也可根据混合线性模型求解。支持向量机是一种典型的非参数方法，能够用于统计分类回归分析以及异常检验支持向量机，采用了结构风险最小化原则，同时考虑了训练样本的拟合性和复杂性，近年来逐渐被应用于基因组预测。核函数的选择是支持向量机的关键因素，需要反映训练样本的分布特性。常用的核函数主要有线性核，高斯 RBF 核和多项式核。其中，高斯 RBF 核具有相当高的灵活性，是使用最广泛的核函数。目前常用的 GS 软件如表 12-10 所示。

表 12-10　常用的植物基因组选择软件

软件名称	适用模型	主要功能
R/AsremlPlus	LMM	混合模型求解
R/BGLR	BL，BRR，BayesA，BayesB，BayesC，BayesCπ，GBLUP，RKHS	基因组预测
R/BWGS	BayesA，BayesB，BayesC，BL，BRR，BRNN，EN，GBLUP，LASSO，RR，RF，RKHS，SVM	基因组预测、交叉验证
R/glmnet	LASSO，EN，RR	标记有效性评估
R/pls	PLS	标记有效性评估
R/PopVar	RRBLUP，BayesA，BayesB，BayesC，BL，BRR	基因变异预测、交叉验证
R/predhy	GBLUP	杂交预测、交叉验证
R/randomForest	RF	标记有效性评估
R/ rrBLUP	RRBLUP，GBLUP	标记有效性评估、基因组预测、混合模型求解
R/sommer	BLUP，GBLUP	标记有效性评估、基因组预测、混合模型求解
R/spls	SPLSR	标记有效性评估
R/STGS	ANN，BLUP，LASSO，RF，RR，SVM	基因组预测、交叉验证
ASReml	LMM	混合模型求解
BayesR	BMM	标记有效性评估
DeepGS	DL，CNN	基因组预测
HIBLUP	BLUP	变异成分、评估、混合模型求解
KAML	KAML，GBLUP	基因组预测、交叉验证

四、基因组预测软件 KAML 介绍

KAML 软件由华中农业大学刘小磊教授团队开发，该软件利用机器学习的策略进行基因组预测，根据表型的遗传复杂程度智能化选择最优预测模型。具体操作说明如下。

1. 软件安装

启动 R 或者 Rstudio，安装 KAML。输入以下命令。

```
install.packages（devtools）
library（devtools）
devtools∶∶install_github("YinLiLin/KAML")
```

2. 数据输入

（1）表型数据输入格式　表型文件类型为 *.csv 和 *.txt 文件，第一行为表头，代表性状的名称，缺失值用 NA 表，数据格式如表 12-11。

表 12-11　表型数据格式

Trait1	Trait2	Trait3	Trait4	Trait5	Trait6
0.225	0.225	NA	1	NA	−0.285
−0.975	−0.975	NA	0	NA	−2.334
0.1959	0.1959	NA	1	NA	0.0468
NA	NA	NA	NA	NA	NA
NA	NA	NA	NA	NA	NA

（2）协变量文件输入格式　协变量文件是可选择文件，"NAs"不允许出现在协变量文件中，所有个体顺序应与表型文件相同。在 KAML 中，有两种可选择的协变量文件：dcovfile 和 qcovfile。dcovfile 为离散型协变量，表示为 dcov.txt；qcovfile 为连续型协变量，表示为 qcov.txt，数据格式如表 12-12。

表 12-12　协变量文件格式

dcov.txt				*qcov.txt*		
F	H1	1	pop1	12	0.01	0.13
F	H3	0	pop2	5	−0.05	0.25
M	H2	0	pop2	7	0.05	−0.36
F	H3	1	pop4	13	0.16	0.28
M	H3	1	pop4	2	0.07	0.95
...	...	...	...	...	...	...
M	H5	0	pop5	10	−0.12	0.35

（3）Kinship 矩阵文件输入格式　Kinship 矩阵文件需要用 $n \times n$ 矩阵来表示个体之间的关系。默认情况下，它可以通过 KAML 包中的三种算法（"scale" "center" "vanraden"）中任一种自动计算来实现。文件中行或列的顺序应与表型文件顺序相同，不需要列名和行名，数据格式如表 12-13。

表 12-13　Kinship 矩阵文件格式

0.3032	−0.019	0.0094	0.0024	0.0381	...	−0.007
−0.019	0.274	−0.024	0.0032	−0.008	...	0.0056
0.0094	−0.024	0.3207	−0.007	−0.005	...	−0.041
0.0024	0.0032	−0.007	0.321	−0.008	...	−0.009
0.0381	−0.008	−0.005	−0.008	0.3498	...	−0.024
...	...	...	...	...		...
−0.007	0.0056	−0.041	−0.009	−0.024		0.3436

（4）基因型数据文件 随着 SNP 数目的增加，基因型文件变得非常大，由于内存有限，导致机器无法直接将其读入内存。KAML 利用 big.matrix 特定数据格式函数节省内存。软件包中提供两个文件：*.geno.bin 和 *.geno.desc，这两个文件使用相同的前缀。*.geno.bin 是 m（标记数）× n（个体数）的基因型格式，*.geno.desc 是 *.geno.bin 的描述性文件。用户可以手动创建这些文件，但是耗时且容易出错，因此 KAML 提供了 KAML.Data（）函数用于基因型格式转换。在发布的版本中，KAML 可以接受 4 种格式的基因型文件，包括 Hapmap 格式、VCF 格式、PLINK Binary 格式和数值型格式。无论何种类型的基因型格式，列中个体的顺序应与表型文件相同。下面以 Hapmap 格式和数值型格式为例。

① Hapmap 格式文件 行表示 SNP 信息，列表示个体信息。前 11 列显示了 SNP 属性，其余列显示了所有个体在每个 SNP 上基因型的核苷酸信息，数据格式如表 12-14 所示，然后将 Hapmap 输入文件转成 big.matrix 形式，以 mouse 数据集为例，在 R 中输入以下代码：

```
KAML.Data（hfile="mouse.hmp.txt",out="mouse"）
```

结果将生成 mouse.geno.desc 和 mouse.geno.bin 两个文件。

表 12-14 Hapmap 格式

rs#	alleles	chrom	pos	strand	assembly#	center	protLSID	assayLSID	panelLSID	QCcode	A04
rs3683945	G/A	1	3197400	+	NA	NA	NA	NA	NA	NA	AG
rs3707673	A/G	1	3407393	+	NA	NA	NA	NA	NA	NA	GA
rs6269442	G/A	1	3492195	+	NA	NA	NA	NA	NA	NA	AG
rs6336442	G/A	1	3580634	+	NA	NA	NA	NA	NA	NA	AG
rs13475699	G	1	3860406	+	NA	NA	NA	NA	NA	NA	GG
rs3683945	G/A	1	3197400	+	NA	NA	NA	NA	NA	NA	AG

② 数值型格式文件 数值型格式文件中，纯合子编码为 0 和 2，杂合子编码为 1。数据格式如表 12-15 所示，行表示 SNP 信息，列表示个体信息。个体在列中的顺序需要与表型文件的行相对应。此外，数值型格式不包含染色体和 SNP 位置，因此，应该提供两个单独的文件，其中一个文件为数值型基因型数据，另一个文件包含每个 SNP 的位置。注意：不允许使用行名和列名，两个文件的行数和 SNP 顺序需要相同。然后将数值型格式输入文件转成 big.matrix 形式，在 R 中输入以下代码：

```
KAML.Data（numfile="mouse.Numeric.txt",mapfile="mouse.map",out="mouse"）
```

结果同样生成 mouse.geno.desc 和 mouse.geno.bin 两个文件。

3. KAML 运行

运行 KAML，需要提供两个基本文件：表型文件和基因型文件。数据分为训练集和

表 12-15 数值型格式

mouse.Numeric.txt				mouse.map		
1	2	⋯	0	rs3683945	1	3197400
1	0	⋯	2	rs3707673	1	3407393
1	2	⋯	0	rs6269442	1	3492195
1	2	⋯	0	rs6336442	1	3580634
0	0	⋯	0	rs13475699	1	3860406
1	2	⋯	0	rs3683945	1	3197400
1	0	⋯	2	rs3707673	1	3407393

测试集，测试集中的表型数据用 NAs 表示，利用 KAML 对其进行预测。默认情况下，将对表型的第一列进行分析，如果有多个性状，需要用参数 "pheno=" 指定分析性状的哪一列。例如：KAML（...，pheno=3）表示分析第三列的性状。对于基因型，只需要指定前缀，KAML 便可以自动附加 *.geno.bin 和 *.geno.desc 文件。使用前需要确保表型和基因型之间的个体顺序相同，运行如下：

```
mykaml <- KAML（pfile="mouse.Pheno.txt", pheno=1, gfile="mouse"）
```

使用提供的协变量文件 cfile 和 Kinship 文件 kfile 运行 KAML：

```
mykaml <- KAML（pfile="mouse.Pheno.txt", pheno=1, gfile="mouse", cfile="CV.txt",
kfile="mouse.Kin.txt"）
```

当进行交叉验证时，需要设置交叉验证倍数 crv.num，通常情况为 5 倍或 10 倍，sample.num 表示交叉验证重复次数。

```
mykaml <- KAML（pfile="mouse.Pheno.txt", pheno=1, gfile="mouse", sample.num=2,
crv.num=5）
```

第四节 植物大数据的综合应用与示例

一、材料和数据

e-MAIZE 竞赛涉及一个玉米不完全双列杂交［NCII 设计（图 12-10）］群体，共 6 210 个杂交种。其设计方案为：父本是国内玉米育种界常用的 30 个优良自交系，母本是 207 个有代表性的自交系，随机挑选自一个玉米类似 MAGIC 设计的轮回改良群体的后代自交系和 24 个亲本材料。该群体设计几乎涵盖所有目前全国广泛推广的玉米杂交

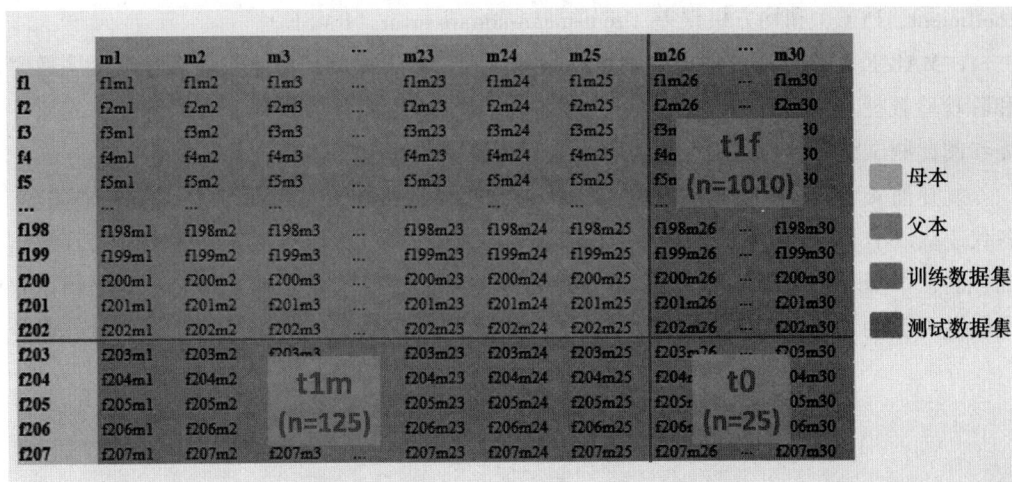

图 12-10　玉米 NCII 设计群体和竞赛数据划分

深灰色区域待预测的测试数据集，可划分为三套数据，t1m：父本已知数据；t1f：母本已知数据；t0：父母本均未知数据

种的杂种优势群，为从基因组水平上进行杂种优势预测提供了理想的研究群体，也为杂交育种提供了具有高配合力的优良中间材料。

利用第二代测序技术，对杂交种的母本（207 个材料）和父本（30 个材料）进行低覆盖度（1X）全基因组重测序，共抽提出约 190 万有代表性的 SNP（tag-SNP）标记，每条玉米染色体分布 150 K ～ 280 K 的 SNP 标记。同时，所有玉米杂交种在全国 5 个典型玉米种植生态区，对开花期、株高和产量 3 个性状进行表型调查。

二、竞赛流程和概况

截至 2017 年 10 月 1 日，e-MAIZE 竞赛共吸引国内外 35 个代表队（个人）参赛，涉及美国加州大学河滨分校、华盛顿州立大学、康奈尔大学、德国马普研究所和波恩大学，以及我国清华大学、上海交通大学、武汉大学等著名高校的青年学者。参赛选手的研究领域覆盖面广泛，除了作物遗传育种、数量遗传学、统计基因组学，e-MAIZE 竞赛成功吸引计算数学、电子商务和生物制药等交叉领域的人员。在分析策略上，参赛选手的算法也非常多样化，包括 GWAS、贝叶斯回归、LASSO、随机森林、卷积神经网络、深度学习和集成学习等策略。

通过 35 个代表队提交的预测结果，e-MAIZE 主办方遴选出预测精度最高的前 8 组代表队入围复赛。在复赛中，主办方设计了一套完整的方案，入围代表队提交的算法进行统一地测试（图 12-11），以评估算法预测效果的真实性、在不同抽样条件下的稳健性和运算速度等方面，并出具评估报告。

主办方设计的方案为：① 模拟初赛的训练 / 测试的划分方式，分别从母本和父本中随机抽取 5 个亲本，令以其任一亲本的杂交种为测试集；② 将此随机划分过程，重复 100 次，产生 100 组测试集（称为 males#5）；③ 按步骤①和②的方式，从母本和父本中随机抽取 10 个亲本，产生另外 100 组测试集（称为 males#10）；④ 在此 200 组测试集中，主办方分别测试不同算法，在 3 个性状下的皮尔森相关系数（Pearson correlation coefficient，PCC）和均方根误差（root-mean-square error，RMSE）。

　　e-MAIZE 竞赛邀请到清华大学鲁志研究员和古槿研究员、华中农业大学章元明教授和陈玲玲教授、中国石油大学王健教授和大连理工大学张超教授作为专家评委。专家评委参阅此测试结果后，共同审慎决定本次复赛测试的算法排名，并出具评审意见。

　　复赛前 4 名代表队受邀参加在武汉华中农业大学召开的 e-MAIZE 冬令营暨颁奖会。各代表队以学术答辩的形式，展示算法细节、创新点以及预测效果。经专家评委现场评出前三名，中国农业大学姜淑琴和闫军的集成学习算法获得冠军（图 12-12），华盛顿州立大学董海潇的统计遗传算法获得亚军，上海枫林医药医学检验有限公司李傲的贝叶斯岭

图 12-11　在 600 次测试集中不同选手平均的预测精度

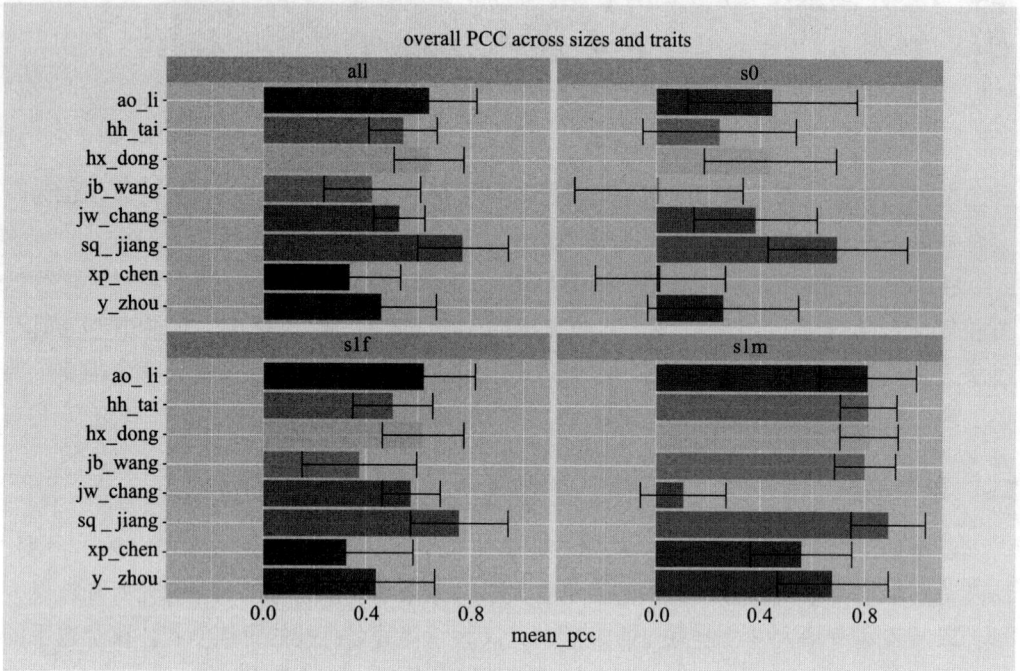

图 12-12　集成学习中的机器学习模型评估

图 12-12 彩色图片

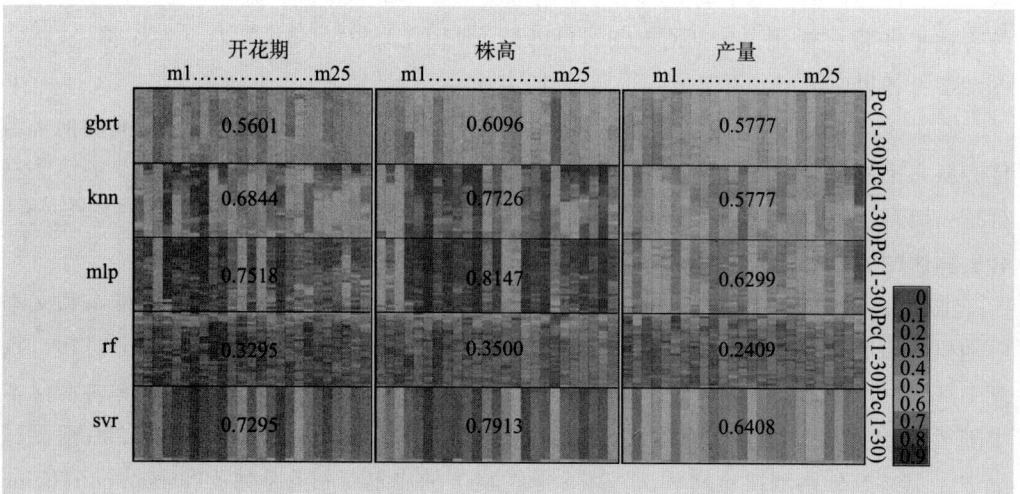

回归算法获季军。

三、未来和展望

借由本次挑战赛，e-MAIZE 创造了一种新的科研模式，借助互联网来推动科学的进步。让科学变得更加有趣，更触手可及，同时学科更加交叉融合。在互联网时代，每个人都可以来参与科学研究，享受科学乐趣。

本次实践的成功，将会让我们看到整个玉米产业从资源集约型向技术集约型的转变，大数据技术为作物育种行业带来革命性的改变。

📺 推荐阅读

1. Yu H，Lin T，Meng XB，et al. A route to *de novo* domestication of wild allotetraploid rice ［J］. *Cell*，2021，184（5）：1156–1170.

该文首次提出了农作物快速从头驯化的新策略。异源四倍体野生稻具有生物量大、自带杂种优势、环境适应能力强等优势，然而具有非驯化特征，无法进行农业生产；通过对驯化相关的功能基因进行基因编辑，实现了异源四倍体野生稻的快速驯化。该研究开辟了全新的作物育种方向，对创制培育新的作物种类具有重要意义。

2. Xu SZ. Quantitative genetics ［M］. Switzerland：Springer Nature Switzerland AG，2022.

该书系统介绍了群体遗传与数量遗传的基本理论及其在育种中的应用，包括数量性状的遗传学和统计学基础、QTL 定位的基本原理与方法、全基因组关联分析的一般模型和全基因组选择的统计方法等。

❓ 复习思考题

1. 植物基因组的进化有哪些特性？

2. 什么是人工选择？人工选择对作物的遗传多样性有哪些影响？可以通过哪些方法来分析人工选择效应？

3. 全基因组关联分析的方法有哪些？

4. 影响基因组选择准确性的主要因素有哪些？

💬 开放性讨论题

1. 试选择一个感兴趣的蛋白质家族，查找同源序列并构建系统发育树，根据系统发育树分析一下该蛋白质家族的起源方式和进化规律。

2. 全基因组关联分析和全基因组选择育种在原理和方法上有哪些异同？

参考文献

Aebersold R, Mann M. Mass-spectrometric exploration of proteome structure and function [J]. *Nature*, 2016, 537 (7620): 347–355.

Axtell MJ, Meyers BC. Revisiting criteria for plant microRNA annotation in the era of big data [J]. *Plant Cell*, 2018, 30(2): 272–284.

Bayer PE, Golicz AA, Scheben A, et al. Plant pan-genomes are the new reference [J]. *Nature Plants*, 2020, 6(8): 914–920.

Bolger AM, Lohse M, Usadel B. Trimmomatic: a flexible trimmer for Illumina sequence data [J]. *Bioinformatics*, 2014, 30: 2114–2120.

Chaisson MJ, Wilson RK, Eichler EE. Genetic variation and the de novo assembly of human genomes [J]. *Nature Reviews Genetics*, 2015, 16(11): 627–640.

Chen H, Patterson N, Reich D. Population differentiation as a test for selective sweeps [J]. *Genome Research*, 2010, 20:393–402.

Doolittle RF. Similar amino acid sequences: chance or common ancestry [J]. *Science*, 1981, 214(4517):149–159.

Gaut BS, Seymour DK, Liu Q, et al. Demography and its effects on genomic variation in crop domestication [J]. *Nature Plants*, 2018, 4:512–520.

Guo S, Zhao S, Sun H, et al. Resequencing of 414 cultivated and wild watermelon accessions identifies selection for fruit quality traits [J]. *Nature Genetics*, 2019, 51:1616–1623.

Hao C, Jiao C, Hou J, et al. Resequencing of 145 landmark cultivars reveals asymmetric sub-genome selection and strong founder genotype effects on wheat breeding in China [J]. *Molecular Plant*, 2020, 13:1733–1751.

Hill MS, Vande ZP, Wittkopp PJ. Molecular and evolutionary processes generating variation in gene expression [J]. *Nature Reviews Genetics*, 2021, 22(4): 203–215.

Ho SS, Urban AE, Mills RE. Structural variation in the sequencing era [J]. *Nature Reviews Genetics*, 2019, 21(3): 171–189.

Hoheisel JD. Microarray technology: beyond transcript profiling and genotype analysis [J]. *Nature Reviews Genetics*, 2006, 7(3): 200–210.

Huang X, Kurata N, Wei X, et al. A map of rice genome variation reveals the origin of cultivated rice [J]. *Nature*, 2012, 490(7421): 497–501.

Huang X, Wei X, Sang T, et al. Genome-wide association studies of 14 agronomic traits in rice landraces [J]. *Nature genetics*, 2010, 42(11): 961–967.

Huang XY, Salt DE. Plant ionomics: from elemental profiling to environmental adaptation [J]. *Molecular Plant*, 2016, 9, 787–797.

Jiao YN, Wickett NJ, Ayyampalayam S, et al. Ancestral polyploidy in seed plants and angiosperms [J]. *Nature*, 2011, 473(7345): 97–110.

Kan C, Coe BP, Eichler EE. Genome structural variation discovery and genotyping [J]. *Nature Reviews Genetics*, 2011, 12(5): 363–376.

Kryuchkova-Mostacci N, Robinson-Rechavi M. A benchmark of gene expression tissue-specificity metrics [J]. *Brief Bioinformation*, 2017, 18(2): 205–214.

Li J, Yuan D, Wang P, et al. Cotton pan-genome retrieves the lost sequences and genes during domestication and selection [J]. *Genome Biology*, 2021, 22(1): 119.

Meuwissen TH, Hayes BJ, Goddard ME. Prediction of total genetic value using genome-wide dense marker maps [J]. *Genetics*, 2001, 157(4): 1819–1829.

Meyer RS, Purugganan MD. Evolution of crop species: genetics of domestication and diversification [J]. *Nature Reviews Genetics*, 2013, 14(12): 840–852.

Stark R, Grzelak M, Hadfield J. RNA sequencing: the teenage years [J]. *Nature Reviews Genetics*, 2019, 20(11): 631–656.

Sudmant PH, Rausch T, Gardner EJ, et al. An integrated map of structural variation in 2504 human genomes [J]. *Nature*, 2015, 526(7571): 75–81.

Todesco M, Owens GL, Bercovich N, et al. Massive haplotypes underlie ecotypic differentiation in sunflowers [J]. *Nature*, 2020, 584(7822): 602–607.

Uhrig S, Klein H. PingPongPro: a tool for the detection of piRNA-mediated transposon-silencing in small RNA-seq data [J]. *Bioinformatics*, 2019, 35(2): 335–336.

Varshney RK, Bohra A, Yu J, et al. Designing future crops: genomics-assisted breeding comes of age [J]. *Trends in Plant Science*, 2021, 26(6): 631–649.

Wang M, Tu L, Yuan D, et al. Reference genome sequences of two cultivated allotetraploid cottons, *Gossypium hirsutum* and *Gossypium barbadense* [J]. *Nature Genetics*, 2019, 51(2): 224–229.

Wang S, Chen Z, Tian L, et al. Comparative proteomics combined with analyses of transgenic plants reveal ZmREM1.3 mediates maize resistance to southern corn rust [J]. *Plant Biotechnology Journal*, 2019, 17 (11): 2153–2168.

Wang S, Tian L, Liu H, et al. Large-scale discovery of non-conventional peptides in maize and *Arabidopsis* through an integrated peptidogenomic pipeline [J]. *Molecular plant*, 2020, 13 (7): 1078–1093.

Wu HH, Li BS, Iwakawa HO, et al. Plant 22-nt siRNAs mediate translational repression and stress adaptation [J]. *Nature*, 2020, 581:89–93.

Xu SH, Zhu D, Zhang QF. Predicting hybrid performance in rice using genomic best linear unbiased prediction [J]. *Proceedings of the National Academy of Sciences of the United States of America*, 2014, 111(34): 12456–12461.

Xu Y, Li P, Yang Z, et al. Genetic mapping of quantitative trait loci in crops [J]. *The Crop Journal*, 2017, 5(2): 175–184.

Xu Y, Ma K, Zhao Y, et al. Genomic selection: a breakthrough technology in rice breeding [J]. *The Crop Journal*, 2021, 9(3):669–677.

Yin L, Zhang H, Zhou X, et al. KAML: improving genomic prediction accuracy of complex traits using machine learning determined parameters [J]. *Genome Biology*, 2020, 21(1): 146.

Yu J, Pressoir G, Briggs WH, et al. A unified mixed–model method for association mapping that accounts for multiple levels of relatedness [J]. *Nature Genetics*, 2006, 38(2): 203–208.

Yu JM, Pressoir G, Briggs WH, et al. A unified mixed–model method for association mapping that accounts for multiple levels of relatedness. *Nature Genetics*, 2006, 38(2): 203–208.

Zhang H, Wang X, Pan Q, et al. QTG–seq accelerates qtl fine mapping through qtl partitioning and whole–genome sequencing of bulked segregant samples [J]. *Molecular Plant*, 2019, 12(3): 426–437.

Zhang X, Zhang S, Zhao Q, et al. Assembly of allele–aware, chromosomal–scale autopolyploid genomes based on Hi–C data [J]. *Nature Plants*, 2019, 5(8): 833–845.

Zhang YW, Tamba CL, Wen YJ, et al. MrMLM v4.0.2: an R platform for multi–locus genome–wide association studies [J]. *Genomics, Proteomics and Bioinformatics*, 2020, 18(4): 481–487.

Zhang H, Zhu JK. RNA–directed DNA methylation [J]. *Current Opinion Plant Biology*, 2011, 14(2): 142–147.

Zhao K, Tung CW, Eizenga GC, et al. Genome–wide association mapping reveals a rich genetic architecture of complex traits in *Oryza sativa* [J]. *Nature Communications*, 2011, 2: 467.

陈燕君，王坤. 植物小开放阅读框编码肽的研究进展 [J]. 植物科学学报，2020，38（5）：707–715.

樊龙江. 生物信息学 [M]. 2 版. 北京：科学出版社，2021.

郭庆华，吴芳芳，庞树鑫，等. Crop 3D——基于激光雷达技术的作物高通量三维表型测量平台 [J]. 中国科学：生命科学，2016，46（10），1210.

韩旭，曹巍，孟小峰. 使用固态硬盘管理主存 KV 数据库的虚拟内存 [J]. 计算机科学与探索，2011，5（8）：686–694.

季美超，付斌，张养军. 基于质谱的蛋白质组学方法新进展 [J]. 质谱学报，2021，42（5）：862–877.

贾冠清，孟强，汤沙，等. 主要农作物驯化研究进展与展望 [J]. 植物遗传资源学报，2019，20（6）：1355–1371.

姜微. 高光谱技术在马铃薯品种鉴别及品质无损检测中的应用研究 [D]. 哈尔滨：东北农业大学，2017.

李铮. 基于不对称性的相变存储器性能优化研究 [D]. 武汉：华中科技大学，2018.

林标扬. 系统生物学 [M]. 杭州：浙江大学出版社，2012.

林琳，罗树生，王灵珏，等．色谱与质谱联用技术在蛋白质翻译后修饰研究中的进展及应用 [J]．分析化学，2015，43（10）：1479-1489．

刘金凤，王京兰，钱小红，等．翻译后修饰蛋白质组学研究的技术策略 [J]．中国生物化学与分子生物学报，2007，23（2）：93-100．

刘静，李亚超，周梦岩，等．植物蛋白质翻译后修饰组学研究进展 [J]．生物技术通报，2021，37（1）：67-76．

吕斌娜，梁文星．蛋白质乙酰化修饰研究进展 [J]．生物技术通报，2015，31（4）：166-174．

马骏骏，王旭初，聂小军．生物信息学在蛋白质组学研究中的应用进展 [J]．生物信息学，2021，19（2）：85-91．

孟小峰．大数据管理概论 [M]．北京：机械工业出版社，2017．

彭贵子，陈玲玲，田大成．基因重复的研究进展 [J]．遗传，2006，28（7）：886-892．

皮埃尔·巴尔迪（Pierre Baldi），索恩·布鲁纳克（Soren Bruak）．生物信息学——机器学习方法 [M]．张东晖，译．北京：中信出版社，2003．

漆小泉，王玉兰，陈晓亚，等．植物代谢组学——方法于应用 [M]．北京：化学工业出版社，2011．

钱小红，贺福初．蛋白质组学：理论与方法 [M]．北京：科学出版社，2003．

饶子和．蛋白质组学方法 [M]．北京：科学出版社，2010．

阮班军，代鹏，王伟，等．蛋白质翻译后修饰研究进展 [J]．中国细胞生物学学报，2014，36（7）：1027-1037．

申国安，段礼新，漆小泉．植物代谢组学数据分析和数据库 [J]．中国科学：生命科学，2015，45（8）：995-999．

谈莲莎（Attwood TK），史密斯（Smith DJ）．生物信息学概论 [M]．罗静初，译．北京：北京大学出版社，2002．

王丽爱，马昌，周旭东，等．基于随机森林回归算法的小麦叶片 SPAD 值遥感估算 [J]．农业机械学报，2015，46（1），259-265．

许忠能．生物信息学 [M]．北京：清华大学出版社，2008．

张嘉麟，李海英．泛素化修饰及其在植物蛋白质组学中的研究进展 [J]．中国农学通报，2020，36（30）：75-81．

张磊，尹红锐，张莹，等．基于生物质谱的定量蛋白质组学研究进展 [J]．分析测试技术与仪器，2014，20（3）：139-147．

张学勇，马琳，郑军．作物驯化和品种改良所选择的关键基因及其特点 [J]．作物学报，2017，43（2）：157-170．

张勇，沈丙权，秦伟捷，等．糖基化蛋白质组学：结构、功能和研究方法 [J]．中国科学：生命科学，2018，30（4）：480-490．

赵春江．植物表型组学大数据及其研究进展 [J]．农业大数据学报，2019，1（2），7-20．

甄艳，许淑萍，赵振洲，等．2D-DIGE 蛋白质组技术体系及其在植物研究中的应用 [J]．分子植物育种，2008，6（2）：405-412．

周志华．机器学习 [M]．北京：清华大学出版社，2016．

读者意见反馈

为收集对教材的意见建议，进一步完善教材编写并做好服务工作，读者可将对本教材的意见建议通过如下渠道反馈至我社。

咨询电话　400-810-0598

反馈邮箱　gjdzfwb@pub.hep.cn

通信地址　北京市朝阳区惠新东街4号富盛大厦1座　高等教育出版社总编辑办公室

邮政编码　100029

防伪查询说明

用户购书后刮开封底防伪涂层，使用手机微信等软件扫描二维码，会跳转至防伪查询网页，获得所购图书详细信息。

防伪客服电话　（010）58582300